AF551301

Edward Dutton

UND SIE UNTERSCHEIDEN SICH DOCH

Edward Dutton

UND SIE UNTERSCHEIDEN SICH DOCH

Über die Rassen der Menschheit

ARES VERLAG

Umschlaggestaltung: DSR – Digitalstudio Rypka, 8143 Dobl/Graz, www.rypka.at
Umschlagabb. Vorderseite: iStock / Vizerskaya (Hintergrund) | © Shutterstock / Yevgeniya Lyalko, © Unsplash / Zou Meng, © Flickr / _paVan_ (CC BY 2.0), © WikiMedia Commons / ASaini (CC BY-SA 3.0) (Vordergrund v.li.n.re.)

Titel der englischen Originalausgabe: Edward Dutton: Making Sense of Race, Washington Summit Publishers, Whitefish 2020, ISBN 978-1-59368-070-1 | Copyright © 2020 by Edward Dutton

Aus dem Englischen ins Deutsche übertragen von Nils Wegner

Wir haben uns bemüht, bei den hier verwendeten Bildern die Rechteinhaber ausfindig zu machen. Falls es dessen ungeachtet Bildrechte geben sollte, die wir nicht recherchieren konnten, bitten wir um Nachricht an den Verlag. Berechtigte Ansprüche werden im Rahmen der üblichen Vereinbarungen abgegolten.

Bibliografische Information der Deutschen Nationalbibliothek
Die Deutsche Nationalbibliothek verzeichnet diese Publikation in der Deutschen Nationalbibliografie; detaillierte bibliografische Daten sind im Internet unter https://www.dnb.de abrufbar.

Hinweis: Dieses Buch wurde auf chlorfrei gebleichtem Papier gedruckt. Die zum Schutz vor Verschmutzung verwendete Einschweißfolie ist aus Polyethylen chlor- und schwefelfrei hergestellt. Diese umweltfreundliche Folie verhält sich grundwasserneutral, ist voll recyclingfähig und verbrennt in Müllverbrennungsanlagen völlig ungiftig.

Auf Wunsch senden wir Ihnen gerne kostenlos unser Verlagsverzeichnis zu:
Ares Verlag GmbH
Hofgasse 5 / Postfach 438
A-8011 Graz
Tel.: +43 (0)316/82 16 36
Fax: +43 (0)316/83 56 12
E-Mail: ares-verlag@ares-verlag.com
www.ares-verlag.com

ISBN 978-3-99081-096-5

Alle Rechte der Verbreitung, auch durch Film, Funk und Fernsehen, fotomechanische Wiedergabe, Tonträger jeder Art, auszugsweisen Nachdruck oder Einspeicherung und Rückgewinnung in Datenverarbeitungsanlagen aller Art, sind vorbehalten.

© Copyright by Ares Verlag, Graz 2022

Layout: Ecotext-Verlag Mag. G. Schneeweiß-Arnoldstein, Wien

Inhalt

Danksagungen

Ich möchte zuallererst Dr. Frank Salter danken, der so freundlich war, das gesamte Manuskript dieses Buches durchzusehen, und viele Verbesserungen vorgeschlagen hat. Professor Guy Madison hat freundlicherweise eine viel frühere Fassung dieses Manuskripts gelesen und ebenfalls seinen unbezahlbaren Rat beigesteuert, wofür ich dankbar bin. Dieses Buch war ein langwieriges und faszinierendes Projekt, das ich im Mai 2014 auf Anregung von Professor Richard Lynn begonnen habe. Ich möchte ihm für seinen Vorschlag danken, ebenso wie für die Förderung, die das Projekt damals durch sein Ulster Institute for Social Research erhielt. Weitere Mittel kamen vom Veritas Fund, wofür ich Dr. Jan te Nijenhuis besonders dankbar bin. Ich möchte Richard Spencer und Nils Wegner für ihre Arbeit am Lektorat und der Fertigstellung dieses Buches danken.

Darüber hinaus stehe ich in der Schuld folgender Kollegen, die mich auf wichtige Literatur hingewiesen oder Teile dieser Studie kommentiert bzw. mit mir diskutiert haben: Professor A. J. Figueredo, Dr. Ellen Gold, Jakob Kuzminski, Professor Kevin MacDonald, Davide Piffer, Professor Dimitri van der Linden und Dr. Michael Woodley of Menie. Teile dieses Buches sind vorab in meinen folgenden Publikationen erschienen: „Religion and Intelligence. An Evolutionary Analysis“ (2014), „Race and Sport. Evolution and Racial Differences in Sporting Ability“ (mit Richard Lynn, 2015), „J. Philippe Rushton. A Life History Perspective“ (2018), „At Our Wits' End. Why We're Becoming Less Intelligent and What It Means for the Future“ (mit Michael Woodley of Menie, 2018) sowie „Race Differences in Ethnocentrism“ (2019).

Edward Dutton

September 2020
Oulu, Finnland

Es ist […] zweifellos, dass die verschiedenen Rassen, wenn sie sorgfältig verglichen und gemessen werden, bedeutend von einander abweichen, – so in der Textur des Haars, den relativen Proportionen aller Theile des Körpers, der Capacität der Lungen, der Form und dem Rauminhalte des Schädels und selbst in den Windungen des Gehirns. Es würde aber eine endlose Aufgabe sein, die zahlreichen Punkte der Verschiedenheiten des Baues einzeln durchzugehen. Die Rassen weichen auch in der Constitution, in der Acclimatisationsfähigkeit und in der Empfänglichkeit für verschiedene Krankheiten von einander ab; auch sind ihre geistigen Merkmale sehr verschieden, hauptsächlich allerdings, wie es scheinen dürfte, in der Form ihrer Gemüthserregungen, zum Theil aber auch in ihren intellectuellen Fähigkeiten.

Charles Darwin: Die Abstammung des Menschen und
die geschlechtliche Zuchtwahl, Bd. 1, Stuttgart 1871, S. 190.

1. Worüber man bei Tisch nicht spricht – oder sonst wo: Einführung

Man findet die Szene überall auf der Welt: Nach der Arbeit oder an den Wochenenden kommen Männer zusammen. Sie sitzen in Kneipen, trinken Bier und reden über Sport. Spieler und Mannschaften werden bewertet, Leistungen hitzig diskutiert, alte Geschichten wieder aufgewärmt, die Details von Sportlern und ihrem Abschneiden bis auf den Millimeter und die Millisekunde analysiert. Kein Aspekt der sportlichen Leistung bleibt unbeachtet – bis auf einen. In einer solchen Situation ist es für Männer fast unmöglich, nicht zu irgendeinem Zeitpunkt an das größte Tabu unseres Zeitalters zu rühren: *die Wirklichkeit und Bedeutsamkeit der Rassen.* Sie sind sich völlig im Klaren über die körperlichen und geistigen Unterschiede zwischen Spielern, darüber, dass diese Unterschiede eine große Rolle spielen, darüber, dass sie hauptsächlich genetischen Ursprunges sind, und darüber, dass sie eng mit der Rasse verbunden sind. Und doch ist es *verboten*[1], über Rassen zu sprechen, außer vielleicht in den allerhärtesten Kneipen.

Die Zahlen sprechen für sich. Die Top-10-Bestzeiten aller Zeiten beim 100-Meter-Lauf werden von Männern westafrikanischer Herkunft gehalten, wobei das jeweilige Heimatland unerheblich ist. Der letzte Weiße, der auf den 100 Metern die Goldmedaille errang, war 1980 der Schotte Allan Wells. Seitdem waren 95 % aller olympischen Medaillengewinner in dieser Disziplin über die letzten zehn Olympischen Spiele hinweg Westafrikaner. Beim Gewichtheben verhält es sich gänzlich anders, dort halten Kaukasier (vor allem Osteuropäer und Iraner) den Löwenanteil der Weltrekorde im Kreuzheben, Reißen und Stoßen. Beim Wettbewerb „World's Strongest Man" – in dem es Disziplinen wie Steinheben, Fahrzeugziehen und Fassweitwurf gibt – ist jeder einzelne Gewinner in der 43-jährigen Geschichte der Veranstaltung Kaukasier gewesen. Die Bestenliste ist voll von

Männern mit Namen wie Hafþór Björnsson und Mateusz Kieliszkowski. Bei Marathonläufen in großen Städten haben sich Ostafrikaner, insbesondere Kenianer, als bemerkenswert erfolgreich erwiesen, wobei hier und da gelegentlich auch einmal Europäer ein Rennen gewinnen. Der Kenianer Eliud Kipchoge erlief beim Berlin-Marathon 2018 den gültigen Weltrekord von 2:01:39 Stunden.

In den Vereinigten Staaten waren von den 32 in der National Football League (NFL) antretenden Runningbacks 2019 alle bis auf einen Afroamerikaner; bei den Cornerbacks gab es keine Ausnahme. 2018 war Christian McCaffrey gerade einmal der zweite weiße Runningback innerhalb von 30 Jahren, der 1000 Yards im Laufspiel erspielte. Die National Basketball Association (NBA) ist zu ungefähr 75 % schwarz, obwohl Afroamerikaner nur ca. 12–15 % der US-Bevölkerung ausmachen. Daran hat sich im Laufe des letzten halben Jahrhunderts nicht viel geändert, trotz der neu entdeckten weltweiten Beliebtheit dieses Sports. Als die Zeitschrift „Sports Illustrated" ihre Liste der 50 größten Spieler aller Zeiten zusammenstellte, waren darunter 31 Afroamerikaner (62 %), 17 Weiße (34 %) und zwei zum Teil Afrikanischstämmige (4 %).[2]

Man könnte noch viele weitere Beispiele aufzählen. Natürlich gibt es interessante Ausnahmen. Und natürlich spielt auch die Kultur eine Rolle: Beispielsweise werden nur wenige Nigerianer Eishockeyspieler. Doch die Muster verändern sich nicht. Westafrikaner beherrschen Aktivitäten, die Schnelligkeit und Energieausbrüche erfordern, während sich Ostafrikaner in Ausdauer- und Kaukasier in Kraftsportarten hervortun. Ostasiaten erbringen Höchstleistungen im Schwimmen und Turnen, ebenso in Sportarten, die räumliches Gefühl und Blickschärfe erfordern, wie Tischtennis und Darts.[3]

Die wichtigere Erkenntnis ist jedoch, dass die Rasse alle Aspekte des sozialen und kulturellen Lebens beeinflusst. Man kann ihr einfach nicht entgehen, nicht einmal – oder *erst recht nicht* – in der unpolitischen, „farbenblinden" Welt des Sports. Rasse ist allgegenwärtig. Und es ist höchste Zeit, dass wir auf eine vernünftige, wissenschaftlich begründete und realistische Weise darüber sprechen. Darum geht es in diesem Buch.

Unser Widerwille, uns der Realität zu stellen, schlägt sich in unserer Sprache nieder. Moderne Menschen benutzen das Wort „Rasse" jeden Tag, aber sind zögerlich, womöglich verängstigt, es angemessen zu definieren. Stattdessen greifen sie zu Beschönigungen und halben Sachen wie „Soundso-Hintergrund" oder „Hautfarbe", die alle dazu dienen sollen, offene Diskussionen zu vermeiden. Der gängige Spruch „Unter der Haut hört die Rasse auf"[4] ist diesbezüglich ziemlich entlarvend. Auch wenn er dazu dienen soll, das Konzept der Rasse abzuqualifizieren, impliziert die Formulierung doch, dass die Hautfarbe biologisch bedingt und erblich ist. Die Auffassung, dass sich die menschliche Haut rassisch begreifen lasse, jedweder andere Faktor der menschlichen Biologie, des menschlichen Verhaltens und des menschlichen Denkens aber nicht, ist eine außerordentlich unglaubwürdige Behauptung. Tatsächlich ist die Hautfarbe – wie alles andere, das zwischen menschlichen Untergattungen variiert, auch – an unterschiedliche Umgebungen angepasst. Bis vor 10.000 Jahren gab es keine weiße Haut. Zu diesem Zeitpunkt führten viele Menschengruppen den Ackerbau ein, und diese Errungenschaft verbreitete sich bis in Gegenden mit langen dunklen Wintern. Ackerbau bedeutete dauerhafte Ansiedlung, größere Abhängigkeit von einer einzelnen Feldfrucht und somit weniger Zugang zu Obst, Gemüse und anderen Vitamin-D-Quellen. Unter solchen Umweltbedingungen wurde weiße Haut zu einem Vorteil, weil man durch sie mehr ultraviolettes Sonnenlicht aufnehmen und daraus Vitamin D bilden kann. Infolgedessen wurde weiße Haut in bestimmten Zusammenhängen positiv selektiert. So kommt es, dass in Schweden lebende Somalis doppelt so viel Vitamin-D-Zufuhr von außen benötigen wie eingeborene Schweden, um gesund zu bleiben.[5]

Um zum Sport mit seinen lästigen Mustern zurückzukehren: Viele Menschen haben dagegenzuhalten versucht, dass sportliche Höchstleistungen umweltbedingt zu erklären seien. Ihre Logik funktioniert ungefähr so: Weiße halten Schwarze stereotyp für sportlich, weil diese dadurch animalischer wirken. Die Schwarzen wiederum verinnerlichen dieses Klischee und glauben, dass Sport das einzige Feld sei, in dem sie sich hervortun könnten. Außerdem sind Schwarze arm, sodass sie nur durch Sport Status erlangen können.

Selbst wenn Umwelterklärungen ein Körnchen Wahrheit enthalten mögen – und das tun sie –, erklären sie doch nicht, weshalb man nicht viele westafrikanische Marathonläufer oder ostafrikanische

Sprinter findet. Es ist einfach empirisch ungenau, zu sagen: „Schwarze sind gute Sportler." Wie bereits erwähnt gibt es einen deutlichen Mangel an schwarzen Gewichthebern, Kugelstoßern, Dartspielern, Speerwerfern und Schwimmern von Weltrang. Manchmal wird man die Ausnahmebegründung hören, dass Schwarze eher selten Zugang zu Schwimmbecken hätten und deshalb nicht so häufig schwimmen lernen würden. Sie haben aber ganz gewiss Zugang zu schweren Gegenständen und zu Dingen, die sie werfen können. Und überhaupt, wenn wir diesem Argument folgen, warum sind Afroamerikaner dann im American Football mit all seiner teuren Ausrüstung und dem Bedürfnis nach Parks zum Trainieren gewaltig überrepräsentiert? Und warum sind Schwarze in Großbritannien unter den Fußballspielern stark überrepräsentiert, insbesondere bei den Mittelfeldspielern und Stürmern, sind aber unterdurchschnittlich oft Torhüter? Jedenfalls gibt es kein weithin bekanntes Klischee, wonach Schwarze einfach nicht den Kasten dichthalten können.

Es gibt bestimmte, stark genetisch bedingte Faktoren, die herausragende Leistungen in spezifischen Sportarten vorherbestimmen. 1977 erklärte der berühmte NFL-Runningback O. J. Simpson dem Magazin „TIME":

> *Wir sind ein bisschen anders gebaut, gebaut für Geschwindigkeit – schmale Waden, lange Beine, hohe Hintern sind allesamt Eigenheiten von Schwarzen. Deshalb tragen Schwarze Kniestrümpfe. Wir haben schmale Waden, und kurze Socken halten nicht. Ich nehme es mit jedem Arzt auf, der nicht einsieht, dass wir körperlich für Geschwindigkeit geschaffen sind, und die meisten Sportarten haben etwas mit Geschwindigkeit zu tun.*

Lange Strümpfe sind aus der Mode gekommen, aber Simpson hat weitgehend recht. Erstens müssen Sprinter und die meisten Footballspieler *mesomorph* („muskulös") sein, ein Körperbautyp, der durch lange Beine, lange Arme, einen kurzen Rumpf und viele Muskeln bestimmt wird. Sie benötigen auch „schnell zuckendes Muskelgewebe", das massive Energieschübe ermöglicht. Vergleichen wir Westafrikaner, Ostafrikaner, Weiße und Ostasiaten miteinander, dann sind die Westafrikaner im Durchschnitt am häufigsten mesomorph, und sie haben auch den höchsten Anteil an schnell zuckenden Muskelfasern. Diese Kombination aus Körperbautyp und Muskelgewebe erfüllt die Anforderungen an einen effektiven Sprinter, was erklärt, weshalb Westafrikaner in den Sportarten herausstechen, in denen sie es tun.

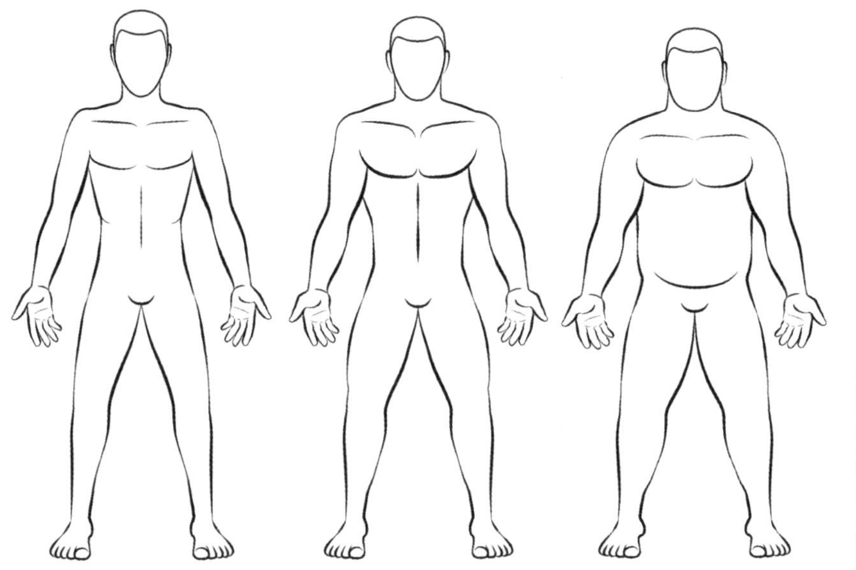

© Shutterstock / Peter Hermes Furian

Ektomorpher, mesomorpher und endomorpher Körperbau.

Die Ostafrikaner, die sich in viel bergigeren Regionen entwickelt haben, sind ganz anders. Der Erfolg im Langstreckenlauf wird durch einen stark *ektomorphen* („schlanken“) Körperbau bestimmt: lange Arme, lange Beine und sehr wenig Muskelgewebe kombiniert mit einer hohen Lungenkapazität und vorwiegend langsam zuckenden Muskelfasern, die beachtliche Ausdauerleistungen erlauben. Von den vier oben genannten rassischen Gruppen sind die Ostafrikaner am meisten ektomorph, was ihre erstaunlichen Leistungen im Langstreckenlaufen hinreichend erklärt. Geschick bei Gewichtheben, Darts, als Torwart und als Kugelstoßer ergibt sich aus einer Kombination von ausgeprägter Oberkörperkraft und einem optimalen Verhältnis von Muskel- und Fettgewebe, wodurch es möglich wird, zugleich biegsam und stark zu sein. Dieser verhältnismäßig *endomorphe* („kräftige“) Körperbautyp ist mit weißen Völkern assoziiert. Ostasiaten sind am meisten endomorph, haben also kurze Arme, kurze Beine, einen massigen Rumpf und einen hohen Körperfettanteil. Ostasiaten haben auch eine relativ hohe Lungenkapazität, ihnen fehlt jedoch die Oberkörperkraft der Weißen. Es ergibt demnach Sinn, dass sie herausragende Leistungen im Turnen und Schwimmen sowie – bis zu einem gewissen Grad – Darts erbringen.[6]

Gefährliches Denken

Wenn wir die Kneipe verlassen und uns der exklusiveren Umgebung einer Krankenhauskantine zuwenden, dann werden die Ärzte wahrscheinlich ganz ähnliche Gespräche führen. Wir werden ähnliche und offensichtliche Muster feststellen, und den gleichen Widerwillen, ohne den Rückgriff auf Beschönigungen über sie zu reden. Ärzte und Pflegepersonal werden bemerken, dass es konstante rassische Unterschiede bei der Verbreitung sämtlicher Krankheiten mit einer genetischen Komponente gibt. Südasiaten leiden häufiger an Diabetes als die anderen im Vereinigten Königreich vertretenen Rassen. Männer, die aus Schwarzafrika stammen, sind anfällig für Prostatakrebs. Vielleicht sprechen sie darüber, dass sie sich wünschten, mehr Schwarze oder Südasiaten würden ihre Organe spenden. Das hat seine Gründe: Wenn man eine Organtransplantation hat, dann wird der Körper das Spenderorgan weit weniger häufig als inkompatibel abstoßen, wenn der Spender der gleichen Rasse angehört wie der Empfänger.

Gehen wir die Straße runter und ins Lehrerzimmer der örtlichen Grundschule, und wieder ist Rasse sehr real, allerdings verborgen unter einer dicken Schicht Sozialwissenschaft. Die Lehrer sprechen vielleicht über die Tatsache – so sehr sie sich auch wünschten, es wäre keine –, dass die Kinder sich unentwegt entlang rassischer Linien voneinander absondern (und sie werden sich vermutlich gut überlegen, mit welchen anderen Lehrern sie das diskutieren). Sie werden womöglich sogar rassische Unterschiede in den Leistungen dieser Kinder feststellen, aber sie werden alles in ihrer Macht stehende tun, um diese Beobachtungen aus ihren Köpfen zu verbannen. Tatsächlich werden sie vielleicht selbst dem offenkundigen Umstand ausweichen, dass die schwarzen Jungen – die mit westafrikanischen Vorfahren – im Sportunterricht bei Wettläufen immer zu gewinnen scheinen. Das auch nur anzumerken, würde die „Rasse"-Büchse der Pandora öffnen – und die Möglichkeit rassischer Unterschiede in gesellschaftlich geschätzten psychologischen Eigenschaften, etwa der Intelligenz.

Wir können nicht offen über Rassen diskutieren, weil dieses Thema „heikel" ist – es beschwört unschöne Erinnerungen und Geschichte(n) herauf und scheint die hehrsten Ideale des Westens zu untergraben. Doch die Existenz von Rassen als biologische Realität lässt sich nicht leugnen, wie klar ersichtlich wird anhand der Unterschiede bei sportlichen Leistungen, der Verbreitung genetischer Erkrankungen und der Notwendigkeit, die Abstammung mitzuberücksichtigen, wenn es um Organspenden geht.

Das wirft Fragen auf. Warum existieren diese – eindeutig erblichen – rassischen Unterschiede? Die Antwort, die ich in diesem Buch darauf geben möchte, ist, dass Rassen menschliche Unterarten sind, die sich an unterschiedliche Umgebungen angepasst haben. Wenn die darwinsche Evolution in einem Satz zusammengefasst werden könnte, würde dieser ungefähr so lauten: „Biologische Organismen werden durch ihre Umgebungsbedingungen geformt." Wenn wir Darwins Theorie der Evolution durch natürliche Selektion – die in den Schulen als Tatsache gelehrt wird – akzeptieren und diese unterschiedlichen angestammten Umgebungen durchschnittliche körperliche Unterschiede zwischen den Rassen selektieren, dann würden sie sicherlich auch durchschnittliche psychologische Unterschiede selektieren. Tatsächlich würde das auch andere Dinge erklären, die unseren Sportsfreunden in der örtlichen Bar, unseren zu Mittag speisenden Ärzten und Krankenschwestern oder unseren Lehrern im Lehrerzimmer vielleicht aufgefallen sind. Warum gibt es kaum schwarze Tischtennisspieler? Könnte das etwas mit Reaktionszeiten zu tun haben – die bei Schwarzen am längsten und bei Ostasiaten am kürzesten sind, und die tatsächlich mit Intelligenz korrelieren? Warum sind nur wenige herausragende Schachspieler schwarz, aber zahlreiche Großmeister aschkenasische Juden? Könnte das an der hohen durchschnittlichen Intelligenz aschkenasischer Juden liegen, die sich in den jüdischen Anwälten und prominenten Journalisten und Intellektuellen zeigt, die man in den Vereinigten Staaten zu finden scheint? Die Ärzte werden bemerkt haben – und sie wissen auch, warum sie vorsichtig sind, wem sie davon erzählen –, dass Schwarze viel häufiger an Schizophrenie und posttraumatischem Stress leiden als Ostasiaten. Aber die Ostasiaten sind anfälliger für Ängste und nehmen sich häufiger das Leben. Und den Lehrern wird zweifellos aufgefallen sein, dass im Durchschnitt die schwarzen Kinder das schlechteste und die asiatischen Kinder das beste Verhalten zeigen, sowie dass die Ostasiaten im wissenschaftlichen Bereich scheinbar die Weißen in den Schatten stellen.

Es würde folglich Sinn ergeben, wenn es genetisch bedingte rassische Unterschiede in psychologischen Eigenschaften gäbe. Doch das ist, wie gesagt, undenkbar – zumindest dann, wenn man die Doktrin der „Gleichheit“ eingeimpft bekommen hat und weiß, was das Beste für die eigene Karriere ist. Es ist nicht nur undenkbar, es ist *gefährlich*. Es könnte Menschen dazu verleiten, andere Menschen mit gewissen Hintergründen vorschnell zu verurteilen, gewisse Rassen zu diskriminieren … Es würde sehr böse Menschen, zum Beispiel diese ominösen „Weißen Nationalisten“, von denen man in den Medien hört, in ihren Ansichten bestätigen.

Diese Situation erzeugt etwas psychologisch tief Verstörendes – *kognitive Dissonanz*. So nennt man es, wenn es eine schmerzhafte Lücke gibt zwischen dem, was wir mittels Erfahrung und Erkenntnis als wahr empfinden, und dem, wovon wir uns in den Tiefen unserer Herzen und Hirne wünschen, dass es wahr wäre. Diese Empfindung bringt uns dazu, zu hinterfragen, wie die Welt funktioniert und wer wir eigentlich sind. Und sie hinterlässt einige zutiefst unangenehme Gefühle: Wurde ich in die Irre geführt? Wurde ich belogen? Habe ich andere in die Irre geführt? Bin ich ein Narr gewesen? Bin ich noch ein guter Mensch? Manchmal stellen Leute *kognitive Konsonanz* her, indem sie ihre Weltanschauung ändern. Doch oft schaffen sie Konsonanz, indem sie sich an jeden nur greifbaren Fetzen eines Beweises dafür, dass ihre Kritiker falsch liegen und ihre tief empfundenen Überzeugungen richtig sind, klammern – ganz egal, wie dürftig, unnötig kompliziert und in der Sache nicht überzeugend diese Beweisführung sein mag. Sie können Abweichlern gegenüber sogar extrem aggressiv werden und versuchen, sie auf die eine oder andere Weise zum Schweigen zu bringen – der Versuch, sich von „gefährlichem Denken“ zu abzuschotten. Das ist die übliche Reaktion, wenn man sich bemüht, an einer modernen Universität in einem westlichen Land mit einem Wissenschaftler über Rasse zu diskutieren. Ein

Professor mag hervorragend begründete Ansichten zu einer großen Bandbreite an Themen haben, aber wenn es um Rasse geht, wird er den „Boten“ angreifen, nicht die Theorie, und er wird im Prinzip behaupten, wenn man diese Theorie für richtig halte, sei man böse, vielleicht sogar „wortwörtlich Hitler“.

Multikulturalismus und das Schweigen über Rassen

Ungefähr ein halbes Jahrhundert lang haben die fortgeschrittenen westlichen Gesellschaften entlang zweier (manchmal miteinander wetteifernder) „metapolitischer“ Prinzipien operiert. Die eine ist der *staatsbürgerschaftliche Nationalismus*: „Unsere nationale Identität besteht aus Werten wie Demokratie. Gleichheit und Gerechtigkeit, und diese Werte halten uns zusammen.“ Und die andere ist die *Vielfalt*, die uns vorschreibt, „unsere Unterschiede zu feiern“.

Unter solchen Prinzipien ist es außerordentlich schwierig, ernsthaft über Rasse zu diskutieren, und die kognitive Dissonanz greift um sich. Der staatsbürgerschaftliche Nationalismus bedeutet, dass die Gesellschaft ununterbrochen nach Einigkeit unter ihren Bevölkerungsgruppen strebt, ob nun mit kulturellem oder ökonomischem Charakter. Die Vielfalt (und ihre gleichzeitige Akzeptanz der Masseneinwanderung) bedeutet, dass Gesellschaften mehr und mehr in Multirassismus und Multikulturalismus zersplittern werden.

Dem *Multikulturalismus* (und verwandten Ideologien wie dem *Postmodernismus*) ist attestiert worden, dass er viele – wenn auch nicht alle – Kerneigenschaften einer Religion besitze, insbesondere einer Religion in christlicher Tradition.[7] In diesem Sinne kann er als „implizite Religion“, „Ersatzreligion“ oder „säkulare Religion“ verstanden werden – einer Religion sehr ähnlich, doch ohne offensichtlichen metaphysischen Glauben.[8] Im Multikulturalismus herrscht der inbrünstige Glaube vor, dass gewisse Dogmen, etwa jenes von der „Gleichheit“ (dass alle Rassen die gleichen geistigen Kapazitäten hätten), uneingeschränkt wahr seien. Es handelt sich dabei um „moralische Wahrheiten“, und wenn sie durch empirische Belege ins Wanken kommen, dann sollte eine moralische Person nichtsdestoweniger weiterhin an die „moralischen Wahrheiten“ glauben. Sie werden sich am Jüngsten Tag ganz sicher als richtig erweisen.

Diese kontrafaktischen Dogmen zu verkünden, wird somit zu einem Glaubensbekenntnis und zum Gradmesser der Loyalität zur eigenen Gruppe: „*Ich glaube es, weil es widersinnig ist.*“[9] All jene, die nicht dazu imstande sind, diese „moralischen Wahrheiten“ zu akzeptieren, stehen praktisch mit dem Teufel im Bunde. Das macht sie zu „Frevlern“, daher die heftigen emotionalen Reaktionen der Gläubigen auf die „Rassisten“, die die Dogmen und die Autorität der Kirche nicht anerkennen. Wo das Christentum die Armen als rein und heilig anbetete und der Kommunismus die Arbeiter, da betet der Multikulturalismus die Nichtweißen an. Der Multikulturalismus sieht es als eine religiös-moralische Verpflichtung an, diese angeblich an den Rand gedrängte Minderheit zu stärken und Europäer zu schwächen, in einer Art rassischer Auslegung des Versprechens Jesu, im Reich Gottes würden „die Letzten Erste sein und die Ersten Letzte“ (Mt 20,16). Der Nichtweiße darf manchmal sogar Dinge sagen, die normalerweise als „rassistisch“ verdammt werden würden, solange er ein bekennendes Mitglied der Kirche bleibt.

Christen glauben heutzutage an eine offenbarte Wahrheit und eine naturgemäße, objektive Wirklichkeit, die von Gott geschaffen wurde. In der gottlosen Religion der Gleichheit hingegen gibt es keine objektive Wahrheit. Wahrheitsansprüche werden als „Wahrheiten“ dekonstruiert, die jeweils von einer Machtposition aus geäußert werden – „seine Wahrheit“, „ihre Wahrheit“, „deren Wahrheit“ – und einander gegenüber keinen Anspruch auf Allgemeingültigkeit haben. „Wahrheiten“ erhalten ihren Status dadurch, dass ein Wertesystem anderen vorgezogen wird. Eine objektive Wahrheit könnte den Eindruck entstehen lassen, dass manche Kulturen Ansichten hegten, die unzutreffend oder unmoralisch sind, und das wiederum würde auf eine Ungleichheit hindeuten. Aus diesem Grund werden „Wahrheitsansprüche“ auf Machtverhältnisse reduziert. Die Gruppe, deren „Wahrheit“ akzeptiert wird, ist die mächtigste, und die „Wahrheit“ dieser Gruppe muss so lange infrage gestellt werden, bis es eine Welt gibt, in der die „Wahrheiten“ aller Gruppen gleichwertig sind. Das bedeutet implizit: „Macht ist Wahrheit“, ja sogar „Macht schafft Recht“. Kurz gesagt: Von einem Standpunkt des Multikulturalismus aus gehört wenig dazu, die Vorstellung von „Rassen“ als simples Mittel zur Unterdrückung nicht weißer Gruppen abzulehnen.

Die Kirche des Multikulturalismus sieht sich selbst als randständig an und kämpft unentwegt um die Macht. Sie findet stets irgendeinen Hinweis auf entrechtete Minderheiten, das bedeutet: Sie betreibt eine permanente Revolution. Vor diesem Hintergrund könnte man sagen, dass aus der Sicht des Multikulturalisten die Welt vom Teufel beherrscht wird, eine Ansicht, die einige gnostische Sekten des frühen Christentums teilten.[10] Insofern als „Wahrheit" subjektiv sein soll: Das bedeutet, dass etwas, das man für wahr hält – beispielsweise wenn ich glaube, eine Frau zu sein –, tatsächlich wahr *ist*. Wenn andere das anzweifeln, bedeutet das, dass sie die Existenz einer objektiven Wahrheit behaupten und damit versuchen, mir ihre Kultur aufzuzwingen. Bemerkenswert ist allerdings: Wenn ich behaupte, zu glauben, dass ich ein Schwarzer sei, dann ist dies *nicht* wahr, denn die Kirche hat nicht verkündet, dass man seine Rasse wechseln könne, auch wenn einige Leute im Innern auf eine solche Erweiterung des Dogmas drängen.[11] Die Kirche des Multikulturalismus schreibt also praktisch vor, was wahr und moralisch ist, und darüber hinaus sind Wahrheit und Moral subjektiv. In diesem Sinne ist das Individuum Gott.[12]

Man kann „die Unterschiede feiern", aber wehe allen, die Unterschiede *feststellen*, beispielsweise bei Testergebnissen, Verbrechensraten, Armut und Zwangsvollstreckungen. Dies alles auch nur wahrzunehmen, bedeutet bereits, zentrale Dogmen der Kirche infrage zu stellen. Seit den Einwanderungswellen aus den „Entwicklungsländern" nach dem Zweiten Weltkrieg umfassen Länder westeuropäischer Herkunft nun einen wachsenden Anteil nicht europäischer Menschen; tatsächlich werden Weiße in den Vereinigten Staaten und Großbritannien innerhalb des nächsten Vierteljahrhunderts zur Minderheit werden. Dieser Umstand hat einige negative Auswirkungen auf Diskussionen über Rassen. Er bedeutet: Wenn diese Einwanderer der jüngeren Zeit und ihre Nachkommen als gleichwertige Mitglieder der Gesellschaft akzeptiert werden sollen, dann kann diese Gesellschaft nicht länger durch die gemeinsame Abkunft zusammengehalten werden, wie es zuvor in den meisten Ländern der Welt der Fall war. Von daher kann die bloße Thematisierung von Rassen durchaus ungemütlich werden. Damit werden nicht „die Unterschiede gefeiert"; man hebt damit hervor, inwiefern jene Nichtweißen Außenseiter sind, beispielsweise keine richtigen Briten, keine „von uns".

Es kann für einige Briten – selbst wenn sie keine völlig überzeugten Anhänger dieser Kirche sind – auch psychologisch schwierig sein, über dieses Thema zu sprechen. Um durchs Leben zu kommen, wollen sie die Dinge positiv sehen, und sie wollen glauben, dass wahr ist, was ihnen die da oben sagen – dass sie in einer multikulturellen Gesellschaft leben, in der Rasse keine Rolle spielt (oder abgesehen von nichtigen Unterschieden nicht einmal existiert), Nichtweiße bloß ein „besseres Leben" wollen und diese etwas Wertvolles mit nach Großbritannien bringen. Das Problem ist nur: Sie blicken sich um und sehen, dass nichts davon stimmt. Auch wenn sie in einer rassisch durchmischten Gegend leben, sind alle ihre Freunde weiß, und alle Freunde ihrer Kinder sind es auch. Als ihr Sohn einmal die Hand ausstreckte und das kleine somalische Mädchen in seiner Klasse zur Feier seines siebten Geburtstages einlud, hielt sie es nicht für nötig, zu kommen. Sie wissen, wie entspannt und fröhlich sie sich fühlen, wenn sie Gegenden Englands besuchen, in denen jedermann weiß ist. Und sie fühlen sich verwirrt und schuldig deswegen. Insofern werden solche Menschen durch Gespräche über Rassen „getriggert": Sie erzeugen eine kognitive Dissonanz und gehen ihnen sozusagen unter die Haut.

Es ergeben sich auch extrem heikle Fragen. Wenn wir über Rassen sprechen und sich die Diskussion den rassischen Unterschieden bei psychologischen Eigenschaften zuwendet, ist es dann nicht vernünftig, die Frage zu stellen, ob Einwanderer dieser und jener Rasse einer glücklichen Gesellschaft nicht im Durchschnitt zuträglicher sind als andere? Sind manche Rassen intelligenter als andere? Oder neigen eher zur Kriminalität als andere? Oder schotten sich stärker ab als andere? Oder integrieren sich schlechter als andere? Wenn die Forschung darauf hindeutet, dass Rassen eine biologische Realität sind und multirassische Gesellschaften beinahe immer in Rassenkonflikten versinken,[13] könnte dann nicht vielleicht jemand vorschlagen, dass die Zuwanderung unterbunden und die multikulturelle Gesellschaft vollständig zurückgebaut werden sollte? Und wenn die Menschen anfangen würden, dies zu hinterfragen, könnte sie das nicht dazu verleiten, auch andere heilige Kühe der Nachkriegsordnung anzuzweifeln, etwa Geschlechtergleichheit und Schwulenrechte? Viele von jenen, die in westlichen Ländern heute Machtpositionen bekleiden, sind zum Teil dadurch so weit gekommen, dass sie in diesen Belangen ihre „Tugend“ zur Schau gestellt haben, indem sie betont haben, wie sehr sie an die „Gleichheit“ glauben. Wenn also diese Themen einer ernsthaften Prüfung unterzogen werden dürfen, dann könnte die derzeit herrschende Klasse in den westlichen Ländern dadurch bis zu einem gewissen Grad ebenfalls ins Wanken geraten.

Aus allen diesen Gründen ist es in einer multikulturellen Gesellschaft sehr schwierig, über Rassen zu sprechen. Im schlimmsten Fall wird man körperlich angegriffen; im besten Fall wird man in einer intellektuell bedrohlichen Weise beschuldigt, „Klischees“ zu bedienen. Wie wir noch sehen werden, entsteht dadurch ein weiteres Problem – aufgrund der Tatsache, dass die meisten Rassenklischees nachweislich und erfahrungsgemäß zutreffend sind, so wie die meisten Klischees allgemein, zumindest bis zu einem gewissen Grad.[14] Darüber hinaus ist das Argument, man möge doch die Folgen bedenken, einfach nicht stichhaltig, wie der englische Politikwissenschaftler Noah Carl nachgewiesen hat. Carl schreibt:

> *Oft wird behauptet, wenn es um Tabuthemen wie Rasse, Gene und IQ geht, sollten Forscher umfassendere Nachweispflichten erfüllen müssen oder sogar gänzlich zensiert werden, wegen des möglichen Schadens, der angerichtet werden könnte, wenn ihre Erkenntnisse allgemein bekannt würden. Es soll eine Asymmetrie geben, wonach die gesellschaftlichen Kosten einer Thematisierung bestimmter Dinge zwangsläufig jeden Nutzen, der daraus erwachsen könnte, aufwiegen.*[15]

Doch Carl zeigt empirisch auf, dass eine solche „Asymmetrie“ nie nachgewiesen wurde. Er ist auch der Ansicht, dass die „Unterdrückung der Debatte über Tabuthemen ihrerseits Schaden anrichten“ könne. Sie macht die Moral zur Geisel der Tatsachen, indem sie davon ausgeht, dass die Existenz der mutmaßlichen rassischen Unterschiede dazu führen würde, dass die Diskriminierung anderer Rassen als probates Mittel erscheine. Doch diese Betrachtung des menschlichen Wesens als „unbeschriebenes Blatt“ hat auch schon dafür hergehalten, um die Verfolgung erfolgreicher Gruppen innerhalb der Gesellschaft zu rechtfertigen – denn wenn alle Gruppen gleich wären, dann könnten die Wohlhabenden ihren Reichtum nur in „schändlicher Weise" erlangt haben. Alle Rassen als gleich zu begreifen, führt zur Vernachlässigung beispielsweise medizinischer Probleme, die eine bestimmte Rasse betreffen, einschließlich rassischer Unterschiede bei der Wirkung von Arzneimitteln. Das Angraben und die Vergewaltigung weißer Kinder durch Pakistanis im nördlichen England konnte laut einer unabhängigen Untersuchung so lange ungestraft vonstattengehen, weil Rasse ein Tabuthema ist und Beamte fürchteten, des Rassismus bezichtigt zu werden.[16] Darüber hinaus kann eine solche Unterdrückung der Rassenthematik dazu führen, dass die Menschen einfach nur aus Zorn über die politische Korrektheit Demagogen zulaufen. Dementsprechend „schadet" die Unterdrückung der Diskussion über Rassen mehr, als sie „nützt", wie Carl darlegt. Carl wurde vom britischen „Guardian" indirekt des „Rassismus" bezichtigt, bloß weil er eine vorsichtige Verteidigung der Ethik der Rassenforschung geschrieben hatte.[17] Mit anderen Worten: Die kognitive Dissonanz war ausgelöst worden.

Rassen sind offenkundig eine biologische Realität. Man muss sie verstehen. Der aktuellste Forschungsstand dazu muss weithin bekannt gemacht werden. Die Konsequenzen daraus müssen untersucht werden. Dazu soll dieses Buch dienen.

2. Selektionsdruck: So funktionieren darwinsche Evolution und Erblichkeit

Bevor wir Rassen wirklich verstehen können, müssen wir verstehen, wie die darwinsche Selektion funktioniert. Wie wir sehen werden, definiert man die Rassen als sich vermehrende Populationen, die sich in der Häufigkeit von Genen für interkorrelierende Eigenschaften unterscheiden, sodass sie in genetische Cluster unterschieden werden können, die sich in ihrem Erscheinungsbild und auch in zahlreichen anderen wichtigen Belangen merklich unterscheiden. Weil diese Unterschiede letztendlich auf der Ebene des genetischen Erbes ihre Ursache haben, muss uns klar sein, wie dieser Prozess vor sich geht.

„Erblichkeit" bezieht sich auf den Anteil einer Eigenschaft – wie etwa Hautfarbe oder Körperhöhe –, der genetisch bedingt ist, also keine Folge von Umwelteinflüssen oder Zufall. Manche Eigenschaften sind stark erblich, manche Eigenschaften sind nur schwach erblich. In den meisten Fällen fußt die Erblichkeit auf der sogenannten *Additivität*. Gene mit „additiven Effekten" haben – als einzelne Gene – meist nur sehr geringe Auswirkungen. Das bedeutet, dass eine komplexe Eigenschaft, etwa Intelligenz, extrem *polygenetisch* ist. Sie beruht auf enormen Mengen von Genen – vielleicht 10.000 – mit geringen additiven Effekten, die allesamt zum Ganzen beitragen. In diesem Sinne können wir eine solche Eigenschaft als eine „Gesellschaft" auffassen. Additivität ist der Grund, weshalb Kinder in so vielschichtigen Bereichen wie der Intelligenz üblicherweise das Mittel ihrer Eltern abbilden. Die Gene Ihrer Eltern – jedes Ihrer Gene besteht aus je einem Allel von jedem Ihrer Elternteile – sind allesamt miteinander verschmolzen, um Sie zu formen. Daraus folgt, dass Ihr IQ in der Regel, wenn auch nicht immer, dem Mittelwert Ihrer Eltern entsprechen wird.

Menschen neigen dazu, sich zu denen sexuell hingezogen zu fühlen, die ihnen genetisch einigermaßen ähnlich sind.[18] Dies wird als

„assortative Paarung" bezeichnet und von uns in Kapitel 9 weiter behandelt werden. Paare sind einander im Durchschnitt ähnlicher als zwei zufällig ausgewählte Angehörige der gleichen Rasse, insbesondere in den eher genetisch beeinflussten Körpermaßen, etwa dem Handgelenksumfang. Somit führt eine Paarung anhand genetischer Ähnlichkeit dazu, dass die Kinder ihren Eltern stärker ähneln. Die Eltern sind einander ähnlicher, also werden sie natürlich auch ihren Kindern stärker ähneln. Die Menschen neigen zur assortativen Paarung, weil diese ein Weg ist, indirekt mehr eigene Gene weiterzugeben. Wenn sie sich mit jemandem paaren, der ihnen genetisch *zu* ähnlich ist, dann riskieren sie Gendefekte, weil die Kinder zwei gleichermaßen schädliche Allele erben können – *Inzuchtdepression*. Wenn sie sich mit jemandem paaren, der zu anders ist, so werden sie weniger von ihren Genen weitergeben, als sie könnten. Davon abgesehen könnten sich weiter entfernt verwandte Gene auf eine Art und Weise verbinden, die schädlich für den Nachwuchs ist – *Auskreuzungsdepression*. Laut Forschungsergebnissen aus Island ist das „Optimum" im Hinblick auf Fruchtbarkeit, also die Hervorbringung der höchsten Kinderzahl, der Cousin bzw. die Cousine 3. Grades[19] oder ein Mensch, mit dem Sie prozentual genauso viele Gene mehr als mit der Gesamtbevökerung teilen wie mit einem Cousin oder einer Cousine 3. Grades. Diese Praxis der assortativen Paarung innerhalb voneinander getrennter Populationen ist faktisch eine Art von *Endogamie* („Binnenheirat") und führt dazu, dass die Unterschiede zwischen den Populationen mit der Zeit immer größer und größer werden, möglicherweise so lange, bis der Unterschied ausreicht, um zwei Populationen als unterschiedliche Rassen anzusehen. Wie wir sehen werden, sind an der Herausbildung unterschiedlicher Rassen jedoch auch noch andere Selektionsfaktoren beteiligt.

Einige Eigenschaften, etwa die Augenfarbe, funktionieren nicht auf diese Weise. Stattdessen finden sich hier einige wenige Gene mit großen Auswirkungen. Wenn ein Allel ein anderes schlicht überlagert, liegt eine *dominante* Vererbung vor. So ist zu erklären, dass bei einem Elternteil mit braunen Augen und einem mit blauen Augen die Kinder mit viel höherer Wahrscheinlichkeit braune Augen haben werden. Die dritte Form der genetischen Interaktion wird *Epistase* genannt. Wechselwirkungen können zwischen Genen mit *sowohl* additiven *als auch* dominanten Effekten stattfinden, aber die Wirkung des einen Gens wird nur dann ausgelöst werden, wenn auch das andere vorliegt. So funktioniert die Epistase. Die Gene verhalten sich wie Jack Sprat und seine Frau im Kinderreim:

Jack Sprat could eat no fat,
His wife could eat no lean.

Ein Gen bewirkt für sich allein nicht viel, doch wenn beide zusammen vorliegen, treten sie in eine Wechselwirkung:

And so between them both, you see,
They licked the platter clean.

Gene mit dominanten Effekten und Wechselwirkungen tragen weniger zur Intelligenz bei als die reine Additivität.[20] Weil aber dominante und epistatische Wirkungen nichtsdestoweniger eine Rolle spielen, können Kinder sich durch genetischen Zufall gelegentlich merklich von ihren Eltern und Geschwistern unterscheiden. Das ist extrem selten, aber es ist *möglich*. Wenn von zwei weißen Amerikanern beide entfernte schwarze Vorfahren haben (beispielsweise Sklaven), so kann es passieren, auch wenn es extrem unwahrscheinlich ist, dass sie miteinander ein Kind zeugen, das einen genetischen Rückschlag darstellt und diese afroamerikanischen Gene in seiner Erscheinung klar widerspiegelt. In ganz ähnlicher Weise können zwei Menschen mit durchschnittlichem IQ ein extrem altkluges Kind hervorbringen, einfach durch genetischen Zufall.

Natürliche Selektion

Nachdem wir nun die verschiedenen Arten des genetischen Erbes verstehen, können wir uns den unterschiedlichen Weisen zuwenden, auf die Gene selektiert werden. Es gibt vier wesentliche Arten der Selektion: *Natürliche Selektion* ist der Prozess, durch den ein Organismus – sowohl körperlich als auch geistig – an eine spezifische Umgebung angepasst wird. Im Verlauf der Zeugung ererbt ein Embryo Kopien der Gene beider Elternteile. Manchmal wird irgendetwas schief gehen, und diese Gene werden nicht korrekt kopiert werden. Dadurch entstehen Mutationen. Unter den rauen Bedingungen der natürlichen

Selektion sind Organismen stark an ihre jeweilige Umwelt angepasst; die Mutationen werden sie deshalb fast immer weniger gut angepasst dastehen lassen. Dementsprechend werden die Träger dieser Mutationen negativ selektiert werden. Sie werden ihre Gene entweder gar nicht oder nur in unbedeutendem Ausmaß weitergeben. Bisweilen wird eine Mutation ihren Träger tatsächlich mit einem *Vorteil* in seiner spezifischen Umgebung ausstatten. Ein hellerer Hautton hätte, wie bereits erwähnt, dem ersten weißhäutigen Menschen einen Vorteil verschafft, weil er oder sie in einer Umwelt, in der es für einen Großteil des Jahres verhältnismäßig dunkel war, mehr Sonnenlicht hätte aufnehmen und in Vitamin D umsetzen können.[21] Wenn es zu derartigen Mutationen kommt, dann werden die Gene *positiv selektiert*, und der Träger endet mit einer größeren Anzahl von Nachkommen. Grundsätzlich werden Mutationen *negativ selektiert.*

Sexuelle Selektion

Die zweite Art der Selektion ist die *sexuelle Selektion.* Die Männchen der meisten Tierspezies kämpfen darum, sich mit so vielen Weibchen wie möglich zu paaren. Wer diese Kämpfe gewinnt, bestimmt damit, wer der Stärkste und Gesündeste ist, wer also nur sehr wenige mutierte Gene aufweist. Hirschen wachsen Geweihe, Widdern wachsen Hörner, Pfauen wachsen kunstvolle Schwanzfedern. Ihnen wachsen diese Anhängsel *nicht* zum Schutz vor Fressfeinden oder als Waffen oder zur Tarnung, sondern damit sie vor Weibchen quasi „herumprotzen“ und vorwiegend symbolische Kämpfe mit anderen Männchen austragen können, um ihre Potenz zu beweisen. Die Weibchen ihrerseits fühlen sich zu den Siegern dieser Kämpfe sexuell hingezogen. Wenn es nach ihnen geht, so wird das dominante Männchen ihnen gesündere Kindern verschaffen, und diese Kinder werden die Härten der natürlichen und der sexuellen Selektion selbst mit höherer Wahrscheinlichkeit überleben. Das bedeutet, dass die Gene des Weibchens eher weitergegeben werden. Die Population wird zum Teil dadurch gesund erhalten, dass diejenigen mit einer geringen genetischen Gesundheit – die einen hohen Anteil mutierter Gene mit sich herumtragen – feststellen müssen, dass die Weibchen keinen Sex mit ihnen haben wollen. Vielmehr werden die Weibchen jeden Versuch eines unattraktiven – also eine hohe Mutationsbelastung aufweisenden – Männchens, sich mit ihnen zu paaren, aggressiv abwehren. Darwin selbst machte die Beobachtung: „Es ist sicher, dass bei fast allen Thieren ein Kampf zwischen den Männchen um den Besitz des Weibchens besteht.“[22] Männchen kämpfen um Territorium, oder – im Falle geselliger Wesen wie der Menschen – die Gruppe kämpft um Territorium, aber dann kämpft jedes Männchen um eine Stellung in der Statushierarchie der Gruppe. Nur wer Erfolg dabei hat, Territorium oder einen hohen Status innerhalb der Hierarchie zu gewinnen, wird die Weibchen anziehen. Und die Männchen werden das letztendlich durch gewonnene Kämpfe vollbringen.

Darüber hinaus werden die Weibchen im Allgemeinen von solchen Eigenschaften, die den Männchen einen höheren Status einbringen, besonders angezogen. In einer Gesellschaft, in der Status erkämpft werden muss, werden das Anzeichen für körperliche Stärke und genetische Gesundheit sein: Muskeln, Größe, eine lange Haarmähne etc. Die Männchen präsentieren diese erwünschten Eigenschaften, indem sie vor den Weibchen kämpfen oder das tun, was als „Zurschaustellung“ oder „Herumstolzieren“ bezeichnet wird. Sie laufen herum und preisen die Qualität ihrer Gene an. Ein gutes Beispiel hierfür ist das bereits erwähnte Rad des Pfaus. Wie der amerikanische Psychologe Geoffrey Miller beobachtet hat, wird nur ein genetisch gesunder Pfau über die nötigen bioenergetischen Ressourcen verfügen, ein ausladendes und farbenprächtiges Muster auszubilden.[23] Der männliche Mensch wird üblicherweise seinen (vorgeblichen) Reichtum präsentieren, und damit – implizit – seinen verhältnismäßig hohen Rang innerhalb der Hierarchie. Er verfügt über die Ressourcen, sich ein Designerhemd und einen Sportwagen zu kaufen, oder zumindest will er, dass die Weibchen das von ihm glauben.

Gruppenselektion

Die dritte Art der Selektion ist die *Gruppenselektion*, die sich auf Konflikte zwischen Gruppen um Territorium und Fortpflanzungsmöglichkeiten erstreckt. Wenn zwei Gruppen, die unterschiedliche Arten des Sozialverhaltens pflegen – beispielsweise unter sich mehr bzw. weniger eng zusammenarbeiten –, einander feindliche gegenüberstehen, dann kommt es zur Gruppenselektion, und am Ende triumphiert meist die eine Gruppe über die andere.

Dazu ist zu sagen, dass es über die Nützlichkeit der Gruppenselektion als Konzept eine beträchtliche Debatte gibt. Der amerikanische Evolutionsbiologe David Sloan Wilson hat die Theorie der *Multilevel-Selektion* vorgebracht.[24] Er ist der Ansicht, dass ab dem Auftreten kooperativer Gruppen innerhalb einer Spezies die Selektion dafür sorgt, dass solche Gruppen bevorzugt werden, die das optimale Maß an bestimmten Qualitäten aufweisen, welche es ihnen ermöglichen, andere Gruppen auszustechen. Demzufolge würde die Selektion nach wie vor die Individuen innerhalb einer Gruppe beeinflussen, aber auch auf der Ebene der Gruppen selbst – als Ansammlung von Individuen (die sich selbst als solche wahrnehmen und ihre Gruppe nach außen abgrenzen) – bemerkbar werden, und könnte unter gewissen Umständen von der individuellen zur Gruppenselektion wechseln. In der Tat lässt sich dieses Modell der Gruppenselektion als logische Erweiterung von etwas, das die meisten Evolutionsbiologen gern akzeptieren, betrachten.

Der britische Biologe William Hamilton (1936–2000) kam auf etwas, das er „Gesamtfitness" nannte.[25] Dahinter steht die Vorstellung, dass es mehrere Wege gibt, die eigenen Gene weiterzugeben; das Zeugen von Nachwuchs ist nicht der einzige. Hamilton vertrat die Ansicht, dass wir alle einem Prozess der „Verwandtenselektion" folgen, indem wir uns für Menschen einsetzen, die nicht unsere Kinder, aber dennoch eng verwandt mit uns sind. Dementsprechend werden sich Onkel und Tanten um ihre Nichten und Neffen kümmern, mit denen sie 25 % ihrer Gene teilen. Cousins, die 12,5 % ihrer Gene miteinander teilen, werden einander helfen, und dies kann sogar für entfernte Cousins gelten, bei denen der ältere den jüngeren wie eine Nichte oder einen Neffen behandelt. Hamilton zufolge werden sich Menschen dann altruistisch verhalten, wenn der Nutzen für ihre Gesamtfitness größer ausfällt als die Kosten ihres Handelns für dieselbe – dies ist bekannt als „Hamiltons Regel". Wenn wir annehmen, dass die Menschen tatsächlich unbewusst Hamiltons Regel folgen, dann ergeben gewisse Verhaltensweisen allmählich viel mehr Sinn. Beispielsweise würde es dadurch sinnvoll werden, wenn eine in den Wechseljahren befindliche Mutter ihr Leben opferte, um ihr einziges

Kind zu retten. Es würde weniger sinnvoll werden, wenn man eine 21-jährige Mutter vor die Wahl zwischen dem Leben ihres ungeborenen Kindes und ihrem eigenen Leben stellte, weil sie noch viele weitere Kinder empfangen könnte. Unter solchen Umständen würden wir von ihr erwarten, sich für ihr eigenes Leben zu entscheiden. Für eine alte Jungfer von Tante, die keine eigenen Kinder hat, ist es wiederum sinnvoll, sich für die Kinder ihrer Geschwister einzusetzen und ihnen Geschenke zu machen. Indem sie das tut, ist sie nicht einfach nur altruistisch – denn in dem Fall könnte sie ja auch einfach ihr Geld für wohltätige Zwecke spenden. Sie trägt vielmehr dazu bei, dass ihre eigenen Gene weitergegeben werden, von denen jeder Neffe und jede Nichte 25 % in sich trägt.

Der Gedanke der *Verwandtenselektion* läßt sich zur *Gruppenselektion* ausbauen. Es ist eine genetische Tatsache, dass ethnische Gruppen genetische Cluster darstellen – das zeigt sich, wenn man die Daten aus Genuntersuchungen einer Population vergleicht. Dies gilt sogar für sehr kleine Populationen. Nehmen wir die angestammten Bevölkerungen von England und Dänemark, die einander – ethnisch gesehen – ziemlich ähnlich sind: Anhand von Genproben lässt sich zeigen, dass ein durchschnittlicher Engländer dem nächsten durchschnittlichen Engländer genetisch (ein wenig) ähnlicher ist als dem durchschnittlichen Dänen. Der australische politische Verhaltensbiologe Frank Salter hat errechnet, dass bei einer nur von Engländern und Dänen bevölkerten Welt der genetische Verwandtschaftskoeffizient zwischen zwei Durchschnittsengländern (oder zwei Durchschnittsdänen) 0,0021 betragen würde. Dieser Koeffizient entspräche gemeinsamen Urururururgroßeltern, sie wären also Cousins 7. Grades. Genetisch betrachtet könnte es für einen Engländer sinnvoll sein, zu kämpfen, um seine ethnische Gruppe vor den Dänen zu schützen, auch wenn er damit das Risiko einginge, selbst keine Kinder zu haben. Wenn er durch sein Handeln 60 Dänen davon abhielte, an die Stelle von 60 Engländern zu treten, so würde das ein Kind aufwiegen, das der Soldat nicht hat.[26]

Diese Zahlen beruhen auf alten Untersuchungsdaten. Neuere Erkenntnisse des Humangenomprojektes bestätigen jedoch, dass ethnische Gruppen genetische Cluster sind. Ihnen zufolge betrüge auf einer nur von angestammten Franzosen und angestammten Japanern bevölkerten Welt der Verwandtschaftskoeffizient zwischen zwei zufällig ausgewählten Franzosen (oder Japanern) 0,06; das entspricht Cousins 1. Grades. Ein französischer Soldat müsste nur vier Japaner daran hindern, vier Franzosen zu ersetzen, um den Verlust eines Kindes wettzumachen. Das Gleiche würde für japanische Soldaten gelten, die einen französischen Einfall abwehrten.[27] Ein Soldat, der bei einer solchen Unternehmung sein Leben opfert, würde also auf der Ebene der Gruppenselektion handeln. Tatsächlich haben Computersimulationen gezeigt, dass unter ansonsten völlig gleichen Parametern die am meisten ethnozentrische Gruppe – jene, deren Angehörige am ehesten dazu neigen, Außenstehende abzuwehren und für das höhere Wohl Opfer zu bringen – im Kampf der Gruppenselektion am Ende immer siegt.[28] Wir werden uns in den Kapiteln 9 und 10 näher damit beschäftigen.

Gruppenselektion ist bloß die logische Erweiterung davon, denn bei ethnischen Gruppen handelt es sich um erweiterte Verwandtschaftsgruppen.[29] Die wichtige Einschränkung in diesem Modell ist, dass Menschen sich nur dann altruistisch verhalten werden, wenn der genetische Vorteil das Opfer übertrifft. Das bedeutet, dass sie sich von eigennützigen Schnorrern weniger leicht ausnutzen lassen. Sie sind altruistisch, aber nur innerhalb gewisser Grenzen.

Nichtsdestoweniger erregt die Gruppenselektion vehemente Kritik vonseiten einiger Biologen. Einer der Gründe hierfür scheint ein schlichtes Missverständnis darüber, was damit gemeint ist, zu sein. Wenn moderne Evolutionspsychologen über Gruppenselektion sprechen, dann meinen sie die Multilevel-Selektion oder das, was oft als „Neue Gruppenselektion" bezeichnet wird. Das ursprüngliche Modell der Gruppenselektion besagte, dass sich altruistisches Verhalten herausgebildet habe, weil kooperative Gruppen bessere Überlebenschancen gehabt hätten. Der wesentliche Schwachpunkt dieser Theorie war die „Zersetzung von innen". Jede Gruppe von Altruisten würde von eigennützigen Schnorrern ausgenutzt werden, die durch genetischen Zufall auf den Plan träten, und diese würden die Altruisten verdrängen.[30] Das ist aber nicht, wofür die Neue Gruppenselektion steht. Wie wir bereits gesehen haben, ist die Neue Gruppenselektion einfach nur die Ausdehnung der Verwandtenselektion auf eine sehr weit entfernte Verwandtschaft – auf die ethnische Gruppe. Sie unterscheidet zwischen „Verwandtschaft“ und „ethnischer Gruppe“, weil die meisten Menschen ihre ethnische Gruppe nicht notwendigerweise als genetische Verwandtschaft auffassen würden. Es besteht also ein differenzierter Unterschied zwischen der Neuen Gruppenselektion und der Verwandtenselektion.

Die Neue Gruppenselektion ist von dem kanadischen Biologen Steven Pinker ausführlich kritisiert worden.[31] Seine wesentlichen Kritikpunkte beziehen sich darauf, dass die Gruppenselektion vom Modell der „zufälligen Mutationen“ abweiche, die der Evolution inhärent seien. Darüber hinaus ist er der Ansicht, dass wir eindeutig nicht dafür selektiert werden, unseren Individualinteressen zu schaden, wie es die Gruppenselektion impliziert. Und er beteuert, dass menschlicher Altruismus im Eigeninteresse sei und nichts mit der Selbstaufopferung gemein habe, die man bei unfruchtbaren Arbeitsbienen findet.

Jedem dieser Punkte lässt sich etwas entgegnen. Erstens: Wenn das Modell der Gruppenselektion auf jenem der Individualselektion aufbaut, dann wird es sehr wahrscheinlich ein etwas anderes Bild entwerfen. Es aus diesem Grund abzulehnen, scheint nichts anderes auszudrücken als ein sehnsüchtiges Hängen am ursprünglichen Bild. Zweitens unterbreitet das Modell der Gruppenselektion lediglich den Vorschlag, dass eine Gruppe erfolgreicher sein könnte, wenn es darin genetische Vielfalt gibt, das heißt: wenn ein optimaler Prozentsatz ihrer Angehörigen dazu neigt, sich für die Gruppe zu opfern. Drittens ist es klar erkennbar der Fall, dass in vielen Gruppen in der Tat ein kleiner Teil dazu bereit ist, sich für die Gruppe zu opfern; andernfalls verfügten wir nicht über diese große Auswahl an Dichtung, die gefallene Helden ehrt. Von daher scheint es mir vernünftig zu sein, die Multilevel-Selektion zu akzeptieren. Darüber hinaus haben Computersimulationen gezeigt, dass Gruppen, die intern kooperativ organisiert, aber Außenstehenden gegenüber abweisend sind, letzten Endes den Kampf der Gruppenselektion gewinnen: Nach vielen Generationen beherrschen sie die digitale Umgebung. Das ist Gruppenselektion in Aktion.[32]

Es ist auch beachtenswert, was für einer Sprache Pinker sich bei seiner Kritik der Gruppenselektion bedient. Sein Essay trägt den Titel „The *False Allure* of Group Selection“ [dt.: „Der *trügerische Reiz* der Gruppenselektion“], und er bezeichnet diese als „Wollmaus“

und „haarigen Klumpen", der anscheinend in „eine kunterbunte Ansammlung anderer, längst verrufener Ansichten hinüber [führe]". Die Gruppenselektion habe, so behauptet Pinker, „der psychologischen Erkenntnis Scheuklappen aufgesetzt, indem sie viele Menschen *verführt* [habe]" (Hervorhebung E. D.). Das ist ein emotional manipulativer Sprachgebrauch, der den Leser dazu zu nötigen versucht, die Gruppenselektion mit sexueller Ausnutzung zu assoziieren, mit Dummheit, mit Lasttieren und damit, „verrufen" zu sein. Mit anderen Worten: Pinker bedient sich des logischen Fehlschlusses der „Brunnenvergiftung", und die Tatsache, dass er sich so verhält, lässt auf eine kognitive Dissonanz schließen – darauf, dass er das Konzept der Gruppenselektion aus ganz persönlichen Gründen ablehnt, aber dessen wahrscheinliche Gültigkeit erkannt hat und dadurch zu einer emotionalen Reaktion verleitet wurde.[33]

Nachdem wir nun ein klares Verständnis davon haben, wie Selektion funktioniert, können wir uns dem Kernthema dieses Buches zuwenden: *Was ist Rasse?* Wie haben sich die unterschiedlichen Rassen entwickelt? Wo liegen ihre genetischen Unterschiede? Wie viele Rassen gibt es?

3. Dieser Grizzly ist kein soziales Konstrukt: Die Entstehung von Rassen

Das Wort „Rasse“ ist im Alltagsgebrauch so fest etabliert, dass eine Definition überflüssig zu sein scheint – *man erkennt es, wenn man es sieht.* Kaum jemand hat Schwierigkeiten damit, zum Beispiel Samuel L. Jackson als einen „Schwarzen“ oder Tom Cruise als einen „Weißen“ zu klassifizieren. Man kann Japan gefahrlos als „asiatisches Land“ bezeichnen, weil damit die geografische Lage und die Rasse der dortigen Menschen gleichermaßen gemeint sind. Und ganz sicher haben die Verwaltungen der großen Universitäten, Unternehmen oder Anwaltskanzleien in Amerika und Westeuropa keine Schwierigkeiten mit grundsätzlichen Einordnungen, wenn sie versuchen, für mehr „Vielfalt“ zu sorgen. Auch sie erkennen die Rassen, wenn sie sie sehen.

Es gibt natürlich auch Mehrdeutigkeiten, wenn es um die Rasse von sowohl Individuen als auch Gruppen geht. Der ehemalige US-Präsident Barack Obama beispielsweise hatte einen afrikanischen Vater und eine europäischstämmige amerikanische Mutter, doch wird von den Medien als „erster schwarzer Präsident der Vereinigten Staaten“ angesehen und sieht sich weitgehend auch selbst als solcher. Die Stämme, aus denen das Staatsvolk Kasachstans besteht, haben vielfältige mongoloide, turkische, slawische und europäische Ursprünge und entziehen sich womöglich den im Westen vorherrschenden typischen Einordnungen. Und Begriffe wie „Schwarze“, „Weiße“ sowie „Farbige“ haben in Amerika und in Brasilien unterschiedliche Bedeutungen, was an den unterschiedlichen Historien dieser beiden Länder in Bezug auf Sklaverei und Rassenbeziehungen liegt.

Nur weil ein Begriff wie jener der Rasse „unscharfe Grenzen“ hat, ist er aber nicht an und für sich unvernünftig oder hat keinen Bezug zu einer wichtigen Tatsache. Und wie wir noch sehen werden, wird das Rassenkonzept durch seine „unscharfen Grenzen“ in Wirklichkeit noch gestützt, weil die Grenzen eben durch die Vermischung unterschiedlicher Rassen so unscharf sind.

Das Konzept der *Spezies* oder Arten – einer Population von Organismen, die sich untereinander fortpflanzen und genetisches Material austauschen können – ist eine der am wenigsten kontroversen Vorstellungen in den Naturwissenschaften. Doch selbst dort finden wir „unscharfe Grenzen“ und „Ausnahmen“. Die klare Trennungslinie zwischen zwei Spezies ist, dass sie sich nicht untereinander paaren und Nachkommen hervorbringen können. Und doch gibt es das Maultier, das sterile Resultat aus der Paarung eines männlichen Esels mit einer Pferdestute, welches seit Jahrhunderten als Nutztier gehalten wird. Von Löwen und Tigern ist bekannt, dass sie, wenn man sie in Gefangenschaft zusammenführt, je nach der Paarung von Männchen und Weibchen „Liger“ und „Töwen“ hervorbringen. Diese Nachkommen sollten eigentlich unfruchtbar sein, doch einige Paare resultierten auch in zeugungsfähigen Jungen. Keines dieser Beispiele – so verblüffend sie auch sein mögen – stellt jedoch ernsthaft infrage, dass es sich bei Eseln und Pferden oder Löwen und Tigern um unterschiedliche Spezies handelt.

In der Natur fallen viele Tiere in die Kategorie der *Subspezies* oder Unterarten: Dabei handelt es sich um eine Fortpflanzungsgemeinschaft, die von anderen solchen Gemeinschaften derselben Spezies lange genug getrennt war, um sich merklich an eine andere Umgebung angepasst zu haben, aber nicht so lange, dass ihre Angehörigen mit solchen der anderen Gruppen keine fruchtbaren Nachkommen mehr zeugen könnten. In der freien Wildbahn gibt es Subspezies in Hülle und Fülle. Der nordamerikanische Grizzlybär beispielsweise ist eine eigenständige Subspezies des Braunbären. Er kann sich mit allen Braunbären paaren, sogar mit entfernteren Verwandten wie den Polarbären, wobei dann „Pizzlybären“ herauskommen. Und in unterschiedlichen Regionen Nordamerikas verfügt die Grizzly-Subspezies über ihre eigenen morphologischen Varianten – oder „Sub-Subspezies“, wenn man so will.

Beim Menschen (*Homo sapiens*) werden die Subspezies als „Rassen“ bezeichnet, und darum geht es in diesem Buch, wenn von „Rasse“ die Rede ist. Eine Rasse ist eine Fortpflanzungsgemeinschaft, die sich aufgrund von geografischer Isolation, kultureller Absonderung oder Endogamie genetisch von anderen solchen Gemeinschaften unterscheidet und die im Vergleich mit anderen Fortpflanzungsgemeinschaften einzigartige Muster der genotypischen Häufigkeit einer Reihe von interkorrelierenden Merkmalen aufweist.[34]

Die offensichtlichsten Manifestationen davon sind erkennbare Unterschiede in der körperlichen Erscheinung sowie in den körperlichen und geistigen Fähigkeiten, die miteinander korrelieren. Dies zeigt, dass es vor dem Hintergrund des wissenschaftlichen Strebens nach der Möglichkeit zutreffender Vorhersagen über die Welt nützlich ist, Menschen in rassische Kategorien einzuteilen, ganz so, wie wir jede andere tierische Spezies in Unterspezies einteilen würden. Natürlich sind diese Subspezies nicht unveränderlich. Sie sind dem Evolutionsdruck unterworfen und machen dementsprechend ununterbrochen eine langsame Veränderung durch, so wie alles in der Welt. (Wir werden uns mit der Entstehung neuer Rassen und Ethnien, der „Ethnogenese", in den Kapiteln 4 und 9 beschäftigen.)

Die Unterteilung der menschlichen Spezies in Subspezies ist so klar erkennbar, dass das Phänomen empirisch feststellbar und unwiderlegbar ist. Wir müssen es nur mit einem Wort versehen. Ob wir es nun „Subspezies", „Rasse", „Art" oder vielleicht „genetischer Cluster" nennen, ist bedeutungslos, solange damit das Gleiche gemeint ist. Es sollte unmittelbar einleuchten, dass der Begriff „Rasse" vollkommen unumstritten sein sollte, ebenso wie der Begriff „Subspezies" vollkommen unumstritten ist, wenn es um Tiere geht – sofern wir die darwinsche Ansicht akzeptieren, dass es sich beim Menschen um eine hochentwickelte Form des Affen handelt. Daraus folgt, dass Menschen, die diesen Begriff kontrovers finden, letztlich nicht die Wirklichkeit der darwinschen Evolution akzeptieren: Sie betrachten den Menschen ausdrücklich als irgendwie „besonders" – als einzigartiges Abbild Gottes.

Wie wir bereits festgestellt haben, werden sich Individuen und selbst Gruppen finden, die nicht ohne Weiteres in eine der beiden Kategorien hineinpassen. Geografische Kontaktbereiche können sich viele Tausende von Jahren nach der Trennung der Rassen herausbilden und zur Entstehung rassischer Hybride führen. Diese Hybride weisen im Verhältnis zu ihren beiden Elternrassen üblicherweise mittelwertige Genfrequenzen auf, abhängig vom Grad der Vermischung.

Und wenn der Hybrid in der Folge geografisch und kulturell von seinen Elternrassen abgeschnitten wird, mag sich daraus ein Anlass ergeben, ihn als eine eigenständige Rasse zu bezeichnen. Diese rassischen Hybride werden als Klinen bezeichnet. Zu den Beispielen hierfür gehören viele *Hispanics*[35] (insbesondere die „Mestizos“, die teils von amerikanischen Ureinwohnern, teils von Europäern abstammen), *Cape Coloureds* (europäisch mit subsahara-afrikanischer und anderer rassischer Beimischung) und Afroamerikaner (subsahara-afrikanisch, meist aus dem Westen, mit europäischer Beimischung).[36]

Man könnte auch aschkenasische Juden als eine Kline ansehen. Ihre mütterliche Erbsubstanz hat sich als zu 40 % europäisch erwiesen. Das würde mit Männern aus dem Nahen Osten, die nach Osteuropa gelangt wären und nichtjüdische Frauen geheiratet hätten, übereinstimmen. Bemerkenswert ist, dass dies mit dem Stereotyp, wonach das Judentum stets über die mütterliche Linie vererbt wird, völlig unvereinbar ist. Und es würde potenziell auch darauf hindeuten, dass zu verschiedenen Zeitpunkten einige Europäer zum Judentum konvertierten, aus welchen Gründen auch immer.[37] Die sephardischen Juden sind eine weitaus weniger durchmischte Population; Genanalysen sephardischer Juden aus Nordafrika haben jedoch übereinstimmend eine vermischte Herkunft nachgewiesen. Die Sephardim bilden sich heraus „während der klassischen Antike mit der Bekehrung der örtlichen Bevölkerungen, gefolgt von einer genetischen Isolation mit dem Aufstieg des Christentumes und dann des Islam, sowie einer Vermischung nach der Auswanderung sephardischer Juden während der Inquisitionszeit“[38]. Von daher wäre es durchaus legitim, die aschkenasischen Juden als eine europäisch-nahöstliche Kline und die Sephardim als eine nahöstliche Gruppe mit europäischer Beimischung zu betrachten. Im Falle von Juden, die in Indien oder im Jemen leben, hat eine so erhebliche Durchmischung stattgefunden, dass sie sich nur noch wenig von der Bevölkerung um sie herum unterscheiden, auch wenn sie letzten Endes von einem jüdischen Urahn abstammen mögen. Die äthiopischen Juden stammen von antiken Konvertiten ab und sind anderen äthiopischen Stämmen genetisch sehr ähnlich.[39] Einige Gelehrte sind allerdings der Ansicht, dass diese Bevölkerungsgruppe ursprünglich von wandernden Juden begründet worden sei, die konvertiert wären und sich dann mit den Äthiopiern vermischt hätten.[40]

Innerhalb der akzeptierten „Rassen“ gibt es weitere Unterkategorien, die noch kleinere Zeiträume der geografischen Isolation oder Bruchteile einer Beimischung anderer Rassen und somit sogar noch geringere Grade der genetischen Differenz widerspiegeln. Nichtsdestoweniger bilden solche Gruppen – wenn auch nur schwach – durchschnittliche Unterschiede in Genfrequenzen oder interkorrelierenden Merkmalen ab und können als „Rassen im Werden“ aufgefasst werden.[41] Einige von ihnen werden als „Ethnien“ oder „ethnische Gruppen“ bezeichnet.[42] Sie werden durch den Glauben an eine gemeinsame Abstammung, eine gemeinsame Geschichte, eine einzigartige gemeinsame Kultur, die gemeinsame Bindung an ein Heimatland und ein gewisses Ausmaß an Solidarität definiert.[43] Und im Hinblick auf ethnische Gruppen sollte man diese nicht genetischen Faktoren keinesfalls unterschätzen. Die Iren etwa sind ein kaukasoides Volk und innerhalb dessen Teil einer keltischen Untergruppierung, die aus Mitteleuropa stammt. Natürlich erfassen solche Bestimmungen anhand von Erbfaktoren nicht, was es bedeutet, Ire zu sein: die irische Sprache, allgemein verbreitete Mythen und Folklore, die katholische Kirche und eine gemeinsame Geschichte. Mit anderen Worten: Wie auch immer eine Ethnie genetisch definiert werden kann – Sprache, Mythen und Politik sind von überragender Wichtigkeit für ihr Selbstverständnis.

Ethnische Gruppen innerhalb derselben Rasse werden sich abhängig von dem Maß, in dem sie in Kontakt mit anderen Rassen gekommen sind, voneinander unterscheiden. Doch sie alle werden sich nichtsdestoweniger genetisch und physisch hinreichend von jenen anderen Rassen unterscheiden – und einander genetisch näher stehen als beliebigen Angehörigen derselben –, um sinnvollerweise als Angehörige ihrer eigenen Rasse anstatt als eine Kline kategorisiert zu werden. Das zeigt sich bei den Europäern. In der europäischen Peripherie gibt es bei der angestammten Bevölkerung kleine Anteile nichteuropäischer Beimischung. Beispielsweise tragen ungefähr 1 % aller Europäer die subsahara-afrikanische Haplogruppe L in sich. In Portugal jedoch sind es 5,83 % sowie 3 % in Spanien[44] und Teilen Süditaliens[45]. Darin spiegelt sich der historische Einfluss der Mauren und der afrikanischen Sklaven, die sie einführten. In gleicher Weise ist der Grad südasiatischer Einmischung auf der Iberischen Halbinsel und in anderen Teilen Südeuropas durch den Kontakt mit Mauren oder Türken höher. Am nördlichen Rand Europas tragen die Finnen ungefähr 5–10 % nordostasiatischer Gene in sich.[46] Bei europäischen Völkern, die von anderen Rassen bewohnte Gebiete kolonisiert, aber sich von den Eingeborenen streng abgesondert haben, finden sich gleichwohl üblicherweise gewisse Beimischungen derselben. Der durchschnittliche südafrikanische Afrikaaner etwa ist zu ungefähr 94 % weiß, während die übrigen Gene ebenso khoikhoi- und nicht-khoikhoi-afrikanischen wie süd- und ostasiatischen Ursprungs sind.[47] (Wir werden uns im nächsten Kapitel mit dem Wesen der Khoikhoi befassen.)

Ethnische Gruppen innerhalb derselben Rasse lassen sich anhand des Grades, wie sehr sie genetisch miteinander verwandt sind, weiter unterteilen. Innerhalb Europas wurde zum Beispiel nachgewiesen, dass im Vergleich verschiedener europäischer ethnischer Gruppen die geografische Nähe ein starker Platzhalter für genetische Verwandtschaft ist: Je näher ihre Heimatländer einander liegen, desto genetisch ähnlicher sind sie einander tendenziell.[48] Es gibt jedoch aus verschiedenen Gründen, wie geografischer Isolation, Sonderfälle. Die Finnen etwa sind von anderen europäischen Volksgruppen genetisch verhältnismäßig isoliert,[49] was an ihrer geografischen Abgeschiedenheit und dem „Gründereffekt“ liegt,[50] einem Konzept, mit dem wir uns im nächsten Abschnitt befassen wollen.

Die Entstehung von Rassen

Es gibt fünf in Wechselbeziehung stehende Prozesse, durch welche sich Rassen oder Subspezies entwickeln: Migration, Gendrift, Mutation, Anpassung und Zucht. Wir werden uns ihnen allen nacheinander widmen.

Gründereffekt

Eine konkrete Population teilt sich auf, und Teile dieser Population wandern in ein neues Gebiet ab. Nachdem sie aufgehört haben, sich untereinander zu paaren, werden die beiden Gruppen genetisch nach und nach immer unterschiedlicher. Dies geschieht besonders dann, wenn die Anzahl der Gründer klein ist und die Populationen isoliert bleiben. Exemplarisch hierfür stehen die beträchtlichen genetischen Unterschiede zwischen den (an der Küste lebenden) Westfinnen und den Ostfinnen. Das östliche Finnland war bis ins 16. Jahrhundert eine Wildnis, als eine kleine Zahl von Westfinnen ins Binnenland abwanderte. Dadurch entstanden im östlichen Finnland abgeschiedene Gemeinschaften mit sehr kleinen Genpools, was zu signifikanten genetischen Unterschieden zwischen den beiden Arten von Finnen führte. Ausländern wird vielleicht am stärksten auffallen, dass Ostfinnen oft ausgesprochen extravertiert und selbstbewusst sind, mit anderen Worten: viel weniger „typisch finnisch“, denn Finnen sind dafür bekannt, schüchtern und in sich gekehrt zu sein.[51]

Gendrift

Genfrequenzen verändern sich im Laufe der Zeit auf zufällige Weise. Die genetische Mutation geschieht selbstverständlich von Natur aus rein zufällig. Wenn dieser Effekt über lange Zeit hinweg wirksam ist, kann er zu wachsenden Unterschieden zwischen Rassen und Subspezies führen. Übrigens hat sich auch dieser Effekt als relevant erwiesen, wenn es darum geht, die Unterschiede zwischen den West- und Ostfinnen zu verstehen.[52]

Mutation

Einzelne Gene können viele unterschiedliche Formen annehmen. Die bekannteste Unterscheidung besteht zwischen der „Langform“ und der „Kurzform“ bestimmter Gene, doch es gibt noch viele andere mögliche Unterscheidungen. Gene liegen in Allelpaaren vor, von denen je ein Allel von jedem Elternteil ererbt wurde. Genvarianten werden ebenfalls als Allele bezeichnet. Wenn Allele von den Eltern an ein Kind weitergegeben werden, geht der Kopiervorgang der genetischen Information manchmal schief, was zu einer Mutation – oder, anders gesagt: zu einem neuen Allel – führt. Der Mutationseffekt tritt ein, wenn in irgendeiner Population durch Zufall neue Allele auftreten und für das Überleben und die Fortpflanzung in der konkreten Umgebung dieser Population extrem vorteilhaft sind. Wenn das der Fall ist, dann verbreitet sich das fragliche Allel in der gesamten Population. Ein vorteilhaftes Allel kann in einer rassischen Population auftreten, in einer anderen derselben Rasse aber nicht, und das führt zu genetischen Unterschieden zwischen beiden.

Anpassung

Wenn eine Population in ein neues Gebiet übersiedelt, kann es passieren, dass Allele, die in der alten Umgebung nicht sonderlich hilfreich waren, hinsichtlich Überleben und Fortpflanzung vorteilhaft und dementsprechend auf einmal positiv selektiert werden. Im Einklang damit werden sie sich in der gesamten Population verbreiten. Dieser und der Mutationseffekt sind üblicherweise die wichtigsten genetischen Effekte, wenn es darum geht, rassische Unterschiede zu verstehen.

Domestizierung und Zucht

Darüber hinaus können Subspezies herausgebildet werden, wenn eine bestimmte Spezies von einer anderen domestiziert wird. Das offensichtlichste Beispiel sind Haustiere. Hunde stammen letzten Endes vom Wolf ab, und sie wurden von Menschen über Jahrhunderte hinweg planmäßig auf gewisse körperliche und Verhaltensmerkmale hin gezüchtet, die sie unter bestimmten Umständen nützlich werden lassen oder aus ihnen einfach freundliche und hübsch anzusehende Haustiere machen. Golden Retriever (die im 20. Jahrhundert als Rasse anerkannt wurden) verfügen über ein sanftes Gemüt, Schwimmhäute an den Füßen, wodurch sie im Wasser sehr beweglich sind, und einen behutsamen Biss, um geschossene Wasservögel für ihre Herren unbeschadet apportieren zu können. Bassets hingegen, bei denen es sich um eine viel ältere Hunderasse handelt, hängen dicht über dem Boden und haben eine leistungsstarke Nase, um Kaninchen nachzustöbern. Darwin nannte eine derartige Züchtung „künstliche Selektion", und in „On the Origin of Species" von 1859[53] verglich er diese wohlbekannte Vorgehensweise mit – und unterschied sie von – seiner neuen Theorie der „natürlichen Selektion".

Das Vorhandensein unterschiedlicher Rassen ist unkontrovers, wenn es um nicht menschliche Tiere geht. Wie schon gesagt: Wenn Darwins Evolutionstheorie akzeptiert wird, dann sollte es ebenso unkontrovers sein, festzustellen, dass es auch beim Menschen unterscheidbare Subspezies oder Rassen gibt. Wie der englische Biologe John Baker (1900–1984) festgestellt hat, gibt es bei unseren nächsten Verwandten, den Schimpansen, eine ganze Reihe von Subspezies.[54] Jede unterscheidet sich ein wenig von den anderen, weil sie alle sich in mehr oder weniger unterschiedlichen Umgebungen entwickelt haben, ganz im Einklang mit den oben beschriebenen Prozessen. Der Gemeine Schimpanse lebt in Westafrika, Guinea und Nigeria, der Zentralafrikanische Schimpanse lebt in Kamerun und Gabun, der Zwergschimpanse/Bonobo lebt in Gebieten im Norden und im Zentrum der Demokratischen Republik Kongo, und der Östliche Schimpanse lebt im Nordosten desselben Landes. Jede dieser Rassen unterscheidet sich in der körperlichen Erscheinung, in der Blutgruppenverteilung und sogar in den Schreien, durch die die Affen kommunizieren, voneinander.[55] Baker hat ähnliche Unterschiede auch zwischen Gorillarassen untersucht.

Haushunde unterschiedlicher Rassen können in den meisten Fällen zeugungsfähige Nachkommen hervorbringen und entsprechen dadurch der allgemein anerkannten Definition einer Spezies. Nichtsdestoweniger unterscheiden sich Haushunde nicht nur in der körperlichen Erscheinung, sondern auch in der Persönlichkeit und der Intelligenz voneinander. Der amerikanische Psychologe Stanley Coren hat beobachtet, dass die intelligentesten Haushunderassen die Border Collies (an der Spitze), die Pudel und die Golden Retriever sind. Diese Hunde verstehen neue Befehle nach weniger als fünf Wiederholungen und gehorchen in 95 % aller Fälle oder häufiger. Die am wenigsten intelligenten Rassen benötigen mehr als 80 Wiederholungen, um einen neuen Befehl zu verstehen, und gehorchen nur in weniger als 30 % der Fälle. Zu diesen verhältnismäßig unintelligenten Hunden zählen die Bassets, die Pekinesen und die Bulldoggen.[56] Wenn Sie jemals einen Hund aus einer dieser Rassen besessen haben, dann wissen Sie, wovon ich spreche. In anderen Spezies gibt es verschiedene Subspezies, die sich in ähnlicher Weise voneinander unterscheiden, auch wenn die Unterschiede nicht ganz so deutlich ausfallen wie jene innerhalb der künstlich herangezüchteten Spezies „Haushund“.

Der Rassenbegriff ist in Bezug auf nicht menschliche Tiere nützlich, weil die Aufteilung solcher Tiere in Rassen es ermöglicht, korrekte Vorhersagen über ihre körperlichen und geistigen Fähigkeiten zu treffen, was in der Praxis hilfreich ist, wenn man mit ihnen zu tun hat oder auch nur versucht, sie am Leben zu erhalten. Doch bevor wir derartige Unterschiede zwischen den Menschen untersuchen, wollen wir uns der Geschichte des Rassenbegriffes zuwenden.

Klassifizierungen von Rassen

Anthropologen begannen Mitte des 18. Jahrhunderts damit, die Menschenrassen systematisch zu klassifizieren, wobei sich das Bewusstsein darüber bereits weit früher finden lässt. Baker legt Belege vor, wonach es ein solches Bewusstsein in der Antike gab. Als die Indoafghanen um 1500 v. Chr. begannen, ins nördliche Indien vorzudringen (als Teil der sogenannten „Arischen Invasion"), schufen sie das, was später als Hindu-Kastensystem bekannt werden sollte – ein System, das ursprünglich klar entlang von Farben organisiert war. Das Wort für Kaste, *Varna*, bedeutet wortwörtlich „Farbe". Dem Alten Testament zufolge sollen den drei Söhnen Noahs drei unterschiedliche ethnische Gruppen entsprungen sein (vgl. Gen 10). Darin sehen wir Nachweise der Vorstellung, dass es sich bei unterschiedlichen rassischen Gruppen jeweils um erweiterte Familien handelt.[57] Es ließen sich viele weitere Beispiele anführen für das, was wir vorsichtig als „Bewusstsein rassischer Unterschiede" bezeichnen könnten, etwa Papst Gregor I. (540–604), der auf dem Marktplatz in Rom angelsächsische Sklavenjungen beobachtete und feststellte, wie anders als seine eigenen Landleute sie aussahen; so hat es Beda Venerabilis (um 672–735) ungefähr 731 niedergeschrieben.[58] Es ist allerdings in vielen Fällen unklar, ob die Menschen damals diese Unterschiede als erblich aufgefasst haben, obgleich einige Forscher der Ansicht sind, dass die alten Griechen über ein Konzept verfügten, das unserem heutigen Begriff der „Rasse" extrem nahekommt.[59]

Zum Ende des 18. Jahrhunderts hin wurde den rassischen Klassifizierungen ein zunehmendes Maß an quantitativer Genauigkeit beigegeben. Der niederländische Anatom Petrus Camper (1722–1789) führte den „Gesichtswinkel" ein, indem er einen Schädel horizontal ausrichtete und dann den Winkel und die Entfernung vom am weitesten zum am wenigsten vorstehenden Teil des Gesichtsschädels maß. Er stellte fest, dass die Schädel der Subsahara-Afrikaner schräger abfielen als jene der Europäer, während ein Schimpansenschädel sogar noch stärker geschrägt war.[60] Die Frage der rassischen Klassifikation erregte im Laufe des 19. Jahrhunderts besonderes Interesse; der vielleicht bekannteste Rassensystematiker dieser Ära war der französische Schriftsteller Arthur de Gobineau (1816–1882). Sein „Essai sur l'inégalité des races humaine" erschien 1855.[61] Die Frage nach rassischer Über- oder Unterlegenheit, auf die Gobineau sich konzentrierte, braucht uns an dieser Stelle nicht zu kümmern. Es ist jedoch bemerkenswert, dass Gobineaus Systematik aus nur drei wesentlichen Rassen zusammengesetzt war, wobei die Pigmentierung stellvertretend für interkorrelierte Unterschiede in Morphologie und Verhalten eingesetzte wurde: Weiß, Gelb und Schwarz. Innerhalb dieser ausladenden Kategorien untersuchte Gobineau zahlreiche „Unterrassen" einschließlich des nordischen Zweiges der „weißen" Rasse. Debatten über die genaue Anzahl der Rassen hielten das 19. Jahrhundert über an, doch es bestand allgemeine Einigkeit darüber, dass „Rasse" eine bedeutsame Systematik darstelle.

Im frühen 20. Jahrhundert sammelte man Daten über die unterschiedliche Häufigkeit der Blutgruppen in verschiedenen Bevölkerungsgruppen auf der ganzen Welt. Die Häufigkeit einer Reihe von Blutgruppen korrelierte mit rassischen Unterschieden in Pigmentierung und Morphologie: Die Blutgruppe A kommt bei 41–48 % der Europäer vor, aber bei nur ungefähr 28 % der Subsahara-Afrikaner. Die Blutgruppe B findet sich bei 10–20 % der Europäer und bei rund 34 % der Subsahara-Afrikaner. Bei den amerikanischen Ureinwohnern kommen die Blutgruppen A und B fast gar nicht vor, und die überwältigende Mehrheit weist die Blutgruppe 0 auf.[62]

Die Wissenschaftler fanden eine große Zahl wichtiger Unterschiede, die sich entlang der bereits von den Anthropologen des 18. Jahrhunderts vorgeschlagenen rassischen Trennlinien drängten, und diese ließen wichtige Vorhersagen zu Fragen der *Life history* zu. Einige Forscher begannen, mehr als drei unterschiedliche Rassen zu bestimmen. Der amerikanische Immunchemiker William Boyd (1903–1983) bediente sich der Daten über die Verteilung der Rhesusfaktoren (Rh), um eine fünfrassige Systematik vorzuschlagen.[63] Diese bestand aus:

1. **Europäern** mit hoher Dichte der Rhesusformeln Rh cde und cde;
2. **Afrikanern** mit sehr hoher Dichte von Rh cde;
3. **Ostasiaten** mit hoher Dichte von B und fast ohne cde;
4. **amerikanischen Indianern** mit sehr hoher Dichte von 0, völlig ohne B und mit wenig cde;
5. **Australiden** („Aborigines") mit hoher Dichte von A sowie unbedeutender Häufigkeit von B und cde.

Spulen wir vor in die 1980er- und 1990er-Jahre: Gewaltige Fortschritte in der genetischen Forschung bescheinigten umso mehr die Bedeutsamkeit der Rasse als Kategorie. Genetiker entwickelten eine neue Weise, Menschen auf Grundlage einer Vielzahl genetischer Polymorphismen in Rassen einzuteilen.[64] Ein Polymorphismus bezeichnet ein Gen, das aus Allelen besteht, die unterschiedliche Formen haben, das bedeutet: unterschiedliche Zahlen an Wiederholungen. Ihre Technik bestand darin, die polymorphen Gene für Blutgruppen, Blutproteine, Lymphozytenantigene und Immunglobuline zu nehmen und die unterschiedlichen Allelhäufigkeiten in Bevölkerungen auf der ganzen Welt zu berechnen. Mittels Faktorenanalyse wurde den Ergebnissen dann entnommen, in welchem Ausmaß die Allelhäufigkeiten auf Bevölkerungsgruppen entfielen, die einander genetisch ähnlich waren. Dazu muss gesagt werden, dass es sich bei der Faktorenanalyse um einen statistischen Vorgang handelt, mit dem Wissenschaftler eine Reihe potenzieller Ursachen darauf untersuchen, welche die wichtigste ist. Der italienische Genetiker Luigi Cavalli-Sforza (1922–2018) bediente sich zusammen mit seinen Kollegen dieser Vorgehensweise, um einen großen Datensatz von 120 Allelen für 42 Bevölkerungen zu analysieren.[65] Diese Daten dienten dazu, die genetischen Unterschiede zwischen jeder Bevölkerung gegenüber allen anderen Bevölkerungen zu berechnen. Davon ausgehend entwickelte die Forschergruppe einen genetischen Verbindungsbaum, der die Bevölkerungen in etwas gruppierte, das sie „Cluster" nannten.

Sie fanden zehn Haupt-„Cluster":

1. **Buschmänner und Pygmäen;**
2. **Subsahara-Afrikaner;**

3. **Südasiaten** und **Nordafrikaner;**
4. **Europäer;**
5. **Nordostasiaten;**
6. **arktische Völker;**
7. **amerikanische Ureinwohner;**
8. **Südostasiaten;**
9. **pazifische Insulaner;**
10. **australische Aborigines** und **Papua.**

Diese „Cluster" sind beinahe identisch mit den „Rassen" der klassischen Anthropologie, wie wir gleich sehen werden. Der deutsch-britische Genetiker Sir Walter Bodmer und Cavalli-Sforza hielten fest:

> *[R]assen könnten als Subspezies bezeichnet werden, wenn wir ein Kriterium der systematischen Zoologie auf den Menschen anwenden wollten. Das Kriterium besagt, dass zwei oder mehr Gruppen zu einer Subspezies werden, wenn sich 75 % oder mehr aller Individuen, aus denen diese Gruppen bestehen, unzweideutig als Angehörige einer bestimmten Gruppe klassifizieren lassen.*[66]

Und wenn die Rassen breit definiert werden – das heißt: gemäß der „großen drei" Kategorien der klassischen Anthropologie –, so kann man die Rasse von weit mehr als 75 % der menschlichen Population bestimmen. Rassische Gruppen unterscheiden sich in der genotypischen Häufigkeit wechselseitig bedingter Eigenschaften auf eine bestimmte Welse, die dazu führt, dass diese Gruppen in vorhersagbarer Weise diverse unterschiedliche Wesenszüge aufweisen, die wesentlich für Überleben und Psychologie sind. Daher existieren menschliche Subspezies (das heißt: Rassen) wohl gemäß jeder nachvollziehbaren wissenschaftlichen Definition des Wortes „existieren".

Out of Africa?

Es gibt eine anhaltende Debatte darüber, wie genau sich die Rassen entwickelt haben. Lange Zeit gingen Wissenschaftler von der *Out-of-Africa*-Theorie über den menschlichen Ursprung aus. Diesem Modell zufolge soll der anatomisch moderne Mensch (*Homo sapiens*) vor ungefähr 100.000 Jahren aus Subsahara-Afrika gekommen sein und den Rest der Welt besiedelt haben. Im Verlauf dieses Vorganges seien unterschiedliche Menschengruppen lange genug voneinander getrennt gewesen, um zur Entwicklung der Rassen der klassischen Anthropologie zu führen, die wir noch heute beobachten können. Bevor *Homo sapiens* seine Wanderung *out of Africa* antrat, hätten verschiedene Arten von Früh- und Urmenschen, etwa *Homo erectus*, eine ähnliche Migration vollzogen. Aus einigen davon entwickelten sich in Europa vor rund 400.000 Jahren die *Neandertaler*. Andere entwickelten sich zu *Denisova-Menschen*, die vor ungefähr 700.000 Jahren in Südostasien ankamen. Doch die modernen Menschen hätten Subsahara-Afrika vor circa 70.000 Jahren verlassen, und alle heute lebenden Menschen stammten von ihnen ab.

Eine Alternative bietet das „multiregionale Modell“ des menschlichen Ursprunges. Seine Verfechter sind der Ansicht, dass die verfügbaren genetischen und archäologischen Belege weitaus mehr Sinn ergeben, wenn wir voraussetzen, dass die menschliche Spezies vor ungefähr zwei Millionen Jahren in Afrika erstmals aufgekommen ist, und in unsere Kategorie vom „Menschen“ auch Urmenschen wie den *Homo erectus* einschließen. Der Theorie zufolge hätten Ahnen des *Homo erectus* Afrika verlassen, und in jeder Weltregion hätten sich die modernen Menschen separat aus diesen entwickelt. Demzufolge verliefe die europäische Evolutionslinie vom *europäischen Homo erectus* über den *archaischen Europäer* hin zum *modernen Europäer*. Die gleiche Abstammungslinie sei in Asien, Afrika und Australien aufgetreten. Des Weiteren habe es auf jeder Entwicklungsstufe eine gewisse Durchmischung der unterschiedlichen Gruppen gegeben. Der *moderne Europäer* habe sich beispielsweise mit dem *archaischen Europäer* ebenso gepaart wie mit dem *modernen Asiaten*. Aus diesen „großen Vier“ hätten sich die anderen Rassen entwickelt. Südasiaten und Nordafrikaner seien Untergattungen der Europäer, Nordostasiaten, Südostasiaten, pazifische Insulaner, amerikanische Ureinwohner und arktische Völker seien allesamt asiatische Untergattungen, und die Subsahara-Afrikaner, Buschmänner sowie Pygmäen seien afrikanische Untergattungen. Letzten Endes habe sich aber eine ausreichende genetische Verschiedenheit entwickelt, um die oben besprochenen genetischen Cluster erkennbar werden zu lassen.

Je weiter die DNA-Analyse uralter Skelette verfeinert wurde, umso klarer zeigte sich, dass keine der beiden Theorien völlig zutreffend ist. Mittlerweile wird allmählich akzeptiert, dass es viele Migrationswellen sowohl archaischer als auch verhältnismäßig moderner Menschen *out of Africa* und tatsächlich sogar wieder zurück nach Afrika gegeben hat. Diese Menschen vermischten sich mit archaischen Menschen, sodass die heutigen Europäer einen kleinen Anteil Neandertaler-DNA in sich tragen (ungefähr 4 %). Einige pazifische Insulaner tragen rund 6 % DNA des Denisova-Menschen in sich und scheinen sich noch vor gerade einmal 15.000 Jahren mit diesen gepaart zu haben. Auch die australischen Aborigines verfügen über Denisova-DNA. In Neandertalerskeletten wurde spezifisch moderne Europäer-DNA gefunden. Aber auch Afrikaner haben sich in Afrika mit archaischen Menschen vermischt.

Von all dem einmal abgesehen sind die genetischen Beziehungen zwischen den verschiedenen Rassen so stark, dass wir von einer differenzierten Fassung des *Out-of-Africa*-Modells – ergänzt um Aspekte des multiregionalen Modells – als der präzisesten Theorie sprechen sollten. Nicht zuletzt deshalb, weil einige Menschen anscheinend wieder nach Afrika zurückgekehrt sind und sich mit den dort Zurückgebliebenen vermischt haben. Eine wesentliche Veränderung dieses Modells in jüngerer Zeit ergab sich daraus, dass neue Genanalysen darauf schließen lassen, dass der moderne Mensch nicht – wie lange Zeit geglaubt – in Ostafrika, sondern in Wahrheit im südlichen Afrika entstanden ist. Dementsprechend wären die sogenannten Buschmänner, die zum größten Teil als Hirten, Jäger und Sammler in Südafrika leben,[67] die dem ersten anatomisch modernen Menschen nächste Rasse, was sich in der frühmenschlichen DNA abbildet, die sie häufig in sich tragen.[68] Deswegen gibt es derzeit eine andauernde Debatte über das genaue Wesen des menschlichen Ursprungs und die anschließende Entwicklung der zwölf Rassen der klassischen Anthropologie, auf die wir im folgenden Kapitel eingehen wollen.

4. Menschen sind verschieden: Die zwölf Rassen der klassischen Anthropologie

Wir werden im Verlauf dieser Studie immer wieder auf die zwölf Rassen der klassischen Anthropologie zurückkommen; deshalb werden wir, ehe wir fortfahren, die zentralen Charakteristiken jeder einzelnen davon kurz beschreiben. Festzuhalten ist, dass die moderne Wissenschaft klare, signifikante und vorhersagbare morphologische Unterschiede zwischen den Rassen bestätigt hat.[69] Die folgenden Beschreibungen folgen allerdings den detaillierten Charakterisierungen des amerikanischen Anthropologen Carleton Coon (1904–1981) und entwickeln sie weiter.[70]

Subsahara-Afrikaner oder Negride

Das Gesicht des Negriden wird von einer breiten und runden Nasenhöhle beherrscht; es finden sich weder ein Damm noch gewölbte Nasenlöcher und Nasenknochen in Form einer Quonsetbaracke. Der Schädel weist einen merklichen Gesichtsvorsprung im Kiefer- und Mundbereich (Prognathie), einen rechteckigen Gaumen, eine längliche Schädelform, eine quadratische oder rechteckige Form der Augenhöhlen sowie überdurchschnittlich große Zähne auf. Die Prognathie zeugt wahrscheinlich von ihrer Zeitgenossenschaft zu den frühesten modernen Menschen, von denen sich Buschmänner und Subsahara-Afrikaner vor mehr als 100.000 Jahren abgespalten haben.[71] Es gibt Hinweise darauf, dass ein Teil der menschlichen Evolution pädomorph verlaufen ist,[72] dass also kindliche oder jugendliche Merkmale im ausgewachsenen Stadium beibehalten wurden, weil es sich dabei um eine Anpassungsleistung handelte. Das Haar des Subsahara-Afrikaners ist schwarz, eng gewunden und wollartig, um in trockenen Umgebungen das Schwitzen zu vermindern. Es ist relativ wenig Körperbehaarung vorhanden. Die Lippen sind fleischig.

© Shutterstock / James Dalrymple

Afrikaner.

Die Hautpigmentierung soll vor Sonneneinstrahlung schützen und reicht von dunklem zu hellem Braun. Dies allein sollte das Argument der Kritiker des Rassenbegriffes widerlegen, wonach rassische Unterschiede „belanglos“ oder „oberflächlich“ seien. Sämtliche vorgebrachten Hypothesen zur Erklärung der Herausbildung dunkler Haut gehen davon aus, dass sie innerhalb dieser Ökologie positiv selektiert wurde, dass also jene, die mit unzureichend dunkler Haut geboren wurden, ihre Gene nicht weitergeben konnten. Die am weitesten verbreitete Hypothese besagt, dass sich dunkle Haut entwickelt habe, weil helle Haut unter intensiver Ultraviolettstrahlung leichter zerfällt.[73] Anzumerken ist, dass es bei Subsahara-Afrikanern einen auffälligen Kontrast zwischen der allgemeinen Hautfarbe und der Farbe der Haut an den Handflächen und den Fußsohlen gibt, der sogenannten Leistenhaut. Diese ist viel heller. Dieser Kontrast findet sich bei allen Menschen, doch ist er bei Dunkelhäutigen am auffälligsten. Er beruht auf dem Umstand, dass diese helleren Hautareale nicht ständig der Sonne ausgesetzt sind. Pigmentierte Haut ist für den Metabolismus aufwendig herzustellen, und dadurch bedeutet es einen Selektionsvorteil, wenn man sie nicht an den Körperstellen hat, die am seltensten der Sonne ausgesetzt sind.

Afrikanerin.

Der Körper zeichnet sich aus durch lange Beine und Arme, einen kurzen Rumpf, schmale Hüften, einen geringen Körperfettanteil und die Einlagerung von Fett in das Gesäß und den Rücken statt in den Bauch. Diese Anpassungen sind im Hinblick auf ein heißes Klima allgemein sinnvoll. Fett schützt vor dem Verlust von Körperwärme, und Fetteinlagerungen im Rücken bedecken den Menschen im Schlaf wie eine Decke. Lange Extremitäten und ein kurzer Rumpf hingegen begünstigen die Wärmeabfuhr ebenso wie schmale Hüften.

Darüber hinaus unterscheiden sich Westafrikaner merklich von Ostafrikanern; sie haben sich vor ungefähr 150.000 Jahren auseinanderentwickelt. Westafrikaner entsprechen am ehesten dem mesomorphen Körperbau, sprich: lange Glieder, wenig Körperfett und ein sehr muskulöser Körper. Ostafrikaner tendieren am stärksten zum ektomorphen Körperbau, also zu langen Gliedern, wenig Körperfett und einem kaum muskulösen Körper. Die Unterschiede zwischen diesen beiden Unterrassen liegen zum Teil daran, dass sich die Westafrikaner in Tief- und die Ostafrikaner in Hochlandregionen entwickelt haben. Dadurch haben sich die Ostafrikaner an niedrigere Sauerstoffkonzentrationen ebenso angepasst wie an eine Umgebung mit weniger Biomasse, in der Nahrung durch langwierige Anstrengung gewonnen werden muss – und sehr muskulöse Menschen haben in der Regel nur eine geringe Ausdauer.[74] Zusätzlich weisen die Ostafrikaner einen beträchtlich stärkeren europäischen Einschlag auf; eine Studie hat geschätzt, dass die Äthiopier bis zu 40 % europäische Gene aufweisen, wodurch sie zu einer Kline würden.[75] Die südlichen Afrikaner schließen Gruppen ein, die eine Mischung aus Subsahara-Afrikanern und anderen afrikanischen Rassen darstellen, inbesondere den Buschmännern und verwandten Gruppen.[76]

Nordostasiaten

Das nordostasiatische Gesicht zeichnet sich durch einen breiten und kurzen Schädel, ausgeprägte und hohe Wangenknochen, breite und flache Nasenknochen sowie einen konkaven Nasenrücken aus. Nordostasiaten sind an eine besonders kalte Umgebung angepasst, und die beschriebene Gesichtsform ermöglicht die Einbehaltung von Wärme. Ein flaches Gesicht schützt auch vor Frostbeulen. Die Augen sind schmal und bestimmt durch die Oberlidfalte. Dabei handelt es sich ebenfalls um eine Anpassung an extreme Kälte, denn dadurch wird die Blendwirkung des Schnees verringert.

Das Haar ist dunkel, dick und gerade. Gerades Haar lässt Ultraviolettlicht besser durch und begünstigt so die Vitamin-D-Synthese

© Unsplash / Zou Meng

Nordostasiatin.

während der winterlichen Dunkelheit.[77] Trotz der allgemeinen Anpassung an die Kälte ist die Körperbehaarung gering ausgeprägt. Die Hautfarbe reicht von Gelb bis zu hellem Braun. Eine leichte Eindunkelung ermöglicht eine bessere Lichtabsorption, während die gelbe Farbe einen hohen Unterhautfettanteil widerspiegelt, ebenfalls eine Anpassung an extreme Kälte. Ihr Körper ist stark endomorph, also geprägt von kurzen Gliedmaßen, einem langen Rumpf, breiten Hüften und einem verhältnismäßig muskulösen Oberkörper. Diese Anpassungen verlangsamen den Wärmeverlust des Körpers. Ein hoher Körperfettanteil und die Neigung zum Fettansatz am Bauch sind ebenfalls charakteristisch für diese Rasse. Dadurch wird der Körper warmgehalten, und der Bauch kann wie eine Decke wirken.

© Shutterstock / SPS Media

Nordostasiate.

Die Nordostasiaten gelten allgemein als die jugendlichste Rasse, während die Europäer ihrerseits jugendlicher sind als die Subsahara-Afrikaner.[78] Verjugendlichung oder Neotenie bezeichnet den Pädomorphismus, wonach kindliche Eigenschaften im ausgewachsenen Stadium beibehalten werden. Die Nordostasiaten sind hinsichtlich ihrer körperlichen Charakteristika einem menschlichen Säugling am nächsten. Da die Nordostasiaten eine der jüngsten Rassen sind – sie entwickelten sich vor ungefähr 40.000 Jahren –, deutet dieser Umstand darauf hin, dass die menschliche Evolution pädomorph verlaufen ist.[79] Sie sind außerdem von kleiner Statur, ebenfalls zur Einbehaltung von Wärme.

Europäer

Das europäische Gesicht wird bestimmt von einer durchschnittlichen Schädelform, einem minimalen Vorsprung des unteren Gesichtsschädels, einem kleinen Mund, zurückgezogenen Wangenknochen (die das Gesicht spitz aussehen lassen), einer langen, schmalen Nase (wodurch die Luft beim Einatmen erwärmt werden kann) mit tropfenförmiger Nasenhöhle sowie mittelgroßen Augen, deren Farbe von Blau bis hin zu Braun reicht.

Das Haar neigt zur Welligkeit und variiert farblich von Blond bis Schwarz, abhängig von der Unterrasse. Es findet sich verhältnismäßig viel Körperbehaarung, was eine Neandertaler-Beimischung abbildet.[80] Die Hautpigmentierung reicht von hellem Braun bis Weiß, abhängig von der Unterrasse. Das Vorhandensein von derart heller Haut, hellen Augen und hellen Haaren wird zum Teil als Anpassung an das Aufkommen des Ackerbaues aufgefasst.[81] Allgemein wird durch die eher kurzen Tage und langen Nächte, die in den kalten

© Shutterstock / Kiselev Andrey

Europäer.

Klimazonen vorherrschen, helle Haut positiv selektiert, weil sie die Synthese von Vitamin D erleichtert.

© Unsplash / Christopher Campbell

Europäerin.

Der europäische Körper ist weniger endomorph als jener der Nordostasiaten, aber immer noch relativ endomorph. Europäer sind auch merklich größer. Sie sind an ein verhältnismäßig kaltes Klima angepasst, aber nicht so sehr wie die Nordostasiaten.

Südasiaten

Das südasiatische Gesicht ist charakterisiert durch eher schärfere Gesichtszüge als bei den Europäern sowie durch größere Augen, besonders durch ein langes, schmales Gesicht, eine ebensolche Nase und eine ausgeprägte Stirn. Die Haut ist braun, mal heller und mal dunkler. Diese mittlere Hautfarbe bezeugt die miteinander konkurrierenden Faktoren der Notwendigkeit, die Haut vor Sonnenlicht zu schützen, und des Bedürfnisses, aus demselben Sonnenlicht Vitamin D zu synthetisieren.

Das Haar der Südasiaten ist schwarz und kann wellig sein; die Körperbehaarung fällt spärlicher aus als bei den Europäern. Ihr Körper ist eher ektomorph als der europäische, obwohl sie auch über einen etwas höheren Körperfettanteil verfügen. Man nimmt an, dass dies

© WikiMedia Commons / ASaini (CC BY-SA 3.0)

Südasiatin.

© Shutterstock / Yevgeniya Lyalko

Südasiate.

eine Anpassungsleistung darstellt, auch wenn unklar bleibt, woran.[82] Als möglicher Grund wurde unter anderem genannt, dass Südasien von dem unberechenbaren Wetterphänomen „El Niño“ beeinflusst wird, was zu einer „wechselhaften Ressourcengrundlage“ führe und so das Bedürfnis schaffe, Fett einzulagern.[83]

© Shutterstock / Xena S

Südostasiatin.

© Flickr / _paVan_ (CC BY 2.0)

Südostasiate.

Südostasiaten

Südostasiaten ähneln den Nordostasiaten. Sie sind jedoch weniger endomorph, neigen zu einem dunkleren Hautton und liegen in vielerlei Hinsicht zwischen Südasiaten und Nordostasiaten. Insbesondere ihre Oberlidspalte ist weniger stark ausgeprägt, ebenso wie die flache Nase, wie es eine wärmere Umgebung erwarten lässt.

Nordafrikaner und Levantiner

Gemeinsam mit den Arabern und Türken liegen sie genetisch zwischen den Südasiaten und den Europäern, wobei es in einigen Gruppen der Nordafrikaner, beispielsweise den südlichen Ägyptern, auch einen subsahara-afrikanischen Einschlag gibt. Nordafrikaner und Levantiner sind gekennzeichnet durch hellbraune Haut, schärfere

© WikiMedia Commons / Nahedh Elrayes (CC BY-SA 3.0)

Araberin.

© Shutterstock / ZouZou

Araber.

Gesichtszüge, als sie die Europäer haben (etwa durch lange, spitze Nasen), welliges schwarzes Haar und ein höheres Vorkommen der Ektomorphie als bei Europäern. Ihre Gesichter laufen spitzer zu als jene der Südasiaten.

amerikanische Ureinwohner

Die auffälligsten Merkmale der amerikanischen Ureinwohner – welche sie auch von den Ostasiaten unterscheiden, mit denen sie recht eng verwandt sind – sind ihre dunklere und bisweilen rötliche Haut,

© WikiMedia Commons / Ben Wittick – NARA (gemeinfrei)

Amerikanischer Ureinwohner.

© Flickr / Boston Public Library (CC BY 2.0)

Amerikanische Ureinwohnerin.

die gekrümmte oder gerade Nase sowie das Fehlen der vollständigen ostasiatischen Oberlidfalte, wobei die innere Lidfalte durchaus gelegentlich vorkommen kann.

arktische Völker

Irgendwann vor schätzungsweise 40.000 bis 50.000 Jahren wanderten einige der archaischen ostasiatischen Völker in den äußersten Nordosten Asiens ein, wo sie sich zu den arktischen Völkern entwickelten. Sie wurden zu einer eigenständigen Rasse, weil sie von den Ostasiaten im Süden durch die hohen Gebirgszüge von Tscher-

© WikiMedia Commons / Lomen Bros., Nome (gemeinfrei)

Weibliche Inuk.

© WikiMedia Commons / Ansgar Walk (CC BY 2.5)

Inuitfamilie (Frau, Kind, Mann).

ski, Hinggan und Sajan sowie nördlich des Amur durch ungefähr 1600 Kilometer Waldgebiet geografisch abgeschnitten waren. Sie gelangten auch bis nach Grönland. Die arktischen Völker erlebten die schwersten Winterbedingungen aller Rassen, mit üblichen Temperaturen von ungefähr –15 °C, die während der Würm-Kaltzeit nochmals auf etwa –20 °C absanken. In Reaktion auf diese kalten Winter entwickelten die arktischen Völker noch ausgeprägtere Formen der morphologischen Kälteanpassung als die Ostasiaten, darunter eine flache Nase, kurze Beine und einen stämmigen Rumpf, eine Schicht an Unterhautfettgewebe, die ihre Haut gelblich erscheinen lässt, sowie die Oberlidfalte.

pazifische Insulaner

Die pazifischen Insulaner, enge Verwandte der Südostasiaten, wanderten auf die Inseln des Südpazifik aus und erreichten Samoa um 1500 v. Chr., Hawaii um 100 n. Chr. und Neuseeland um 800 n. Chr. Pazifische Insulaner unterscheiden sich von den Ostasiaten durch ihre Verbindung einer starken Endomorphie mit einem sehr hohen Grad an Muskulosität. Einige von ihnen weisen eine Oberlidfalte auf.

© Flickr / Johnny Silvercloud (CC BY-SA 2.0)

Pazifischer Insulaner.

© Shutterstock / ChameleonsEye

Zwei pazifische Insulanerinnen.

australische Aborigines

Diese Gruppe durchwanderte Südostasien, vermischte sich mit den Denisova-Menschen und wurde dann nach der Ankunft in Australien stark isoliert. Rumpf und Arme der australischen Aborigines sind üppig entwickelt, die Beine sind schlank.

© Shutterstock / ChameleonsEye

Männlicher Aborigine.

Weibliche Aborigine.

Die Haut ist dunkelbraun oder schwarz, und auch die Augen sind sehr dunkelbraun oder schwarz gefärbt. Das Haar ist schwarz und wellig. Die Männer weisen einen üppigen Bartwuchs auf, das Gleiche gilt für die Augenbrauen und die übrige Körperbehaarung. Sie verfügen über prominente Überaugenwülste, breite Nasen, mächtige Kiefer und wulstige Lippen. Die Schädelrückseite sieht fünfeckig aus. Sie sind an eine Wüstenumgebung angepasst und können extreme Temperaturen aushalten. Die genetische Clusteranalyse hat ergeben, dass die australischen Aborigines den neuguineischen Aborigines (Papua) ähnlich genug sind, um einen einzigen Cluster zu bilden.

Buschmänner

Bis vor etwa 1200 Jahren bewohnten die Buschmänner, auch bekannt als die San, einen Großteil des südlichen Afrika. Dann drangen Negride, insbesondere die Bantu, nach Süden vor und trieben die Buschmänner in die Kalahari.[84] Aus diesem Grund handelt es sich bei vielen negriden Volksgruppen in Südafrika, beispielsweise den Xhosa, in Wirklichkeit um eine Kline zwischen Subsahara-Afrikanern und Buschmännern. Die Xhosa sind etwa zu 60 % San, was ihre verhältnismäßig helle Haut erklärt – helle Haut ist ein Merkmal der Buschmänner. Die Swasi sind zu ungefähr 25 % San.[85]

Die Buschmänner weisen eine Reihe körperlicher Merkmale auf, die sie von den Subsahara-Afrikanern unterscheiden. Sie haben spiralförmig wachsendes „Pfefferkornhaar" mit offenen Stellen zwischen den Büscheln, wohingegen die meisten Negriden gewundenes, wollartiges Haar haben, das eine dichte Matte bildet. Man geht davon aus, dass sich das Pfefferkornhaar der Buschmänner als Anpassung an heiße und feuchte Wälder, in denen sie viele Jahrtausende lang lebten, entwickelt hat. Es bietet Schutz vor starker Sonneneinstrahlung, während die Lücken zwischen den Haarbüscheln das Verdunsten von Schweiß zulassen. Diese Anpassung hätte sich herausbilden müssen, bevor sie von den Negriden vertrieben wurden. Das matte, wollartige Haar der negriden Afrikaner ist eine vorteilhaftere An-

© Shutterstock / hecke61

Buschmann.

passung an trockene, heiße Umgebungen, weil es besser vor starker Sonneneinstrahlung schützt und das Schwitzen reduziert.

Die Hautfarbe der Buschmänner ist ein gelbliches Braun, während negride Afrikaner schwarz oder dunkelbraun sind. Das liegt daran, dass Buschmänner an das Leben in größerer Entfernung vom Äquator angepasst sind, wo es nicht ganz so heiß ist. Einige Buschmänner weisen eine Oberlidfalte auf, ähnlich wie die Ostasiaten und arktischen Völker, wenn auch nicht ganz so stark ausgeprägt. Der Vorteil der Oberlidfalte für die Buschmänner liegt wahrscheinlich darin, dass sie die Blendwirkung des von der Wüste reflektierten grellen Sonnenlichtes verringert, so wie im Falle der Ostasiaten und arktischen Völker das blendende Glänzen des Schnees. Dieses Merkmal muss sich unabhängig durch konvergente Evolution entwickelt haben.

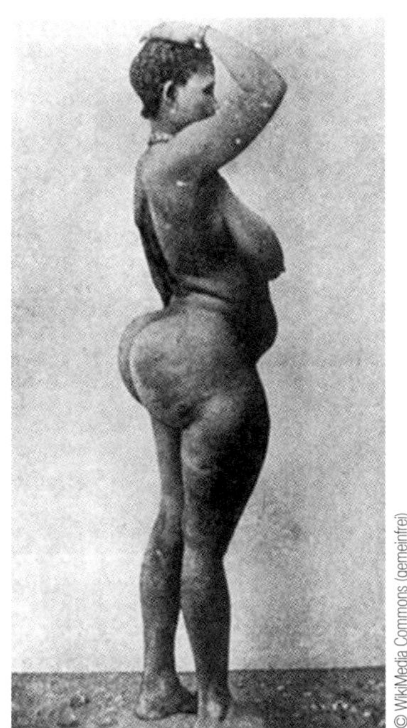

© WikiMedia Commons (gemeinfrei)

Steatopygie bei einer weiblichen Khoikhoi.

Ein besonderes Kennzeichen der Buschmänner ist das enorm große Gesäß der Frauen, bekannt als Steatopygie. Der Anpassungsvorteil dabei mag darin gelegen haben, Nährstoffe und Wasser für Zeiten des Hungers und der Knappheit einzulagern.[86] Dem hat John Baker indes widersprochen und angeführt, dass die Buschmänner nicht allzu gut an das Leben in der Wüste angepasst seien, weshalb das vergrößerte Gesäß der Frauen wohl eher ein Ergebnis sexueller Selektion darstelle.[87] Die Genitalien der Buschmänner sind unter allen menschlichen Rassen einzigartig. Die Frauen weisen ausgeprägte *Labia minora* (kleine/innere Schamlippen) auf, die verbunden bis zu 7,5 Zentimeter aus der Vagina heraushängen. Man weiß, dass sie diese im Rahmen erotischer Tänze den Männern präsentieren. Sie wachsen im Rahmen der Pubertät.[88] Allgemein schwellen die Schamlippen eines weiblichen Menschen an, wenn dieser erregt ist.[89] Der nicht erigierte Penis eines Buschmannes steht horizontal ab. Diese Stellung ist als *Penis rectus* bekannt. Bei den meisten anderen Menschen befindet sich der nicht erigierte Penis in der Stellung *Penis pendulus*, zeigt also vertikal nach unten.[90] Interessanterweise hat J. Philippe Rushton befunden, dass die Erektion bei Ostasiaten „parallel zum

Körper und hart“ sei, bei Schwarzen hingegen „im rechten Winkel zum Körper und biegsam“.[91] Die von Weißen liegen zwischen den beiden Extremen. Es gibt die These, dass auch der Neandertaler über einen *Penis rectus* verfügt habe, wodurch ein erschlaffter Penis halb erigiert aussähe.[92]

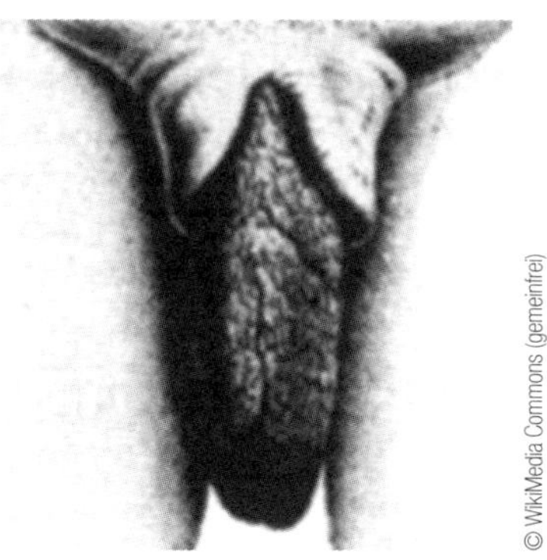

© WikiMedia Commons (gemeinfrei)

Vagina einer weiblichen Khoikhoi.

Festzuhalten ist, dass es sich bei den Buschmännern um eine genetisch vielfältige Gruppe handelt, die aus vielen unterschiedlichen Untergruppen oder Stämmen zusammengesetzt ist. Einige dieser Stämme unterscheiden sich genetisch so sehr voneinander wie die Europäer von den Südasiaten.[93] Eine derartige genetische Vielfalt wird in Afrika durch die verhältnismäßig schwache Wirkung der darwinschen Evolution ermöglicht, weil dort infolge des Klimas die Grundbedürfnisse das ganze Jahr hindurch befriedigt werden. Wie bereits erwähnt, sind die Buschmänner körperlich stärker verjugendlicht als die Schwarzen, was sich am deutlichsten in ihren Gesichtern zeigt, die in gewisser Hinsicht denen von Ostasiaten ähneln. Tatsächlich ist das sogar den Buschmännern selbst aufgefallen. Eine Reihe japanischer Anthropologen hat Studien an ihnen durchgeführt.[94] Es zeigte sich, dass die Buschmänner essbare Tiere *!a* nennen („Fleisch“), gefährliche Tiere – etwa Löwen, Hyänen, Europäer und Schwarze – als *!oma* („unglaubliche Tiere“), sich selbst jedoch als *zhu* („Person“). Sie nannten auch die Japaner *zhu*, nicht aber Europäer oder Schwarze. Darüber hinaus wurde festgestellt, dass Buschmänner-Säuglinge ebenso wie japanische den sogenannten Mongolenfleck aufweisen, eine bläuliche Verfärbung am unteren Ende der Wirbelsäule, die mit zunehmendem Alter verschwindet.[95]

Wenn wir über die Buschmänner sprechen, so müssen wir zwischen zwei eng miteinander verwandten Gruppen unterscheiden. Die oben beschriebenen San sind Jäger und Sammler. Man kann sie als die archetypischen Buschmänner bezeichnen, und die Bezeichnung „Buschmänner“ bezieht sich oft konkret auf sie. Die Khoikhoi (früher als „Hottentotten" bezeichnet) pflegen eine primitive Form der Landwirtschaft, insbesondere der Viehhaltung. Die Khoikhoi unterscheiden sich genetisch von den Buschmännern, aber zeigen bemerkenswerterweise ähnliche Sexualmerkmale, etwa die Steatopygie.[96] Die beiden Volksgruppen werden von den Anthropologen zusammen eingeordnet,[97] wofür bisweilen die Bezeichnung „capoid" verwendet wird.[98] Die Khoikhoi haben allerdings dunklere Haut als die San, weil sie sich stärker mit Bantuvölkern vermischt haben;[99] die Bantu sind eine Gruppe subsahara-afrikanischer Völker, die in Zentral- und Südafrika leben und verwandte Sprachen sprechen. Ihrem stärkeren Bantueinschlag entsprechend sind die Khoikhoi außerdem „etwas größer und schmalköpfiger"[100].

Pygmäen

Die Pygmäen bewohnen die dichten Regenwälder Zentralafrikas, seit sie vor etwa 1500 Jahren von den sich ausbreitenden Negriden aus westlicher gelegenen Regenwäldern vertrieben worden sind. Pygmäen weisen das gleiche Pfefferkornhaar wie die Buschmänner auf, ha-

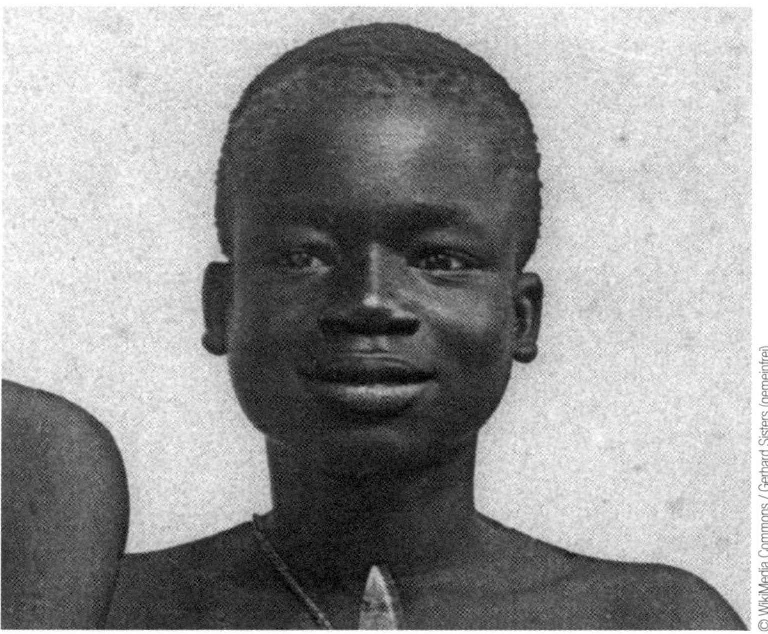

© WikiMedia Commons / Gerhard Sisters (gemeinfrei)

Männlicher Pygmäe.

© Shutterstock / Sergey Uryadnikov

Pygmäenfrauen mit Europäerin.

ben jedoch eine viel dunklere Haut. Das bestimmende Merkmal ist ihre geringe Körperhöhe: Die Männer der Mbuti-Gruppe beispielsweise messen im Durchschnitt nur 1,39 Meter. Pygmäenkinder sind von normaler Größe, doch bleibt wegen ihrer geringen Produktion des Insulinähnlichen Wachstumsfaktors 1 (IGF-1) der Wachstumsschub im Rahmen der Pubertät aus.

Es konnte noch keine Einigung über den Grund für die Entwicklung dieser kleinen Statur erzielt werden. Eine Theorie besagt, dass sie mit einer Anpassung an das geringe Niveau an Ultraviolettstrahlung im Regenwald zusammenhängen könnte. In einer solchen Umgebung könne in der Haut nur relativ wenig Vitamin D synthetisiert werden, was die Möglichkeit der Aufnahme von Kalzium für das Knochenwachstum aus der Nahrung einschränke.[101] Eine andere These ist, dass sich darin eine schnelle *Life-history*-Strategie abbilde, indem die vorhandenen Ressourcen in eine sehr frühe Fortpflanzung statt in Wachstum investiert werden.[102] Wir werden die sogenannte *Life-history*-Strategie in Bälde genauer besprechen.

Negritos

Die Negritos sind von kleiner Statur, dunkelhäutig, haben krauses Haar und eine leicht mongolide Gesichtsmorphologie. Einige Anthropologen hielten sie für mit den Pygmäen verwandt, doch diese Ansicht ist heutzutage weitgehend verworfen worden.

Die Negritos gleichen in zentralen Belangen den Pygmäen, weil sie unabhängig voneinander ähnlichen selektionsrelevanten Umwelteinflüssen ausgesetzt waren.[103] Die australischen Aborigines werden manchmal als Teil einer größeren „australisch-melanesischen" Gruppe eingeordnet, zu der auch die Negritos von den indischen Andama-

© Flickr / USMC Archives (CC BY 2.0)

Männliche Negritos mit zwei Europäern.

nen-Inseln sowie von Inseln der Philippinen, Malaysias und Indonesiens gezählt werden.[104] Es gibt jedoch eine andauernde Debatte über die genetischen Ursprünge dieser Völker, und viele Forscher sind der Ansicht, dass die Negritos genetisch näher verwandt mit den pazifischen Insulanern seien.[105] Andere Studien haben ergeben, dass sie am engsten mit den Ostasiaten verwandt seien, von denen sie sich scheinbar vor nur 8000 Jahren abgespalten hätten. Sie seien dann durch einen genetischen Flaschenhals gegangen, der zu ihren heutigen markanten Merkmalen geführt habe, die in mancherlei Hinsicht denen der Pygmäen ähneln.[106]

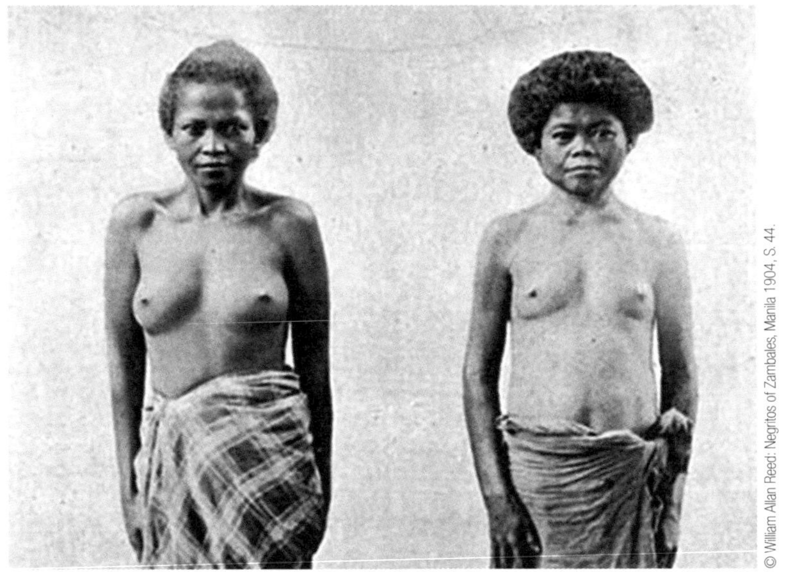

© William Allan Reed: Negritos of Zambales, Manila 1904, S. 44.

Zwei weibliche Negritos.

Klinen

Wie schon in Kapitel 3 angesprochen wurde, sind viele Volksgruppen, die in keine dieser Kategorien passen, als Klinen anzusehen. Die *Hispanics* beispielsweise sind eine Mischung aus Europäern und amerikanischen Ureinwohnern, ebenso wie die Métis in Kanada. Amerikanische *Hispanics*, eine vielfältige Bevölkerungsgruppe, tragen nachweislich zu ungefähr 65 % europäische Gene und zu ungefähr 35 % solche der amerikanischen Ureinwohner – basierend auf Daten von 23andMe, einem Unternehmen, das für seine Kunden deren genetisches Erbe aufschlüsselt. Die gleichen Daten haben ergeben, dass Afroamerikaner zu 75 % Subsahara-Afrikaner und zu 25 % Europäer sind.[107]

Bei vielen Völkern Zentralasiens, etwa den Usbeken und Tataren, handelt es sich um verschiedene Klinen zwischen Europäern und Südasiaten, Südasiaten und Nordostasiaten oder Mischungen aus beiden. Die südafrikanischen *Coloureds* sind eine Kline zwischen Europäern (insbesondere niederländischen Siedlern), Subsahara-Afrikanern, Khoikhoi sowie Süd- und Ostasiaten.[108] Die Buren brachten im 16. Jahrhundert indonesische Sklaven nach Südafrika, und im 18. Jahrhundert kamen noch zusätzlich viele bengalische Sklaven hinzu.[109] Dann gab es noch einen Zustrom indischer Arbeitsverpflichteter im 19. Jahrhundert.[110] Innerhalb der Kategorie der *Coloureds* herrscht eine enorme Vielfalt vor, aber 60 % ihrer mütterlichen Abstammungslinien wurden zu den Khoikhoi zurückverfolgt.[111] Eine Reihe von ostafrikanischen Völkern, etwa die nördlichen Sudanesen, die Somali und die Äthiopier, sind eine Kline zwischen Arabern und Subsahara-Afrikanern. Damit einhergehend sprechen diese drei Volksgruppen allesamt semitische Sprachen, keine afrikanischen.[112] Ungefähr 80 % der heutigen Grönländer weisen einen europäischen (meist dänischen) Einschlag von mindestens 25 % auf.[113] Es gibt noch viele andere derartige Gruppen. Frühe Angehörige solcher Klinen haben sich über Generationen hinweg häufig miteinander gepaart, was zu der Herausbildung einer neuen Volksgruppe mit ihren eigenen kulturellen Traditionen geführt hat. Es gibt viele Beispiele für diesen Vorgang der Ethnogenese, so etwa die Anglo-Inder, die in der Regel von britischen Soldaten, die zur Zeit des britischen *Raj* in Indien stationiert waren, und indischen Frauen abstammen. Im Jahre 1947 gab es in Britisch-Indien zwei Millionen Anglo-Inder, die Christen waren und Englisch zur Muttersprache hatten.[114] Bei den Rehobother Bastern in Namibia und Südafrika handelt es sich um die Nachkommen von männlichen Buren, die sich am südafrikanischen Kap einrichteten und sich Khoikhoi-Geliebte nahmen. Die Sprösslinge dieser Beziehungen vermischten sich über Generationen hinweg miteinander und schufen so die Baster. Diese Kline wanderte 1868 nach Rehoboth in Namibia aus und konnte sich bis in die 1990er-Jahre hinein selbst verwalten. Sie sprechen ihren eigenen Dialekt des Afrikaans und pflegen eine typisch burische Lebensweise mit dem Schwerpunkt auf Landwirtschaft.[115] Natürlich gibt es innerhalb vieler Rassen, die wir oben beschrieben haben, Variationen hinsichtlich des Ausmaßes

Genetische Abstände zwischen den zwölf Rassen der klassischen Anthropologie

	Europäer	nicht europäische Kaukasier	Südasiaten	Nordostasiaten	Südostasiaten
Europäer	0	0,0068	0,0093	0,0435	0,0364
nicht europäische Kaukasier	0,0068	0	0,011	0,0431	0,0381
Südasiaten	0,0093	0,011	0	0,0367	0,0304
Nordostasiaten	0,0435	0,0431	0,0367	0	0,0056
Südostasiaten	0,0093	0,0381	0,0304	0,0056	0
pazifische Insulaner	0,0702	0,0687	0,0637	0,0565	0,0572
amerikanische Ureinwohner	0,0615	0,0626	0,0582	0,0532	0,0572
arktische Völker	0,044	0,0459	0,0402	0,021	0,0251
australische Aborigines	0,0712	0,0691	0,066	0,0668	0,0683
Subsahara-Afrikaner	0,0525	0,0459	0,0476	0,0673	0,0635
Buschmänner	0,0754	0,07	0,0712	0,0914	0,0880
Pygmäen	0,0719	0,066	0,0675	0,0838	0,0806

der Vermischung mit anderen Rassen, je nachdem, welche ethnische Gruppe innerhalb der Rasse man betrachtet. Beispielsweise haben, wie schon gesagt, die Finnen laut einiger Studien einen nordostasiatischen Einschlag von ungefähr 10 %.[116]

Verwandtheiten der Rassen

Alle Rassen der klassischen Anthropologie gehen letzten Endes auf einen gemeinsamen Vorfahren zurück. Seit Menschen damit begannen, Subsahara-Afrika zu verlassen, haben sie sich voneinander abgesondert und sind über lange Zeiträume hinweg getrennt geblieben.

pazifische Insulaner	amerikanische Ureinwohner	arktische Völker	australische Aborigines	Subsahara-Afrikaner	Buschmänner	Pygmäen
0,0702	0,0615	0,044	0,0712	0,0525	0,0754	0,0719
0,0687	0,0626	0,0459	0,0691	0,0459	0,07	0,066
0,0637	0,0582	0,0402	0,066	0,0476	0,0712	0,0675
0,0565	0,0532	0,021	0,0668	0,0673	0,0914	0,0838
0,0572	0,0572	0,0251	0,0683	0,0635	0,0880	0,0806
0	0,0959	0,0708	0,055	0,0857	0,1102	0,1019
0,0959	0,0576	0,0576	0,0985	0,091	0,1217	0,1098
0,0708	0,0985	0	0,0773	0,070	0,0993	0,0904
0,055	0,091	0,0773	0	0,086	0,1128	0,1047
0,0635	0,1217	0,070	0,086	0	0,0466	0,040
0,1102	0,1098	0,0993	0,086	0,0466	0	0,0562
0,1019	0,1098	0,0904	0,1047	0,040	0,0562	0

Dementsprechend sind die verschiedenen Rassen zu unterschiedlichen Graden miteinander verwandt. Die Vorfahren von Europäern und Ostasiaten beispielsweise haben sich vor rund 40.000 Jahren voneinander getrennt. Die Ahnen der australischen Aborigines jedoch gingen bereits vor ungefähr 75.000 Jahren ihre eigenen Wege. Sie zogen durch Südasien, vermischten sich mit den Denisova-Menschen und besiedelten Australien, das sich dann von Neuguinea ablöste, wodurch die beiden Populationen für rund 12.000 Jahre voneinander getrennt waren. Im Gegensatz dazu haben sich die amerikanischen Ureinwohner erst vor ungefähr 12.000 Jahren von den

Nordostasiaten abgespalten, und die arktischen Völker wurden vor gerade einmal 4000 Jahren isoliert.

Die umseitige Tabelle zeigt die genetischen Abstände zwischen den zwölf Rassen der klassischen Anthropologie; je kleiner die Zahl, desto enger die genetische Verwandtheit.[117] Von der Morphologie lässt sich mit 75%iger Genauigkeit auf die Rasse schließen, und diese Morphologie folgt exakt den genetischen Clustern, die sich in einheitlicher Weise hinsichtlich wichtiger und interkorrelierter genotypischer Häufigkeiten voneinander unterscheiden.

5. Krieg gegen „die Rasse“: Der Wandel der Anthropologie

Wenn Ihre einzige Kenntnis von der Rassenforschung aus der Lektüre von Mainstreamzeitungen, dem Durchstöbern der sozialen Netzwerke oder einem Seminar an einer zeitgenössischen anthropologischen Fakultät herrührt, dann sei Ihnen verziehen, wenn Sie der Ansicht sein sollten, dass das gesamte Konzept ebenso wie der Stalinismus, die Astrologie und der Aderlass zu Recht auf dem Müllhaufen der Geschichte gelandet sei. Die öffentliche Meinung in Sachen Rasse hat sich im Laufe des 20. Jahrhunderts gewandelt – und schließlich wurde daraus ein Tabu, ergänzt um eine Reihe dogmatischer Parolen wie: „Kein ernsthafter Wissenschaftler hält Rassen für real“, oder „Rassen sind nur soziale Konstrukte“.

2004 gab die American Anthropological Association auf ihrer Website bekannt, dass „Rasse [...] keine wissenschaftlich zulässige biologische Kategorie“[118] sei. Ein paar Jahre später veranstaltete diese Organisation eine Ausstellung im US-Nationalmuseum für Naturgeschichte in Washington, D.C. mitsamt Ausstellungsband unter dem Titel: „Race. Are We So Different?“. Die Botschaft war die gleiche:

> *Neue wissenschaftliche Erkenntnisse über die menschliche Vielfalt zeigen, dass es sich bei menschlichen Populationen nicht um klar definierte, biologisch voneinander unterscheidbare Gruppen handelt, die einige Menschen als Rassen bezeichnen.*[119]

Den Machern der Ausstellung zufolge soll Rasse allenfalls als ein „wirkmächtiger Mythos“ verstanden werden. In dem von vielen Beiträgern erarbeiteten Sammelband „Race and Intelligence. Separating Science from Myth“ behauptet der afroamerikanische Biologe Joseph Graves: „Die Mehrheit der Genetiker, Evolutionsbiologen und Anthropologen ist sich darüber einig, dass es innerhalb der menschlichen Spezies keine biologischen Rassen gibt.“[120] Der Anthropologe Mark Cohen meint ebenfalls: „Fast alle Anthropologen stimmen überein, dass Rassen im üblichen Sinne nicht existieren und nie existiert haben.“[121]

Derartige Behauptungen sind sachlich schlicht falsch, zumindest dann, wenn Anthropologen anonym befragt werden. Eine Umfrage unter polnischen Anthropologen kam 2001 zu dem Ergebnis, dass 75 % von ihnen die Existenz von Rassen bejahten,[122] und eine Umfrage unter amerikanischen Anthropologen 1985 ergab, dass 59 % der gleichen Ansicht waren[123]. Im Jahre 1994 kam es zu einer landesweiten Kontroverse über die Veröffentlichung des Buches „The Bell Curve“ von Richard Herrnstein und Charles Murray, die darin die Ansicht vertraten, dass die gesellschaftliche Klasse stark durch Erbfaktoren wie die Intelligenz beeinflusst sei und dass es rassische Intelligenzunterschiede gebe.

> *Mehr und mehr Befunde deuten darauf hin, dass die demografischen Trends die Verteilung der kognitiven Fähigkeiten in den Vereinigten Staaten niederdrücken, und dass dieser Druck stark genug ist, um gesellschaftliche Folgen zu haben.*[124]

„The Bell Curve“ war als Breitseite gegen den Wohlfahrtsstaat beabsichtigt, doch die medialen Kritiker des Buches fassten es vor allem als Wiederkehr des Sozialdarwinismus, der Eugenik und des rassischen Nationalismus auf. In Reaktion auf den Streit veröffentlichte die Psychologin Linda Gottfredson im „Wall Street Journal“ ein Manifest, in dem sie skizzierte, was sie die „etablierte Intelligenzforschung“ nannte.[125] Dazu gehörten unter anderem folgende Feststellungen:

> *Auf allen IQ-Niveaus finden sich Vertreter sämtlicher rassisch-ethnischer Gruppen. Die Glockenkurven der verschiedenen Gruppen überlappen einander in beträchtlichem Maße, doch die Gruppen unterscheiden sich oft dahingehend voneinander, wo sich ihre Angehörigen entlang der IQ-Linie häufen. Die Glockenkurven für einige Gruppen (Juden und Ostasiaten) liegen im Mittel etwas höher als jene für Weiße allgemein. Andere Gruppen (Schwarze und Hispanics) liegen im Mittel etwas niedriger als nicht hispanische Weiße. […]*
>
> *Individuen unterscheiden sich hinsichtlich der Intelligenz aufgrund von Unterschieden sowohl in ihren Umgebungen als auch in ihren genetischen Anlagen voneinander. Der Grad der Erblichkeit wird (auf einer Skala von 0 bis 1) auf 0,4 bis 0,8 geschätzt, wobei dies vor allem bedeutet, dass die Gene bei der Entstehung von IQ-Unterschieden*

> *zwischen Individuen eine größere Rolle als die Umweltbedingungen spielen. [...]*
> *Es gibt keinen überzeugenden Beleg dafür, dass die IQ-Glockenkurven für verschiedene rassisch-ethnische Gruppen sich einander annähern. [...]*

Gottfredson sandte ihr Schreiben an 131 Forscherkollegen, von denen ihr 100 fristgerecht antworteten. 52 Akademiker unterzeichneten die Erklärung (also 52 % der Antwortenden und 40 % der Adressaten). Die anderen 48 weigerten sich, die Erklärung zu unterstützen: „[...] sieben davon, weil sie der Ansicht waren, dass die Erklärung nicht die etablierte Forschung abbilde, elf, weil sie sich darüber nicht sicher waren, und 30 aus anderen Gründen.“[126] Acht der Verweigerer handelten so, weil sie Angst um ihre Anstellung hatten oder davor, mit kontroversen Forschern in Verbindung gebracht zu werden. Diese geteilte Meinung – und die geäußerte Furcht vor der politischen Korrektheit – liefert uns einen nützlichen Einblick in die wissenschaftlichen Ansichten über die Rassenthematik am Ende des vergangenen Jahrhunderts. Und die offenkundige Kontroverse wirft die Frage auf, ob sich Rassenforschung überhaupt als „etabliert“ bezeichnen lässt.

In den 50 Jahren zuvor hatte sich so viel verändert. Vom 18. Jahrhundert bis Mitte des 20. Jahrhunderts hatten beinahe alle Biologen und Anthropologen akzeptiert, dass sich die menschliche Spezies in biologisch voneinander unterscheidbare Rassen aufteilen ließ. Doch ab ungefähr 1900 war die Anthropologie in Westeuropa und in den Vereinigten Staaten von einem Zweig der Biologie, der sich mit der körperlichen und sozialen Entwicklung des Menschen befasste, allmählich immer mehr zu einem Fach der Geisteswissenschaften geworden. Damit verlor dieses Forschungsfeld eine essenzielle Erdung. Heutzutage ist die Anthropologie – wie so viele geistes- und sozialwissenschaftliche Fächer – sehr stark ideologisch motiviert und wird von Dogmen beeinflusst, die mit der bereits besprochenen Kirche des Multikulturalismus in Zusammenhang stehen. Dazu zählen „Kulturdeterminismus“ (wonach alle Verhaltensunterschiede zwischen den Bevölkerungsgruppen durch „Kultur“ zu erklären seien), „Kulturrelativismus“ (wonach alle Kulturen gleichwertig seien und ihre eigenen Wahrheiten hätten) und „Postmodernismus“ (wonach „Wahrheit“ rein subjektiv sei und lediglich die Ideologie der Mächtigen darstelle, weshalb wir ihre „Wahrheit“ dekonstruieren und die Ausgegrenzten unterstützen sollten).[127] Es ist sinnvoll, hier das Wort „Dogma“ zu verwenden, weil diese Vorstellungen oft leidenschaftlich vorgetragen und als unverrückbar behandelt werden; grundsätzliche Kritik an diesen Ansichten wird ignoriert, abgetan oder angeprangert.

In den USA steht ein zentraler Wendepunkt in der Wissenschaft vom Menschen in der ersten Hälfte des 20. Jahrhunderts mit zwei Persönlichkeiten in Zusammenhang: Madison Grant (1865–1937) und Franz Boas (1858–1942). Grant war ein Rechtsanwalt und leidenschaftlicher Umweltschützer, der neben vielen anderen Projekten an der Einrichtung des Bronx Zoo, des Glacier-Nationalparks und der gemeinnützigen „Save the Redwoods League“ beteiligt war. Während er nie ein Akademiker gewesen war, so war er doch ein unabhängiger Forscher und Ahnherr von etwas, das man als „Rassengeschichte“ bezeichnen könnte, wie sich in seinen beiden Hauptwerken verdeutlichte: „The Passing of the Great Race. Or, the Racial Basis of European History“ von 1916 und „The Conquest of a Continent. Or, the Expansion of Races in America“ von 1933.[128]

Boas, ein Professor an der Columbia University, war eine zentrale Figur bei der Verbreitung des „Kulturrelativismus“, und er erwies sich als derart einflussreich, dass man seiner allgemein als des „Vaters der amerikanischen Anthropologie“ gedenkt. Obwohl Boas ein scharfer Kritiker Grants und des von ihm sogenannten wissenschaftlichen Rassismus war, verstand er sich nichtsdestoweniger selbst als Darwinist. Doch letzten Endes standen Boas’ wichtigste Ideen konträr zu einem korrekten evolutionären Verständnis der Menschheit. 1936 erschien Boas auf der Titelseite des Magazins „Time“ und verkündete den Sieg des „Umweltdeterminismus“, 20 Jahre zuvor hatten er und seine Frau in der Zeitschrift „American Anthropologist“ die Theorie aufgestellt, dass sich die Schädelform italienischer Einwanderer nach deren Ankunft in den USA verändere und die zweite Generation eine Schädelform besitzen werde, die jener der amerikanischen Mehrheitsbevölkerung ähnlicher sei als jener ihrer eigenen Eltern. Derartige Befunde sind nicht nur ausgesprochen unwahrscheinlich, sie wurden auch nach einer neuerlichen Analyse Jahrzehnte später als betrügerisch entlarvt.[129]

Das andere einflussreiche Konzept Boas’ war jenes der „geistigen Einheit der Menschheit“, das ursprünglich von einem seiner Lehrer stammte, von Adolf Bastian (1826–1905). Dieser Sichtweise – bei der es sich um eine auffällige Erwiderung auf den Darwinismus *und* den „Umweltdeterminismus“ handelt – zufolge hat nicht nur jedes einzelne Individuum und jede Gruppe die gleichen intellektuellen Kapazitäten, vielmehr beruhen alle Kulturen auf einem von allen geteilten universalen Geist. Dieses Denken war weit eher mystisch als wissenschaftlich, und es hatte großen Einfluss auf Carl Gustav Jung (1875–1961).

Trotz der seiner Methodik und seiner Auslegung des Darwinismus innewohnenden Probleme hat sich Boas als der bestimmende Faktor der zeitgenössischen Anthropologie erwiesen. Grant auf der anderen Seite steht für eine verpasste Gelegenheit. Boas’ Ideengestöber prägt die kognitive Dissonanz im Denken der meisten heutigen Akademiker: Sie unterstützen hingebungsvoll die Theorie der Evolution durch natürliche Selektion – doch wenn das empfindliche Thema der Rasse zur Sprache kommt, weichen sie ausnahmslos auf Vernebelung, Mystizismus und Wunschdenken aus. Um welchen Fall es konkret auch gehen mag, es gibt eine lautstarke Strömung in der Anthropologie und in den Massenmedien, die sich gegen den Gebrauch der Rasse als biologischer Kategorie richtet. Ihr Widerstand äußert sich in einer Reihe von „Memen“ oder „Variationen über Themen“, die wieder und wieder vorgebracht werden. Diesen Argumenten wollen wir nun unseren sachkundigen und kritischen Blick zuwenden.

Die Argumente gegen „die Rasse“

Wie soll man Rassen voneinander trennen?

Eine Kapitelzusammenfassung in Jefferson M. Fishs Buch „Race and Intelligence“ enthält die Sätze:

> *Es gibt keine biologischen Rassen. Die körperliche Erscheinung des Menschen unterscheidet sich stufenweise rund um den Erdball, wobei die geografisch am weitesten voneinander entfernten Völker sich voneinander allgemein am meisten zu unterscheiden scheinen.*[130]

Mit anderen Worten: Es gibt keine Möglichkeit, unterschiedliche Rassen eindeutig voneinander zu trennen. Sie vermischen sich untereinander, mit großen Variationen im Übergangsbereich. Eine Abwandlung dieses Argumentes besagt, dass es kein spezifisches Gen gebe, das ausschließlich in einer einzigen Rasse zu finden sei. Dem kann man entgegnen, dass Rassen natürlich keine vollständig voneinander trennbaren Kategorien sind, denn wenn sie das wären, dann wären sie vielmehr Spezies, vielleicht auch Gattungen, Familien oder noch weiter oben in der taxonomischen Hierarchie stehende Stufen.

Selbst wenn es so wäre, dass sich zwischen Rassen keine eindeutigen Grenzen ziehen ließen, dann täte das der Nützlichkeit des Rassenbegriffes keinen Abbruch. Die Abgrenzung zwischen Grizzlybären und Braunbären ist auch unscharf – aber man weiß trotzdem, mit welchem von beiden man es zu tun hat, wenn man einen sieht, und es ist sinnvoll, zwischen diesen Subspezies zu unterscheiden. Mehr noch: Selbst wenn wir annähmen, dass es innerhalb einer Spezies kleine Unterschiede aufgrund dezent unterschiedlicher Umweltbedingungen gibt, dann würden sich die Individuen an den äußersten Rändern so stark – und so beständig – voneinander unterscheiden, dass es nützlich würde, sie getrennt zu betrachten.

Letztlich machen Leute, die dieses Argument gebrauchen, den Eindruck, mit einer Art von „taktischem Nihilismus“ zu liebäugeln. Schließlich ist keine Betrachtungsweise der realen Welt mathematisch perfekt. Wenn „Rasse“ „problematisch“ sein soll, weil der Begriff unscharfe Grenzen hat, dann ist der Begriff „Geschichte“ genauso „problematisch“ – tatsächlich ist der Begriff „problematisch“ auch „problematisch“. Wir benutzen Kategorien, um unsere Welt in überschaubare Abschnitte einzuteilen und sie dadurch erfolgreich bewältigen zu können. Wenn wir dazu nicht in der Lage wären, würden wir sterben. Das Argument der „unscharfen Grenzen“ scheitert also am philosophischen Test des Pragmatismus. Es gibt Bevölkerungscluster, die sich aufgrund von vielfältigen Graden der evolutionären Isolation substanziell voneinander unterscheiden. Von ihnen ausgehend sind korrekte Vorhersagen möglich. Um nichts anderes geht es.

Rasse ist ein „westlicher“ Begriff

Bisweilen wird behauptet, der Rassenbegriff sei unzulässig oder unmoralisch, weil er tief in der westlichen Geschichte (und dadurch in Dingen wie Sklaverei und Unterdrückung) verankert sei, ebenso wie in der angeblich kurzsichtigen und erstickenden Betrachtungsweise „westlicher Wissenschaft“. Doch das gleiche Argument ließe sich gegen so gut wie jeden Begriff vorbringen – auch gegen solche, die die westliche Hegemonie angeblich untergraben oder überwinden sollen. Irgendwann müssen wir uns auf einen grundlegenden Rahmen einigen. Und die zentrale Frage ist, ob die Rasse eine vorhersagefähige Kategorie ist oder nicht. Wenn der Rassenbegriff problematisch – schon wieder dieses Wort ... – sein soll, weil er westlich ist, dann dürfen wir vermutlich überhaupt keine westlichen Begriffe nutzen, um irgendetwas Nichtwestliches zu analysieren. Dieser Logik gemäß sollten wir nicht einmal in einer westlichen Sprache über etwas Nichtwestliches sprechen. Derartige Argumente mögen tiefsinnig klingen, erweisen sich bei näherer Betrachtung jedoch als ziemlich seicht. Und nur fürs Protokoll: Nichtwestliche Kulturen verfügen ganz eindeutig über Wörter und Begriffe, die mit der westlichen Auffassung von „Rasse“ übereinstimmen, wie wir bereits gesehen haben.

Rasse hatte schon verschiedene Bedeutungen

Es wurde angemerkt, dass das Wort „Rasse“ verschiedene Bedeutungen haben kann. In der Geschichte wurde es an Stellen eingesetzt, wo heute „Kultur“, „Volksgruppe“, „Nation“ oder sogar „Familie“ gebraucht werden. Die von Lord Acton geplante Reihe „Cambridge Modern History“ zum Beispiel sprach von der „habsburgischen Rasse“, wenn die Dynastie gemeint war.[131] Die Begriffsgeschichte mag zwar interessant sein, doch dass sich die Bedeutung von Wörtern im Laufe der Zeit verändert, ist für unsere Zwecke schlicht bedeutungslos. Wir sagen ganz klar, dass wir mit „Rassen“ Bevölkerungsgruppen meinen, die sich in grauer Vorzeit voneinander getrennt und an unterschiedliche Umgebungen angepasst haben. Wenn irgendwer „Rassen“ für irgendetwas anderes verwendet, dann klingen sein Wortgebrauch und unserer höchstens gleich. Nebenbei bemerkt: Auch das Wort „bedeuten“ hat im Laufe der Geschichte unterschiedliche Dinge bedeutet. Im Althochdeutschen bedeutete es so viel wie

„auslegen“ oder „interpretieren“. Die Bedeutung „einen bestimmten Sinn haben“ kam erst später auf. Sollte das etwa „bedeuten“, dass wir den Begriff der „Bedeutung“ nicht mehr verwenden dürfen?

Rassenforschung nimmt ein böses Ende

Ein weiteres angebliches Problem mit dem Rassenbegriff liegt darin, dass die Beschäftigung damit üble Folgen haben soll. Sie legitimiert „rassistische Gruppen“, „stachelt zum Hass auf“ und so weiter. Das mag so sein oder auch nicht – es hat ganz eindeutig keinerlei Bedeutung für ein Urteil darüber, ob es sich bei den Rassen um wissenschaftlich vertretbare und aussagekräftige Kategorien handelt. Diese Argumentation bedient sich des „Konsequenzargument“ genannten Fehlschlusses und, je nach Ausmalung der Konsequenzen, eines Emotionsappells. Erstens einmal liegt auf der Hand, dass alle möglichen Begriffe auf die eine oder andere Weise böse Folgen haben können. Die Ökologie und das gesellschaftliche Bewusstsein über Umweltverschmutzung und -abbau haben in gewisser Weise Ökoterroristen und Mörder „aufgestachelt“. Bedeutet das, dass die Forschung an Möglichkeiten zur Säuberung der Ozeane und zum Erhalt ihrer Ökosysteme eingestellt werden sollte, weil sie zu Gewalttaten geführt hat? Wer diese Frage stellt, kennt schon die Antwort.

Darüber hinaus lässt sich überzeugend die Ansicht vertreten, dass vielmehr die *Unterdrückung* des Rassenbegriffes ganz üble Folgen hat. Wenn ein Südasiate eine Nierentransplantation benötigt und die Niere eines Weißen eingepflanzt bekommt, dann wird sein Körper diese wahrscheinlich abstoßen, was das Risiko des Patienten erhöht, an Nierenversagen zu sterben. Aus diesem Grund sucht der britische National Health Service regelmäßig nach mehr schwarzen und südasiatischen Organspendern.[132] Während der COVID-19-Pandemie 2020 stellte man fest, dass die Sterblichkeit unter in Nordeuropa lebenden Schwarzen und Südasiaten besonders hoch war, wofür genetische Gründe angenommen wurden. Insbesondere ein Mangel an Vitamin D macht im Rahmen einer COVID-19-Infektion anfälliger für schwere Komplikationen, und Nichteuropäer leiden viel häufiger an einem solchen Mangel, weil sie aufgrund ihrer dunkleren Hautfarbe weniger Vitamin D durch Sonneneinstrahlung bilden können.[133]

Es gibt beständige genetische Rassenunterschiede in der Verbreitung vieler ernsthafter Krankheitsbilder. Bisweilen bleiben diese in Populationen erhalten, weil ein einziges vererbtes Allel in urtümlichen Umgebungen positive Auswirkungen hatte, die die negativen Folgen für einzelne Träger zweier Allele überwogen. Ein Beispiel dafür ist die Sichelzellenanämie, ein Krankheitsbild der Subsahara-Afrikaner. Wenn man zwei Kopien des mutierten Allels in sich trägt, dann bricht diese schwächende Erkrankung aus. Wenn man aber über nur ein mutiertes Allel verfügt, dann ist man wahrscheinlich immun gegen Malaria.[134] Bei Mukoviszidose, einer Erbkrankheit unter Nordeuropäern, verhält es sich ähnlich.[135] Sie tritt nur dann auf, wenn zwei Träger des defekten Allels ein Kind zeugen – dann besteht die 50%ige Chance, dass das Kind an Mukoviszidose leiden wird. Es gibt verschiedene Thesen zu der Frage, warum diese Krankheit in europäischen Bevölkerungen erhalten geblieben ist. Eine davon besagt, dass ein einzelnes fehlerhaftes Allel seine Träger mit besseren Abwehrkräften gegen Tuberkulose versehe.[136]

In manchen Fällen ist etwas unter darwinschen Bedingungen gut angepasst, wirkt aber unter modernen Bedingungen negativ. Beispielsweise sind Südasiaten sehr gut darin, Fett einzulagern, und das ist im Hinblick auf Nahrungsmittelknappheit aus offensichtlichen Gründen nützlich. Nachdem aber industrielle Revolution und die Ausbeutung fossiler Brennstoffe zu einem Überfluss an Nahrungsmitteln geführt haben, fallen Südasiaten heute leichter der Diabetes zum Opfer als Europäer.[137] Man kann ihnen nur helfen, mit diesem Problem umzugehen, wenn man ihre Natur richtig verstanden hat. Es gibt Hinweise darauf, dass Nordostasiaten weniger gut an grippeähnliche Viren angepasst sind als Europäer oder Subsahara-Afrikaner. Das könnte daran liegen, dass die Grippe in kalten und feuchten sowie heißen und feuchten Umgebungen am besten gedeiht, sodass Europäer und Subsahara-Afrikaner stärker nach der Widerstandskraft ihr gegenüber selektiert wurden.[138] Hinzu kommt, dass Rassen, die nie eine komplexe Landwirtschaft entwickelt haben – etwa die Inuit, die australischen Aborigines, die pazifischen Insulaner und viele Gruppen amerikanischer Ureinwohner –, über nur geringe Widerstandskräfte gegen die Grippe verfügen, weil Viehhaltung oft dazu führt, dass Viren die Tier-Mensch-Schranke überspringen, und sich in einem solchen Umfeld entwickelnde Rassen bilden besser angepasste Immunsysteme heraus.[139] Daraus folgt, dass in westlichen Ländern lebende Ostasiaten während einer Grippepandemie besonders geschützt werden sollten. Die Existenz von Rassen zu leugnen, würde schlicht und ergreifend Menschen in Gefahr bringen. Dies alles sind gravierende Verdeutlichungen, weshalb es sich bei Rassen definitiv nicht um „soziale Konstrukte" handelt und ein angemessenes Verständnis dieser Thematik wortwörtlich eine Sache von Leben und Tod ist.

Lewontins Irrtum

Eine eher wissenschaftlich fundierte Kritik des Rassenbegriffs findet sich in der verbreiteten Behauptung: „Es gibt innerhalb der Rassen mehr Unterschiede als zwischen ihnen." Dies wird von voreingenommenen Wissenschaftlern mit großer Tiefsinnigkeit und ohne jede Bezugnahme hinausposaunt, wenn sie in Zeitungen interviewt werden. Man nennt das mittlerweile „Lewontins Irrtum" nach dem Biologen Richard Lewontin (1929–2021), der behauptete, dass 85 % der genetischen Unterschiede zwischen Menschen auf individuelle Abweichungen zurückzuführen seien und nur 15 % auf Unterschiede zwischen Bevölkerungen und ethnischen Gruppen; demnach gebe es „innerhalb der Rassen mehr Unterschiede als zwischen ihnen".

Dieser Trugschluss lässt sich leicht erledigen. Die bloße Anzahl der Unterschiede ist längst nicht so wichtig wie die *Tendenz* der Unterschiede. Wenn eine Vielzahl kleiner Unterschiede ausnahmslos in die gleiche Richtung weist – und genau das ist der Fall bei Subspezies, die sich an unterschiedliche Umgebungen angepasst haben –, dann kann das zu signifikanten Unterschieden insgesamt zwischen den durchschnittlichen Angehörigen der verschiedenen Rassen führen.[140]

Der britische Biologe A.W.F. Edwards unterzog Lewontins Argumentation einer systematischen Kritik und prägte währenddessen ganz nebenbei den Begriff „Lewontins Irrtum".[141] Er stellte fest, dass Lewontin einfach nur eine kleine Anzahl von Genloci betrachtet und befunden hatte: Tatsächlich, 85 % der menschlichen Variation liegen in individuellen Unterschieden begründet. Dem hielt Edwards entgegen: Wenn man allerdings *viele* Genloci betrachtet, dann findet man heraus, dass diese Loci in unterschiedlichen Gruppen unterschiedlich korrelieren – aufgrund von unterschiedlichen Häufigkeiten, die zu sehr unterschiedlichen Ergebnissen führen. In Wahrheit führt dies dazu, dass Rassen sich in zahlreichen vorhersagbaren Belangen immens voneinander unterscheiden, was „Rasse“ zu einer wissenschaftlichen Kategorie erhebt. Edwards wies darauf hin, dass wir unter Anwendung der Logik Lewontins nicht in der Lage wären, zwischen verschiedenen Baumstrukturen zu unterscheiden, weil deren Unterschiede in den Korrelationsdaten verborgen sind, ebenso wie rassische Unterschiede. Wissenschaftler waren jedoch dazu imstande, allein aufgrund genetischer Daten 15 Formen der Baumstruktur korrekt herauszuarbeiten. Edwards zufolge könnte Lewontins Argumentation nur funktionieren, wenn jeder der betrachteten Genloci zwischen den Rassen rein zufällig verteilt wäre, aber es liegt tatsächlich in der Natur der Rassen – die Anpassungen an unterschiedliche Umgebungen darstellen –, dass Gene nicht zufällig verteilt sind. Folglich bietet Lewontin uns nichts weiter als einen Zirkelschluss, allerdings verpackt in abstruser Wissenschaftssprache.

Das Ganze wird noch schlimmer dadurch, dass die von Lewontin betrachteten Genloci zwischen den Rassen nicht wesentlich variieren. Er verwendete Marker wie die Blutgruppe, und wie der Anthropologe Peter Frost feststellte, sind diese „nicht sonderlich selektionsrelevant. [...] [W]enn sich Gene innerhalb einer Population unterscheiden, obwohl der Selektionsdruck ähnlich bleibt, dann liegt das in der Regel daran, dass sie wenig oder keinen Selektionswert haben.“[142] Bei der Betrachtung von Markern, die *sehr wohl* zwischen den Rassen variieren, etwa von kraniometrischen Werten und der Hautfarbe, stellte sich heraus, dass 81 % der Variation *zwischen* den Rassen liegen.[143] Lewontin gelangte also nur dadurch zu seinen Erkenntnissen, indem er Genloci betrachtete, die nicht allzu relevant für die regionale Anpassung sind – obwohl die Anpassung an unterschiedliche Regionen die Essenz der Rasse ist. Seine Argumentation ist also nicht viel mehr als ein Taschenspielertrick.[144] In Wahrheit verkündete er: Wenn man Genloci betrachtet, die zwischen allen Rassen sehr ähnlich verteilt sind und die innerhalb der einzelnen Rassen stark variieren, weil sie wenig Bedeutung für die Selektion zwischen verschiedenen Umgebungen haben, dann gibt es in der Tat weniger Unterschiede zwischen den Rassen als innerhalb der Rassen. Er hat damit in keiner Weise die Realität der Rassen widerlegt.

Wir alle sind zu 99 % gleich

In den letzten Jahren ist ein Argument gegen Rassen aufgekommen, das stark an Lewontins Irrtum erinnert: „Es ist wissenschaftlich erwiesen, dass jedes Individuum jedem anderen zu mehr als 99 % gleicht." Dieses „99-%"-Mem wurde um die Jahrhundertwende von niemand anderem als dem Human Genome Project eingeführt.[145]

Auf der Ebene der Individuen haben kleine genetische Unterschiede (Menschen unterscheiden sich im Durchschnitt lediglich zu 0,0012 % voneinander) gravierende Folgen, und es ist eine schwerwiegende Irreführung, sie herunterzuspielen. Die genetischen Unterschiede hinsichtlich erblicher musikalischer Fähigkeiten zwischen einem Berufsmusiker und Mozart fallen wahrscheinlich eher klein aus, aber haben offensichtlich eine immense Wirkung. Darüber hinaus besteht auf der Ebene der Spezies eine bemerkenswerte Ähnlichkeit (mehr als 98 %) zwischen den Menschen und ihren engsten evolutionären Verwandten, den Schimpansen. Wir teilen sogar mit anderen Tieren, etwa Schweinen und Hunden, viele Gene. Offensichtlich können kleine Unterschiede dramatische körperliche, psychische und verhaltensbiologische Unterschiede haben. Und niemand wird behaupten, dass es unzulässig sei, zwischen Menschen und Schimpansen zu unterscheiden, weil wir „zu 98 % gleich" sind.

Beim Rassenbegriff wird mir unwohl

Ein weiteres Argument – von dem es viele Abarten gibt – läuft auf einen Emotionsappell hinaus, indem jemand im Grunde bloß argumentiert, dass ihn „die Rassen" unglücklich machen würden. Dazu lässt sich nur sagen, dass dies eine offenkundige Irreführung darstellt und einfach abgelehnt werden sollte. Wie sich jemand dabei fühlt, ist unerheblich dafür, ob etwas wahr ist. Wenn es jemanden unglücklich macht, zu erfahren, dass er an einer seltenen Blutkrankheit leidet, bedeutet das dann, dass es nicht wahr ist oder dass man es ihm nicht sagen sollte?

Auf einer tieferen Ebene müssen wir verstehen, dass die Wissenschaft grundsätzlich amoralisch ist. Es geht dabei um die unablässige Suche nach der objektiven Wahrheit. Neue wissenschaftliche Erkenntnisse verletzen fast immer irgendeine bislang bestehende Befindlichkeit. Das ist der Grund dafür, dass bei solchen Wissenschaftlern, die dazu neigen, wirklich wichtige Entdeckungen zu machen – sogenannten Genies –, offenbar ein außergewöhnlich hoher IQ mit einer ziemlich niedrigen Verträglichkeit (Altruismus und Empathie) sowie einer ziemlich niedrigen Gewissenhaftigkeit (Impulskontrolle, Regelbefolgung) zusammenfällt. Sie sind dadurch in der Lage, „um die Ecke“ zu denken und sich nicht von Konventionen einschränken zu lassen – womöglich genießen sie es sogar, heilige Kühe zu schlachten. Das bedeutet auch, dass sie sich entweder nicht darum scheren, andere Menschen zu verärgern, oder ausreichend weit innerhalb des „Autismusspektrums“ angesiedelt sind, dass sie nicht einmal in der Lage wären, die Verärgerung anderer Menschen vorherzusehen, wenn sie sich darum scheren würden.[146]

Wer sich für Rassen interessiert, muss ein Rassist sein

Diese Kritik – wonach es „rassistisch“ sei, über Rassen zu sprechen – läuft auf eine Vermengung von Tatsache und Bewertung hinaus. Wenn jemand etwas als „Tatsache“ darstellt, sagt das nichts über all seine „Werte“ aus. Tatsachen sind wertneutral. Wenn dir ein Arzt sagt, dass du nur noch eine Woche zu leben hast, bedeutet das dann, dass er dir den Tod wünscht? Davon abgesehen sollten wir denen, die regelmäßig das Wort „rassistisch“ im Munde führen, gegenüber wohl mindestens misstrauisch sein. Der erste dokumentierte Gebrauch des Wortes „rassistisch“ ereignete sich 1932, wobei „Rassismus“ (*racism*) bereits 1928 festgehalten worden ist. Diese Begriffe lösten nach und nach „rassenbewusst“, das 1910 erstmals aufgezeichnet wurde, und „Rassenbewusstsein“ (*racialism*), erstmals verzeichnet 1882, ab. 1928 stand „Rassismus“ für die Ansicht, dass jede „Rasse“ (das heißt „Volksgruppe“) ihren eigenen Staat haben sollte und dass die bürgerliche Gesellschaft dann am besten ausfalle, wenn Staaten rassisch begründet seien.[147] „Rassenbewusstsein“ stand für Vorurteile gegenüber anderen Rassen und den Glauben, dass die eigene Rasse anderen überlegen sei. Infolge des Zweiten Weltkrieges erhielt „rassistisch“ allmählich die Bedeutung, die „rassenbewusst“ zuvor gehabt hatte.[148] Mittlerweile ist der Rassismusbegriff aber noch viel weiter ausgedehnt worden und bezeichnet jetzt jeden, der von der ideologischen Leitlinie hinsichtlich der Rassenthematik abzuweichen scheint. Einen Menschen als „Rassisten" abzustempeln, bringt ihn mit dem als böse und unmoralisch Angesehenen in Verbindung. Da eine solche Verbindung schadet, handelt es sich beim Rassismusbegriff um eine Methode der emotionalen Manipulation, um Menschen auf dem „richtigen" ideologischen Pfad zu halten. Anders gesagt: Es handelt sich um eine *Ad-hominem*-Kritik. Die Anschuldigung läuft im Wesentlichen darauf hinaus, dass der Gescholtene weit genug vom vorgeschriebenen Pfad abgewichen ist, um zu einem modernen Ketzer zu werden. Es gibt viele derartige Bezeichnungen. Wie die englische Historikerin Alexandra Walsham in ihrer Analyse der frühmodernen religiösen Nonkonformität resümiert hat, stand die Bezichtigung des „Atheismus" bereit zur „Artikulation und Unterdrückung von Unruhe über ‚abweichende' Denk- und Verhaltensweisen – für die Verstärkung und Neuformulierung theoretischer Normen". Sowohl „Atheist" als auch „Papist" waren „Kategorien des Abweichlertums, denen Individuen, die auch nur ansatzweise von den vorgeschriebenen Denkweisen abwichen, zugeordnet und dementsprechend gemaßregelt wurden"[149].

Abschließend lässt sich sagen, dass es schlicht keinen logischen Grund gibt, den Rassenbegriff abzulehnen, und dass sehr überzeugende Gründe existieren, ihn als das, was er ist, zu akzeptieren – als eine wissenschaftliche Kategorie. Davon ausgehend sollte man sich vielmehr vor den Motiven jener in Acht nehmen, die sich weigern, ihn zu akzeptieren, und die sich zu Schmähungen und Entstellungen versteigen oder widersprüchlich und zusammenhanglos argumentieren.

6. Schnell leben, jung sterben: Die *Life-history*-Strategie

Nachdem wir also festgestellt haben, dass „die Rasse" eine wissenschaftlich valide Kategorie ist, ergeben sich drei Fragen:

1. Wie soll man sich am besten einen Reim auf die Evolution verschiedener Rassen machen?
2. Warum unterscheiden sie sich in der Art und Weise, wie sie es tun?
3. Sind diese Unterschiede reduzierbar auf ein klares Modell, das korrekte Vorhersagen zulässt?

Ein solches Modell ist die „Theorie der kalten Winter"[150]. Demnach handelt es sich bei Rassen um Anpassungen an unterschiedliche Durchschnittstemperaturen. Auch wenn das zum Teil stimmen mag – und obwohl es sehr hilfreich dabei ist, Intelligenzunterschiede zwischen den Rassen zu erklären –, bleibt doch vieles, das mit dieser Theorie nicht zu erklären ist. Warum etwa weisen die Buschmänner extrem große Hinterbacken auf, die Nordostasiaten aber nicht? Warum gibt es rassische Unterschiede im Sexualverhalten, bei sozialer Gehemmtheit und bei affektiven Störungen – und was bedeutet das? Offensichtlich bedarf es einer komplexeren Analyse.

J. P. Rushton und die Life-history-Theorie

Einen der besten Versuche einer solchen Analyse hat der britisch-kanadische Psychologe J. Philippe Rushton (1943–2012) mit seinem 1995 erschienenen Buch „Race, Evolution, and Behavior. A Life History Perspective"[151] vorgelegt. Dass nach der ersten Vorstellung seiner Theorie auf einer Konferenz im Januar 1989 die Provinzregierung von Ontario prüfte, ob sie ihn wegen Gedankenverbrechen anklagen konnte, kann tatsächlich als Beweis dafür gelten, wie verstörend richtig er damit lag. Der Gouverneur forderte damals, dass Rushton von seiner Universität gefeuert werden sollte, und linke Aktivisten belagerten seine Fakultät und protestierten in seinen Vorlesungen. Schlussendlich erklärte ihn der Justizminister von Ontario für „verrückt, aber nicht kriminell“[152].

Rushtons angebliches „Verbrechen“ bestand darin, die *Life-history*-Theorie – ein Modell, das allgemein zur Erklärung von Unterschieden zwischen Spezies verwendet wird – genommen und auf Menschenrassen angewandt zu haben. Rushton untersuchte insbesondere Kaukasier (Europäer, Nordafrikaner und Südasiaten), Ostasiaten und Subsahara-Afrikaner. Davon ausgehend entwickelte er ein Modell, das zwar nicht perfekt war und einiger Verfeinerung bedurfte, aber gewiss zu einem guten Teil Sinn ergab.

Seine *Life-history*-Strategie (LHS) bezieht sich auf ein Spektrum mit dem Parameter *schnell* (die sogenannte r-Strategie) am einen und dem Parameter *langsam* (K-Strategie) am anderen Ende. Im Wesentlichen geht es darum, dass schnelle *Life-history*-Strategen den Großteil ihrer Energie in die Paarung und nur sehr wenig in ihre Nachkommen investieren. Langsame *Life-history*-Strategen investieren relativ wenig in Sex und konzentrieren ihre Energie auf das Großziehen ihrer Jungen. Darüber hinaus gibt es weitere wichtige Unterschiede, zu denen wir noch kommen werden. Die Bezeichnungen „r“ und „K“ sind der logistischen Gleichung für das Populationswachstum innerhalb eines begrenzten Raumes entlehnt: „r“ steht für das biotische Potenzial, also die maximale Reproduktionsrate eines Organismus, und „K“ bezeichnet die Tragfähigkeit der Umgebung, also die Menge an Individuen, die ein Ökosystem zu versorgen vermag.

In der Tierwelt bringen die Austern in einem typischen Jahr eine halbe Million Nachkommen hervor und kümmern sich überhaupt nicht um sie; sie sind extreme r-Strategen. Säugetiere und Vögel haben weniger Nachkommen, aber füttern und umsorgen sie im ersten Lebensabschnitt. Kaninchen sind ein beliebter Inbegriff für Fruchtbarkeit, doch mit ihren durchschnittlich zwölf Jungen pro Jahr kommen sie der Fruchtbarkeit von Fischen oder Amphibien nicht einmal nahe.

Menschen sind die am weitesten entwickelten K-Strategen in der Natur, doch auch wir existieren auf einem Spektrum. Der Wüstling, der ringsherum die Frauen verführt und sie verlässt, wenn sie schwanger werden, ist der archetypische schnelle *Life-history*-Stratege. Der Kavalier, der sein ganzes Leben lang mit der gleichen Frau verheiratet bleibt und ein liebevoller, in seine Kinder vernarrter Vater ist, ist der archetypische langsame *Life-history*-Stratege. Rushtons zentrale These war, dass die Rassen der Kaukasier, Schwarzen und Ostasiaten im Durchschnitt an unterschiedlichen Positionen auf diesem Spektrum säßen.

Bevor wir uns Rushtons Belege für seine These ansehen, müssen wir zwei Fragen beantworten:

1. Wie haben sich diese beiden Strategien entwickelt?
2. Was sind die zentralen Charakteristiken dieser beiden Strategien?

Stellen wir uns zwei verschiedene Ökosysteme vor. Das eine ist tropisch und üppig – ein Ort der leichten Beute und des Überflusses, aber auch der Gefahren, denn es treten unvermittelte Überflutungen und Dürreperioden auf. Die andere Umgebung ist harsch und jahreszeitenabhängig, mit eisigen Wintern und kurzen fruchtbaren Zeitabschnitten. Dort muss man planen, Opfer bringen und kämpfen, nur um zu überleben. Im erstgenannten Ökosystem findet sich das ganze Jahr über Nahrung; die verhältnismäßige Instabilität bedeutet jedoch, dass man jederzeit ausgelöscht werden kann. Dort werden Lebewesen dazu neigen, eine schnelle LHS zu verfolgen. Das bedeutet, kurz und bündig: „Schnell leben, jung sterben." Sie wenden den Großteil ihrer Energie für Sex auf, haben zahlreiche Geschlechtspartner und eine eher große Anzahl an Kindern, um die sie sich nur wenig kümmern, weil ein paar von ihnen schon irgendwie überleben werden.

Demgegenüber wird die raue Umgebung, in der man nur schwer an Nahrung kommt, in Bezug auf jede Spezies viel schneller ihre maximale Tragfähigkeit erreichen. Aufgrund dessen werden die Individuen jeder Spezies miteinander um das Überleben konkurrieren. Wenn sie unter diesen Umständen eine schnelle LHS verfolgten und so gut wie nichts in ihre Nachkommen investierten, so würden sehr wahrscheinlich alle ihre Jungen sterben, weil sie nicht ausreichend vor den kalten Wintern geschützt wären. Diese raue Umgebung ist andererseits auch besser berechenbar, was jenen Individuen zugutekommt, die Ressourcen von der bloßen Paarung abziehen und in die „Fürsorge" investieren, sich also um eine kleinere Anzahl von Nachkommen kümmern und für die Zukunft vorausplanen. Im Prinzip läuft das hinaus auf: „Langsam leben, alt sterben."

Spezies werden umso besser dazu in der Lage sein, erfolgreich für ihre Jungen zu sorgen und in einer vorhersehbaren, wenngleich harschen Umgebung zu überleben, wenn sie über hohe Werte an Intelligenz, Impulskontrolle, Altruismus und Empathie verfügen, wodurch diese Eigenschaften Teile einer langsamen LHS werden. Testosteron bedingt Aggressivität und Impulsivität, was bedeutet, dass es sich negativ auf eine langsame LHS auswirkt. Die Individuen haben bessere Chancen, die Fertigkeiten zu erlernen, die sie benötigen, um in dieser fordernden, aber auch planbaren Umgebung zu überleben, wenn sie eine längere Kindheit haben; je mehr sich die Spezies also der K-Strategie zuwendet, umso länger wird die Kindheit und umso mehr verlangsamt sich das Leben. Je K-orientierter das Ökosystem, desto spezifischer fällt die Nische aus, an die sich ein Tier anpasst; das bedeutet, dass es mehr nützt, zu lernen, als einfach nur den eigenen Instinkten zu folgen. Die Nachkommen werden dadurch immer abhängiger von ihren Eltern, weil sie in immer früheren Entwicklungsstadien geboren werden und immer weniger dazu in der Lage sind, auf sich allein gestellt zu überleben. Da nun mehr Energie in einzelne Sexualpartner investiert wird, werden die Tiere wählerischer, mit wem sie sich paaren möchten, um sicherzugehen, dass sie nur in gesunde und robuste Partner investieren. Die Männchen beginnen, ihre Partnerinnen zu bewachen, um sicherzustellen, dass ihre Energieinvestition nicht umsonst ist. Die Folge davon ist ein geringeres sexuelles Angebot, was wiederum dazu führt, dass die Fähigkeit zu längerem Leben – zur Optimierung des Ausmaßes, in dem man seine Gene weitergeben kann – zu einem Selektionskriterium wird. In einer stabilen Umgebung verringert sich die Notwendigkeit, die eigene genetische Qualität auffällig zur Schau zu stellen, um sich von der Masse abzuheben. Diese Energie lässt sich sinnvoller in eine gute Pflege der eigenen Nachkommen investieren. So kommt es dazu, dass die sexuelle Selektion nach sekundären Geschlechtsmerkmalen an Intensität abnimmt und sich die Größenunterschiede zwischen Männchen und Weibchen verringern. Während die Spezies immer mehr eine K-Strategie verfolgt, bilden sich allmählich kooperative Gruppen heraus, weil sie die Überlebenschancen der Individuen vergrößern. Und wenn diese Gruppen in den genannten Eigenschaften besser abschneiden als andere Gruppen und über einen höheren inneren Zusammenhalt verfügen, dann werden sie auch positiv ethnozentrisch sein, ein Wesenszug, der Herrschaft und Ausdehnung sichert – und der nach Computerberechnungen essenziell für das Überleben der Gruppe ist.[153] Das bedeutet auch, dass es engere Bindungen zwischen Sexualpartnern gibt. Im Allgemeinen werden all diese K-Eigenschaften interkorrelieren, wenngleich einige Spezies bei einigen Eigenschaften weniger K-selektiert sein mögen als andere, umso mehr, je spezifischer die Nische ausfällt, an die sie sich angepasst haben. Eine Schildkröte zum Beispiel verfolgt eine schnellere LHS als ein Mensch – in so gut wie allen Aspekten bis auf das Altern. Diesbezüglich verfolgt sie eine langsamere Strategie und lebt erheblich länger als ein Mensch. Eine Zusammenfassung der Unterschiede zwischen r und K findet sich in der folgenden Tabelle:

Grundlagen der r-K-Strategien

r-Strategie	K-Strategie
Familiencharakteristika	
großer Wurf	kleiner Wurf
kurze Geburtenabstände	große Geburtenabstände
viele Nachkommen	wenige Nachkommen
hohe Säuglingssterblichkeit	geringe Säuglingssterblichkeit
geringe elterliche Fürsorge	hohe elterliche Fürsorge
Individualcharakteristika	
schnelle Entwicklung	langsame Entwicklung
frühe Fortpflanzung	späte Fortpflanzung
kurze Lebensspanne	lange Lebensspanne
hohe Vermehrungsrate	niedrige Vermehrungsrate
ineffiziente Energienutzung	effiziente Energienutzung
kleines Gehirn	großes Gehirn

r-Strategie	K-Strategie
Populationscharakteristika	
opportunistische Ressourcennutzung	konstante Ressourcennutzung
Zerstreuung und Kolonisierung	feste Siedlung
schwankende Populationsgröße	stabile Populationsgröße
schwache Konkurrenz	heftige Konkurrenz
soziales System	
geringe soziale Organisiertheit	hohe soziale Organisiertheit
geringer Altruismus	hoher Altruismus

Wie bereits angesprochen, wandte Rushton dieses Modell auf die von ihm sogenannten drei Großrassen an. Die Ergebnisse waren ausgesprochen stimmig. Subsahara-Afrikaner sind im Verhältnis zu den anderen am stärksten r-selektiert, Ostasiaten sind am stärksten K-selektiert, und Kaukasier liegen in der Mitte, auch wenn sie sich eher den Ostasiaten annähern. In meinem Buch „J. Philippe Rushton. A Life History Perspective" habe ich Rushtons Modell auf den neuesten Stand gebracht und festgestellt, dass eine Reihe von ihm nicht berücksichtigter Eigenschaften ebenfalls in die erwartete Richtung wiesen.[154] Diese Ergebnisse habe ich in der folgenden Tabelle aufgeführt:

Rangliste der Rassen nach verschiedenen Variablen

Kriterium	Mongolide	Kaukasoide	Negride
Gehirngröße			
Autopsiedaten (in cm³)	1351	1356	1223
Schädelvolumen (in cm³)	1415	1362	1268
äußere Kopfmaße (in cm³)	1356	1329	1294
Neuronen der Hirnrinde (in Milliarden)	13,767	13,665	13,185
Schädelkapazität (in cm³)	1487	1458	1403
Intelligenz			
IQ-Punkte gemäß US-Tests	106	100	85
Reaktionszeiten			
einfache Entscheidung (in ms)	361	371	398
komplexe Entscheidung (in ms)	423	486	489
„Odd-Man-Out"-Test (in ms)	787	898	924

Kriterium	Mongolide	Kaukasoide	Negride
kulturelle Errungenschaften			
alle 21 akzeptierten Zivilisationsmarker eigenständig wie oft erreicht?	1	4	0
Anteil an den 40 wichtigsten Naturwissenschaftlern (800 v. Chr. bis 1950)	0 %	100 %	0 %
Anteil an den im „Dictionary of Scientific Biography" geführten Naturwissenschaftlern	2 %	98 %	0 %
Tragzeit			
Anteil Frühgeburten (37. SSW)	6,5 %	6,9 %	15,6 %
Skelettentwicklung			
Skelettreife (gemessen in Monaten über Lebensalter unter heranwachsenden Frauen)	0	4	10
motorische Entwicklung			
Gehfähigkeit (in Monaten Lebensalter)	13	12	11
Zahnentwicklung			
Lebensjahr des Durchbrechens der bleibenden Zähne	8	6,1	5,8
Alter beim ersten Geschlechtsverkehr			
sexuelle Erfahrungen vor 21. Lebensjahr	9 %	40 %	64 %
Lebensjahr der ersten Schwangerschaft	29,5	27	24,2
Menopausalalter			
Anteil der mit 40–55 Jahren noch Menstruierenden	46,3 %	29 %	24,4 %
Senilität			
Demenzhäufigkeit	> 65 %	2,5 %	3,6 %
Lebenserwartung			
Lebenserwartung männlicher US-Bürger, 2008 (in Jahren)	80,3	76,8	72,7

Kriterium	Mongolide	Kaukasoide	Negride
psychopathische Persönlichkeit			
Anteil gem. div. Stellvertreter	10,1 %	14,6 %	16,6 %
Ehestabilität			
Anteil der Verheirateten oder Zusammenlebenden mittleren Alters	66 %	63 %	35 %
Gesetzestreue			
schwere Körperverletzungen pro 100.000 je Gruppe	37,1	61,6	110,8
geistige Gesundheit			
Schizophrenie-Risikoverhältnis in Großbritannien	—	0	2,5
Reproduktionsleistung			
zweieiige Zwillinge pro 1000 Geburten	4	8	16
Hormonspiegel			
Häufigkeit der Kurzform des CAG-Allels (Genmarker für niedrigen Testosteronspiegel)	23,1 %	21,31 %	20,23 %
Genitalmaße			
Länge erigierter Penis (in cm)	10–14	14–15,3	15,9–20,3
Durchmesser erigierter Penis (in cm)	3,2	3,3–4,1	5,1
sekundäre Geschlechtsmerkmale			
Tiefe der männlichen Stimme (in Hz)	108	110	117
freizügiges Verhalten			
Häufigkeit des Geschlechtsverkehrs pro Woche	1–4	2–4	3–10
Anteil Promiskuität (≥ 5 Geschlechtspartner im Leben)	8 %	26 %	38 %
Anteil AIDS-Kranker	0,07 %	0,4 %	8 %

Aus dieser Tabelle wird ersichtlich, dass es eine erstaunliche Übereinstimmung mit dem rassischen Muster des von Rushton sogenannten *Differential K* gibt. In so gut wie allen Belangen sind Ostasiaten am stärksten K-selektiert, Subsahara-Afrikaner am wenigsten, und Kaukasier mittelmäßig. Dazu ist anzumerken, dass Afroamerikaner eine längere Pubertät aufweisen als weiße Amerikaner; bei der Pubertät handelt es sich um einen Vorgang, in dessen Verlauf sich zu unterschiedlichen Zeitpunkten verschiedene Marker manifestieren, beispielsweise Schambehaarung. Es wurde bereits festgestellt, dass dies dem Modell Rushtons entspricht, weil die Pubertät ein belastender Vorgang ist und mit asozialem Verhalten einhergehen kann, sodass es in einer harschen Umgebung besser ist, wenn diese Phase so schnell wie möglich vorübergeht.[155]

Nichtsdestoweniger habe ich auch viele Aspekte gefunden, in denen rassische Unterschiede nicht so auftreten, wie es Rushtons Modell entspräche.[156] Sie finden sich in der folgenden Tabelle:

Gegenbeispiele zu Rushtons Modell

Kriterium	**K-selektiert**		**r-selektiert**
	Persönlichkeit		
Neurotizismus	Schwarze	Europäer	Ostsiaten
	Testosteron		
Fingerlängenverhältnis	Europäer / Ostasiaten		Schwarze
Haarlosigkeit	Schwarze	Ostasiaten	Europäer
Behaartheit	Schwarze	Ostasiaten	Europäer
Länge des AR-CAG-Allels	Ostasiaten		Europäer / Schwarze
Prostatakrebs	Europäer	Schwarze	Ostasiaten
Präferenz für Oralverkehr	Europäer	Schwarze	Ostasiaten
	Fürsorglichkeit		
Adoptionen	Europäer	Schwarze	Ostasiaten
Haustierhaltung	Europäer	Schwarze	Ostasiaten
negativer Ethnozentrismus	Europäer	Schwarze	Ostasiaten
	sekundäre Geschlechtsmerkmale		
Hodengröße	Ostasiaten	Schwarze	Europäer

Kriterium	K-selektiert		r-selektiert
	kulturelle Leistungen		
alle 21 akzeptierten Zivilisationsmarker eigenständig wie oft erreicht?	Europäer	Ostasiaten	Schwarze
Anteil an herausragenden Naturwissenschaftlern	Europäer	Ostasiaten	Schwarze

Diese Gegenbeispiele deuten darauf hin, dass Rushtons Theorie zwar eine Menge zu erklären vermag, aber einer weiteren Verfeinerung bedarf. Einen Versuch dazu hat der britische Psychologe Michael Woodley of Menie mit seiner Theorie der kognitiven Integrationsleistung unternommen.[157] Woodley vertritt darin die Ansicht, dass eine Gruppe, je mehr sie die K-Strategie annimmt, sich immer stärker an eine immer spezifischere Nische anpasst. Das führt dazu, dass die positive Vielfalt zwischen den unterschiedlichen K-Komponenten abnimmt, sodass die hochgradig K-selektierte Gruppe die sehr spezielle Überlebensstrategie verfolgen kann, die für sie notwendig ist. Mit anderen Worten: Es gibt zahlreiche Eigenschaften, die eine langsame LHS ausmachen, so etwa eine lange Kindheit, eine soziale Persönlichkeit und eine hohe mentale Stabilität. Eine sehr langsame LHS beinhaltet allerdings auch die Anpassung an eine sehr spezifische und sehr berechenbare Nische. Das bedeutet, dass bei zunehmender Verengung einer solchen Nische der Fall eintreten kann, dass eine allgemein langsame LHS weniger gut angepasst ist als eine solche, die in den meisten Teilbereichen langsam ausfällt, aber in einigen wenigen schnell. Dementsprechend wird die Korrelation zwischen den verschiedenen Komponenten einer langsamen LHS bei sehr langsamen *Life-history*-Strategen immer schwächer. In beinahe dem gleichen Maße, in dem die Menschen insgesamt intelligenter werden, nimmt die Korrelation zwischen den unterschiedlichen Arten von Intelligenz – etwa sprachlicher, räumlicher und mathematischer Intelligenz – ab. Das bedeutet, dass man im Extremfall hochintelligente Menschen vorfindet, die nicht in der Lage sind, Aufgaben zu erfüllen, die nur wenig mit Intelligenz zu tun haben und für weniger intelligente Menschen keinerlei Problem darstellen. Man denke an das Klischeebild des „zerstreuten Professors“, der Abhandlungen über Dichtkunst schreibt, aber ständig seine Schlüssel verliert, oder an das fiktionale Genie Sheldon Cooper aus der Fernsehserie „The Big Bang Theory", das unfähig ist, ein Auto zu steuern.

Die Theorie der kognitiven Integrationsleistung würde erklären, warum die am stärksten K-selektierte Gruppe – die Ostasiaten – die meisten Abweichungen von Rushtons Modell aufweist, und nun können wir auch damit beginnen, diese Abweichungen zu verstehen. Ostasiaten zeigen eine höhere mentale Instabilität als Europäer, was merkwürdig ist, denn je kooperativer eine Gesellschaft ist, desto stärker müsste der Selektionsdruck bezüglich mentaler Stabilität ausfallen. Die gemessenen hohen Neurotizismuswerte bei Ostasiaten liegen jedoch darin begründet, dass diese im Neurotizismusbereich „Sozialphobie" extrem hoch abschneiden – und das ist eine Eigenschaft, die sie in Wahrheit außerordentlich kooperativ und sozial werden lässt. Ostasiaten zeigen darin so hohe Werte, dass die Tatsache, dass alle anderen Neurotizismusbereiche bei ihnen am geringsten ausgeprägt sind, dadurch verdeckt wird.[158] Tatsächlich spiegelt diese scheinbare Anomalie also ihre herausragend starke K-Selektion wider.

Im Hinblick auf Kulturleistungen wurde argumentiert, dass die starke K-Selektion der Ostasiaten bedeute, dass diese über einen sehr „kleinen Genpool" verfügten, also einen geringen Grad genetischer Vielfalt, nicht etwa eine geringe Anzahl an Menschen. Dies hat den Grund, dass ihre urtümliche Umgebung derart harsch war, dass es relativ wenig Raum für Abweichungen vom Optimum gab. Sie verzeichnen auch extrem hohe Werte an Altruismus (Verträglichkeit) und Ordnungsliebe (Gewissenhaftigkeit). Kulturleistungen werden substanziell durch den durchschnittlichen nationalen IQ beeinflusst. Tatsächlich lässt sich anhand dessen eine Vielzahl von Zivilisationsparametern voraussagen, etwa die Alphabetisierung, der Bildungsgrad, die Gesundheit, der Wohlstand, die Hygiene, niedrige Kindersterblichkeit, geringe Religiosität usw.[159] Ebenso wichtig für das kulturelle Gedeihen eines Volkes ist seine kognitive Elite (*Smart fraction*) – seine Erfinder, die Genies, die hochgradig originelle Ideen entwickeln. Diese Menschen sind die Motoren der Zivilisation und treiben die entscheidenden Durchbrüche an, die es uns allen gestatten, uns weiterzuentwickeln.[160] Wie bereits erwähnt, vereinen wissenschaftliche Genies üblicherweise einen außergewöhnlich hohen

IQ mit einer eher niedrigen Gewissenhaftigkeit und ebenfalls eher niedriger Verträglichkeit.[161] Sir Isaac Newton (1643–1727) – ein besessener Exzentriker, weltfremd und hartherzig – ist ein Paradebeispiel hierfür. Er blieb bisweilen stundenlang in Gedanken versunken im Treppenhaus stehen, selbst während er Gäste hatte. Newton hatte nur sehr wenige Freunde, und einmal drohte er seiner eigenen Mutter im Streit, ihr Haus niederzubrennen.[162] Wie gesagt, der außergewöhnlich hohe IQ des wissenschaftlichen Genies bedeutet natürlich, dass es hochgradig originelle und wichtige Gedanken fassen kann. Seine eher niedrige Ordnungsliebe sorgt für Kreativität; ein solcher Mensch ist in der Lage, „über den eigenen Tellerrand hinauszublicken". Durchbrüche verstoßen so gut wie immer gegen irgendjemandes Eigeninteressen. Doch da das Genie nur eine niedrige Verträglichkeit aufweist, ist ihm das schlicht egal – es wird aufgrund seines Mangels an Empathie vielleicht nicht einmal erwarten, jemanden zu kränken. Es könnte sogar Spaß daran haben, die Mächtigen herauszufordern; sein nonkonformes Wesen ist einer der Gründe, warum es alles Überkommene hinterfragt und auf diese Weise neue Entdeckungen macht.

Dass die Ostasiaten über einen kleineren Genpool verfügen, bedeutet, dass sie mit geringerer Wahrscheinlichkeit Menschen mit außergewöhnlich hohem IQ hervorbringen, ganz zu schweigen von Menschen, die diesen mit einer mild asozialen Persönlichkeit kombinieren. Außerdem bilden die Kehrseite der Genies einerseits hochintelligente Träumer, die an der Gesellschaft parasitieren, sowie andererseits minderbemittelte Asoziale – also Kriminelle oder Taugenichtse. Man kann sich nicht nur die Rosinen herauspicken. Im Falle der Ostasiaten wäre der Selektionsdruck hinsichtlich kooperativen Verhaltens in einer so harschen Umgebung derart hoch gewesen, dass es eine Gefahr bedeutet hätte, die Hervorbringung von Genies zu riskieren. Man wird an das japanische Sprichwort erinnert, wonach ein Nagel, der herausragt, eingeschlagen werden muss. Aus diesen Gründen sind es die Kaukasier und nicht die extrem K-selektierten Ostasiaten, die die großartigsten Kulturleistungen vollbringen.

Auch die geringere Häufigkeit von Haustieren und Adoptionen sowie der höhere Grad an Ethnozentrismus unter Ostasiaten lassen sich mithilfe von Woodley of Menies Weiterentwicklung des rushtonschen Modells erklären. In einer hochgradig K-geprägten Umgebung wäre die Gruppenselektion extrem stark, und dies würde Gruppen mit ausgeprägtem Ethnozentrismus bevorzugen. Eine alternative Strategie wäre ein niedriger Ethnozentrismus bei gleichzeitigem hohen Vorkommen von Genies, was die Verbreitung und die Entwicklung eines großen Genpools und damit die Herausbildung von noch mehr Genies erlaubte. Doch diese Option wäre für die Ostasiaten problematisch gewesen, wie wir bereits besprochen haben.[163] Niedrige Niveaus an Haustierhaltung und Adoptionen befinden sich in Übereinstimmung mit einem hohen allgemeinen K-Niveau: In einer extrem harschen Umgebung entstehen enge Bindungen nur an genetisch Verwandte; die eigene Güte darf nicht an jene verschwendet werden, die nicht die eigenen unmittelbaren Interessen teilen.

Weshalb Ostasiaten weniger stark zu Oralsex neigen als Europäer, ist unklar. Es handelt sich dabei um eine K-assoziierte Eigenschaft, weil sie der Bindung bedarf, und sie hilft tatsächlich dabei, sicherzustellen, dass die Frau von diesem spezifischen Partner schwanger wird. Es gibt die Theorie, dass infolge des Schluckens des männlichen Spermas das weibliche Immunsystem dieses weniger wahrscheinlich als feindliche Substanz einstufen wird, wodurch die Wahrscheinlichkeit steigt, dass dieser konkrete Mann die Frau schwängern wird. Hinzu kommt, dass nach Eintreten der Schwangerschaft der Fötus Proteine freisetzen wird, die Charakteristika dieses Mannes aufweisen. Die Frau wird dann aber bereits an diese gewöhnt sein, sie also weniger wahrscheinlich als feindliche Substanz behandeln, was das Risiko einer Präeklampsie und des Verlustes des Kindes verringert. Diese Anomalie mag aber auch darin begründet liegen, dass die Zahlen vor allem von Studenten stammen und Ostasiaten meist später die sexuelle Reife erreichen.[164]

Die meisten Anomalien im Vergleich zwischen Schwarzen und Weißen – beispielsweise bei Glatzköpfigkeit oder Behaartheit – lassen sich dadurch erklären, dass es sich hierbei um problematische Maßstäbe für K handelt. Die Behaartheit etwa ist ein Marker für Testosteron, aber auch einfach nur für einen Neandertaler-Erbanteil. Im Übrigen sind Anomalien oft die Folge kleiner Stichprobengrößen. Dementsprechend hat Rushtons Modell insgesamt eine beträchtliche

Vorhersagekraft, insbesondere in Kombination mit seiner späteren Weiterentwicklung durch Woodley of Menie.

Sexualdimorphismus

Eine weitere Überraschung – allerdings eine, die eher mit Woodley of Menies Modell als mit Rushtons übereinstimmt – stellen die rassischen Unterschiede im Ausmaß der Geschlechterunterschiede dar. In der Natur werden die Weibchen allgemein die größten und stärksten Männchen oder jene mit den ausgeprägtesten sekundären Geschlechtsmerkmalen erwählen. Das bekannteste Beispiel hierfür ist der Pfau. Nicht nur ist der Pfauenhahn beträchtlich größer als die Pfauenhenne; wie wir bereits in Kapitel 2 besprochen haben, verfügt er außerdem über einen voluminösen und farbenfrohen Schwanz. Dies deshalb, weil die Fähigkeit zur Ausbildung eines solchen Schwanzes ein Zeichen für gesunde Gene ist. Dem „Handicap-Prinzip" zufolge ist der Schwanz ein sichtbarer Nachteil.[165] Wenn ein Männchen eine derartige Zier entwickelt und trotzdem am Leben bleibt, dann ist das ein Signal seiner Potenz. Dies hat zu einem regelrechten Wettlauf unter Pfauen geführt, die immer absurdere Räder ausbilden und darüber hinaus größer und stärker werden, was die Unterschiede zwischen den Geschlechtern weiter verstärkt.

Bei den Menschen hingegen ist die Situation deutlich komplizierter. Rushton hat nachgewiesen, dass die stärker K-selektierten Rassen weniger stark ausgeprägte sekundäre Geschlechtsmerkmale aufweisen. Das liegt daran, dass eine rauere und stabilere Umgebung es weniger notwendig macht, die eigene genetische Qualität auffällig anzupreisen, und man stattdessen mehr bioenergetische Ressourcen für ein komplexes Gehirn benötigt, das es ermöglicht, intelligenter, sozialer und fürsorglicher zu sein. In einem Ökosystem, in dem Menschen in ihre Geschlechtspartner investieren müssen, werden sie auch entsprechend stärker an ihrer Neigung zur Fürsorglichkeit als an ihrer körperlichen Erscheinung interessiert sein, wodurch die sekundären Geschlechtsmerkmale allmählich kleiner werden. Eine Frau wird weniger Interesse am „Alphamännchen" haben, das lediglich dafür sorgen würde, dass ihre Nachkommen seine attraktiven Gene für Stärke und den Sieg im Kampf erben, und sich vermehrt für „Betas" interessieren, die verträglicher sind und eher dazu neigen, zu bleiben und sich um ihre Jungen zu kümmern.[166] „Köpfchen statt Bizeps" bedeutet weniger explizite Zurschaustellungen von Männlichkeit. Dies zeigt sich nicht nur im Vergleich der „drei Großrassen" Rushtons, sondern auch im Vergleich von Subsahara-Afrikanern und Buschmännern, wobei die Letzteren weniger stark K-selektiert sind und die ausgeprägtesten sekundären Geschlechtsmerkmale der gesamten Menschheit aufweisen.

In Übereinstimmung hiermit gibt es rassische Unterschiede auch in dem Ausmaß, in welchem sekundäre Geschlechtsmerkmale als anziehend empfunden werden. Es hat sich erwiesen, dass überdurchschnittlich „soziosexuelle" – das heißt: sexuell promiskuitive – Männer sich stärker zu Frauen mit großen Brüsten hingezogen fühlen als unterdurchschnittliche.[167] Malaiische Männer mit geringerem sozioökonomischen Status sowie hungrige britische Männer fühlen sich ebenfalls stärker zu großen Brüsten hingezogen, was diese Assoziation verstärkt, da Hunger Menschen dazu bringt, sich kurzfristiger zu orientieren.[168] Die amerikanische Psychologin Rachel Sewell hat eine gemischtrassige Stichprobe von US-Studenten untersucht, die es bis zu einem gewissen Grad erlaubte, kulturellen Hintergrund und sozioökonomischen Status zu kontrollieren.[169] Sie stellte fest, dass schwarze Männer am ehesten von „extragroßen" Brüsten angezogen werden, Asiaten am wenigsten. 10 % der Schwarzen fanden „extragroß" am attraktivsten, dagegen 0 % der asiatischen Männer. Es gibt Anzeichen dafür, dass Frauen mit großen Brüsten eine verhältnismäßig niedrige Gewissenhaftigkeit aufweisen; das bedeutet, dass sie eher r-Strategen sind, und es sind ebenso r-Strategen, die sich am meisten zu großen Brüsten hingezogen fühlen. Weibliche K-Strategen neigen dazu, kleinere Brüste zu haben, und männliche K-Strategen fühlen sich eher zu Frauen mit kleinen Brüsten hingezogen, wobei Soziosexualität und Gewissenhaftigkeit als Platzhalter für die jeweilige LHS dienen.[170] In einem K-Zusammenhang würden Männchen ihre Gene eher weitergeben, indem sie in gute Mütter investieren, die sexuell treu sind. Dementsprechend müssten sie körperliche Merkmale gegen psychologische eintauschen, wodurch es tatsächlich sinnvoll würde, kleinere Brüste attraktiv zu finden. In gleicher Weise wäre es für Weibchen sinnvoll, ihr fürsorgliches und treues Wesen durch kleinere sekundäre Geschlechtsmerkmale anzupreisen. Diese Merkmale würden sich auch durch die veränderte Verteilung bioenergetischer Ressourcen manifestieren.

Abgesehen davon ist das Gesamtbild im Hinblick auf Größenunterschiede – sexuellen Dimorphismus – ein ganz anderes. Der britische Biologe Jonathan Wells hat – gestützt auf anthropometrische Daten über 96 vorindustrielle Populationen aus der ganzen Welt[171] – herausgefunden: „Das Ausmaß des Dimorphismus war nicht zufällig über die Erdregionen verteilt." Es war in afrikanischen und asiatischen Populationen am geringsten und in arktischen Populationen am höchsten.

> *Es gab populationenübergreifend eine negative Korrelation zwischen dem Dimorphismus der mageren Körpermasse und dem Dimorphismus des Fettgewebes, unabhängig von der Temperatur. Mit abnehmenden Temperaturen stieg der Dimorphismus sowohl in Mager- als auch in Fettgewebe an. Der Dimorphismus stieg in fetteren, nicht aber in größeren Populationen, unabhängig von der Temperatur.*

Das bedeutet, dass sich europäische Frauen körperlich stärker von europäischen Männern unterscheiden als afrikanische Frauen von afrikanischen Männern oder asiatische Frauen von asiatischen Männern. Zusätzlich betont Wells, dass Frauen in kalten Umgebungen unverhältnismäßig viel mehr in „magere Körpermasse" investieren als Männer, und dass die Unterschiede hinsichtlich des Dimorphismus von einer Kombination aus genetischen und Umweltfaktoren abhängen.

Darüber hinaus haben der südafrikanische Sportwissenschaftler Richard Stretch und ich die rassischen und geschlechtlichen Unterschiede bei olympischen Leistungen in Leichtathletik untersucht und nachgewiesen, dass diese Unterschiede mit den von Wells angedeuteten Ergebnissen übereinstimmen, wonach der Sexualdimorphismus bei Schwarzen und Nordostasiaten weniger stark ausgeprägt ist als bei Europäern. Die Unterschiede zwischen Schwarzen und Weißen fallen in der Leichtathletik bei Frauen weniger stark aus als bei Männern, weil schwarze Frauen verhältnismäßig stärker vermännlicht sind als weiße Frauen.[172] Im Hinblick auf subsahara-afrikanische Frauen könnte man sagen, dass sie aufgrund einer betonten r-Strategie und einer instabilen, gefährlichen Umgebung von einem relativ hohen Testosteronspiegel profitieren. Vor allem ist es für sie sehr wahrscheinlich, ihre Kinder allein großziehen zu müssen, mit allen körperlichen Gefahren, die daraus erwachsen. Dies würde dabei helfen, einen verhältnismäßigen Mangel an sexuellem Dimorphismus zu erklären. Je K-orientierter das Ökosystem wird, desto stärker würden die Weibchen Männchen selektieren, die in sie und ihre Nachkommen investieren können; die Männchen ihrerseits würden stärker vertrauenswürdige Weibchen selektieren, die gute Mütter sind. Das Ergebnis wäre eine wachsende Divergenz zwischen Männchen und Weibchen, wobei sich die Männchen mehr und mehr auf Arbeit und die Erlangung von Status konzentrieren würden, etwa im Rahmen von Jagd und Landwirtschaft, und die Weibchen mehr und mehr mit dem Aufziehen der Kinder befasst wären. Mit anderen Worten: Es käme zu einer immer stärker ausgeprägten Arbeitsteilung. Wir müssten davon ausgehend annehmen, dass die Männchen proportional immer muskulöser und größer als die Weibchen würden, und genau das ist es, was Wells' Untersuchung ergeben hat. Wir müssten weiters eine entsprechende Divergenz zwischen männlicher und weiblicher Psyche erwarten, mit der wir uns in Kapitel 8 befassen werden.

Zurück zu den Rassen der klassischen Anthropologie

Ein weiteres Problem des Rushton-Modells, das ich in meinem Buch zum Thema hervorgehoben habe, sind die „Rassen", die er für seine Studie ausgewählt hat.[173] Wenn wir von Salters Darstellung der genetischen Unterschiede zwischen Rassen ausgehen, dann gibt es kaum eine Rechtfertigung dafür, Nordostasiaten, arktische Völker, pazifische Insulaner und amerikanische Ureinwohner zu einer einzigen „Rasse" namens „Ostasiaten" zusammenzuwerfen, denn die Unterschiede zwischen diesen Rassen sind erheblich. Die arktischen Völker beispielsweise sind von den Südostasiaten ungefähr so weit entfernt wie Europäer von Südostasiaten. Die australischen Aborigines sind darüber hinaus genetisch so sehr isoliert, dass sie definitiv als separate Rasse mit berücksichtigt werden sollten. Tatsächlich scheint es, wie wir bereits festgestellt haben, ungefähr zehn verschiedene genetische Rassencluster zu geben, womöglich sogar zwölf. Wenn wir dies akzeptieren, dann ergeben sich weitere Probleme mit der Reduktion rassischer Unterschiede auf Unterschiede hinsichtlich der K-Entwicklung.

Eine Vielfalt von Faktoren bedeutet, dass die Unterschiede nach manchen Maßstäben nicht in die erwartete Richtung weisen. So ist etwa die Arktis so kalt und der dortige Selektionsdruck so hoch, dass die arktischen Völker nie den Ackerbau entwickelt haben. In einem solchen Ökosystem ist es einfach zu riskant, mit neuen Möglichkeiten herumzuexperimentieren, und zu kalt, um Ackerbau zu einer erfolgreichen Strategie zu kultivieren. Der Ackerbau mag sich in seinem Ursprungsgebiet, der „Goldlöckchen-Zone" des Fruchtbaren Halbmondes im Nahen Osten, entwickelt haben, weil gerade die richtigen Umweltbedingungen zur genau richtigen Zeit vorlagen, um experimentieren zu können. Wenn sich der Ackerbau erst einmal entwickelt hat, dann neigt er dazu, diejenigen negativ zu selektieren, die nur kurzfristige Interessen haben und nicht für die Zukunft planen können. Somit sortiert er die weniger Intelligenten aus und erhöht dadurch die Gesamtintelligenz. Und wie wir im nächsten Kapitel sehen werden, liegt der durchschnittliche IQ der arktischen Völker niedriger als jener der Nordostasiaten und der Europäer und entspricht jenem der Südostasiaten, obwohl sie an die unwirtlichste Umgebung auf der Welt angepasst sind. Gleichzeitig weisen die arktischen Völker im Durchschnitt die größten Gehirne aller Rassen auf, auch wenn sie nicht den höchsten IQ aufweisen, weil die Größe des Gehirns auf der individuellen Ebene nur schwach mit dem IQ korreliert. Diese Anomalie scheint daran zu liegen, dass die arktischen Völker innerhalb ihres extrem harschen Ökosystems stark auf gewisse spezialisierte Fertigkeiten hin selektiert worden sind, darunter insbesondere räumliche Intelligenz und Erinnerungsvermögen, was zu größeren Gehirnen führte.[174]

Damit hängt das Thema Alkohol zusammen. Die weitverbreitete Vergärung von Obst und Getreide war eine Folge der Ausdehnung des Ackerbaus. Die Jäger und Sammler tranken natürlich klares, frisches Wasser aus Quellen. Als die Zivilisation sich erhob und mit ihr eine wachsende Verstädterung und schlechtere hygienische Bedingungen aufkamen, boten alkoholische Getränke den zusätzlichen Vorteil ihrer antibakteriellen Wirkung. Deshalb durchliefen Rassen, die Ackerbau entwickelt sowie Bier und Wein zu schätzen gelernt hatten, in der Folge einen evolutionären Prozess, in dem jene positiv selektiert wurden, die „was vertragen" konnten. Rassen, die – wie die Buschmänner, die arktischen Völker, die australischen Aborigines und viele Gruppen der amerikanischen Ureinwohner – keinen Ackerbau oder keinen komplexen Ackerbau (sondern nur Viehhaltung) entwickelt haben, sind extrem anfällig für Gewalttätigkeiten unter Alkoholeinfluss und Alkoholismus. Dies erklärt zumindest teilweise die verhältnismäßig hohen Werte asozialen Verhaltens unter amerikanischen Ureinwohnern, das oft solche Ausmaße annimmt, dass sie – anhand verschiedener Parameter – tatsächlich stärker einer psychopathischen Persönlichkeit zugeordnet werden als Afroamerikaner. Gemessen an der Häufigkeit von Zwillingsgeburten und ihrer Wachstumsgeschwindigkeit verfolgen die Afroamerikaner allerdings eine schnellere *Life-history*-Strategie als die amerikanischen Ureinwohner.[175]

In ganz ähnlicher Weise wurde vor ungefähr 8000 Jahren unter den neolithischen Bauern, die Schafe, Rinder und Ziegen hielten, ein mutiertes Gen positiv selektiert, das für die Synthese eines Enzyms codiert, welches Erwachsenen die Verdauung von Milchzucker ermöglicht („Laktase"). Dies erlaubte ihnen den Genuss von nahrhafter Tiermilch. Diese Mutation verbreitete sich schließlich innerhalb der gesamten Population; heute sind ungefähr 90 % aller Nordeuropäer und bestimmte ostafrikanische Stämme laktosetolerant. Sie stellen faktisch mutierte Populationen von „Milchvampiren" dar, die sich von der Milch anderer Spezies ernähren.[176]

Auch Religiosität stört unter gewissen K-Gesichtspunkten die Richtung der rassischen Unterschiede. Einige Studien haben gezeigt, dass Religiosität im Grunde Verhaltensweisen nimmt, die auf der Ebene der Gruppenselektion adaptiv sind, und sie in den „Willen der Götter" umwandelt. (Wir werden uns diesem Thema in Kapitel 9 vertiefend widmen.) In der Folge verstärkt die Religion positiven und negativen Ethnozentrismus.[177] Mit anderen Worten: Religion sorgt dafür, dass eine „konservative" und „traditionalistische" Weltanschauung – man könnte sogar sagen: eine „nationalistische" – eher Bindungskräfte entwickelt. Dementsprechend bedeutet der Niedergang der Religiosität in Europa, dass Parameter der schnellen LHS – wie niedriges Alter beim ersten Geschlechtsverkehr, eine hohe Anzahl von Geschlechtspartnern und eine hohe Scheidungsrate – bei Europäern tatsächlich stärker ausgeprägt sind als bei Südasiaten, Nordafrikanern oder Arabern, die in europäischen Gesellschaften leben, wie die folgende Tabelle zeigt.

Sexuelle Promiskuität unter Weißen und Südasiaten in Großbritannien

Kriterium	Weiße	Südasiaten
verheiratet, 30–34 Jahre alt	65 %	88 %
zusammenlebend, 35–39 Jahre alt	93 %	97 %
diverse Geschlechtspartner (≥ 2 in letzten 5 Jahren), 16–60 Jahre alt, männlich	35 %	28 %
diverse Geschlechtspartner (≥ 2 in letzten 5 Jahren), 16–60 Jahre alt, weiblich	23 %	8 %

Die beste Erklärung hierfür ist, dass die letztgenannten Gruppen meist religiöser sind.[178] Hinzu kommt, dass Religiosität den positiven und negativen Ethnozentrismus ganz allgemein verstärkt; das heißt beispielsweise, dass laut aktueller Daten Südasiaten einen höheren positiven Ethnozentrismus aufweisen (also etwa eher dazu bereit sind, für ihre Volksgruppe Opfer zu bringen) als Europäer.[179]

Eine weitere Komplikation ist der hohe Lebensstandard in westlichen Ländern. In der Tat wird dadurch das Ausmaß beschränkt, in welchem Vergleiche überhaupt möglich sind. Beispielsweise sind Europäer im Laufe des 20. Jahrhunderts immer früher in die Pubertät gekommen. Der durchschnittliche Zeitpunkt der Menarche, der ersten weiblichen Monatsblutung, ist in Europa zwischen 1860 und 1970 von 17 Jahren auf 13 Jahre gefallen und fällt seither weiter.[180] (Bei Mädchen wird die Menarche oft als Platzhalter für das Einsetzen der Pubertät genutzt.) Eine Studie aus den Niederlanden von 2010 stellte fest, dass das Durchschnittsalter eines niederländischen Mädchens bei der Menarche bei 13,1 Jahren lag, das eines in den Niederlanden lebenden südasiatischen Mädchens hingegen bei 11,4 Jahren.[181] In diese Richtung wären auch unsere Erwartungen gegangen, wobei unklar ist, wie repräsentativ südasiatische Einwanderer in den Niederlanden für Südasiaten allgemein sind. Doch für viele Rassen gibt es einfach keine vergleichbaren Daten, weil die Nation, in welcher die Daten gesammelt werden, das exakte Jahr, in dem sie gesammelt werden, und sogar die rassischen Unterschiede beim durchschnittlichen Lebensstandard innerhalb des Landes allesamt als Verfälschungen wirksam werden können. Diese Problematik verfälschender Umweltbedingungen gilt auch für viele andere Messweisen der *Life history*, die auf die zwölf Rassen der klassischen Anthropologie angewandt werden könnten. Man kann eine Teilprüfung des rushtonschen Modells durchführen, indem man beispielsweise die Senilitätsraten verschiedener Rassen in Singapur miteinander vergleicht und herausfindet, dass die südostasiatischen Malaien früher senil werden als die nordostasiatischen Han.[182] Doch selbst dann tritt eine Verfälschung ein, denn die südasiatischen Singapurer sind eine hochgradig selektive Einwanderergesellschaft und sind in ihrer *Life-history*-Strategie keineswegs repräsentativ für Südasiaten in Indien.

Ein anderes wichtiges Beispiel für die Weise, in der die Ergebnisse nicht ohne Weiteres mit Rushtons Modell übereinstimmen, wenn man sie auf die zwölf Rassen der klassischen Anthropologie ausdehnt, zeigt sich bei der Betrachtung des Eintretens der Menopause („Wechseljahre“). Dass es die Menopause überhaupt gibt, kann als Hinweis auf eine eher K-orientierte Strategie gewertet werden. Sie ist nur von Menschen und Zahnwalarten bekannt. Es gibt zwei Hypothesen zur Erklärung ihrer Selektion und – wie wir noch sehen werden – hochgradig erblichen Natur. Der „Mutterhypothese“ zufolge wird die Menopause positiv selektiert, weil eine Frau in den Wechseljahren mehr in ihre vorhandenen Kinder investiert als in ihre eigene Fitness. Die „Großmutterhypothese“ wurde aufgestellt, um zu erklären, warum die Lebensdauer nach der Menopause noch so lang ausfällt, sogar bereits in vormodernen Gesellschaften. Großmütter steigern ihre eigene Fitness, indem sie in die Kinder ihrer Töchter und Nichten investieren. Eine ganz andere Hypothese besagt, dass es einen Abgleich gebe zwischen Genen, die eine erfolgreiche frühe Fruchtbarkeit erlauben, und der späteren Rückbildung der Fruchtbarkeit, was bedeuten würde, dass in sehr jungen Jahren sehr fruchtbare Frauen früher unfruchtbar werden.[183] Dabei bliebe jedoch immer noch die Frage, weshalb nur hochgradig K-entwickelte Säugetiere überhaupt die Menopause herausgebildet haben, wodurch die Mutterhypothese und ihre Varianten plausibler erscheinen.

Im Gegensatz zur Menarche wird das Eintrittsalter der Menopause nicht durch die Ernährung beeinflusst, außer durch schwere Unterernährung, durch welche sie früher eintreten kann. Die amerikanische Epidemiologin Ellen Gold und ihre Mitarbeiter sind der Ansicht, dass geringe Bildung und Rauchen die Menopause zu beschleunigen scheinen, wohingegen die Anwendung oraler Kontrazeptiva sie verzögert, ebenso wie ein hoher Bildungsgrad, auch wenn diese beiden Parameter einfach durch eine langsamere *Life-history*-Strategie beeinflusst sein mögen.[184] Tatsächlich tritt die Menopause bei intelligenteren Frauen später ein als bei weniger intelligenten,[185] und in Entwicklungsländern lebende Frauen scheinen die Menopause im Vergleich zu Angehörigen ihrer Rasse, die in entwickelten Ländern leben, früher zu erfahren.[186] Gleichwohl ist das Alter, in dem dieser Lebensabschnitt normalerweise eintritt, trotz Hinweisen auf die beschleunigende Wirkung einiger Aspekte des modernen Lebens bemerkenswert konstant geblieben. Historische Aufzeichnungen aus dem Europa des 5. bis 8. Jahrhundert zeigen, dass als das durchschnittliche Alter beim Eintritt der Menopause üblicherweise ungefähr 50 Jahre galt.[187] Wie wir sehen werden, entspricht dies sehr stark dem heutigen Menopause-Durchschnittsalter in Europa. In einer Studie an eineiigen und zweieiigen britischen Zwillingen haben der niederländische Epidemiologe Harold Snieder und seine Mitarbeiter herausgefunden, dass dieses Alter zu 0,63 genetisch bedingt ist.[188] Die rassischen Unterschiede beim Menopausalalter in den Vereinigten Staaten finden sich in der folgenden Tabelle als Quotenverhältnisse. Eine höhere Zahl steht für ein jüngeres Alter beim Einsetzen der Menopause.[189]

Rassische Unterschiede im Menopausalalter (USA)

Rasse	**maximales Quotenverhältnis**
Europäer	1
Afroamerikaner	1,02
pazifische Insulaner	1,05
Japanoamerikaner	0,93
Hispanics (geboren in USA)	1,10

Eine andere Studie hat ergeben, dass das durchschnittliche Alter beim Einsetzen der Menopause bei afroamerikanischen Frauen 49 Jahre beträgt.[190] Wenn wir einfach nach K-Unterschieden gingen, würden wir vermuten, dass die Reihenfolge von jung nach alt folgendermaßen aussehen würde: Afroamerikaner, pazifische Insulaner, Europäer, Japanoamerikaner. Natürlich entspricht das nicht dem, was wir in den Daten finden. Die überraschende tatsächliche Reihenfolge mag durch Umweltfaktoren bedingt sein, vielleicht auch dadurch, dass das Eintrittsalter der Menopause nur ein einziger Parameter für K ist, und es mag örtliche Gründe dafür geben, dass sie in Subsahara-Afrika später eintritt, als wir normalerweise annehmen würden. Wenn wir Rassen an den Extremen des *Life-history*-Kontinuums miteinander vergleichen, ist die K-Differenz jedoch noch immer nützlich. Beispielsweise sind die Pygmäen die Rasse mit der bei Weitem schnellsten LHS. Der durchschnittliche erwachsene Pygmäe stirbt im Alter von 24 Jahren eines natürlichen Todes, und das Durchschnittsalter beim Eintreten der Menopause liegt bei 37 Jahren.[191] Beim Volk der Aeta auf den Philippinen liegt es bei 44 Jahren, und ausgehend von Näherungsvergleichen mit einer Buschmännerstichprobe wird geschätzt, dass die durchschnittliche Buschmännerfrau mit 41 Jahren in die Wechseljahre kommt.[192] Das durchschnittliche Menopausalalter unter australischen Aborigines liegt in den ländlichen Gegenden bei 45,9 Jahren und in Stadtgebieten bei 46,9 Jahren, im Vergleich zu 48,3 Jahren bei in australischen Städten lebenden Weißen.[193] Nicht nur ist dies die richtige Reihenfolge, wenn wir den durchschnittlichen rassischen IQ als Platzhalter für die K-Strategie einsetzen (darüber werden wir im nächsten Kapitel sprechen), sie sind auch im Vergleich zu Subsahara-Afrikanern, Europäern und Nordostasiaten in der richtigen Reihenfolge. Bei anderen Rassen fallen die Ergebnisse uneindeutiger aus und passen auch anderweitig nicht zu den Unterschieden in der durchschnittlichen Intelligenz, wie bereits bei den pazifischen Insulanern und den Subsahara-Afrikanern in den Vereinigten Staaten angemerkt. In derartig uneindeutigen Bereichen ist es strittig, welche Rasse eine schnellere oder langsamere LHS verfolgt, und dass sich bei hohen Ausprägungen der K-Strategie verschiedene Aspekte von K voneinander entkoppeln, mag auch von Bedeutung sein, ebenso wie der europäische genetische Einschlag bei Afroamerikanern. Zusammengefasst ist es abgesehen von Vergleichen der Extreme des Spektrums schwierig, Rushtons Modell präzise auf die zwölf Rassen der klassischen Anthropologie auszuweiten.

Sexualverhalten

Die r-K-Theorie dreht sich grundsätzlich um Sex, Zurückhaltung, Fortpflanzung und Tragfähigkeit. Wir müssen also davon ausgehen, dass sie sich in Unterschieden im Sexualverhalten der Rassen lebhaft ausprägt. Ein Weg, um Sexualverhalten zu messen, liegt darin, das Alter beim ersten Geschlechtsverkehr zu betrachten, doch dieses kann auch als eine Messweise der psychopathischen Persönlichkeit angesehen werden (vgl. Kap. 8). Ein weiteres gutes Maß ist die Stabilität der Ehen, worin sich auch die Stärke der Bindung zwischen Ehepartnern und innerhalb der Gesellschaft insgesamt niederschlägt. Rushton stellt fest, dass die Ehen zwischen Nordostasiaten am stabilsten, zwischen Schwarzen am instabilsten sind, und dass Weiße im Mittelfeld liegen, aber eher zu den Nordostasiaten neigen. Richard Lynn fasst die Ergebnisse von vier Studien zusammen, die allesamt darauf hindeuten, dass im Hinblick auf die Wahrscheinlichkeit einer Verheiratung in einem konkreten Alter amerikanische Ureinwohner zwischen Weißen und Schwarzen liegen. Er stellte auch fest, dass sie hinsichtlich ungeplanter Schwangerschaften ebenfalls zwischen Weißen und Schwarzen liegen. Wir sehen klare Unterschiede in den Heiratsmustern, wenn wir die US-Volkszählung von 2010 heranziehen und uns auf den Teil der Bevölkerung über 15 Jahren konzentrieren.[194]

Rasse und Ehestand in den USA (2010)

	% verheiratet	**verwitwet**	**geschieden/ getrennt**	**unverheiratet**
Weiße	52,9	6,5	12,8	27,9
Schwarze	29,9	6,0	16,4	47,8
Ureinwohner	37,9	4,8	16,1	41,2
pazifische Insulaner	46,8	3,9	10,3	39,0
Asiaten	58,5	4,3	6,2	31,0

Unglücklicherweise wird in den US-Daten nicht zwischen den unterschiedlichen Arten von Asiaten unterschieden. Daten aus Großbritannien zufolge sind britische Südostasiaten, die sich in sexuellen Beziehungen befinden, allerdings zum größten Teil verheiratet, und ihre Scheidungsrate liegt halb so hoch wie jene der Weißen.[195] Von daher kann davon ausgegangen werden, dass sie eine höhere Ehestabilität vorweisen können. Mir sind keine Daten bekannt, die spezifisch Araber oder Nordafrikaner im Vereinigten Königreich fokussieren. Solche Daten gibt es aus den Niederlanden. Daraus geht hervor, dass eine von sieben Ehen zwischen zwei Niederländern innerhalb von zehn Jahren zu Ende geht, während es bei Heiraten zwischen im Ausland geborenen Angehörigen ethnischer Minderheiten, die in den Niederlanden leben, eine von dreien ist. Die Scheidungsrate unter türkischen Paaren in den Niederlanden ist eineinhalbmal höher als jene niederländischer Paare.[196] Das stimmt mit Rushtons Modell überein, auch wenn es ebenso die größere Akzeptanz für Ehescheidungen im Islam widerspiegeln mag.

Singapur erlaubt es uns, Nordostasiaten (Chinesen) und Südostasiaten (Malaier) zu vergleichen und dabei die kulturellen und ökonomischen Unterschiede bis zu einem gewissen Grad zu kontrollieren. Anders als viele andere Länder, in denen es südostasiatische Minderheiten gibt, sammelt Singapur dezidiert Informationen über diese Gruppe. Obwohl die Malaier Muslime sind, entfielen auf malaiische Paare im Jahr 2005 27 % der Scheidungen in Singapur, auch wenn die Malaier zu diesem Zeitpunkt nur 14 % der Bevölkerung ausmachten.[197] Die Stabilität ihrer Ehen ist also geringer als jene der Chinesen, wie es das rushtonsche Modell prognostizieren würde.

Ein Bericht des australischen Institutes für Familienforschung über australische Aborigines ergab auf Grundlage von Daten aus dem Jahr 2001, dass einmal verheiratete Aborigines viel häufiger in Scheidung oder Trennung lebten als Weiße: 30,9 % der weiblichen Aborigines waren geschieden oder getrennt, verglichen mit 18,9 % der weißen Frauen. Von den Männern waren 15,5 % der Weißen geschieden oder getrennt, bei den Aborigines hingegen 24,8 %. Dieser Datensatz schloss alle aus, die verwitwet waren oder nie geheiratet hatten.[198] Ausgehend von Zensusdaten von 2006 stellten Parker und Kolleginnen fest, dass 69,9 % der alleinstehenden Aborigines-Mütter nie verheiratet gewesen waren; dem standen 34,7 % der alleinstehenden Mütter gegenüber, die keine Aborigines waren.[199] Von daher können wir begründet annehmen, dass Aborigines eine verhältnismäßig niedrige Ehestabilität und relativ geringe Bindungen innerhalb von Beziehungen aufweisen.

Die Scheidungsrate unter kanadischen Inuit (einem eingeborenen arktischen Volk) liegt üblicherweise niedriger als innerhalb der europäischen Bevölkerung, doch sie heiraten auch von vornherein seltener. Im Jahr 2008 beispielsweise lag die Scheidungsrate (nach 30 Jahren Ehe) im Territorium Nunavut bei 351 pro 1000 Einwohner, verglichen mit dem kanadischen Durchschnitt von 407 Scheidungen pro 1000 Einwohner. In Nunavut leben zu mehr als 80 % Inuit. Studien in Grönland ergaben, dass 63,6 % der Grönländer zwischen 16 und 46 Jahren, die ein Kind erwarteten, mit ihren Partnern zusammenlebten; 10,6 % waren alleinstehend, und nur 25,9 % waren verheiratet.[200] Somit waren 74,2 % der grönländischen Kinder illegitim. In Dänemark waren es im Jahr 1998 46 %.[201] Dies deutet auf eine geringe eheliche Bindung bei den Inuit hin, und auf weniger konservative sexuelle Gepflogenheiten als bei den Dänen, wie Rushton vorhergesagt hätte. In gleicher Weise wurden 1996 17 % der Inuitfamilien in Kanada von einer alleinstehenden Mutter geführt. Dem standen 23 % der indianischen Familien und der kanadische Durchschnitt von 12 % gegenüber.[202] Inuitfamilien können also mit Sicherheit als weniger stabil als europäische Familien angesehen werden, auch wenn sie vielleicht stabiler sind als die Ehen unter amerikanischen Ureinwohnern.

Ethnografische Daten über die Buschmänner deuten darauf hin, dass die Ehe dort nicht sonderlich ernst genommen wird. Anders als in benachbarten Agrargesellschaften gibt es bei ihnen keine Mitgift vonseiten der Braut. Von daher werden Ehen nach Belieben geschlossen und nach Belieben wieder gelöst, insbesondere dann, wenn Paare keine Kinder haben. Hinzu kommt, dass es in solchen gemeinschaftlichen Gesellschaften üblich ist, dass Kinder von Verwandten aufgezogen werden, was die Frage der Kinderbetreuung ebenfalls weniger dringend werden lässt. Somit weisen die Buschmänner eine geringe Ehestabilität auf, gewiss geringer als Schwarze in komplexeren afrikanischen Gesellschaften.[203] Es sei noch einmal gesagt: Die kulturellen Unterschiede zwischen Buschmännern und – beispielsweise – Europäern sind so groß, dass direkte Vergleiche nur eingeschränkten Wert haben. Gleichwohl legen diese kulturellen Unterschiede selbst wichtige Aspekte der r-K-Theorie offen.

Sexappeal

Ein weiterer herausragender Unterschied mit Bezug zur *Life-history*-Strategie liegt in den Eigenschaften, die als sexuell anziehend bewertet werden. Viele davon sind universal. In allen rassischen Gruppen und in allen Kulturen finden Männer gewisse körperliche Vorzüge erregend – dabei handelt es sich beinahe immer um Marker für Jugend, Fruchtbarkeit und Widerstandskraft gegenüber Krankheiten. Ein symmetrisches Gesicht zeigt, dass in der Konfrontation mit Krankheiten der eigene Phänotyp bewahrt werden konnte. Das zeugt von einer hohen Widerstandskraft und ist deshalb sowohl für Männer als auch für Frauen attraktiv, ebenso wie hohe Wangenknochen, die auch mit einer hohen Pathogenresistenz assoziiert sind. Gesichtssymmetrie bezeugt auch, dass verhältnismäßig wenige genetische Mutationen, die so gut wie immer negativ sind, ererbt worden sind. Große Augen werden als attraktiv bewertet, weil sie ein Marker für langsames Altern sind, denn die Augen werden mit fortschreitendem Alter meist schmaler. Möglicherweise ist das auch der Grund dafür, dass in Comics und japanischen Animes die weiblichen Augen übertrieben groß dargestellt werden.

Das Taille-Hüft-Verhältnis einer Frau (THV), in dem sich die in Schönheitswettbewerben und in der Kunst umschwärmte „Sanduhr-Silhouette“ abbildet, ist besonders wirksam. Ein sehr hohes THV bedeutet, dass die Frau fettleibig ist, und das geht mit einer Vielzahl gesundheitlicher Probleme einher, darunter auch Unfruchtbarkeit. Ein niedriges THV hingegen bedeutet, dass die Frau hungert, was ebenfalls schwerwiegende Begleiterscheinungen wie Unfruchtbarkeit haben kann.[204] Im europäischen Kulturkreis gilt ein THV von ungefähr 0,7 als besonders attraktiv.

Zu guter Letzt wirkt helle Haut bei Frauen anziehend auf Männer. Dafür gibt es eine Vielzahl möglicher Gründe. Erstens ist Hellhäutigkeit bei Frauen mit Fruchtbarkeit assoziiert.[205] Zweitens korreliert dunkle Haut bei Frauen mit einem hohen Testosteronspiegel, der sich durch impulsives Verhalten, Aggressivität und Fremdgehen äußern kann.[206] Drittens ist helle Haut womöglich deshalb attraktiv, weil sie es den Männern gestattet, die Widerstandskraft gegenüber Parasiten besser einzuschätzen, indem Hautmakel deutlicher hervortreten. Unter soziologischen Gesichtspunkten lässt sich die Ansicht vertreten, helle Haut zeuge davon, dass man nicht auf dem Feld arbeiten muss, was für einen höheren sozialen Status steht. Doch damit ist noch nicht erklärt, weshalb hellere Haut selbst in westlichen Ländern, wo der Hautton wenig über den Beruf aussagt, attraktiv gefunden wird.

Was als das attraktivste THV empfunden wird, unterliegt rassischen Variationen, selbst wenn der unterschiedliche Lebensstandard im Wesentlichen kontrolliert wird. Die amerikanische Psychologin Rachel Freedman und ihre Mitarbeiterinnen haben beim Vergleich von weißen und afroamerikanischen Betrachtern Unterschiede in der Bewertung der Attraktivität weiblicher Figuren festgestellt. Beide rassischen Gruppen fühlten sich zu Frauen mit durchschnittlichem Gewicht und einem THV von ungefähr 0,7 am meisten hingezogen. Indes bevorzugte ein größerer Anteil von Afroamerikanern ein extrem niedriges THV (das, wie gesagt, Fettleibigkeit impliziert). Darüber hinaus fanden beide Gruppen übergewichtige Frauen am wenigsten attraktiv, bevorzugten also Unter- gegenüber Übergewichtigkeit. Afroamerikanische Männer wurden allerdings von übergewichtigen Frauen weniger heftig abgestoßen als weiße Männer.[207] Interessanterweise fanden die amerikanische Psychologin Natalie Colabianchi und ihre Mitarbeiterinnen heraus, dass heranwachsende, normalgewichtige weiße Amerikanerinnen, die von den Befragern als „attraktiv" bewertet wurden, eine intensivere Beschäftigung mit ihrem eigenen Gewicht zu Protokoll gaben als weniger attraktive Frauen. Unter normalgewichtigen Afroamerikanerinnen gab es diese Unterschiede hingegen nicht, möglicherweise deshalb, weil afroamerikanische Männer Übergewicht weniger abstoßend finden als weiße Männer.[208] In der Tat wurde in einer Literaturbesprechung angemerkt, dass sechs Studien in den Vereinigten Staaten allesamt ergaben, dass bei Kontrolle ethnischer Belange in den vorgelegten Bildern afroamerikanische Männer von übergewichtigen Frauen weniger stark abgestoßen werden als Weiße.[209]

Jenseits der Wissenschaft ist die Behandlung übergewichtiger Frauen als Sexualobjekte ein Herausstellungsmerkmal der afroamerikanischen Popkultur: Lyrische Umschreibungen wie „Baby got back", „Shake that booty" und „Super base" sind ziemlich blumige Beispiele für dieses weitverbreitete Phänomen. Dem lässt sich die ostasiatische Kultur gegenüberstellen, in welcher infantilisierte, „mädchenhafte" Frauen häufig als Idealtyp dargestellt werden. Warum sollten afroamerikanische Männer von stämmigeren Frauen angezogen sein? Eine Theorie besagt, dass vorindustrielle Völker beleibte Frauen attraktiv fänden, weil sie in einer Umgebung der Nahrungsknappheit lebten. Fettleibigkeit stünde darin für Wohlstand und Erfolg. Doch keiner der Teilnehmer an diesen Studien lebte in einem solchen Kontext, und Nahrungsmittelknappheit stünde so oder so für eine instabile Umgebung und verstärkte r-Strategie. Könnte die Antwort im sozioökonomischen Status liegen? Eine Londoner Studie fand beim Vergleich der Ansichten weißer und malaiischer britischer Männer keine Unterschiede hinsichtlich des idealen weiblichen Körpers, trotz des niedrigeren sozioökonomischen Status der malaiischen Briten. Ebenso wenig fand die Studie einen Unterschied beim Vergleich von Malaien und Chinesen in einer Stadt in Malaysia.[210] Man kann diese Daten so interpretieren, dass Afroamerikaner sich in einer Umgebung ohne Nahrungsmittelknappheit eher zu Frauen hingezogen fühlen, die Anzeichen einer sehr hohen Fruchtbarkeit aufweisen, denn ein solches stellt (außer in Extremfällen) ein hohes THV dar. Diese Ergebnisse replizierten Befunde bei Männern des Hadza-Stammes in Tansania, wonach bei der Verwendung kulturell angemessener Bilder im Rahmen der Befragung das bevorzugte THV für Frauen bei 0,6 lag.[211] Ebenso replizierten sie eine Studie unter europäischen Männern, der zufolge Männer, deren Strategie bei der Partnerwahl „offen für alles" war, Frauen mit einem hohen THV attraktiver fanden als eher K-orientierte Männer. Derartige r-Strategen achteten ebenso mehr auf Gesichtsmarker für Fruchtbarkeit und Gesundheit, etwa Symmetrie oder Hautton.[212] Man muss dazu allerdings anmerken, dass verschiedene Studien in Entwicklungsländern festgestellt haben, dass normalgewichtige Frauen zwar bevorzugt werden, aber leicht übergewichtige Frauen als attraktiver gelten als leicht untergewichtige.[213] Eine mögliche Erklärung dafür ist, dass in solchen Gesellschaften Untergewicht ein Zeichen für niedrigen Status, schlechte Gesundheit und ein unattraktives Intelligenz- und Persönlichkeitsprofil ist. Übergewichtig zu sein deutet zwar auf schlechte Gesundheit hin, würde aber hohen sozialen Status und somit – zumindest familiär betrachtet – ein attraktiveres Intelligenz- und Persönlichkeitsprofil signalisieren.

Wenn wir von Freedmans Forschung ausgehen, so scheinen sich postindustrielle weiße Männer weniger um die Fruchtbarkeit und mehr um ihr Gewicht zu scheren, als es schwarze Männer tun. In einem postindustriellen Zustand des Nahrungsmittelüberflusses ist Übergewicht mit einem geringen sozialen Status, einer niedrigen Impulskontrolle und niedriger Intelligenz assoziiert.[214] Studien an chinesischen Männern haben ergeben, dass auch für sie das attraktivste THV bei 0,6 liegt.[215] Es ist damit niedriger als das in Studien an Europäern ermittelte Idealverhältnis von 0,7.[216] Dabei handelt es sich wohlgemerkt um keine komparative Studie, doch mag sie trotzdem eine Abweichung vom optimalen, fruchtbarsten THV implizieren, die ihrerseits möglicherweise auf einen Abgleich mit psychologischen Eigenschaften hindeutet. Das Verlangen nach einem niedrigeren THV könnte auf kulturelle Unterschiede hindeuten, da das ideale THV in westlichen Gesellschaften innerhalb einer gewissen Bandbreite variiert, und man kann der Ansicht sein, dass der Westen und China sich im Hinblick auf Parameter wie Nahrungsmittelknappheit nicht wirklich vergleichen lassen. Es gibt jedoch eine Studie über amerikanische Studenten, die somit dieses Problem zum Großteil kontrolliert, ebenso wie bis zu einem gewissen Grad auch den sozioökonomischen Status. Dieser Studie zufolge war die attraktivste weibliche Körperform die „Sanduhr", welche 76 % der Schwarzen und 72 % der Weißen bevorzugten. Die beliebteste Körperform unter „Asiaten / pazifischen Insulanern" (eine Kategorie, die in den Vereinigten Staaten primär Ostasiaten beinhaltet) war hingegen „insgesamt dünn", die 43 % der asiatischen und pazifisch-insulanischen Männer am ansprechendsten fanden. Das bedeutet, dass asiatischstämmige Amerikaner die *am wenigsten fruchtbare* Körperform bevorzugen, während Schwarze am ehesten die fruchtbarste bevorzugen.[217] Wie Rushton prognostiziert hätte, scheinen Ostasiaten sekundäre Geschlechtsmerkmale, beispielsweise breite Hüften, gegen Marker psychologischer Vertrauenswürdigkeit einzutauschen.

Der zweite Aspekt der Attraktivität, den wir vergleichen können, ist das Gesicht. Es gibt anscheinend viele Variablen, die das ideal attraktive weibliche Antlitz ausmachen. Es gibt Hinweise darauf, dass ein weniger stereotyp feminines Gesicht in Entwicklungsländern bevorzugt wird, während ein eher feminines in entwickelten Ländern als das attraktivste angesehen wird, wobei die femininsten Gesichter in Japan präferiert werden. Die südafrikanische Psychologin Vinet Coetzee und ihre Mitarbeiter griffen auf eine Stichprobe schottischer (weißer) und schwarzer südafrikanischer Männer zurück und baten darum, die Attraktivität verschiedener schwarzer Frauengesichter zu bewerten. Sie fanden eine starke kulturübergreifende Übereinstimmung über das attraktivste weibliche Gesicht. Die schottischen Befragten zogen jedoch schmalere und weniger robuste Gesichter vor und bedienten sich eher der Gesichtsform als des Hauttones, um die Attraktivität zu beurteilen. Südafrikanische Schwarze zogen ebenfalls schmalere bzw. weniger robuste Gesichter vor, doch waren sie in ihren Präferenzen weniger extrem. Sie nutzten auch häufiger den Hautton als Kriterium zur Beurteilung der Attraktivität als Weiße.[218]

Diese Erkenntnisse sind schwierig zu beurteilen. Erstens mag die geringere Vertrautheit der Schotten mit afrikanischen Gesichtern sie weniger gut dazu imstande belassen, zwischen solchen Gesichtern zu unterscheiden, wodurch sie auch Hinweise auf schlechte Gesundheit oder Unfruchtbarkeit nicht so gut erkennen könnten.[219] Zweitens mag die geringere Berücksichtigung des Hauttones seitens der Schotten auf den unbewussten Einfluss der „politischen Korrektheit“ und einen damit einhergehenden Wunsch, ein Bild nicht aufgrund des Hauttones negativ zu bewerten, hindeuten. Doch es scheint, als repliziere diese Studie den Befund, dass niedriger Testosteronspiegel und Schlankheit bei Frauen für Weiße wichtiger sind als für Schwarze, denn ein schmales Gesicht ist mit weniger Testosteron und dadurch mit einer verträglicheren und kooperativeren Persönlichkeit assoziiert.

Darüber hinaus deutet dunkle Haut ebenso wie ein robustes Gesicht auf einen hohen Testosteronspiegel hin, aber helle Haut ist bei Frauen (innerhalb der gleichen Rasse) ein Indikator für Fruchtbarkeit. Männliche Gesichtszüge repräsentieren viel Testosteron und damit niedrige Impulskontrolle, hohe Aggressivität, starken Sexualtrieb und wahrscheinlich auch ein höheres Potenzial für sexuelle Promiskuität. Aus diesem Grund steht ein heller Hautton sowohl für Fruchtbarkeit als auch für weniger Testosteron, während sich an der Gesichtsform nur der Testosteronspiegel ablesen lässt. Dadurch würde Ersterer wichtiger für K-Strategen. Das liegt daran, dass die mit einem hohen Testosteronspiegel assoziierten Eigenschaften die Frau auch weniger vertrauenswürdig werden lassen und ihre Neigung zum Fremdgehen erhöhen würden (auch wenn sie gleichzeitig eine Frau besser geeignet zum Überleben in einer instabilen Umgebung werden ließen). Von daher können wir sagen, dass weiße Männer weniger an der Fruchtbarkeit einer Frau und mehr an ihrer Persönlichkeit interessiert sind als schwarze Männer. Das stimmt mit den Unterschieden zwischen Schwarz und Weiß auf dem r-K-Spektrum überein. Wir haben bereits auf die Mängel der Studien hingewiesen, die wir herangezogen haben, um zu diesem Schluss zu gelangen. Die Wahrscheinlichkeit seines Zutreffens wird jedoch durch Hinweise darauf erhöht, dass Männer aus der Arbeiterklasse westlicher Gesellschaften von fetten Frauen weniger stark abgestoßen werden als Männer mit hohem sozioökonomischen Status. Dies ergaben Befragungen von Männern mit unterschiedlichem sozioökonomischen Status über die Attraktivität verschiedener Fotografien.[220] Wie bereits besprochen, werden soziale Klassenunterschiede durch Unterschiede auf dem r-K-Spektrum abgestützt, wobei Menschen mit niedrigem sozioökonomischen Status im Allgemeinen weniger K-orientiert sind als Menschen mit hohem Status.

Zu guter Letzt haben der englische Psychologe Anthony Little und seine Mitarbeiter herausgefunden, dass für die Hadza, einen Stamm von Jägern und Sammlern in Tansania, die weibliche Gesichtssymmetrie ein viel bedeutsameres Attraktivitätskriterium darstellte als für Weiße aus Großbritannien.[221] Da die Gesichtssymmetrie ein Stellvertreter für Krankheitsresistenz und Fruchtbarkeit ist, hätten wir ausgehend von Rushtons Theorie annehmen sollen, dass dies der Fall ist. Es ist jedoch unklar, welchen Einfluss Umgebungsvariablen auf dieses Ergebnis gehabt haben mögen. Wir können davon ausgehen, dass Hinweise auf Widerstandskraft gegenüber Krankheitserregern in einer Gesellschaft mit hoher Pathogenbelastung und hoher Kindersterblichkeit als wichtiger angesehen werden; von daher hätte es diesen Unterschied vielleicht nicht gegeben, wenn die Umgebung besser kontrolliert worden wäre. Doch diese Befunde stimmen auch mit der anderen von uns berücksichtigten Studie überein, wonach die angenommene körperliche Attraktivität einer Frau (als ein Platzhalter für Fruchtbarkeit) für weiße Männer weniger wichtig ist als für schwarze Männer. Eine vorläufige Schlussfolgerung daraus ist also, dass die rassischen Unterschiede in der Wahrnehmung weiblicher Attraktivität einen stärkeren Fokus auf Fruchtbarkeit und somit eine niedrigere K-Orientierung bei Schwarzen widerspiegeln. Das stimmt mit Forschungsarbeiten innerhalb der Rassen überein, wonach Männer, die eine langfristige Partnerschaft suchen, dazu bereit sind, körperliche Attraktivität zugunsten nicht körperlicher Eigenschaften, etwa zwischenmenschlicher und emotionaler Zugänglichkeit, hintanzustellen.[222] Männer, die diese Strategie verfolgen, beurteilen die Attraktivität von Frauen außerdem in einer konservativeren Weise.[223]

Die begehrenswertesten sekundären Geschlechtsmerkmale

Männer, die eher „offen für alles" (also promiskuitiv) sind, fühlen sich stärker zu Frauen mit großen Brüsten hingezogen als solche, die weniger kontaktfreudig sind, was die Assoziation zwischen einem r-Strategie-Marker und einer Vorliebe für große sekundäre Geschlechtsmerkmale aufzeigt.[224] Wie oben bereits erwähnt fühlen sich Männer mit niedrigem sozioökonomischen Status in Malaysia ebenso wie Hungerleider in Großbritannien ebenfalls stärker zu großen Brüsten hingezogen.[225] Die Attraktivität großer Brüste scheint eine Konsequenz sowohl von Ressourcenknappheit (vielleicht, weil große Brüste größere Fettreserven signalisieren) ebenso wie von r-Strategie zu sein. Und natürlich ließe sich argumentieren, dass Ressourcenknappheit zu dem Eindruck führt, dass das Leben instabil sei, und die Menschen zu stärkerer r-Ausrichtung antreibe; diese beiden Befunde sind also tatsächlich schlüssig.

Rachel Sewell, über die wir schon sprachen, hat eine multirassische Stichprobe von US-Studenten untersucht.[226] Dies hat den Vorteil einer gewissen Kontrolle von Kultur und sozioökonomischem

Status. Sie fand heraus, dass schwarze Männer am meisten von „extragroßen“ Brüsten angezogen wurden, während Asiaten diese am wenigsten attraktiv fanden. 10 % der schwarzen Männer befanden „extragroße“ Brüste für die attraktivsten, hingegen 0 % der asiatischen Männer. Indes hielten insgesamt 56 % der weißen und 38 % der schwarzen Männer „große“ Brüste für die attraktivsten. Im Kontext einer schnellen LHS investieren Menschen in die Vermehrung und konzentrieren sich auf körperliche Attribute. In diesem Zusammenhang können wir – wie gesagt – sehen, wie es zu einem „Rüstungswettlauf“ beim Hervorbringen immer größerer sekundärer Geschlechtsmerkmale kommen kann. Diese wären ein Mittel der Zurschaustellung genetischer Qualität, ganz so wie das Rad eines Pfaues den Hennen signalisiert, dass er so gute Gene vorzuweisen hat, dass er sich einen derartigen Schmuck wachsen lassen kann. Die Männer, die sich zu größeren Brüsten hingezogen fühlten, hätten sich dementsprechend mit den qualitativ höherwertigen Frauen verbunden und auf diese Weise mehr von ihren Genen weitergegeben.

Vor diesem Hintergrund hat Rushton herausgefunden, dass die stärker r-strategischen Rassen zu größeren sekundären Geschlechtsmerkmalen neigen, und wir erkennen auch, warum das so ist. In einer instabilen Umgebung muss man die eigene genetische Qualität auffällig zur Schau stellen. Und große sekundäre Geschlechtsmerkmale implizieren, dass man genug Energieüberschuss hat, um sie herauszubilden, was für eine geringe Mutationsbelastung steht. Schnelle *Life-history*-Strategen sind darauf ausgerichtet, mehr von ihren bioenergetischen Ressourcen in das sexuelle Werben zu investieren. Ein K-Stratege würde dies gegen eine Energieinvestition ins Gehirn und die Entwicklung einer kooperativen und verträglicheren Persönlichkeit eintauschen. Stärker K-selektierte Menschen wären also weniger an sekundären Geschlechtsmerkmalen – die einfach nur Zeichen für Gesundheit und (indirekt) Fruchtbarkeit wären – und mehr an psychologischen Merkmalen interessiert. Das bedeutete einen geringeren Wettlauf um möglichst große sekundäre Geschlechtsmerkmale. Also hätte die Population kleinere Brüste. In einem solchen Kontext gäbe es natürlich individuelle Variationen. Es gibt Hinweise darauf, dass Frauen mit großen Brüsten eine relativ niedrige Gewissenhaftigkeit aufweisen; das bedeutet, dass sie relative r-Strategen sind.[227] In einem

K-Kontext würden die Männer eher in gute Mütter investieren, um ihre Gene weiterzugeben. Dementsprechend müssten sie körperliche Eigenschaften gegen psychologische eintauschen, wodurch es sinnvoller wäre, kleinere Brüste anziehend zu finden. Studien sind zu dem Ergebnis gekommen, dass schwarze Männer weibliche Gesäße – insbesondere *große* weibliche Gesäße – vorziehen, wohingegen weiße Männer diese lieber klein und fest haben.[228] Ostasiaten ziehen von allen die kleinsten Gesäße vor.[229] Das stimmt mit den schwarzen Vorlieben für sekundäre Geschlechtsmerkmale überein, die sich auch im Hinblick auf die Brustgröße gezeigt haben.

In Bezug auf Marker des Sexualverhaltens finden sich daher beinahe alle Verhältnisse in der erwarteten Reihenfolge, wenn die Nation, in der die Stichproben erhoben werden, die gleiche bleibt. Die einzige Ausnahme bilden die Verhältnisse zwischen Europäern und Südasiaten oder Nordafrikanern, wobei der Hauptgrund für die Anomalie mit an Sicherheit grenzender Wahrscheinlichkeit die Religiosität ist. Gleichwohl hat der Vergleich der rassischen Unterschiede sowohl im Menopausalalter als auch im Sexualverhalten klar gezeigt, dass Rushtons *Differential-K*-Modell der rassischen Unterschiede zwar zuverlässige Voraussagen erlaubt, aber auch klare Grenzen hat. Das Modell muss verfeinert werden, um einige der Unterschiede zwischen Europäern und Nordostasiaten verständlich zu machen. Darüber hinaus lässt es sich nur dann auf die zwölf Rassen der klassischen Anthropologie übertragen, wenn die Rassen an den Extrempunkten dieses Spektrums betrachtet werden, sowohl im Hinblick auf das Sexualverhalten als auch, ganz besonders, hinsichtlich des Eintretens der Menopause.

Die Entwicklung unterschiedlicher Rassen spiegelt nicht nur Anpassungen an unterschiedliche Ökosysteme rund um verschiedene Ausprägungen von K wider, wie Rushton angenommen hatte. Die unterschiedlichen „genetischen Cluster" bilden vielmehr – im Rahmen ihrer jeweiligen K-Strategie – eine zusammenhängende Sequenz von Selektionsfaktoren ab, die dem jeweiligen Ökosystem entstammen, einschließlich unterschiedlicher Intensität von bereinigender darwinscher Selektion, sexueller Selektion, Spezialisierung, Arbeitsteilung, Populationsdichte, Größe des Genpools, Parasitenbelastung und Gruppenselektion, ebenso wie das Ausmaß, in welchem sich einige dieser Drücke – etwa eine intensive darwinsche Selektion nach Gesundheit oder Gruppenkonkurrenz – in jüngerer Zeit abgeschwächt haben. Dies alles kann von Bedeutung sein für die rassischen Unterschiede in der Intelligenz, denen wir uns nun zuwenden wollen.

7. Die Schlaumeier: Rassische Unterschiede in der Intelligenz

Der kontroverseste Bereich der Rassenforschung – das Thema, wodurch sie zu einem Tabu wird – ist zweifellos die Intelligenz. Im heutigen akademischen Betrieb ist es zumutbar, über rassische Unterschiede zu sprechen, wenn es um die Beschaffenheit von Ohrenschmalz geht. Die Frage nach der Intelligenz hingegen wird für extrem anstößig erachtet. Sie beschwört das Gespenst struktureller Ungleichheit in einer „farbenblinden" Gesellschaft sowie des sogenannten genetischen Determinismus oder Biologismus herauf, wonach das Leben des Einzelnen von Faktoren bestimmt werde, die sich seiner Kontrolle entziehen.

Unabhängig von unserer Sensibilität gegenüber dem Thema sind die rassischen Unterschiede in der Intelligenz ganz einfach eine Konsequenz unseres Verständnisses von Rassen als Subspezies der Menschheit. Im vorangegangenen Kapitel haben wir Rushtons *Life-history*-Modell der rassischen Unterschiede behandelt. Je mehr ein Ökosystem „rau, aber vorhersehbar" ist, desto eher wird es nach Intelligenz selektieren. Die Unwirtlichkeit der Umgebung wird dazu führen, dass die Grundbedürfnisse weniger leicht befriedigt werden können, wodurch sichergestellt ist, dass es eine große Anzahl immer schwierigerer Probleme zu lösen gibt – etwa, wie man sich im Winter warm hält und Nahrung findet –, und das Wesen der Intelligenz ist die Fähigkeit, komplexe Probleme zu lösen. Wenn eine solche Umgebung „vorhersehbar" ist, so wird Intelligenz noch stärker positiv selektiert werden, denn Intelligenz versetzt Menschen in die Lage, sich stark auf die Zukunft hin zu orientieren und bereits im Hochsommer zu planen, wie sie den Winter überleben wollen. Kooperative Gruppen werden unter solchen unwirtlichen Bedingungen eher überleben, wie in Computersimulationen nachgewiesen wurde,[230] und Intelligenz erlaubt Vorhersagen über die Fähigkeit, soziale Probleme zu lösen, mit anderen Menschen zurechtzukommen und ihnen zu vertrauen sowie die eigenen Gefühle zu kontrollieren, um Auseinandersetzungen zu vermeiden, wie wir noch sehen werden. Darüber hinaus wird, je schwieriger und gruppenorientierter die Umgebung ist, Intelligenz immer wichtiger, um an die Spitze der männlichen Hierarchie aufzusteigen und dadurch Frauen anzuziehen. In geringerem Ausmaß lässt die Intelligenz auch auf die Fähigkeit schließen, eine erfolgreiche Mutter und treue Ehefrau zu sein, weswegen auch Männer sie bei der Partnerwahl positiv selektieren werden.

Aus allen diesen Gründen ist es folgerichtig, dass Intelligenz auf der Gruppenebene eine Komponente einer langsamen *Life-history*-Strategie darstellt. Eine Umgebung, die niedrige Intelligenz positiv selektiert, erlaubt es, „in den Tag hinein" zu leben und sich mit leichter Beute zufriedenzugeben. Eine K-selektierende Umgebung hingegen macht es überlebenswichtig, sich zurückhalten, Probleme lösen und miteinander zusammenarbeiten zu können. Da Rassen an unterschiedliche Ursprungsumgebungen angepasst sind, erscheint es schlüssig, dass es rassische Unterschiede in der Intelligenz geben sollte und diese in erster Linie genetische Ursachen haben müssten.

Die Entdeckung dieser durchschnittlichen rassischen IQ-Unterschiede hat – wenig überraschend – zu einem großen emotionalen Aufruhr geführt. Als der amerikanische Psychologe Arthur Jensen (1923–2012) im Jahr 1969 seinen Befund veröffentlichte, dass Afroamerikaner einen niedrigeren durchschnittlichen IQ hätten als weiße Amerikaner,[231] erhielt er Morddrohungen, der Sicherheitsdienst der University of California in Berkeley musste ihn auf dem Campus eskortieren, und die Polizei empfahl ihm, seinen Wohnort zu wechseln. Als Hans Eysenck (1916–1997), ein Psychologe, der aus dem nationalsozialistischen Deutschland nach Großbritannien geflohen war und über rassische Unterschiede beim IQ publiziert hatte, 1973 an der London School of Economics sprechen wollte, wurde sein Podium von einem „maoistischen" Studentenmob umgestürzt und er selbst ins Gesicht geschlagen.[232] Viele Forscher, die sich in diese „verbotene Zone" gewagt haben, fanden sich als Leidtragende einer Vielzahl von Maßnahmen wieder, darunter Entlassungen, Zwangsbeurlaubungen, voreingenommene oder verlogene Dienstaufsichtsverfahren (in denen im Zweifelsfall zugunsten der Konformisten entschieden wird), unfaire Bewertungen für Forschungsprojekte, Entzug von Finanzierungen, öffentliche Verurteilungen durch die jeweilige Universität, Aberkennung universitärer Ehrentitel, Entfernung von der Website der Universität (wenn die jeweilige Position nicht einfach entzogen werden kann) und, natürlich, die Gewalt des Mobs oder zumindest deren Androhung.[233] Das gilt für viele der Gelehrten, deren Arbeiten in diesem Kapitel zitiert werden, darunter Helmuth Nyborg, Richard Lynn, Noah Carl, Linda Gottfredson, Michael Woodley of Menie und Jan te Nijenhuis.[234] Doch bevor wir uns ihrer kontroversen Forschung zuwenden, müssen wir verstehen, was „Intelligenz" ist und wie sie sich messen lässt.

Was es bedeutet, schlau zu sein

„Intelligenz" lässt sich definieren als „die Fähigkeit, Schlüsse zu ziehen, zu planen, Probleme zu lösen, abstrakt zu denken, komplexe Ideen zu verstehen, schnell zu lernen und aus Erfahrungen zu lernen".[235] Ihrem Wesen nach ist Intelligenz Problemlösungskompetenz. Je schneller man ein Problem lösen kann, desto intelligenter ist man. Je schwerer ein Problem sein muss, um einen schlicht zu überfordern, desto intelligenter ist man.

Intelligenz wird mithilfe des Intelligenzquotienten (IQ) quantifiziert, eines Wertes, der über eine Reihe von standardisierten Tests ermittelt werden kann. Diese Tests messen die Denkfähigkeit in diversen Bereichen, beispielsweise verbal, mathematisch und räumlich. Fähigkeiten in diesen Unterabschnitten sind mit Fähigkeiten in den anderen Unterabschnitten positiv korreliert; anders ausgedrückt, wenn man eine Sache gut kann, dann kann man wahrscheinlich auch viele andere gut. Diese Erkenntnis versetzt uns in die Lage, zu postulieren, dass Intelligenztests insgesamt einen zugrunde liegenden Faktor messen, den man „Allgemeinintelligenz" oder „Generalfaktor" nennt und mit „*g*" kennzeichnet. Dabei handelt es sich um die Essenz der Intelligenz, und darum geht es uns, wenn wir davon sprechen, dass ein Mensch „intelligenter" als ein anderer sei.

Wie steht es mit spezifischen geistigen Fähigkeiten? Wir alle kennen Menschen, die zum Beispiel sehr sprachbegabt sind, aber ziemlich schlecht in Mathematik. Doch in Wahrheit sind diese Leute Ausreißer – die Ausnahmen, welche die Regel bestätigen. Innerhalb einer großen Menschengruppe sind alle spezifischen geistigen Fähigkeiten positiv miteinander korreliert, und das gilt auch für die meisten spezifischen geistigen Eigenschaften der meisten Individuen. Man kann sich die Intelligenz wie eine Pyramide vorstellen. An der Basis stehen zahlreiche Spezialfähigkeiten, etwa das Dartspielen, die nur schwach mit der Allgemeinintelligenz assoziiert sind. Darüber liegen die zentralen Intelligenzarten, also verbale, räumliche und mathematische Intelligenz, welche deutlich stärker mit dem Generalfaktor korrelieren. Und *g* selbst stellt die Spitze der Pyramide dar.

In diesem Sinne sollte man Intelligenz nicht wie eine Art „Talent" ansehen, so wie beispielsweise jemandes außergewöhnliche Kunstfertigkeit dabei, einen Basketball in einen Korb zu werfen oder mit Wasserfarben ein wunderschönes Landschaftsgemälde zu malen – wobei man allerdings anmerken muss, dass der Generalfaktor sehr wohl mit besseren motorischen Fähigkeiten und einem höheren Konzentrationsvermögen assoziiert ist. Man kann *g* umschreiben als die Fähigkeit, den eigenen Verstand auf die Umgebung anzuwenden – analytisch und kreativ zu denken. *g* steht hingegen nicht dafür, dass man „gut in Tests abschneidet". Vielmehr korreliert der Generalfaktor mit einer Reihe von Charakterzügen, die von so gut wie allen Menschen als soziale und moralische Normen angesehen werden: mit Gesundheit, bürgerschaftlichem Engagement, Vertrauenswürdigkeit, künstlerischer Kreativität und so weiter. Eine Liste dieser Eigenschaften findet sich in der folgenden Tabelle:[236]

Verhaltensweisen und Vorlieben in Beziehung zur Intelligenz

positive Korrelation	negative Korrelation
Leistungsbereitschaft	Unfallneigung
Altruismus	Unterwürfigkeit
analytisches Denken	rasche Alterung
abstraktes Denken	Alkoholismus
künstlerische Neigung	Autoritarismus
Atheismus	Konservatismus (gesellschaftlich)
Kleinkunst	Kriminalität

positive Korrelation	negative Korrelation
Kreativität	Pflichtvergessenheit
gesunde Ernährung	Dogmatismus
demokratische Teilhabe (Wahlen, Petitionen)	Verfälschungen („Lügen“)
Bildungserfolg	Hysterie (ggü. anderen Neurosen)
herausragende Leistungen, Genialität	uneheliche Geburt
emotionale Sensibilität	Impulsivität
Freizeitaktivitäten	Säuglingssterblichkeit
Feldunabhängigkeit	Fettleibigkeit
Körperhöhe	rassistische Vorurteile
Gesundheit, Fitness, Langlebigkeit	Reaktionszeiten
Sinn für Humor	Religiosität
Einkommen	Rauchen
Breite und Intensität von Interessen	alleinstehende/junge Mütter
Beteiligung an Schulaktivitäten	Schuleschwänzen
Führungsqualitäten	Mangel an Vertrauen
sprachliche Fähigkeiten (inkl. Buchstabieren)	Body-Mass-Index (BMI)
logisches Denken	
Auswahl des Ehepartners	
Medienvorlieben	
Gedächtnis	
Wegzug (freiwillig)	
militärischer Dienstgrad	
moralisches Denken und Verhalten	
motorische Fähigkeiten	
musikalische Vorlieben und Fähigkeiten	
Kurzsichtigkeit	
berufliches Ansehen	
beruflicher Erfolg	
Wahrnehmungsvermögen	

positive Korrelation	negative Korrelation
Fähigkeiten nach Piaget	
praktisches Wissen	
Zugänglichkeit für Psychotherapie	
Lesefähigkeit	
Sozialkompetenz	
angeborener sozioökonomischer Status	
erreichter sozioökonomischer Status	
Beteiligung an Universitätssport	
Fähigkeit zum Einkauf im Supermarkt	
Sprechgeschwindigkeit	
Zutraulichkeit	

Wie bereits erwähnt, ist es schlicht unredlich, Intelligenz als einen „sehr westlichen Begriff" zu bezeichnen – ein typischer Kritikpunkt, der gegenüber der wissenschaftlichen Erforschung dieses Themas oft ins Feld geführt wird. Platzhalter für die Intelligenz, beispielsweise Allgemeinwissen, Sozialkompetenz und Altruismus, werden in allen Kulturen wertgeschätzt.[237] Und Intelligenz ist negativ assoziiert mit Straffälligkeit, welche in allen Kulturen missbilligt wird. Weiters besteht eine solide Korrelation zwischen Intelligenz und Bildung, Einkommen sowie Gesundheit. Daraus folgt, dass die Intelligenz nicht einfach als kontextbezogen oder als nur in vorwiegend weißen Ländern relevant abgetan werden kann – ebenso wenig wie als unwichtig. Und wir wissen, dass diese Tests reliabel sind, weil ihre Ergebnisse mit anderen, intuitiven Maßstäben der geistigen Fähigkeiten korrelieren, zum Beispiel mit dem Bildungserfolg.

Die (gefürchtete) Glockenkurve

Intelligenz lässt sich, wie gesagt, mithilfe von IQ-Tests messen, wenn auch nicht perfekt. Allein das ist schon „kontrovers", was zum großen Teil daran liegt, dass die meisten Menschen – einschließlich der meisten intelligenten Menschen – die Vorstellung nicht mögen, sich durch einen standardisierten Test definieren zu lassen; vielleicht mögen sie es auch einfach nicht, sich standardisiert *testen* zu lassen. Doch ein IQ-Test – oder so etwas wie die amerikanischen Hochschul- oder Graduiertenschulzulassungstests oder die britischen Reifeprüfungstests – ist eine intellektuelle Herausforderung, ein Problem, das gelöst werden will. Und ein Intelligenztest ist gewiss weniger belastend als die „Tests“ der Vergangenheit, zu denen gehörte, möglichst nicht von einem Raubtier gefressen zu werden oder im Sommer genug Nahrung und Verbrauchsmaterial zu bevorraten, um im Winter nicht an Hunger oder Kälte zu sterben.

Ähnlich wie bei der Körperhöhe gibt es beim IQ eine „Normalverteilung“ innerhalb einer Population, die wie eine „Glockenkurve“ aussieht. Millionen von Einzelwerten formen zusammengenommen ein klares Bild. Viele quantifizierbare Dinge formen auf natürliche Weise diese Art von Verteilung. Es gibt einen Durchschnittswert, einen Bereich, der den Großteil der Stichprobe abdeckt, und an den Rändern zunehmend seltene Fälle. Die durchschnittliche Körperhöhe erwachsener amerikanischer Männer beispielsweise beträgt 1,78 Meter. Die meisten Menschen, die man im Leben trifft, werden zwischen 1,68 Meter und 1,88 Meter groß sein. Männer, die über oder unter diesen Standardabweichungen liegen, sind selten, und natürlich sind den Extremfällen gewisse physische Grenzen gesetzt.

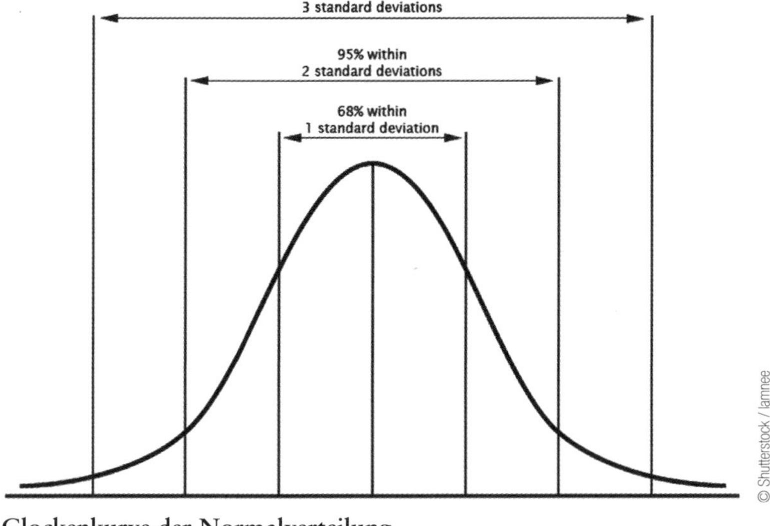

Glockenkurve der Normalverteilung.

Beim IQ wird der Durchschnittswert der Population als 100 festgelegt, mit einer Standardabweichung von 15 Punkten. Die eigene Intelligenz wird im Verhältnis zur Intelligenz anderer Angehöriger derselben Populationsgruppe quantifiziert, in der Regel der eigenen Landsleute. Die Intelligenz nimmt während der Kindheit mit dem Alter zu und erreicht ihren Höchststand ungefähr mit 35 Jahren.[238] Selbst ein unterdurchschnittlicher 16-Jähriger schneidet besser ab als ein extrem kluger 3-Jähriger, der schon lesen kann. Der IQ muss daher in Relation zu Gleichaltrigen berechnet werden. Der Durchschnittsmensch erreicht einen Wert von 100; alles darunter ist unterdurchschnittlich, und alles darüber ist überdurchschnittlich.

Die meisten Menschen haben einen IQ von circa 100, wobei die Prozentwerte für niedrigere oder höhere IQs in beide Richtungen allmählich abnehmen. Da eine Standardabweichung bereits 15 Punkte umfasst, haben also 68 % der Menschen einen IQ zwischen 85 und 115, und 95 % der Menschen haben einen IQ zwischen 70 und 130 (± zwei Standardabweichungen). Dies ist der Bereich des „Normalen". Wenn man darunter liegt, wird man als minderbemittelt eingestuft. Wenn man darüber liegt, ist man hochbegabt.

Wie wir schon in Kapitel 5 behandelt haben, sorgte die Veröffentlichung des Buches „The Bell Curve" von Richard Herrnstein und Charles Murray 1994 für einen weltweiten Aufschrei in den Medien. Tatsächlich war der größte Teil ihrer Daten und Schlussfolgerungen Fachleuten zu diesem Thema bereits seit dem Ersten Weltkrieg bekannt. Herrnstein und Murray brachten die Intelligenzforschung lediglich wieder zu öffentlicher Bedeutung. Die Vereinigten Staaten verfügen über eine Normalverteilung des IQ, ebenso wie jedes andere Land auch; darüber bestand keine Kontroverse. Doch Herrnstein und Murray vertraten die Ansicht, dass die IQ-Verteilung die Grundlage der sozioökonomischen Klassenstruktur Amerikas sei. Und weil er eben zu einem großen Teil erblich ist, lässt sich der IQ schlicht und ergreifend nicht durch gesellschaftspolitische Maßnahmen überwinden. Die Reaktionen erhitzten sich besonders daran, dass die Autoren die IQ-Daten für Schwarze und Weiße in unterschiedlichen Verteilungen dargestellt hatten. Diese zeigen wir in der obigen folgenden Abbildung. Die Autoren stellten fest, dass der durchschnittliche IQ der amerikanischen Schwarzen jenem der amerikanischen Weißen um 15 Punkte hinterherhinkte (85 vs. 100) – eine Standardabweichung. Eine Standardabweichung Unterschied bei Durchschnittswerten ist signifikant, bedeutet aber, dass es zwischen den beiden Rassen eine beträchtliche Überschneidung in den geistigen Fähigkeiten gibt. Wenn die Daten allerdings so angepasst werden, dass sie die Verteilung proportional zur rassischen Zusammensetzung der US-Bevölkerung zeigen, ergibt sich ein bedeutungsschwereres Bild (untere Abbildung).

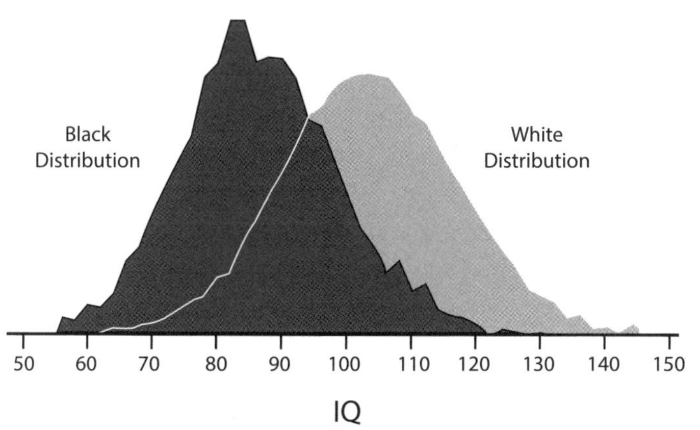

© Herrnstein u. Murray: The Bell Curve, S. 279.

IQ-Verteilung bei Schwarz und Weiß (Nationale Jugend-Longitudinalstudie) I: Häufigkeitsverteilung für gleich große Populationen.

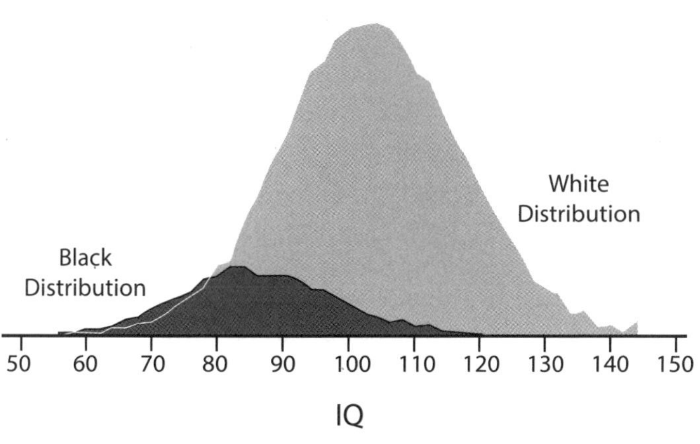

© Herrnstein u. Murray: The Bell Curve, S. 279.

IQ-Verteilung bei Schwarz und Weiß (Nationale Jugend-Longitudinalstudie) II: Häufigkeitsverteilung proportional zur ethnischen Zusammensetzung der US-Bevölkerung.

Die angepasste Verteilung spiegelte sowohl die breite weiße Mittelschicht wider als auch die schwarze Unter- und unterste Schicht, welche nicht am Wohlstand und Überfluss ihrer Mitbürger teilhatten.

Überall auf der Welt finden sich deutlich größere Unterschiede. Schwarzafrikaner haben einen durchschnittlichen IQ von 70; der 85er-IQ der Afroamerikaner zeigt die höheren Lebensstandards in Amerika ebenso wie die signifikante weiße Beimischung, wie wir später noch sehen werden. Die australischen Aborigines liegen noch niedriger, bei 64. Die Nordostasiaten (Chinesen, Japaner und Koreaner) liegen im Durchschnitt bei 105, etwas höher als die Europäer. Der durchschnittliche IQ aschkenasischer Juden liegt bei nicht weniger als 112 (oder, einigen Schätzungen zufolge, sogar noch höher).

Der Intelligenzquotient weltweit

Nordostasiaten	105
Europäer	100
arktische Völker	91
Südostasiaten	87
amerikanische Ureinwohner	86
pazifische Insulaner	85
Südasiaten	84
Nordafrikaner/Araber	84
Subsahara-Afrikaner	70
australische Aborigines	64
Buschmänner	54
Pygmäen	53

Die Erkenntnisse von „The Bell Curve" und ähnlichen Bemühungen, die Fragen nach Rasse und Intelligenz ernst zu nehmen, kann man in vielen Bereichen als Fortschritte bezeichnen. Politiker und Sozialwissenschaftler echauffierten sich lange Zeit über Amerikas abstürzende Bildungsleistungen und warnten, die amerikanischen Schulen würden „scheitern" oder das System sei „fehlerhaft". In Wahrheit scheitern die amerikanischen Schulen einfach nur daran, Jahrtausende der menschlichen Evolution zu überwinden. Dem „Programme for

International Student Assessment" (PISA) zufolge schneiden weiße Amerikaner im Vergleich mit den meisten west- und mitteleuropäischen Ländern ebenso gut oder besser ab. Und schwarze Amerikaner schneiden signifikant besser ab als ihre Verwandten in Afrika. Asiatischstämmige Amerikaner übertrumpfen sogar koreanische und japanische Schüler, wahrscheinlich aufgrund des Zusammenhanges zwischen Intelligenz und Neigung zur Einwanderung.[239]

Prüfungsangst

Der moderne IQ-Test wurde Anfang des 20. Jahrhunderts von Alfred Binet (1857–1911) entwickelt, welcher vom französischen Staat eingesetzt worden war, um junge Menschen zu prüfen, die in das neue Pflichtschulsystem eintraten. Daraus entstand in der Folge der Binet-Simon-Test, der bis heute die Grundlage für standardisierte Beurteilungen der geistigen Fähigkeiten bildet. Als die Vereinigten Staaten 1917 in den Ersten Weltkrieg eintraten, wurden ungefähr 1,75 Millionen Wehrpflichtige mit den Alpha- und Betatests der US Army geprüft.[240] Die gewonnenen Daten dieser gewaltigen Stichprobe wurden von so herausragenden Psychologen wie Carl Brigham (1890–1943)[241] und Lewis Terman (1877–1956) analysiert; Letzterer verfasste die erste große Longitudinalstudie zur Intelligenz in Amerika[242].

Das Konzept des IQ ebenso wie die Tests an sich waren immer schon umstritten, inbesondere, nachdem sie zu einem wichtigen Teil der Bemühungen westlicher Staaten geworden waren, zu „klassenlosen" und „meritokratischen" Gesellschaften zu werden. Brigham und Terman nutzten ihre Daten, um Fragestellungen zu Rassen, Einwanderung und sogar Eugenik zu erforschen. Doch IQ-Tests waren immer auch von etwas motiviert, das man „egalitäre" Ideale nennen kann. Der Hochschulpräsident der Harvard University James Bryant Conant (1893–1978), der mit Brigham zusammenarbeitete, trat dafür ein, den „Scholastic Aptitude Test" (SAT, der US-Zulassungstest für Universitäten) als einen Test der „reinen Intelligenz" einzuführen, der überall im Land begabte Schüler identifizieren könnte, die nicht das Privileg hatten, private Highschools an der Ostküste besuchen zu können. Und gewiss, damals wie heute korreliert der SAT stark mit IQ-Tests und stellt damit ein taugliches Messinstrument für den Generalfaktor dar.[243] In ähnlicher Weise wurde gelegentlich die IQ-Testung als Mittel angepriesen, um rassistischen Einstellungspraktiken auf dem öffentlichen und privaten Arbeitsmarkt den Garaus zu machen. Gleichwohl sind die Tests, wie wir noch sehen werden, von den Institutionen letzten Endes abgelehnt worden, weil sie ein ums andere Mal die Wahrheit über die Rassen aufgedeckt haben.

In Amerika spitzte sich diese Krise in den 1960er- und 1970er-Jahren zu. 1963 lehnte die Motorola-Fernseherfabrik in Chicago die Bewerbung eines Afroamerikaners ab, der beim IQ-Test schlecht abgeschnitten hatte. Das Komitee für Fairness in Einstellungsverfahren des Bundesstaates Illinois ordnete daraufhin an, dass Motorola den Mann trotzdem einstellen müsse, und schuf damit einen Präzedenzfall dafür, wie sich die Politik über standardisierte Messverfahren für Intelligenz hinwegsetzt. Kaum 15 Jahre später urteilte der Oberste Gerichtshof der Vereinigten Staaten in der Klage Regents of the University of California v. Bakke (1978) gegen ein explizites Quotensystem, durch das ein Teil der Plätze an der medizinischen Fakultät der University of California für Bewerber aus Minderheitengruppen freigehalten wurde – nach Ansicht von Richter Lewis Powell durfte die Rasse jedoch ein „Faktor“ bei der Entscheidung über die Studienzulassung sein. Dieses doppeldeutige Ergebnis führte zu immer komplizierteren Systemen für Einstellung und Zulassung an US-Universitäten, ebenso wie in Westeuropa: Rassenzugehörigkeit, Testergebnisse, Schulnoten, „Vielfalt“ und andere Faktoren werden gegeneinander abgewogen – auch wenn es offiziell keine konkrete Quotierung gibt.

Seit den Kontroversen der 1960er- und 1970er-Jahre haben sich die Hersteller der Testverfahren darum bemüht, „Verzerrungen“ in den Fragestellungen zu vermeiden: klischeehaft weiße Namen und Tätigkeiten – zum Beispiel soll in einigen frühen Tests fallweise „Segelsport“ erwähnt worden sein – wurden getilgt und stattdessen scheinbar inklusivere Namen und Formulierungen eingefügt. Doch auch nach Jahrzehnten dieser Bemühungen um mehr „Neutralität“ hat sich wenig geändert.

Im Hinblick auf den SAT, der immer noch von unzähligen amerikanischen Schülern absolviert wird, die vorhaben, eine Universität zu besuchen, ist die Lücke zwischen den Ergebnissen schwarzer und weißer Prüflinge im Laufe der Jahrzehnte nicht kleiner geworden – tatsächlich hat sie sich sogar leicht vergrößert.[244] Dieser Hochschulzulassungstest prüft Lesen, Schreiben und Rechnen sowie das Leseverständnis ab und fußt traditionell auf einer 1600-Punkte-Skala: 800 Punkte für die verbalen, 800 Punkte für die mathematischen Fähigkeiten. Zehn Jahre lang (von 2005 bis 2015) bestand der Test aus drei Teilen à 800 Punkte: evidenzbasiertes Lesen und Schreiben sowie Mathematik. Im Jahr 2015 lag das durchschnittliche Ergebnis (von 1,6 Millionen Testteilnehmern) bei 1490 von 2400 Punkten, mit einer Standardabweichung von circa 115 Punkten pro Testabschnitt. Mit den richtigen Anpassungen, um unterschiedliche Bewertungssysteme zu kompensieren, stellt sich die messbare Intelligenz der amerikanischen Schüler, die den Weg an die Universitäten einzuschlagen wünschen, über die letzten vier Jahrzehnte hinweg weitgehend unverändert dar.[245]

Die Ergebnisse des Jahres 2015 finden sich – aufgeschlüsselt nach Rasse und Ethnizität – in der folgenden Tabelle.[246]

SAT-Ergebnisse nach Rasse/Ethnie, Abschlussjahrgang 2015

	% aller Teilnehmer	kritisches Lesen	Mathematik	Schreiben
Gesamtteilnehmer	100	495	511	484
amerikanische/alaskische Ureinwohner	1	481	482	460
Asiaten	12	525	598	531
Schwarze/Afroamerikaner	13	431	428	418
Mexikaner/Mexikoamerikaner	8	448	457	438
Puerto Ricaner	2	456	449	442
sonstige *Hispanics*/Latinos	10	449	457	439
Weiße	47	529	534	513
Sonstige	4	490	519	487
keine Antwort	4	434	492	436

Der Abstand zwischen weißen und schwarzen Prüflingen beträgt in jedem Abschnitt rund 100 Punkte. Der Abstand zwischen Schwarzen und Asiaten ist bemerkenswerter, insbesondere im mathematischen Teil, wo die beiden Gruppen im Durchschnitt 170 Punkte auseinanderliegen. Der liberale Thinktank „Brookings Institution" hat diese Ergebnisse noch weiter aufgeschlüsselt und berichtet:

> *Von den Bestplatzierten – mit einem Ergebnis zwischen 750 und 800 Punkten – sind 60 Prozent Asiaten und 33 Prozent Weiße, hingegen nur fünf Prozent Latinos und zwei Prozent Schwarze. Von den Absolventen mit 300 bis 350 Punkten sind indes 37 Prozent Latinos, 35 Prozent Schwarze, 21 Prozent Weiße und sechs Prozent Asiaten.*[247]

Mit anderen Worten: Die Gesamtverteilung der Intelligenz in Amerika lässt sich am besten als einzelne Verteilungen rassischer Gruppen verstehen. Und diese entsprechen der *Life-history*-Theorie. Aus Umgebungen, die eine schnelle LHS positiv selektierten, stammende Rassen klumpen sich am Boden der Verteilung zusammen, einfach weil Intelligenz in ihren Entwicklungsgeschichten eine geringere Rolle spielte. Weiße und Nordostasiaten, die aus „rauen, aber berechenbaren" Umgebungen stammen – wobei die Letzteren am stärksten K-selektiert sind –, liegen an der Spitze der Verteilung und sind deshalb am besten dazu imstande, in einer fortgeschrittenen technologischen Gesellschaft Erfolg zu haben. Obwohl sich die Ergebnisse über die Generationen hinweg leicht verschoben haben, ist der Abstand von einer Standardabweichung zwischen Schwarzen und Weißen hartnäckig der gleiche geblieben – und ist ebenso ein geradezu zwanghaftes Thema für Schulreformer und Bildungswissenschaftler geblieben, wie wir gleich sehen werden.

Kritik am IQ

Gegen IQ-Tests sind zahllose Kritikpunkte in Stellung gebracht worden, und sogar gegen das Konzept der Intelligenz selbst, doch keines dieser Argumente hält einer genaueren Untersuchung stand. Einige sind mit großem Scharfsinn vorgebracht worden, andere stellen nicht viel mehr als Gefuchtel dar. Letzten Endes erlauben IQ-Tests erwiesenermaßen hochgradig valide Vorhersagen über schulische Leistungen (und somit auch über andere Maßstäbe der geistigen Fähigkeiten), die Stellung im Beruf und die Straffälligkeit (in negativer Hinsicht).[248] Man kann ihnen nicht nachsagen, ihrem Wesen nach „kulturell verzerrt" zu sein, weil sie mit objektiven Maßstäben wie der Reaktionszeit (negativ) und dem Schädelvolumen (positiv) korrelieren: Es geht einfach nur darum, wie schnell man auf Reize reagiert und wie groß das Gehirn ist – wenig überraschend, stellt doch das Gehirn einen „Denkmuskel" dar. Die robuste negative Korrelation mit der Reaktionszeit – in der man auf einen Auslöser reagiert, beispielsweise ein aufleuchtendes Licht; je klüger man ist, desto kürzer fällt die Reaktionszeit aus – deutet darauf hin, dass sich Intelligenz ihrem Wesen nach als ein hochfunktionales Nervensystem verstehen lässt.[249]

Die Validität von IQ-Tests wurde insbesondere dann kritisiert, wenn es um den Vergleich verschiedener Rassen ging. Eine Metaanalyse Richard Lynns über Zwillingsstudien stellte fest, dass Intelligenz über eine – aus Erwachsenenstichproben ermittelte – Erblichkeit von 0,83 verfügt.[250] Die Umweltkomponente scheint sich auf ein geistig stimulierendes Umfeld zu beziehen, insbesondere in zentralen Wachstumsphasen.[251] Die Erblichkeit eines kindlichen IQ ist viel niedriger, weil dieser zum Teil die Umgebung widerspiegelt, die Erwachsene – die womöglich einen höheren oder niedrigeren IQ haben als das Kind – für dieses schaffen. Erst wenn ein Mensch das Erwachsenenalter erreicht und sich seine eigene Umgebung schafft, die im Einklang mit seiner angeborenen Intelligenz steht, steigt die Erblichkeit seines IQ auf 0,83. Dazu muss angemerkt werden, dass solche numerischen Korrelationen das Verhältnis zwischen zwei Variablen ausdrücken, im Hinblick darauf, wie sehr die eine Vorhersagen über die andere erlaubt. Dabei kann es sich um ein positives oder ein negatives Verhältnis handeln. Eine Korrelation von 1 bedeutet, dass man von der einen Variablen immer auf die andere schließen kann. „Statistische Signifikanz" ist, worauf Wissenschaftler – mithilfe von Berechnungen, die auf der Stärke der Korrelation und der Größe der Stichprobe aufbauen – prüfen, wenn es darum geht, ob eine Korrelation bloß ein Zufallsergebnis war. Wenn wir zu mindestens 95 % sicher sein können, dass sie es nicht war, so besteht ein allgemeiner Konsens, dass dieses Verhältnis statistisch signifikant ($p \leq 0,05$) und somit *real* ist.

Man kann der Ansicht sein, dass Intelligenz zu einem großen Teil erblich sei, aber dennoch Umweltfaktoren beispielsweise den Umstand erklären könnten, dass Schwarze in den Vereinigten Staaten einen geringeren durchschnittlichen IQ aufweisen als Weiße. Das erscheint allerdings höchst unwahrscheinlich, und die Gründe dafür hat der amerikanische Philosoph Michael Levin in seinem Buch „Why Race Matters“ dargelegt.[252] Wenn der IQ der weißen Amerikaner als 100 festgelegt wird, dann erzielen die Afroamerikaner ein durchschnittliches Ergebnis von 85. Diese Differenz zwischen weißen und schwarzen IQ-Testergebnissen im Umfang einer Standardabweichung zeigt sich bereits ab einem Alter von drei Jahren. Je früher sich ein Unterschied ausprägt, umso wahrscheinlicher ist er genetisch bedingt.[253] Studien über rassenübergreifende Adoptionen haben nachgewiesen, dass Schwarze, die als Kinder von weißen Eltern adoptiert wurden, im Erwachsenenalter IQs aufweisen, die in keinem Verhältnis zu denen ihrer Adoptiveltern stehen; tatsächlich ähneln ihre adulten IQs sehr stark denen ihrer biologischen Eltern.[254] Je widerstandsfähiger ein Unterschied gegenüber äußeren Eingriffen ist, ums wahrscheinlicher ist er genetisch bedingt. J. Philippe Rushton hat angemerkt, dass Schwarzen schon seit Jahrtausenden – beispielsweise von maurischen Entdeckern – attestiert wurde, über eine niedrige durchschnittliche Intelligenz zu verfügen, und dass von Annahmen über Umwelteinflüsse inspirierte Versuche, diese anzuheben, keine signifikante Wirkung hatten.[255]

Andere Kritiker haben unterstellt, dass Intelligenztests, und insbesondere der SAT, besser als „Wohlstandstests“ begriffen werden sollten, die in Wahrheit das „Privileg“ und nicht den Intellekt messen.[256] Im amerikanischen Kontext wachsen Weiße üblicherweise in wohlhabenderen Familien und in einladenderen Umfeldern und Schulen auf, mit einem besseren Zugang zu Testvorbereitungen und Nachhilfeunterricht. Und es steht außer Frage, dass SAT-Ergebnisse streng entlang des Einkommensniveaus und Wohlstandes des Elternhauses der Schüler verlaufen, wobei auch der Bildungsstand der Eltern eine wichtige Rolle spielt. Dies zeigt sich in der folgenden Tabelle.[257] Doch selbst wenn wir akzeptieren, dass standardisierte Tests den Wohlstand abbilden, sollten wir nicht den voreiligen Schluss ziehen, dass der SAT deshalb ein „Wohlstandstest“ sei. In vielerlei Hinsicht trifft eher zu, dass Wohlstand einen Intelligenztest darstellt. Im besten Fall funktioniert erbliche Intelligenz wie ein Kreislauf zwischen Eltern und Kindern: Intelligente Menschen streben nach Wohlstand, Status und Bildung, was sie – sowohl genetisch als auch durch die Umweltbedingungen – an ihre Kinder weitervererben, diese wiederum an ihre eigenen Kinder und so weiter.

Mathematischer und sprachlicher SAT-Durchschnitt für US-Universitätsinteressenten 2003

	schwarze Prüflinge		weiße Prüflinge	
Familieneinkommen	**Ergebnis Mathe**	**Ergebnis Sprache**	**Ergebnis Mathe**	**Ergebnis Sprache**
weniger als 10.000	382	381	478	480
10.000–15.000	395	398	478	481
15.000–20.000	400	405	485	488
20.000–25.000	409	413	493	495
25.000–30.000	411	419	495	497
30.000–35.000	419	426	502	504
35.000–40.000	422	430	504	505
40.000–50.000	431	438	510	510
50.000–60.000	441	450	516	514
60.000–70.000	440	450	521	519
70.000–80.000	448	457	528	524
80.000–100.000	461	468	539	534
mehr als 100.000	490	495	568	557

Darüber hinaus zeigen die oben angeführten Daten auch, dass der „Schwarz-Weiß-Unterschied" viel eher eine Sache der Rasse als des Wohlstandes und der Klasse ist. Weiße aus armen Familien erreichen ähnliche Testergebnisse wie Schwarze aus wohlhabenden Familien. Ganz konkret: Weiße Schüler aus Familien mit Jahreseinkommen um die 20.000 US-Dollar – mehr oder weniger knapp unterhalb der Armutsgrenze – weisen im Großen und Ganzen das gleiche intellektuelle Profil auf wie Afroamerikaner aus Familien mit Jahreseinkommen ab 100.000 US-Dollar.[258] Diese Tatsachen verdeutlichen sich in der folgenden Abbildung.

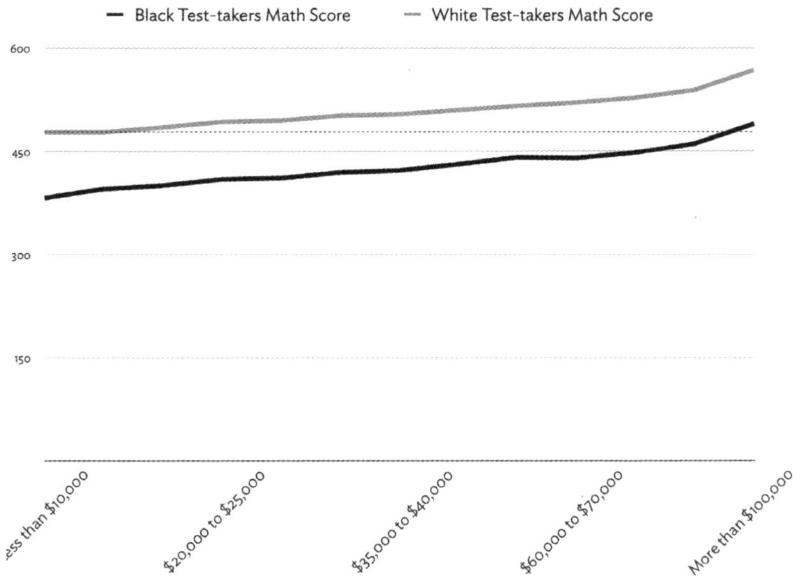

Mathe-SAT-Durchschnitt für Schwarze und Weiße nach Familieneinkommen.

© Dixon-Roman, Everson u. Mcardle: „Race, Poverty and SAT Scores“, S. 115.

Wie oben bereits besprochen, lassen sich IQ-Tests der unterschiedlichsten Ausrichtungen in unterschiedliche Testabschnitte zerlegen. Die Fähigkeiten in jedem Abschnitt variieren abhängig von dem Ausmaß, wie sehr sie genetisch bestimmt sind. Einige Abschnitte sind eher „kulturell fair“ als andere – will heißen: sie setzen weniger Wissen voraus –, und je eher ein Abschnitt „kulturell fair“ ist, desto besser kann er als Maßstab für den Generalfaktor dienen, und umso stärker ist der gemessene IQ-Aspekt in der Regel genetisch determiniert. Schwarze erzielen die besten Ergebnisse im *am wenigsten* „kulturell fairen“ Abschnitt des IQ-Tests, dem verbalen. Sie schneiden im *am meisten* „kulturell fairen“ Abschnitt, dem mathematischen, am schlechtesten ab. Daher kann man schlicht nicht behaupten, dass Schwarze den Weißen bei IQ-Tests unterlegen seien, weil die Tests irgendwie ein Ausdruck der „weißen Kultur“ seien. Hinzu kommt, dass die arktischen Völker in den Vereinigten Staaten, insbesondere die Ureinwohner von Alaska – von denen viele in extremer Armut leben –, in „kulturell fairen" IQ-Testabschnitten im Durchschnitt um sechs Punkte besser abschneiden als Afroamerikaner.[259] Die Erfahrungen amerikanischer Ureinwohner unterscheiden sich erheblich von den Normen der weißen Amerikaner, da viele von ihnen in Reservaten leben; nichtsdestoweniger schneiden sie durchschnittlich einen Punkt besser ab als Afroamerikaner. Nordostasiatische Amerikaner liegen im Durchschnitt fünf Punkte über den Weißen, obwohl viele von ihnen Einwanderer sind, die Englisch nur als Fremdsprache sprechen. IQ-Tests sind eindeutig fair gegenüber allen Rassen, und in den Vereinigten Staaten ebenso wie in westeuropäischen Ländern ergeben sie, dass Schwarze den niedrigsten IQ haben, gefolgt von den Weißen, dann den Nordostasiaten und schlussendlich den aschkenasischen Juden.

Ein besonders modisches Argument gegen die Validität von IQ-Tests ist das Konzept der „Bedrohung durch Stereotype"[260]. Dahinter steckt die Vorstellung, dass Angehörige einer Gruppe, von der erwartet wird, dass sie in IQ-Tests schlecht abschneidet – beispielsweise Schwarze –, schlecht abschneiden, weil sie selbst davon ausgehen, dass sie schlecht abschneiden werden, was sie mutmaßlich belastet und so ihre Leistungsfähigkeit herabsetzt. Metaanalysen haben allerdings nachgewiesen, dass es diesen Effekt so gut wie gar nicht gibt, und wo man ihn – bei konkreten Menschen in konkreten Situationen – findet, fällt er viel geringer aus als die Gruppenunterschiede, die üblicherweise mit seiner Hilfe wegerklärt werden sollen. Einige Studien haben ergeben, dass Gruppen, denen man erzählt, dass sie in IQ-Tests versagen werden, in der Folge scheinbar *besser als erwartet* abschneiden. Es besteht auch das große Problem der Publikationsverzerrung in diesem Bereich, weil Studien, die die Bedrohung durch Stereotype widerlegen, einfach nicht veröffentlicht werden.[261] Darüber hinaus beantwortet diese Theorie nicht die zentrale Frage, woher systematisch falsche Stereotype denn kommen könnten, nachdem 75 % aller rassischen Stereotype als mindestens teilweise zutreffend und 50 % als gänzlich zutreffend bestimmt wurden.[262] Die einfachste Erklärung ist, wie der amerikanische Psychologe Lee Jussim anhand empirischer Daten detailliert dargelegt hat, dass Stereotype dadurch entstehen, dass sie im Großen und Ganzen zutreffen.[263]

Zu guter Letzt wurde gelegentlich versucht, das Konzept einer einheitlichen, allgemeinen Intelligenz zu untergraben. Eine beliebte Alternative stammt von dem amerikanischen Psychologen Howard Gardner.[264] Gardner vertrat die Ansicht, dass es „vielfache Intelligenzen" gebe, so etwa körperlich-kinästhetische, emotionale, musikalische und interpersonale Intelligenz. Das Problem an Gardners Modell sind nicht die Kategorien selbst, sondern seine Annahme, dass diese Fähigkeiten unabhängig voneinander seien, weil sie in Beziehung zu unterschiedlichen Hirnregionen stünden, und dass eine Person in einer oder mehreren „Intelligenzen" hochbegabt und gleichzeitig in anderen unterdurchschnittlich sein könne. Das ist einfach nicht der Fall. Menschen mit einem hohen IQ liefern in den meisten geistigen Bereichen bessere Ergebnisse, und Menschen mit einem niedrigen IQ liefern schlechtere. Gardners diverse Arten von „Intelligenz" sind entweder eine falsche Verwendung des Wortes „Intelligenz", oder es handelt sich bei ihnen einfach um Beispiele für eng abgegrenzte geistige Fähigkeiten, die von „Intelligenz" im landläufigen Sinne abgestützt werden. „Emotionale Intelligenz" ist ein Begriff, der ebenfalls als Konkurrent zum IQ und zum Generalfaktor lanciert wurde. Doch die Fähigkeit, mit anderen Menschen umzugehen und soziale Probleme zu lösen, korreliert positiv (wenn auch nur schwach, zu circa 0,3) mit dem IQ.[265] Mit anderen Worten: Je intelligenter man ist, desto empathischer ist man auch – man kann sich besser vorstellen, wie es wäre, in der Haut eines anderen zu stecken.

Der Aufruhr über „IQ and the Wealth of Nations"

Richard Lynn hat mehr als jeder andere geleistet, um IQ-Studien über repräsentative Stichproben aus der ganzen Welt zusammenzutragen, sowohl traditionelle IQ-Tests als auch – in jüngerer Zeit – internationale Schülerbeurteilungstest, etwa im Rahmen des PISA-Programmes. Letzterer Test wird alle vier Jahre an repräsentativen Stichproben von 15-Jährigen aus OECD-Staaten durchgeführt, welche zumeist in Nordamerika und Westeuropa liegen. Seine Ergebnisse korrelieren mit den nationalen IQ-Werten bei annähernd 0,8.

Einander erstmals gegenübergestellt wurden die nationalen IQ-Werte von Lynn und dem finnischen Politikwissenschaftler Tatu Vanhanen (1929–2015) in ihrem Buch „IQ and the Wealth of Nations" von 2002.[266] Im August 2004 gab Vanhanen dem Monatsmagazin der größten finnischen Zeitung „Helsingin Sanomat" ein Interview über das Buch. Ausgehend von den besten zu jener Zeit verfügbaren Zahlen erklärte er dem Journalisten: „Während der durchschnittliche IQ der Finnen bei 97 liegt, liegt er in Afrika zwischen 60 und 70. Intelligenzunterschiede sind der signifikanteste Faktor zur Erklärung von Armut." Diese Zusammenfassung seiner akademischen Forschung führte dazu, dass der „Ombudsmann für Minderheiten" Finnlands, Mikko Puumalainen, verlangte, Vanhanen solle der „Anstachelung zum Hass gegen eine ethnische Gruppe" angeklagt werden. Die finnische Kriminalpolizei gab daraufhin bekannt, sie werde Ermittlungen aufnehmen und prüfen, ob es Anlässe zu einer Strafverfolgung gebe – schnell stellte sich heraus, dass dem nicht so war. Nichtsdestoweniger sorgte der Vorfall in Finnland für einen großen Medienrummel, denn Vanhanens Sohn Matti war im Jahr zuvor finnischer Ministerpräsident geworden.[267] Lynn und Vanhanen brachten ihre Forschungsergebnisse zuletzt ein Jahrzehnt später auf den neuesten Stand, ein paar Jahre vor Vanhanens Tod, indem sie in ihrem Buch „Intelligence. A Unifying Construct for the Social Sciences" (2012) auch die internationalen Schülervergleichstests berücksichtigten. Sie korrelierten die nationalen IQ-Werte nicht nur mit Wohlstand, sondern mit zahlreichen anderen Zivilisationsmarkern, darunter Gesundheit, niedriger Kriminalitätsrate und niedriger Korruption.[268]

In der Zwischenzeit hatte sich Lynn der Daten aus „IQ and the Wealth of Nations" sowie einiger anderer Datensätze bedient, um 2006 „Race Differences in Intelligence" vorzulegen, in dem er den durchschnittlichen IQ für jede der Rassen der klassischen Anthropologie berechnete.[269] „Race Differences in Intelligence" wurde heftig kritisiert, ebenso wie „IQ and the Wealth of Nations". Deshalb nutzten Lynn und Vanhanen 2012 ihr Buch als Gelegenheit, um auf ihre Kritiker zu antworten. Es gab eine Reihe von Einwänden gegen ihre Methodik, besonders dagegen, dass sie sich (in diversen Fällen) kleiner Stichproben, anderer Arten von IQ-Tests oder Ersatzprüfungen für IQ-Tests bedienten und in Fällen, in denen keine Daten verfügbar waren, den durchschnittlichen IQ eines Landes einfach nur schätzten. Darüber hinaus neigten die Kritiker dazu, kleine Fehler über Gebühr zu betonen, um so den Eindruck zu erwecken, dass die gesamte Arbeit von Lynn und Vanhanen fragwürdig sei. Der letztgenannte Kritikpunkt lässt sich einfach als ein beispielhafter Verallgemeinerungstrugschluss entkräften: Ein kleiner Patzer wird in manipulativer Absicht benutzt, um ein Gesamtwerk zu untergraben. Die übrigen Kritikpunkte sind größtenteils unnötig – sogenannte Strohmann-Argumente. Lynn und Vanhanen hatten stets eingeräumt, dass es einige Probleme mit ihren Daten gebe, aber betont, dass es die besten verfügbaren seien und wir deshalb keine andere Wahl hätten, als mit ihnen zu arbeiten. Die Mängel dieser Daten haben einige Kritiker zu der Unterstellung veranlasst, dass die Ergebnisse dadurch „bedeutungslos" würden. Doch Lynn und Vanhanen halten dem entgegen, dass ihre nationalen Unterschiede im durchschnittlichen IQ stark mit nationalen Unterschieden in sinnvollen IQ-Platzhaltern – wie etwa dem Bildungsniveau, dem Pro-Kopf-Einkommen, der Gesetzestreue, der politischen Stabilität, fehlender Korruption sowie der Gesundheit, unter vielen anderen – korrelieren.[270] Demzufolge können wir hinreichend sicher sein, dass Lynns Schätzungen über die nationalen – und im weiteren Sinne rassischen – IQs präzise genug sind.

Doch die Kritiker Lynns und Vanhanens hatten recht damit, dass es in deren Daten Unstimmigkeiten gab, dass die Arbeiten kleinere Fehler enthielten und dass die Methoden, mit denen die verwendeten Daten gewonnen worden waren, oft nicht ganz klar wurden. Lynn und Vanhanen lagen Daten aus 81 von insgesamt 185 Ländern vor; für die nicht abgedeckten Länder mussten die Intelligenzquotienten also geschätzt werden. Einige nationale Stichproben waren klein oder sehr klein, und einige ihrer Literaturanalysen waren alles andere als systematisch. Als Reaktion darauf wurden sämtliche IQ-Werte Lynns von dem deutschen Politikwissenschaftler David Becker noch einmal von vorn durchgerechnet und zusätzlich auf den neuesten Stand gebracht. Diese Werte wurden dann zusammen mit exakten Angaben dazu, wie sie errechnet und welche Tests aus welchen Gründen verwendet worden waren, in einer laufend aktualisierten Datenbank namens „View on IQ" veröffentlicht. Becker weist nach, dass seine eigenen Neuberechnungen aller bekannten nationalen IQs mit den Ergebnissen Lynns und Vanhanens zu 0,87 korrelieren.[271] Die aktuellsten IQ-Werte für beinahe jedes Land auf der Welt haben Lynn und Becker in ihrem Buch „The Intelligence of Nations" von 2019 vorgelegt.[272] Somit können wir davon ausgehen, dass die durchschnittlichen IQs der Rassen, die Lynn in der zweiten Auflage von „Race Differences in Intelligence" 2015[273] angegeben hat, valide sind.

Es gibt weiters allen Grund zu der Annahme, dass diese Unterschiede genetischen Ursprungs sind. Ausgehend von Levins Nachweisen der genetischen Ursache rassischer Unterschiede in der Intelligenz, welche wir bereits besprochen haben, hat der italienische Anthropologe Davide Piffer genetische Anhaltspunkte für die durchschnittlichen nationalen IQs gefunden. Piffer fand heraus, dass die durchschnittliche Häufigkeit genetischer Varianten, die mit einem extrem hohen Bildungsstand – welcher wiederum sehr eng mit einem hohen IQ zusammenhängt – korrelieren, innerhalb einer Population zu 0,9 mit dem nationalen IQ korreliert.[274] In einer weiteren Studie wiederholte Piffer diesen Befund mit einer Stichprobe von 1,1 Millionen Menschen aus 52 Ländern.[275] Piffer hat damit letztlich extrem überzeugende Beweise dafür geliefert, dass rassische Unterschiede in der Intelligenz zum ganz überwiegenden Teil genetische Unterschiede widerspiegeln. Hinzu kommt, dass die rassischen Unterschiede im durchschnittlichen IQ stark mit einem objektiven Maßstab korrelieren: den rassischen Unterschieden der durchschnittlichen Schädelkapazität. Die dazugehörigen Daten finden sich in der folgenden Tabelle.[276] Der Zusammenhang zwischen Schädelkapazität und IQ beträgt auf der individuellen Ebene ungefähr 0,3, sodass es niemanden überraschen sollte, dass die generelle Korrelation von IQ und Schädelkapazität niedriger als 1 ausfällt, aber nichtsdestoweniger liegt sie extrem hoch. Die Pearson-Korrelation – das ist der lineare Zusammenhang zwischen zwei Merkmalen – beträgt 0,8 ($p \leq 0,01$).

Rassische Unterschiede bei IQ und Schädelkapazität

Rasse	IQ	Schädelkapazität (in cm^3)
Nordostasiaten	105	1416
Europäer	100	1369
arktische Völker	91	1443

Rasse	IQ	Schädelkapazität (in cm^3)
Südostasiaten	87	1332
amerikanische Ureinwohner	86	1366
pazifische Insulaner	85	1317
Südasiaten	84	1293
Subsahara-Afrikaner	70	1280
australische Aborigines	64	1225
Buschmänner	54	1270
Pygmäen	53	—

Diese Ergebnisse werfen eine Reihe von Fragen auf, die es allesamt wert sind, kurz innezuhalten und darüber zu sprechen. Was sollen wir davon halten, dass der IQ der Subsahara-Afrikaner bei 70 liegt, jener der Afroamerikaner aber bei 85? Wie bereits angemerkt, lässt sich dieser Unterschied wohl durch zwei Umstände erklären: Da Afroamerikaner in einem entwickelten Land leben, profitieren sie von einer anregenderen Umgebung und besseren Bildungsmöglichkeiten, wodurch ihr durchschnittlicher IQ näher an seine phänotypischen Grenzen getrieben wird. Des Weiteren handelt es sich bei Afroamerikanern um eine Kline, weil sie im Schnitt zu rund 25 % weiß sind,[277] was auf Rassenmischung während der Zeit der Sklaverei zurückzuführen ist, üblicherweise zwischen einer weiblichen Sklavin und ihrem Herrn.[278] Das deckt sich mit Y-Chromosomen-Analysen, die zeigen, dass ungefähr 40 % der afroamerikanischen und karibischen Männer väterlicherseits letzten Endes europäischer Abstammung sind.[279]

Der IQ der arktischen Völker und der amerikanischen Ureinwohner spiegelt wahrscheinlich den Umstand wider, dass sowohl die einen wie auch die nördlich siedelnden anderen nie den Ackerbau entwickelt haben. Ackerbau hebt das Intelligenzniveau an, weil er denjenigen Selektionsvorteile verschafft, die vorausschauend planen und miteinander kooperieren, und jene mit mangelhaftem Weitblick aussortiert. Darüber hinaus wird der IQ zu ungefähr 20 % durch Umwelteinflüsse bestimmt, sodass die verhältnismäßig hohe Armut dieser Rassen sehr gut darauf hindeuten könnte, dass ihr IQ unterhalb seiner phänotypischen Grenze liegt. Das unerwartet große Schädelvolumen der arktischen Völker verdeutlicht die abnehmende positive Mannigfaltigkeit der K-Faktoren in einer extrem K-selektierten Umgebung, und insbesondere im Falle der Anpassung an ein Ökosystem, in der hochspezialisierte Fähigkeiten wichtiger sind als der Generalfaktor der Intelligenz, was zu einem größeren Gehirn ohne gleichzeitigen Anstieg von *g* führt. Beispielsweise haben die Inuit einen niedrigeren IQ als Europäer, aber eine weit überlegene räumliche Intelligenz. Diese ist besonders nützlich im Kontext einer schneebedeckten Tundra mit nur wenigen Orientierungspunkten, in der man sich auf langen Jagdzügen zurechtfinden muss.[280]

Die Anomalie, dass der IQ der Buschmänner niedriger ist als jener der australischen Aborigines, liegt wahrscheinlich darin begründet, dass die Buschmänner zum größten Teil schriftlos sind. In einigen Fällen arbeiten Buschmänner als Landarbeiter und sind in Reservate gezogen, doch im Allgemeinen leben sie als Jäger und Sammler.[281] Das bedeutet, dass ihr IQ mithilfe eines Platzhalters gemessen wurde, und zwar mit dem „Zeichne-einen-Menschen"-Test. Dieser funktioniert so, dass man den Prüfling bittet, einen Menschen zu zeichnen, und das Ergebnis dann damit vergleicht, was der durchschnittliche Europäer hervorbringen würde. Dies funktioniert insoweit, als die Zeichenfähigkeit mit der Intelligenz zusammenhängt, so werden Kinderzeichnungen mit zunehmendem Alter realistischer. Das Problem dabei ist, dass der „Zeichne-einen-Menschen"-Test mit dem IQ zwischen 0,2 und 0,8 korreliert, und dass die Korrelation abnimmt, je älter das Kind ist.[282] Von daher mag es sein, dass die Buschmänner intelligenter als die Aborigines sind oder im Vergleich mit diesen über bessere spezifische Fähigkeiten verfügen. Letztere Erklärung scheint die wahrscheinlichere zu sein, denn die Zeichnungen der Buschmänner sind kindlich – wortwörtlich Strichmännchen – im Vergleich zu denen von subsahara-afrikanischen Landarbeitern, die realistischer und mit beträchtlicher Detailtreue zeichnen.[283] Daraus folgt, dass wir diesen Test wohl vorsichtig als vertrauenswürdig einschätzen können, was seine Rolle als Stellvertreter zur Messung von rassischen Unterschieden beim IQ anbelangt.

Im Rahmen unserer Diskussion der „Kontroverse" rund um Rassen- und Intelligenzforschung verdient auch Erwähnung, dass es tatsächlich einen Versuch gab, die Beweise für Rassenunterschiede beim

Schädelvolumen zu unterdrücken. In seinem Buch „The Mismeasure of Man" von 1981[284] kritisierte der prominente Harvard-Paläontologe Stephen J. Gould (1941–2002) den IQ, den Rassenbegriff und die Beweise für rassische Unterschiede beim IQ. Ganz besonders attackierte er die Arbeit des englischen Wissenschaftlers Samuel Morton (1799–1851) und behauptete, dass Morton es zugelassen habe, dass unbewusste Vorurteile seine Messungen der angeblich unterschiedlichen durchschnittlichen Schädelkapazitäten einer Stichprobe von 1000 Schädeln verschiedener Rassen beeinflussten. Gould analysierte Mortons Datensatz selbst noch einmal und berichtete, dass es in Wahrheit keine gleichmäßigen rassischen Unterschiede beim Schädelvolumen gäbe.[285] Mit der Veröffentlichung von „The Mismeasure of Man" wurden Goulds Befunde in der öffentlichen Wahrnehmung als „Wahrheit" etabliert: „Kein ernst zu nehmender Mensch", könnte man sagen, „glaubt, dass es rassische Unterschiede beim Schädelvolumen gibt – oder dass das irgendetwas mit Intelligenz zu tun hat." 2011 allerdings untersuchten einige Forscher nochmals die Schädelvolumina von 46 % der Schädel in der mortonschen Sammlung. Ebenso untersuchten sie noch einmal die statistischen Analysen sowohl von Morton als auch von Gould. Sie stellten fest, dass das Gegenteil von Goulds Behauptungen der Fall war; Morton hatte seine Messergebnisse nicht verfälscht oder manipuliert, und wo es Messfehler in Mortons Arbeit gab, fielen diese tatsächlich zugunsten des afrikanischen Schädelvolumens im Vergleich zum europäischen aus. Weiters wiesen die Autoren nach, dass Gould seine gewünschte Widerlegung Mortons nur dadurch zustande brachte, dass er absichtlich spezifische Untergruppen von Schädeln ausließ und falsche Berechnungen vorlegte. Bezeichnenderweise sahen sich die Autoren dann veranlasst, Gould für seine zahlreichen Versuche, „Rassismus" zu bekämpfen, zu loben.[286] Dies war vermutlich eine Masche, um der Kritik des politisch korrekten Mobs zu entgehen, der ansonsten wahrscheinlich Beschreibung mit Bewertung verwechseln und annehmen würde, dass die Autoren über eine Tatsache berichteten, weil sie diese Tatsache für eine gute Sache hielten. Trotzdem hatten die Autoren nachgewiesen, dass der gefeierte „antirassistische" Aktivist Stephen J. Gould sich der wissenschaftlichen Falschangaben schuldig gemacht hatte. Gould hatte Daten über rassische Unterschiede beim

Schädelvolumen verfälscht, um die anerkannten „Fakten" dazu zu zwingen, sich seinen Wunschvorstellungen anzupassen. Und Gould besudelte den Ruf einer ehrlichen, nach der Wahrheit strebenden Wissenschaft, um dieses Ziel zu erreichen.[287] Indem er das tat, stellte Gould unter Beweis, dass er das genaue Gegenteil eines echten Wissenschaftlers war.

Ethnie, Industrialisierung und Intelligenz

Wie wir bereits gesehen haben, lassen sich Rassen in Ethnien aufteilen, von denen man jede als auf dem Weg betrachten kann, eine eigenständige Rasse zu werden. So, wie sich die Rassen aufgrund ihrer Anpassung an unterschiedliche Ökosysteme im Hinblick auf die Intelligenz unterscheiden, sieht es auch bei den ethnischen Gruppen aus. Ethnische Gruppen sind jedoch noch nicht so lange voneinander getrennt wie Rassen und interagieren oft bis zu einem gewissen Grad mit anderen ethnischen Gruppen innerhalb derselben Rasse, etwa um Handel zu treiben oder Territorialkämpfe auszutragen. Infolgedessen werden andere Faktoren als die geografische Anpassung relevant für die ethnischen Unterschiede in der Intelligenz, zum Beispiel das Ausmaß der Endogamie, die Größe des Genpools, Migrationsmuster und Muster der Vermischung mit anderen Rassen, wenn etwa Gruppe A näher an der natürlichen Grenze zu einer anderen Rasse lebt als Gruppe B.

Europäische ethnische Gruppen, die an den Grenzen zwischen Europa und Asien oder Europa und Nordafrika ansässig sind, werden mit höherer Wahrscheinlichkeit nicht europäische Beimischungen haben als ethnische Gruppen in Mitteleuropa. Das mag auch auf Ethnien zutreffen, die Imperien aufgebaut haben und sich infolge von Eroberungszügen und Politik mit anderen Rassen vermischten. Migration korreliert zu einem großen Teil mit Intelligenz. Das liegt daran, dass Migration der vorausschauenden Planung, Kooperation, Problemlösungsfähigkeit und Offenheit für neue Möglichkeiten bedarf, allesamt Eigenschaften, die mit einem hohen IQ zusammenhängen. Demzufolge könnte eine ethnische Gruppe, die eine besonders raue oder schwierige Umgebung bewohnt, sich mit beträchtlicher Abwanderung konfrontiert sehen, wodurch die durchschnittliche Intelligenz dieser Gruppe herabgesetzt würde. Krieg scheint – zumindest in der Moderne – eine negative Auswirkung auf die Intelligenz zu haben. Das liegt daran, dass Intelligenz mit sozialem Verhalten – beispielsweise ritterlicher Selbstaufopferung für andere – assoziiert ist. Sie korreliert auch mit der Stellung im Beruf, und bis zu einem gewissen Grad steigt mit dem Dienstgrad eines Soldaten auch die Wahrscheinlichkeit, dass er getötet werden wird, weil er seine Untergebenen in die Schlacht zu führen hat.[288] Das 1915 erschienene Buch „War and the Breed" des amerikanischen Zoologen David Starr Jordan (1851–1931) zeichnet ein herzzerreißendes Bild davon, wie die moderne Kriegsführung zum „Untergang der Völker" durch die „Vernichtung der männlichsten Elemente" geführt habe. Jordan hielt dies für einen der wichtigsten Gründe, dem modernen „Kriegssystem der Welt" – also der Abschlachtung gigantischen Ausmaßes – ein Ende zu bereiten.[289]

Ein weiterer Faktor bei der Beurteilung von Intelligenzunterschieden innerhalb von Rassen ist die Frage, wie früh ein Land industrialisiert wurde. Im Laufe des 20. Jahrhunderts haben die Umweltbedingungen IQs an ihre phänotypischen Grenzen getrieben, zumindest in fortschrittlichen Ländern. Man nennt dieses Phänomen den Flynn-Effekt, nach dem Intelligenzforscher James Flynn.[290] Überall im Westen haben die Menschen den Ackerbau und das ländliche bzw. bäuerliche Leben größtenteils hinter sich gelassen und sind Teil der „technologischen Gesellschaft" geworden, in welcher sie von Medien umgeben sind und als Industriearbeiter und Informationsdienstleister verwaltet werden. Mit anderen Worten: Es hat einen weltweiten Anstieg gegeben an Maschinen, die bedient werden müssen, Daten, die gesammelt und verarbeitet werden müssen, und Arbeiten, die getan werden müssen. Dies alles sind „Probleme, die gelöst werden müssen", und wer diese essenzielle Herausforderung des Generalfaktors bewältigt, wird dafür belohnt. Selbst unterdurchschnittlich intelligente Menschen steuern Fahrzeuge, benutzen Landkarten, konsumieren komplizierte Unterhaltungsmedien und spielen Videospiele, wodurch sie ihre IQs an deren phänotypische Grenzen treiben.

Gleichwohl kommt eine Reihe von untereinander verknüpften Faktoren zusammen, die die Intelligenz zu *verringern* beginnen, sobald ein Land industrialisiert wird. Tatsächlich wird diese grundlegende Tatsache oft durch den Flynn-Effekt maskiert. Es gibt deutliche Hinweise darauf, dass bis zur industriellen Revolution ein Selektionsprozess nach Intelligenz im Gange war. Der britische Ökonom Gregory Clark hat nachgewiesen, dass die Gesellschaft bis Mitte des 19. Jahrhunderts vom „Überleben der Reichsten“ bestimmt war. Anhand einer Stichprobe von Testamenten aus den englischen Grafschaften Essex und Suffolk führte er vor, dass die reicheren 50 % der Erblasser zum Zeitpunkt ihres Todes 40 % mehr lebende Kinder hatten als die ärmeren 50 %.[291] Dies dürfte zum Teil daran gelegen haben, dass der Wohlstand einen Rückschluss darauf erlaubte, ob man in der Lage war, für seine Nachkommen eine gesunde Umgebung und nahrhafte Ernährung bereitzustellen. Das bedeutet, dass wir damals in einer Gesellschaft der „sozialen Abwärtsmobilität“ lebten. In jeder Generation starben die ärmsten und am wenigsten intelligenten Angehörigen der Gesellschaft weg; jene über ihnen mussten notwendigerweise sozial herabsinken, um den frei gewordenen Raum in der Hierarchie auszufüllen. Dieser Vorgang – wohlgemerkt das genaue Gegenteil von der „sozialen Mobilität“, die heute im Westen propagiert wird – wirkte letztendlich ausgesprochen eugenisch. Er leistete dem Volk „Hilfe zur Selbsthilfe“, indem er es mit jeder Generation immer intelligenter werden ließ.

In Übereinstimmung damit stieg die Zahl der bedeutenden Erfindungen pro Kopf ab dem Mittelalter bis ungefähr 1870 mit jedem Jahr kontinuierlich an. Das Gleiche galt für den niveauvolleren Wortgebrauch in geschriebenen Texten. Unsere Köpfe wurden wortwörtlich größer und größer, um Raum für unsere wachsenden Gehirne zu bieten; Lese- und Rechenfähigkeiten verbreiteten sich immer weiter, trotz kaum veränderter Lebensbedingungen, und mit hoher Intelligenz assoziierte Allele wurden in den europäischen Populationen immer häufiger.[292]

Mit der industriellen Revolution änderte sich alles. Indem sie für höherwertige medizinische Behandlungen und ein besseres Gesundheitswesen sorgte, verursachte sie einen Einbruch der Kindersterblichkeit – die stark mit niedriger Intelligenz korrelierte. Im Jahr 1800 betrug die Kindersterblichkeit annähernd 40 %, auch wenn sie unter den Intelligenteren (den Reicheren) viel niedriger und unter den weniger Intelligenten (den Ärmeren) viel höher lag. Im Jahr 1900 gab es kein positives Verhältnis zwischen Wohlstand (und damit dem IQ) und Nachkommenschaft mehr. Wenig später machten verschiedene Faktoren daraus ein *negatives* Verhältnis. Zuverlässige Verhütungsmittel wurden entwickelt, deren erfolgreiche Anwendung mit Impulskontrolle und vorausschauender Planung assoziiert ist, also mit Intelligenz. Die Intelligenteren wollten weniger Kinder als die weniger Intelligenten, weil sie besser darin waren, alles rational zu betrachten, einschließlich der Vor- und Nachteile einer großen Familie für ihren Lebensstandard.[293] Und die Entwicklung besserer Verhütungsmittel gestattete es ihnen, ihren Wunsch umzusetzen, wodurch große Familien zu einer Funktion niedriger Intelligenz wurden. Der Aufstieg des Feminismus führte dazu, dass die intelligenteren Frauen ihre fruchtbarsten Jahre der Hochschulbildung und beruflichen Laufbahn widmeten, sodass sie nur wenige Kinder, die intelligentesten Frauen sogar gar keine Kinder bekamen. Der ausgreifende Sozialstaat bedeutete zudem, dass es für die unterdurchschnittlich Intelligenten keinen negativen Anreiz mehr gab, ihre Fruchtbarkeit einzuschränken. Tatsächlich wirkten die Aussichten auf Kindergeldzahlungen für viele von ihnen als positiver Anreiz, Kinder zu bekommen.[294] Zur Zeit der Abfassung dieses Buches bekommen im Vereinigten Königreich nur Familien, in denen beide Elternteile von Sozialhilfe leben – was einen IQ von ungefähr 80 impliziert –, genug Kinder, um oberhalb des Ersetzungsniveaus zu liegen.[295] Daraus folgt, dass der Zeitpunkt der Industrialisierung eines Landes eine Rolle bei der Verminderung seines durchschnittlichen IQ spielt.

Der Ökonom Jonathan Huebner hat die technologischen Innovationen der vergangenen fünf Jahrhunderte untersucht, besonders hinsichtlich des verbreiteten Glaubens, dass „die Dinge immer besser werden", also die Technologie sich endlos exponentiell weiterentwickeln werde.[296] Er fand heraus, dass die Innovationsrate – die Anzahl der herausragenden technologischen Innovationen geteilt durch die Weltbevölkerung – im Gegenteil nicht etwa steigt, sondern jäh abfällt. Sie erreichte nach einem stetigen Anstieg ab dem Mittelalter im späten 19. Jahrhundert ihren Höhepunkt. Dies ist aus der folgenden Abbildung ersichtlich.

Huebner hält dies für darin begründet, dass die Technologie an ihre physikalischen und ökonomischen Grenzen gestoßen sei, doch

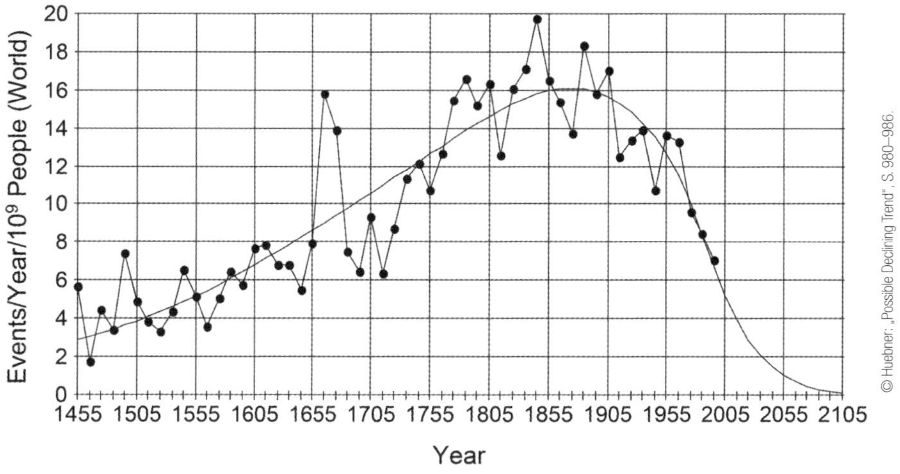

Innovationsrate seit 1455.

man kann auch der Ansicht sein, dass die Auswirkungen der industriellen Revolution auf die Demografie hierbei eine entscheidende Rolle gespielt haben. Die industrielle Revolution war selbst das Produkt hoher Intelligenz und einer Gesellschaft, die diese zu schätzen wusste. Doch ihre letztendlichen Auswirkungen haben sich als schädlich für die Weiterentwicklung der Intelligenz erwiesen, zumindest im Hinblick auf einen Großteil der Population – vielleicht sogar für die Aufrechterhaltung der Zivilisation selbst.

Ethnische Intelligenzunterschiede

Die ethnischen Intelligenzunterschiede innerhalb Europas wurden von Richard Lynn im Detail erforscht[297] und später im Rahmen einer Zusammenarbeit zwischen Lynn und David Becker auf den neuesten Stand gebracht[298]. In den meisten europäischen Ländern, insbesondere in jenen Mittel- und Nordeuropas, unterscheidet sich der durchschnittliche IQ kaum von jenem Großbritanniens. Die britischen IQ-Testergebnisse sind der Mittelwert, an dem die Ergebnisse aller anderen Länder gemessen werden. In Frankreich, Deutschland, Österreich, der Schweiz, den Niederlanden, Belgien, Schweden, Dänemark, Norwegen und Island liegen die IQ-Werte der angestammten Populationen gleichauf oder nicht mehr als drei Punkte unterhalb dieses Mittelwertes. Das gilt auch für einige der nördlicheren Länder des ehemaligen Ostblockes, manchmal trotz einer späteren Industrialisierung, besonders für Weißrussland, Estland, Ungarn und Russland. Auch in Slowenien beträgt der durchschnittliche IQ ungefähr 100. Dass diese Länder später als Großbritannien industrialisiert worden sind, mag erklären, warum der dortige IQ annähernd gleich hoch ist, obwohl sie einen geringeren Lebensstandard und eine niedrigere technologische Entwicklung vorzuweisen haben, weil sie vom Flynn-Effekt profitieren. Der IQ Lettlands – ausgehend von der einzigen bekannten Erhebung – beträgt 94. Die PISA-Ergebnisse des Landes hingegen deuten auf einen IQ von 98 hin, was vielleicht der zuverlässigere Wert ist.

Der IQ der Tschechischen Republik beträgt 94, jener der Slowakei indes 96. Diese Ergebnisse spiegeln vielleicht die langfristige Auswanderung der Intelligentesten innerhalb dieser Populationen ins Zentrum des österreichisch-ungarischen Reiches, dem sie einmal angehörten, wider, ebenso wie die jüngere Auswanderung nach Westeuropa. Dadurch mag sich auch erklären, weshalb der IQ Polens 96 beträgt, obschon die Verheerungen des Zweiten Weltkrieges in dieser Hinsicht ebenfalls relevant sein dürften. Ebenfalls 96 beträgt der IQ in Litauen, einem Land, das an Polen grenzt und einst von diesem beherrscht wurde. Der IQ der Ukraine liegt bei 90, vielleicht ein Zeugnis der schweren Schäden, die dieses Gebiet unter kommunistischer Herrschaft genommen hat. Der IQ Irlands beträgt 95, wahrscheinlich aufgrund der langen Auswanderungsgeschichte dieses Landes, insbesondere in die Vereinigten Staaten nach der großen Hungersnot Mitte des 19. Jahrhunderts. Der Ausreißer in die andere Richtung ist Finnland, wo der IQ – ausgehend von PISA-Daten, welche zuverlässiger sind als die sehr wenigen repräsentativen IQ-Tests, die an Finnen durchgeführt wurden – bis zu 103 betragen könnte. Für den verhältnismäßig hohen IQ der Finnen sind etliche mögliche Gründe angeführt worden, zumal die Finnen auch eine sehr kurze Reaktionszeit aufweisen. Zu den möglichen Erklärungen zählen die späte Industrialisierung Finnlands, sein extrem raues Ökosystem einschließlich einer Historie der katastrophalen Hungersnöte und Kriege sowie der nordostasiatische Einschlag der Finnen von zwischen 5 und 10 %, wobei die Nordostasiaten einen durchschnittlichen IQ von 105 mitbringen.[299]

Im Allgemeinen ist der IQ in Südeuropa beträchtlich niedriger als in Nordeuropa. Zum Teil liegt dies wahrscheinlich an der weniger rauen Umgebung, die unter vormodernen Zeiten zu einer weniger intensiven Selektion nach Intelligenz führte. Lynn hat vorgeschlagen, dass der Grund auch die Vermischung mit nicht europäischen Populationen sein könnte, etwa mit Arabern im südlichen Spanien und südlichen Italien, was zu einem IQ von 94 führte, oder mit Türken in Griechenland (90) und Zypern (93). Im Falle Griechenlands jedoch scheint dies nicht zu stimmen, weil die modernen Griechen genetisch eng mit den alten Griechen verwandt sind.[300] Allerdings wurde interessanterweise festgestellt, dass die griechischen Zyprioten väterlicherseits gemeinsame vorottomanische Vorfahren mit den türkischen Zyprioten haben.[301] Lynn vertritt die Ansicht, dass die beträchtliche Anzahl afrikanischer Sklaven im frühmodernen Portugal, die sich später in die angestammte Bevölkerung integrierten, ihren Beitrag zum Ergebnis des portugiesischen IQ von 93 geleistet hätten. Man muss dem allerdings hinzufügen, dass der IQ der Weißen in Brasilien bei 95 ermittelt wurde,[302] es kann also gut sein, dass eine Auswanderung von Menschen mit hohem IQ von Portugal nach Brasilien hier ebenfalls relevant ist. Passend zu dieser Hypothese hatten im Jahr 2006 20 % der brasilianischen Bevölkerung mindestens einen portugiesischen Großelternteil,[303] und wir haben bereits festgestellt, dass der IQ Vorhersagen über das Migrationsverhalten erlaubt, wahrscheinlich, weil es zum Auswandern Planungsfähigkeit, eine Orientierung auf die Zukunft, Offenheit für neue Möglichkeiten und einen gewissen Wohlstand braucht. Lynn hat die These aufgestellt, dass ein türkischer Einschlag auch zum Teil für die verhältnismäßig niedrigen IQs in vielen früheren Ostblockländern auf dem Balkan verantwortlich sein könnte, die einst unter ottomanischer Herrschaft standen, etwa Rumänien (86), Bulgarien (84) und Serbien (89). Hinzu kommt, dass möglicherweise auch der große Bevölkerungsanteil von Roma (oder „Zigeunern“) – deren durchschnittlicher IQ bei 75 liegt – die besonders niedrigen Testergebnisse in einigen dieser Länder erklären könnte.[304] Der durchschnittliche IQ in Malta liegt bei 91. Die Malteser sind den Süditalienern genetisch sehr ähnlich,[305] welche ebenfalls einen IQ um 90 aufweisen.[306]

Wenig überraschend ist, dass es weitere ethnische Unterschiede innerhalb von Ländern gibt. Die Schotten, Waliser und Nordiren haben einen niedrigeren durchschnittlichen IQ als die Engländer. Und der Südosten Englands weist die höchsten IQ-Werte auf, wahrscheinlich aufgrund von Jahrhunderten der Einwanderung nach England und konkret in das Gebiet um London.[307] Der IQ der Waliser ist niedriger als jener der Schotten und auch der Nordiren, von welchen viele schottischer Abstammung sind. Es kann gut sein – und die Theorie der kalten Winter würde darauf hindeuten –, dass es vor dem 19. Jahrhundert eine Zeit gab, in der der IQ in Schottland höher war als in England, dass aber die schottische Umgebung im Verhältnis so rau und auf bloßes Überleben orientiert war, dass es zu gefährlich war, Innovationen zu entwickeln und sich so weiterzuentwickeln. Dieses Modell würde erklären, warum die Römer oder Griechen, die unter weniger rauen Bedingungen lebten und deshalb vermutlich weniger intelligent waren als die Menschen weiter im Norden, so viele Erfindungen zu verbuchen hatten. Nachdem die Menschen im Norden in den Besitz dieser Erfindungen gelangt waren, waren sie nicht mehr mit bloßem Überleben beschäftigt, sondern waren in der Lage, ihre höhere Intelligenz voll zur Geltung zu bringen. Gewiss sind die Schotten unter den britischen Erfindern des 18. und 19. Jahrhunderts unverhältnismäßig repräsentiert.[308]

Außereuropäische Rassen und Klinen

Ähnliche ethnische und nationale Unterschiede in der Intelligenz lassen sich auch bei anderen Rassen nachweisen. Der IQ der Festlandchinesen beispielsweise liegt bei 104, während er in Taiwan und Singapur 106 beträgt. Dies zeugt wahrscheinlich davon, dass die intelligenteren Chinesen aus China in diese beiden Gegenden ausgewandert sind, etwa im Nachgang des Chinesischen Bürgerkrieges und der Errichtung der kommunistischen Herrschaft im Land. Innerhalb Japans haben die südlichen Japaner einen niedrigeren IQ als die nördlichen Japaner; dieser Unterschied liegt im Generalfaktor begründet und ist somit stark genetisch bedingt. Die ethnische Minderheit weit im Süden, auf der Insel Okinawa, hat den niedrigsten IQ von allen, was in Teilen mit der Theorie der kalten Winter übereinstimmt.[309] Innerhalb Indiens haben die südlichen Inder einen höheren IQ als die nördlichen Inder, worin sich wohl die Tatsache abbildet, dass die nördliche Population mehrere zehn Millionen Muslime einschließt, die die Verwandtenehe pflegen und infolge der Inzuchtdepression dadurch ihre Intelligenz reduzieren.[310] In einem Großteil der arabischen Welt herrscht eine „Pigmentokratie", in der die Helligkeit der Haut mit dem sozioökonomischen Status einhergeht. Nordägypten weist einen höheren IQ auf als Südägypten, wobei die südlichen Ägypter einen stärkeren nubischen (subsahara-afrikanischen) Einschlag haben.[311] Ein ähnliches Phänomen lässt sich im Sudan beobachten, wo die Intelligenz abnimmt, je weiter man sich nach Süden bewegt und je mehr der subsahara-afrikanische Einschlag zunimmt.[312] In gleicher Weise beträgt der IQ der *Coloureds* in Südafrika 85, der Mittelwert der Ergebnisse beider Gruppen, aus denen sie sich hauptsächlich zusammensetzen: der Afrikaaner (100) und der schwarzen Südafrikaner (70).[313]

Die „Pigmentokratie" unter den Klinen Südamerikas, die generell eine Vermischung von Europäern mit amerikanischen Ureinwohnern darstellen, tritt klar zutage. Anhand von Daten aus Mexiko, Brasilien, den Vereinigten Staaten und Kolumbien wurde nachgewiesen, dass das Ausmaß des europäischen Einschlages mit dem durchschnittlichen IQ zu 0,7 korreliert. Wenn die genetische Herkunft mitberücksichtigt wird, korreliert der Reflexionsgrad der Haut – also: wie dunkel sie ist – nicht länger mit dem IQ, was bedeutet, dass der zentrale Faktor der Intelligenzunterschiede zwischen den *Hispanics* der Grad ihrer europäischen Abstammung ist.[314] Der IQ der *Hispanics* in den Vereinigten Staaten beträgt rund 91, ein Unterschied, der nachweislich am Generalfaktor liegt.[315] Sie liegen damit in der Mitte zwischen dem geschätzten IQ der amerikanischen Ureinwohner (86) und dem IQ der Spanier (96), was ungefähr mit unseren Erwartungen übereinstimmt.

Unterm Strich steht es außer Frage, dass es genetisch bedingte rassische und ethnische Unterschiede in der Intelligenz gibt. Auch hier bleibt den Kritikern ein letztes Argument, nämlich dass die Hypothese mit den empirischen Ergebnissen übereinstimmt, aber *nicht wahr sein darf* oder *beschwiegen werden muss*, weil sie „gefährlich“ oder „beleidigend“ sei. Dem lässt sich entgegenhalten, dass es sich dabei um einen Fehlschluss handelt, das „Konsequenzargument“. Ob etwas gefährlich oder beleidigend ist, spielt keine Rolle für die Frage, ob es wahr ist oder nicht. Hinzu kommt, dass eine Vielzahl potenzieller Gefahren darin liegt, Gesellschaftspolitik auf der Grundlage von Falschinformationen und Wunschdenken zu betreiben. Dass es genetisch bedingte rassische Unterschiede im IQ gibt, sollte für Nichtweiße nicht beleidigender sein, als ich mich beleidigt fühlen sollte, wenn ein aschkenasischer Jude behauptet, dass aschkenasische Juden einen höheren IQ als Weiße aufweisen. Ich fühle mich dadurch nicht beleidigt. Es ist eine Tatsache. Tatsächlich liegt der durchschnittliche IQ der aschkenasischen Juden in den Vereinigten Staaten bei 112. Ebenso ist es eine Tatsache, dass Universitätsabsolventen im Schnitt einen höheren IQ aufweisen als Nichtabsolventen. Es ergibt keinerlei Sinn, dass alle Nichtabsolventen deswegen voll von Schmerz und Ressentiment sein sollten. Wie immer ist die Varianz innerhalb jeder Gruppe groß genug, dass der Gruppendurchschnitt nicht die psychologischen Merkmale eines einzelnen Individuums bestimmt. Ich persönlich habe die Durham University in England und danach die Aberdeen University in Schottland besucht – und, was besonders aufschlussreich war, an der Abteilung für Kulturanthropologie der Universität von Oulu in Finnland gelehrt –, und ich kann bezeugen, dass man einige ziemlich dumme Universitätsabsolventen und einige ziemlich schlaue Kneipenangestellte treffen kann.

8. Es wird persönlich: Rassische Unterschiede in Persönlichkeit und Verhalten

Im Juni 2019 besuchte ich eine Bar in Chicago, die über einen teilweise beschirmten Dachgarten verfügte. Die Kundschaft bestand hauptsächlich aus Afroamerikanern, und in einer Ecke gab es einen Basketballkorb, so wie es in englischen Pubs Dartscheiben gibt. Die Gäste wurden dazu ermuntert, einander zum Wettstreit in „Freiwürfen" herauszufordern. Ich beobachtete, wie männliche Afroamerikaner mit unglaublicher Leichtigkeit einen Korb nach dem anderen warfen. Schließlich ließ ich mich breitschlagen, es auch einmal zu versuchen. Speziell ein einzelner Afroamerikaner freute sich darüber, vermutlich belustigte ihn die Auseinandersetzung mit einem elegant gekleideten Engländer, der in einer vorwiegend von Schwarzen besuchten Chicagoer Bar versuchte, Basketball zu spielen. Sehr freundlich und einfühlsam bemühte er sich, mir die „Technik" beizubringen, die mich in die Lage versetzen sollte, den Ball ausnahmslos in den Korb zu befördern. Unter Zuhilfenahme genau dieser „Technik" warf ich den Ball etliche Male, ohne einen einzigen Treffer. Schließlich ignorierte ich seine liebenswürdigen Ratschläge und schleuderte den Ball einfach so hart wie möglich in die grobe Richtung des Korbes. Drin war er.

Mein afroamerikanischer Trainer brach in Jubel aus, ebenso wie etliche seiner Freunde, während ich und meine Entourage eher zurückhaltend blieben und die Leistung mit Skepsis betrachteten. Für meine neuen schwarzen Freunde aber handelte es sich dabei um einen ziemlich brillanten Erfolg, der mir beträchtlichen „Respekt" einbrachte. Für einen Gelegenheitsbeobachter mochte es so aussehen, als würden Afroamerikaner positive Emotionen – etwa Freude – intensiver erleben als Weiße. Das ist ein Klischee über Afroamerikaner, wohingegen Nordeuropäer eher „reserviert" sein sollen, und wie die meisten rassischen Stereotype entspricht es tatsächlich der Wahrheit.

Afroamerikaner erreichen höhere Werte als weiße Amerikaner in dem Persönlichkeitszug, der „Extraversion" genannt wird. Bevor wir uns den rassischen Unterschieden eingehender widmen können, müssen wir allerdings das Wesen der Persönlichkeit verstehen und nachvollziehen, wie Unterschiede in derselben gemessen werden können.

Was ist Persönlichkeit?

Die menschliche Persönlichkeit mag unbegreiflich erscheinen, und sie zu definieren, kann man als Aufgabe der Dichtkunst, des Theaters und der Porträtmalerei ansehen. Wenn man sie unter wissenschaftlichen Gesichtspunkten betrachtet, so lässt sich die Persönlichkeit (wenn auch nur unvollständig) messen und ebenso kollektiv verstehen – oder, im Sinne dieses Buches, *rassisch*.

Persönlichkeit lässt sich beschreiben als „die Kombination von Merkmalen oder Eigenschaften, die die besondere Eigentümlichkeit eines Individuums ausmachen". Unter diesem Gesichtspunkt kann man Persönlichkeit als eine Palette variabler Eigenschaften auffassen.[316] Es wurden einige Persönlichkeitsmodelle ausgearbeitet, die nebeneinander in Gebrauch sind; in den letzten Jahrzehnten ist das sogenannte Fünf-Faktoren-Modell („Big Five") in den Vordergrund getreten. Bei den „Big Five" handelt es sich um ein induktives Modell, das auf tatsächlichen Korrelationen zwischen den von Menschen getroffenen Bewertungen einer großen Anzahl von Aussagen über sie selbst beruht.[317] Zahlreiche Persönlichkeitszüge, wie etwa „Wärme" oder „Schwermut", haben sich als positiv oder negativ miteinander, aber als gar nicht oder nur sehr schwach mit anderen korreliert erwiesen. Zwillingsstudien zeigen, dass die Erblichkeit von Persönlichkeitszügen mindestens 50 %[318] und möglicherweise bis zu 60 % beträgt.[319] Für diese Abhandlung eignen sich die „Big Five" mindestens so gut wie jedes andere Modell, und sie sind derzeit am weitesten anerkannt. Ihre Variablen gelten als zum wesentlichen Teil unabhängig von der Intelligenz, auch wenn sie es nicht ganz sind. Diese „großen" fünf Persönlichkeitsfaktoren bilden im Englischen das einprägsame und wohlklingende Akronym *OCEAN*:

1. **Openness-Intellect (Offenheit-Intellekt):** Die einen sind kreativ, einfallsreich, ästhetisch, künstlerisch und offen für neue Ideen.[320] Ihnen stehen jene gegenüber, die praktisch begabt sind, konventionell denken und nicht so offen für neue Ideen sind. Die Eigenschaften, die Offenheit ausmachen, etwa „unorthodoxes Denken", „impulsive Unangepasstheit" oder „Ästhetizismus", korrelieren oft nur schwach. Dieser Umstand hat einige Forscher zu dem Vorschlag veranlasst, dass *Openness-Intellect* lediglich eine Kombination aus Intelligenz (oder „intellektueller Neugier"), niedriger Gewissenhaftigkeit und niedriger Verträglichkeit darstelle und einfach aufgegeben werden sollte.[321]
2. **Conscientiousness (Gewissenhaftigkeit):** Organisiert, zielgerichtet, regelkonform, fleißig, aber auf Kontrolle bedacht. Die Gegenseite ist spontan, leichtsinnig und neigt zu Suchterkrankungen.
3. **Extraversion:** Aufgeschlossen, begeisterungsfähig und aktiv. Diese Menschen suchen neue Erfahrungen, Risiken und Nervenkitzel, und sie erleben positive Emotionen sehr stark. Wer hier niedrige Werte aufweist, ist *introvertiert*, also reserviert, still, unabhängig, vorsichtig und gern allein.
4. **Agreeableness (Verträglichkeit):** Gutgläubig, hilfsbereit, altruistisch und nur schwer zu verärgern. Die Gegenseite ist unkooperativ und feindselig. *Agreeableness* hat zwei Kernaspekte: Altruismus und Empathie, Letztere ist die „Theorie des Mitgefühls" – die Fähigkeit, zu erspüren, was andere denken. Diese beiden korrelieren positiv miteinander, aber sie sind nicht dasselbe.
5. **Neuroticism (Neurotizismus):** Anfälligkeit für Stress, Ängste und negative Emotionen. Den Gegenpol hierzu bilden jene, die *emotional stabil* sind.

In jedem dieser Fälle werden die Eigenschaften als Spektren begriffen und sind nach einem der jeweiligen Extreme benannt. Sie werden als nützlich erachtet, weil Variationen der „Big Five" erfolgreiche *Life-history*-Vorhersagen erlauben. Beispielsweise identifizierte der Psychologe Lewis Terman, der uns bereits in Kapitel 7 begegnet ist, im Jahr 1921 eine Kohorte von 1500 Kaliforniern, die bei der Stanford-Binet-IQ-Prüfung überdurchschnittlich hohe Ergebnisse erzielt hatten. Im Laufe der folgenden 70 Jahre bürgerte sich für seine Forschungssubjekte – nach dem Namen des Forschungsleiters – allmählich der Spitzname *Termanites* ein.[322] Ausgehend von diesem breit aufgestellten Datenfundus stellte sich heraus, dass die Extraversion, unabhängig von allen anderen Faktoren, auf einen frühen Tod schließen lässt. Sie verdreifacht das Risiko, wahrscheinlich deshalb, weil Extraversion dazu anregt, für einen hohen emotionalen Gewinn Risiken einzugehen.[323] Eine niedrige Verträglichkeit lässt auf Kriminalität und Scheidungen schließen. Hohe Gewissenhaftigkeit sorgt dafür, dass man in der Bildungs- und Arbeitswelt gut zurechtkommt, wohingegen niedrige Gewissenhaftigkeit mit Straffälligkeit, niedrigem sozioökonomischen Status und Suchterkrankungen in Verbindung steht. Ein ausgeprägter Neurotizismus prognostiziert Depressionen, Angstzustände, scheiternde Ehen und Aspekte von Kreativität.[324] Er steht auch in Verbindung mit religiöser Sinnsuche und wiederkehrenden Phasen religiösen Eifers[325] sowie – ganz spezifisch – mit Herzkrankheiten.[326] Ein optimal hoher Wert an Offenheit ist verknüpft mit künstlerischem Erfolg.[327] Diese Persönlichkeitszüge lassen auch darauf schließen, für was für Themen man sich interessiert. Naturwissenschaftlich Interessierte weisen in der Regel hohe Werte in Gewissenhaftigkeit, Verträglichkeit und Intellekt sowie niedrige Werte in Neurotizismus und Offenheit auf. Bei Geisteswissenschaftlern ist es andersherum.[328]

Wie bereits erwähnt, sind die „Big Five" wesentlich unabhängig voneinander, auch wenn es Korrelationen auf der Ebene der Aspekte gibt, aus denen sie sich zusammensetzen. Insbesondere das, was wir als die sozial positiven Aspekte einer jeden Eigenschaft bezeichnen könnten, korreliert tatsächlich. Diese Aspekte machen uns zu sozial effizienten Personen – freundlich, gewissenhaft, hilfsbereit, zuverlässig, aufgeschlossen – und versetzen uns damit grundsätzlich in die Lage, „im Leben voranzukommen". In diesem Sinne lässt sich Persönlichkeit auf einen „Generalfaktor der Persönlichkeit" reduzieren, so wie sich die Intelligenz auf den *g*-Faktor reduzieren lässt. Menschen können auf einem Spektrum, das diesen Generalfaktor der Persönlichkeit (kurz GFP) misst, höher oder niedriger rangieren. Der GFP hängt mit dem sozioökonomischen Erfolg zusammen.[329]

Rassische Unterschiede bei den „Big Five"

Mir ist eine Studie bekannt, die sich den rassischen Unterschieden der meisten Rassen der klassischen Anthropologie bei den „Big Five" widmet.[330] Ihre Ergebnisse finden sich in der folgenden Tabelle:

Rassische Unterschiede bei den „Big Five"

Rasse/Region	N	GFP	(SD)	O	C	E	A	N
Asiaten	2022	–0,16	(69)	37,1	33,5	28,8	37,5	32,0
Nordostasiaten	187	–0,16	(69)	37,5	32,7	29,6	36,9	32,0
Südostasiaten	1835	–0,16	(69)	37,1	33,6	28,7	37,5	32,0
Kaukasier	12.936	0,02	(74)	39,8	33,3	30,2	38,5	30,9
Europäer	10.529	0,03	(0,75)	40,3	33,3	30,2	38,5	30,7
Inder	1505	–0,07	(0,69)	37,2	33,2	30,2	38,5	32,!
Naher Osten	506	–0,01	(0,73)	38,0	33,7	30,8	38,4	31,8
Nordafrika	396	–0,01	(0,77)	38,6	33,3	30,1	38,4	30,7
Schwarze	259	0,19	(0,77)	39,6	34,7	30,9	39,6	28,1
arktische Völker	13	0,24	(0,64)	39,8	31,5	34,4	37,4	26,4
australische Aborigines	24	–0,12	(0,74)	39,0	30,3	31,5	35,1	30,2
amerikanische Ureinwohner	201	0,02	(0,83)	37,0	34,7	30,2	38,2	29,7
pazifische Insulaner	65	0,03	(0,66)	37,9	33,0	30,7	38,2	29,3
Gemischtrassige	1430	–0,019	(0,77)	39,6	33,0	30,0	38,0	30,9
Andere	2532	0,03	(0,75)	37,2	34,3	30,7	39,0	30,9

Es gibt eine Reihe von Problemen mit diesen Informationen. Das offensichtlichste ist, dass es den kulturellen Effekt gibt, also die Menschen aus unterschiedlichen Ländern stammen und die Aussagen im Persönlichkeitstest – so etwas wie „Ich bin ein ordentlicher Mensch" – interpretieren, indem sie sich selbst mit den Menschen um sich herum vergleichen. Das würde helfen, zu erklären, weshalb Nordostasiaten, von denen wir die höchsten Werte in Gewissenhaftigkeit erwarten würden, darin am niedrigsten abschneiden, während Schwarze und Aborigines, die wir am unteren Ende der Gewissenhaftigkeitsskala erwarten würden, tatsächlich an der Spitze liegen. Der Psychologiestudent Brett Andersen, der diese Studie durchgeführt hat, schließt aus ihr, dass Ostasiaten tatsächlich einen niedrigeren GFP aufweisen als Schwarze,[331] was auch frühere Studien bereits ergeben haben.[332] Doch Andersen und die anderen haben es unterlassen, auf dieses offensichtliche und grundlegende Problem einzugehen, das in beträchtlicher Breite anderswo erkundet worden ist.[333] Die Stichprobengröße einer Reihe von Rassen – konkret der australischen Aborigines, der pazifischen Insulaner, der Nordostasiaten und insbesondere der arktischen Völker – ist extrem klein, weshalb sie mit besonderer Aufmerksamkeit behandelt und nicht einfach abgetan werden sollten. Darüber hinaus hat der Autor nicht berechnet, welche Unterschiede Signifikanz erlangen, sondern berichtet lediglich darüber, dass es einen signifikanten Unterschied im GFP zwischen Schwarzen, Weißen und Ostasiaten gebe.

Nationale Unterschiede bei Persönlichkeitsäquivalenten

Es ist offenkundig sehr schwierig, Persönlichkeitstests über Kulturgrenzen hinweg anzuwenden. Möglicherweise lassen sich aber Vergleiche anstellen, indem man sich gewisser Stellvertreter bedient. Wenn jemand in einer der „Big Five“ einen Extremwert erzielt oder einen sehr niedrigen GFP aufweist, dann begreift man dies als eine „Persönlichkeitsstörung“, das heißt, derjenige ist „krankhaft“. Normalerweise überschneiden sich diese Störungen nicht direkt mit den „Big Five“. Eine Persönlichkeitsstörung zeichnet sich durch maladaptive Muster in Verhalten und innerem Empfinden aus, die dazu führen, dass der Betroffene so weit von den Normen seiner eigenen Kultur abweicht, dass er als krank angesehen wird. Die Symptome ballen sich meist zusammen, wodurch Psychologen in der Lage waren, eine Reihe von klar umschriebenen Persönlichkeitsstörungen zu identifizieren. Manche Menschen sind ausgeprägtere oder deutlichere Beispiele für diese Störungen als andere. In gleicher Weise gehören zu vielen Störungen Extremzustände der Persönlichkeit, was bedeutet, dass wir uns ein Spektrum mit dem Zustand „normal“ in der Mitte vorstellen können. Nationale Unterschiede bei dieser Art von Krankheiten sind höchst relevant, weil es bekanntermaßen schwierig ist, zuverlässige Daten über Unterschiede in den Persönlichkeitszügen zwischen Nationen zu erhalten, denn diese Eigenschaften werden von den Testpersonen selbst beurteilt und sind deshalb zu einem beträchtlichen Anteil von ihrer eigenen Population abhängig. Wenn man also diese Selbsteinschätzungen zwischen Ländern vergleicht, lässt sich damit nicht nachweisen, dass beispielsweise Finnen gewissenhafter sind als Engländer, auch wenn das ziemlich sicher der Fall ist. Ich bin schon so oft Zeuge geworden, wie Finnen an Fußgängerüberwegen standen und warteten, weil die Ampel Rot zeigte, obwohl kein Auto in Sichtweite war. Briten würden in einem solchen Fall einfach über die Straße gehen. Die Finnen hingegen schienen nur dann den Mut aufzubringen, die Straße bei Rot zu überqueren (und damit „die Regeln zu brechen"), wenn ich es ihnen vormachte. Dieser Unterschied würde mit ziemlicher Sicherheit nicht berücksichtigt, wenn wir einfach nur irgendwelche repräsentativen Stichproben der „Big-Five"-Testergebnisse von Finnen und Engländern miteinander vergleichen würden. Wenn überhaupt, so würden die Engländer wahrscheinlich eine höhere Gewissenhaftigkeit aufweisen. In Übereinstimmung hiermit haben internationale Vergleiche, wie wir bereits angesprochen haben, auf den ersten Blick bizarr anmutende Ergebnisse gezeitigt, etwa dass Japaner eine sehr geringe und Nigerianer eine sehr hohe Gewissenhaftigkeit aufzuweisen scheinen.[334] Das hat den Grund, dass in den Persönlichkeitstests die Menschen subjektiv bewerten sollen, wie – beispielsweise – „ordentlich" sie sind. Sie werden diese Bewertung jedoch immer abhängig von kulturellen Normen vornehmen, die etwa definieren, wie ordentlich „ordentlich" tatsächlich ist, wodurch es ausgesprochen problematisch wird, unterschiedliche Kulturen auf diese Weise miteinander zu vergleichen.[335] Von daher müssen rassische Vergleiche der Persönlichkeit – die auf Persönlichkeitstests beruhen – immer innerhalb eines konkreten Landes angestellt werden.

Rassische Unterschiede der Persönlichkeit

Gleichwohl gibt es einige Arbeiten, die rassische Unterschiede der Persönlichkeit *innerhalb* konkreter Länder verglichen haben. In einer Reihe von Studien wurden regelmäßige Persönlichkeitsunterschiede zwischen Europäern, Nordostasiaten und Subsahara-Afrikanern festgestellt, wenn die Umgebung besonders berücksichtigt wurde. Rushton fand regelmäßige Unterschiede in Aggressivität, Vorsicht, Dominanz, Impulsivität, Selbstkontrolle und Geselligkeit, wobei innerhalb dieses Spektrums Subsahara-Afrikaner an einem Ende und Nordostasiaten am anderen Ende standen. Im Sinne von „r vs. K" ergäben diese Unterschiede eine Menge Sinn. Nach Ansicht des kubanisch-amerikanischen Psychologen A. J. Figueredo und seiner Mitarbeiter werden sich Individuen, die an stabile, aber selektive Umgebungen angepasst sind, auf eine Vielzahl langfristiger und kooperativer sozialer Bindungen verlassen, und derartige Bindungen sind in der Tat von fundamentaler Bedeutung für das Überleben in einer solchen Umgebung.[336] Dementsprechend wäre es für langsame *Life-history*-Strategen eine Katastrophe, zur falschen Zeit das Falsche zu sagen oder zu tun, sodass sie ein hohes Ausmaß an emotionaler Intelligenz und Sorge um die Gefühle anderer entwickeln sowie vielleicht einfach eine überdurchschnittliche Intelligenz aufweisen müssen, um keine sozialen Fehler zu begehen. Aus dem gleichen Grund müssen sie auch lernen, ihre Impulse zu kontrollieren und nicht leicht in Wut zu geraten. In einer instabilen Umgebung hingegen werden schnelle *Life-history*-Strategen wahrscheinlich getötet, wenn sie im Angesicht einer unmittelbaren Bedrohung erst einmal sorgfältig die richtige Verhaltensweise abwägen. Sie müssen sofort und entschieden reagieren, um die Gefahr auszuschalten, wofür ein extrem hohes Aggressionslevel – und, damit einhergehend, schwache Impulskontrolle und niedrige Verträglichkeit – hilfreich sein kann. Rushton hat zahlreiche Studien zusammengefasst, die die Säuglinge und Kleinkinder weißer sowie chinesischstämmiger Amerikaner verglichen haben und nachweisen konnten, dass weiße Säuglinge weniger launisch (neurotisch), weniger gehemmt (gewissenhaft), weniger feindselig (verträglich) und weniger gesellig (extravertiert) sind, auch wenn sie ihre Ergebnisse nicht auf die Parameter der „Big Five" reduzierten.[337]

In jüngerer Zeit wurde nachgewiesen, dass es regelmäßige Unterschiede zwischen weißen und „ostasiatischen" (in den Studien wird nicht zwischen Norden und Süden unterschieden) Amerikanern gibt, wobei die Weißen höhere Werte an Extraversion und Offenheit sowie niedrigere Werte an Verträglichkeit, Gewissenhaftigkeit und Neurotizismus aufweisen, so wie man es gemäß dem Modell von Rushton erwarten würde, *abgesehen* vom Neurotizismus.[338] Diese Anomalie lässt sich dadurch erklären, dass die extrem starke Sozialphobie der Nordostasiaten ihre ansonsten niedrigen Neurotizismuswerte überwiegt. Wie bereits thematisiert, haben der brasilianische Psychologe Heitor Fernandes und seine Kollegen[339] die Studien zu rassischen Unterschieden im Neurotizismus – besonders hinsichtlich der Angst – in einer Metaanalyse zusammengeführt. Sie zeigen, dass „Ostasiaten“ die stärksten Ausprägungen sozialer Angst aufweisen, gefolgt von den Weißen und dann den Schwarzen. Das ergibt Sinn, denn je K-orientierter das Ökosystem ist, desto überlebenswichtiger sind engmaschige soziale Strukturen, was eine Neigung zur Sozialphobie – als Mittel zur Absicherung, dass man mit Menschen zurechtkommt – immer bedeutsamer werden lässt. Wie Fernandes et al. festhalten, wird gleichzeitig allgemeine Ängstlichkeit ebenfalls immer wichtiger, weil sie in einer stark berechenbaren Umgebung dabei hilft, zukünftige Bedrohungen vorauszusagen und so zu vermeiden. Sie weisen nach, dass die Tendenz dazu, sich um die Zukunft zu sorgen, im Allgemeinen schwach mit Gewissenhaftigkeit zusammenhängt, die wir bei Nordostasiaten am stärksten und bei Schwarzen am schwächsten ausgeprägt erwarten würden, mit den Weißen in der Mitte, ausgehend von der Berechenbarkeit und Härte der urtümlichen Ökosysteme dieser Rassen. Diese Unterschiede lassen sich selbst dann nachweisen, wenn der sozioökonomische Status kontrolliert wird.

Fernandes und seine Mitarbeiter zeigen auch auf, dass sich diese Unterschiede im Hinblick auf die Posttraumatische Belastungsstörung (PTBS) umkehren. Diese wirkt sich durchgängig am schwersten auf Schwarze und am mildesten auf Ostasiaten aus, wiederum liegen die Weißen dazwischen. Dies ist insoweit schlüssig, als man PTBS als maladaptiv betrachten kann; unter rauen Selektionsbedingungen, insbesondere in der Umgebung Nordostasiens, würde sie also sehr wahrscheinlich negativ selektiert. Es gibt auch die These, dass eine Neigung zum Leiden an posttraumatischem Stress in Wirklichkeit *positiv* selektiert worden sein könnte, weil sie in einer extrem unberechenbaren, von Raubtieren wimmelnden Umgebung potenziell adaptiv wäre. Zum PTBS-Verhalten zählen u.a. Vermeidungsverhalten, Zögern bei unbekannten Reizen, Rückzug, aggressive Abwehrhaltung, Nachgiebigkeit und Schreckstarre. Im urtümlichen afrikanischen Ökosystem wäre das möglicherweise vorteilhaft gewesen; solange alle Grundbedürfnisse befriedigt sind, wäre ein solches Rückzugsverhalten als Mittel der Traumabewältigung möglich und potenziell nützlich. Doch so viel Zeit mit etwas anderem als mit der Sorge für die grundlegenden Bedürfnisse zu verbringen, wäre in einer rauen Umgebung völlig unmöglich.[340]

Rushton hat viele Studien zusammengefasst, die darauf hindeuten, dass Afroamerikaner höhere Werte für Selbstkonzept und Feindseligkeit (Marker für niedrige Verträglichkeit) aufweisen als Weiße, ebenso wie eine niedrigere Gehemmtheit (Gewissenhaftigkeit).[341] Eine Metaanalyse ergab, dass Afroamerikaner eine höhere Extraversion und niedrigere Verträglichkeit an den Tag legen als Weiße, wenn man nach den „Big Five" geht. Schwarze verfügen auch über weniger Gewissenhaftigkeit, deutlich mehr Neurotizismus und kaum weniger Offenheit, Letzteres möglicherweise aufgrund von ihrer Verbindung mit der Intelligenz. Daneben wies die Metaanalyse auch eine Publikationsverzerrung nach, denn Studien, die auf die niedrigeren Werte von Schwarzen bei Verträglichkeit und Gewissenhaftigkeit hinwiesen, endeten häufiger als unveröffentlichte Dissertationen, Konferenzvorträge oder Debattenmaterial.[342] Der geringe Unterschied im Neurotizismus deckt sich damit, dass Weiße extrem hohe Angstwerte aufweisen, wenn auch nicht so hohe wie Nordostasiaten. Rassische Unterschiede wurden auch beim GFP nachgewiesen, und zwar in der Richtung, die die unterschiedlichen *Life-history*-Strategien erwarten lassen. Der amerikanische Psychologe Curtis Dunkel und seine Kollegen bedienten sich eines großen Datensatzes amerikanischer Studenten, der 1960 gesammelt worden war, um zu zeigen, dass Weiße über einen höheren GFP verfügen als Schwarze. „Asiaten" fanden sich im Mittelfeld ein.[343] Dafür gibt es mehrere mögliche Erklärungen, etwa die Unmöglichkeit, innerhalb der Stichprobe zwischen Süd- und Ostasiaten sowie insbesondere der verhältnismäßig extremen K-Strategie der Nordostasiaten zu unterscheiden. Wie wir bereits sahen, entkoppeln sich die verschiedenen Komponenten von K immer weiter voneinander, je stärker die K-Strategie ausgeprägt ist, weil sich die Gruppe an eine extrem enge Nische anpasst. In einer solchen Nische mag es angehen, dass der GFP weniger wichtig wird als hohe Werte in viel spezifischeren und subtileren Persönlichkeitszügen wie etwa Angst, um ein auffälliges Beispiel zu nennen. Wer einen hohen GFP aufweist, wird im Allgemeinen eine niedrige allgemeine Furchtsamkeit an den Tag legen. Andere Forschungsarbeiten haben die Schwarz-Weiß-Differenz in den Vereinigten Staaten bestätigt, wonach Weiße einen höheren GFP zu verzeichnen haben als Schwarze.[344]

Psychopathische Persönlichkeit und Verbrechen

Wie wir oben bereits festgestellt haben, kann man die Persönlichkeitsunterschiede zwischen Gruppen unter anderem anhand der jeweiligen Verbreitung bestimmter Persönlichkeitsstörungen untersuchen, weil diese oftmals extreme Ausprägungen von Persönlichkeitszügen darstellen. Ein nützliches Beispiel zu diesem Zweck ist die psychopathische Persönlichkeitsstörung (offiziell als „dissoziale Persönlichkeitsstörung" bekannt). Die Erkrankung umfasst laut Definition des Standardwerkes „DSM-5" die folgenden Symptome:

1. Unfähigkeit, eine dauerhafte Tätigkeit auszuüben.
2. Unfähigkeit, sich in Bezug auf gesetzmäßiges Verhalten gesellschaftlichen Normen anzupassen.
3. Reizbarkeit und Aggressivität, die sich in häufigen Schlägereien und Beleidigungen äußert.
4. Wiederholtes Versagen darin, finanziellen Verpflichtungen nachzukommen.
5. Impulsivität und Versagen darin, vorausschauend zu planen.
6. Falschheit, die sich in wiederholtem Lügen, dem Gebrauch von Decknamen oder dem Betrügen anderer zum persönlichen Vorteil oder Vergnügen äußert.
7. Rücksichtslose Missachtung der eigenen Sicherheit bzw. der Sicherheit anderer, die sich etwa in betrunkenem Autofahren oder wiederholten Geschwindigkeitsübertretungen äußert.
8. Unfähigkeit, als verantwortungsbewusster Elternteil zu fungieren.
9. Unfähigkeit, länger als ein Jahr in einer monogamen Beziehung zu bleiben.

10. Fehlende Reue.
11. Störung des Sozialverhaltens im Kindesalter.[345]

Daraus folgt, dass sich diese Persönlichkeitsstörung – mit angemessener Vorsicht – auf eine Kombination von extrem niedriger Gewissenhaftigkeit und extrem niedriger Verträglichkeit reduzieren lässt.

Unter Verwendung einer großen Zahl an Platzhaltern für asoziales und risikofreudiges Verhalten hat Richard Lynn nachgewiesen, dass es klare rassische Unterschiede bei der psychopathischen Persönlichkeitsstörung gibt; dabei weisen Schwarze die höchsten und Nordostasiaten die niedrigsten Werte auf, Weiße liegen im Mittelfeld.[346] Das ist natürlich das Muster, das wir unter Anwendung der r-K-Theorie erwarten würden. Ebendieses Muster zeigt sich auch auf der Skala für psychopathische Devianz des „Minnesota Multiphasic Personality Inventory“: Afroamerikaner erzielen die höchsten, ostasiatische Amerikaner die niedrigsten und Weiße mittlere Werte. Und ebenso findet sich dieses Muster in den Vereinigten Staaten, wenn man den Überfluss an Markern für eine „dissoziale“ Persönlichkeit betrachtet: Störungen des Sozialverhaltens bei Schulkindern, zeitweilige und endgültige Schulverweise, Aufmerksamkeitsstörungen, mangelhaftes Moralverständnis, Wahrnehmung finanzieller Verpflichtungen (auch wenn die Daten für Ostasiaten hier von Südkoreanern stammen), schwere Straftaten, Verbrechen allgemein, Inhaftierungsquote, langfristige monogame Beziehungen, außerehelicher Geschlechtsverkehr, wechselnde Sexualpartner, ungeplante Schwangerschaft, Arbeitsmoral, sexuelle Frühreife und Kindstötung.

Verbrechen – vor allem schwere Straftaten, so wie Mord, Körperverletzung und Vergewaltigung – lassen sich als extreme Manifestationen einer psychopathischen Persönlichkeit verstehen. Gewalttätiges kriminelles Verhalten zeugt von Aggression, von Rücksichtslosigkeit in Bezug auf Folgen und gesellschaftliche Normen sowie von einem Mangel an Empathie. Schwere Straftaten stehen ihrerseits in Verbindung mit niedriger Intelligenz, allerdings wird dieser Rückschluss durch das Vorliegen einer psychopathischen Persönlichkeit erschwert. Wie wir in Kapitel 7 thematisiert haben, lässt sich Intelligenz auf die Fähigkeit zur Lösung komplexer Probleme reduzieren. Sie spiegelt sich auch im „Belohnungsaufschub“ und dem „Zeithorizont“ wider. Bei dem berühmten „Stanford-Marshmallow-Test“ von 1972 bot der Psychologe Walter Mischel Kindern zwischen drei und fünf Jahren an, entweder sofort eine kleine Belohnung (ein Marshmallow oder eine Brezel) oder später – wenn sie 15 Minuten warten würden – eine größere Belohnung (zwei Marshmallows oder Brezeln) zu bekommen.[347] In einer Follow-up-Studie stellte Mischel 17 Jahre später fest, dass jene Kinder, die in der Lage gewesen waren, ihre Belohnung aufzuschieben, viel größeren Erfolg in zahlreichen Lebensbereichen hatten: bei Zulassungsprüfungen für Universitäten, Gesundheitsfragen, dem wirtschaftlichen Erfolg und der Lebenserwartung.[348] In diesem Sinne stellen der „Zeithorizont“ oder die „Zeitpräferenz“ direkte Abbilder der Intelligenz dar und verraten auch viel über die kriminelle Persönlichkeit. Verbrechen sind ebenso wie sexuelle Ausschweifungen Paradebeispiele für eine Mentalität des „Jetzt oder nie“, ohne Rücksicht auf den dafür möglicherweise in der Zukunft zu zahlenden Preis.

Die folgende Tabelle beruht auf Statistiken über schwere Straftaten in den Vereinigten Staaten; der Maßstab ist: Fälle pro 10.000 Einwohner.[349]

Rassische Unterschiede bei Schwerverbrechen in den USA

Tatbestand	Jahr	Geschlecht	Asiaten	Schwarze	*Hispanics*	amerikanische Ureinwohner	Weiße
Mord	1979–1981	m	—	6,4	—	—	1,0
Mord	1979–1981	w	—	1,3	—	—	0,3
Mord	2000–2009	m/w	0,2	2,09	1,32	1,23	0,26
Raub	1957–1988	m/w	—	27,7	—	—	2,3
Vergewaltigung/ Körperverletzung	1989	m	—	51,6	—	68,1	48,9

Tatbestand	Jahr	Geschlecht	Asiaten	Schwarze	*Hispanics*	amerikanische Ureinwohner	Weiße
Vergewaltigung/ Körperverletzung	1989	w	—	34,5	—	44,0	28,5
Vergewaltigung	1989	m	—	9,1	—	—	3,8

Es lassen sich klare rassische Unterschiede ablesen, und diese stimmen mit den rassischen Unterschieden bei der beschriebenen psychopathischen Persönlichkeit überein. Wir sehen, wie zu erwarten war, dass der Anteil der Schwarzen an den schweren Straftaten beträchtlich höher ausfällt als der der Weißen oder der Asiaten. Dies zeigt sich auch in der folgenden Tabelle, in welcher die Unterschiede als Anzahl an Verbrechensfällen pro 100 Angehörige jeder Gemeinschaft aufgeführt werden:

Rassische Unterschiede bei Verurteilungen für Gewaltverbrechen pro 10.000

Tatbestand	Jahr	Geschlecht	Asiaten	Schwarze	*Hispanics*	amerikanische Ureinwohner	Weiße
Körperverletzung	1994	m/w	0,5	5,0	3,0	2,0	1,0
Vergewaltigung	1994	m	0,5	5,5	3,0	2,1	1,0
Raub	1994	m/w	0,8	11,2	3,0	1,7	1,0
Mord	2001	m/w	0,2	8,2	2,4	2,3	1,0
Totschlag	2001	m/w	0,2	5,8	2,3	2,3	1,0
Vergewaltigung	2001	m	0,1	2,4	1,2	1,8	1,0
Raub	2001	m/w	0,2	14,4	4,0	3,2	1,0
Körperverletzung	2001	m/w	0,2	7,2	3,8	3,7	1,0

New York City stellt eine exzellente Fallstudie zum Thema rassischer Unterschiede bei Verbrechen dar. Es handelt sich hierbei um die am dichtesten bevölkerte Stadt der Vereinigten Staaten, mit einer Bevölkerung von 8,3 Millionen Menschen auf rund 785 Quadratkilometern Fläche, und diese Stadt ist auch wahrlich multikulturell, sodass hier keine Rasse eine Mehrheit hat. New York ist ungefähr zu 30 % hispanisch, zu 30 % weiß, zu 20 % schwarz und zu 15 % asiatisch (einschließlich der pazifischen Insulaner). Die Stadt macht ihre Statistiken über Rassen und Verbrechen außerdem öffentlich zugänglich; die Zahlen zu Mord und Totschlag für 2019[350] finden sich in der folgenden Tabelle.

Mord und nicht fahrlässige Tötung in New York 2019

Rasse	% der Bevölkerung	Opfer	verdächtigt	festgenommen
amerikanische Ureinwohner	0,2 %	0,3 %	0,0 %	0,0 %
Asiaten / pazifische Insulaner	14,1 %	6,9 %	3,8 %	3,0 %
Schwarze	21,7 %	56,6 %	62,4 %	58,0 %
Weiße	31,9 %	4,9 %	3,0 %	3,3 %
Hispanics	29,2 %	31,2 %	30,8 %	35,2 %

Hispanics sind gleichermaßen Täter und Opfer von Gewaltverbrechen in einem Ausmaß, das grob mit ihrem Anteil an der New Yorker Bevölkerung übereinstimmt. Weiße und Asiaten hingegen liegen in beiden Bereichen weit unter ihrem jeweiligen Bevölkerungsanteil (tatsächlich um den Faktor vier bis zehn darunter). Der wesentliche Verbrechensmotor in New York sind die Afroamerikaner, die bis zu dreimal so häufig Gewalttaten verüben (und ihnen zum Opfer fallen), wie ihrem Bevölkerungsanteil angemessen wäre.

Oft wird angeführt, dass Afroamerikaner ärmer seien als Weiße und deshalb eher dazu neigen würden, Verbrechen zu begehen, vielleicht aufgrund des durch ihre Armut bedingten Stresses. Dieses Argument wirft allerdings die Frage auf, weshalb die Schwarzen denn überhaupt ärmer sind als die Weißen. Wie bereits behandelt, lässt sich Armut anhand von niedriger Intelligenz prognostizieren, ebenso wie Kriminalität, und der durchschnittliche IQ der Afroamerikaner liegt 15 Punkte niedriger als jener der Weißen. Die psychopathische Persönlichkeit hängt ebenfalls mit Kriminalität zusammen, und diese ist bei Afroamerikanern häufiger als bei Weißen. Das heißt, die gleichen (signifikant genetisch bedingten) Faktoren, die eine höhere Armut unter Schwarzen prognostizieren, prognostizieren auch eine höhere Kriminalität unter Schwarzen.

Hinzu kommt, wie der amerikanische Philosoph Michael Levin angemerkt hat, dass die meisten Studien zu dem Schluss kommen, dass beispielsweise Arbeitslosigkeit die Menschen nicht signifikant häufiger Verbrechen begehen lasse – und, wie wir hinzufügen könnten, vor allem nicht Verbrechen wie Mord und Vergewaltigung, die bei Schwarzen deutlich häufiger vorkommen. Levin führte auch an, dass die jüdischen Einwanderer, die im frühen 20. Jahrhundert in die Vereinigten Staaten kamen, bei ihrer Ankunft extrem arm waren, aber keineswegs überproportional viele Verbrechen begingen, so wie es Schwarze heute tun.[351] Das Fiscal Policy Institute hat ermittelt, dass das Durchschnittseinkommen eines weißen Haushaltes (122.200 Dollar) in New York City 2014 knapp 1,7-mal so hoch lag wie das eines schwarzen Haushaltes (69.100 Dollar).[352] Schwarze werden allerdings 21-mal so oft wegen Mordes festgenommen wie Weiße, siebeneinhalbmal so oft wegen Vergewaltigung, zehnmal so oft wegen Raubes, sechsmal so oft wegen Körperverletzung und viermal so oft wegen Drogendelikten. Dies ist in folgender Tabelle[353] aufgeschlüsselt:

Verbrechen in New York City 2014

Rasse	verdächtigt	festgenommen
	Mord und nicht fahrlässige Tötung	
Schwarze	59,8 %	61,8 %
Weiße	6,0 %	2,9 %
	Vergewaltigung	
Schwarze	49,3 %	43,2 %
Weiße	9,4 %	5,7 %

Rasse	verdächtigt	festgenommen
	sexueller Missbrauch	
Schwarze	45,9 %	39,3 %
Weiße	16,9 %	13,3 %
	Raub	
Schwarze	70,6 %	61,5 %
Weiße	4,1 %	6,1 %
	schwere Körperverletzung	
Schwarze	55,3 %	53,2 %
Weiße	8,7 %	8,7 %
	schwerer Diebstahl	
Schwarze	60,7 %	49,2 %
Weiße	11,6 %	16,6 %
	Sachbeschädigung	
Schwarze	48,1 %	37,8 %
Weiße	16,8 %	20,0 %
	Betäubungsmittelvergehen	
Schwarze	47,6 %	43,9 %
Weiße	14,2 %	11,5 %

Genausowenig kann ein „weißer Rassismus" die Ursache der hohen Verbrechensrate unter Schwarzen sein; in den Staaten Subsahara-Afrikas ist die Verbrechensrate ähnlich hoch wie in afroamerikanischen Gemeinden.[354]

Persönlichkeitsunterschiede zwischen den Rassen der klassischen Anthropologie

Im Großen und Ganzen ist klar, dass Rushtons Modell funktioniert, wenn man die Persönlichkeiten von Schwarzen, Weißen und „Ostasiaten" vergleicht, wenngleich mit gewissen Vorbehalten aufgrund der hohen Angstwerte bei Europäern und Ostasiaten sowie des verhältnismäßig niedrigen IQ der Schwarzen. Wenn wir uns den anderen Rassen der klassischen Anthropologie widmen, wird es jedoch zunehmend komplex, belastbare Vorhersagen über die modale Persönlichkeit zu treffen.

Richard Lynn hat seine früheren Forschungsarbeiten über die psychopathische Persönlichkeit erweitert, um den größten Teil der Rassen der klassischen Anthropologie einzuschließen, indem er einige oder alle Platzhalter eingearbeitet hat, die wir hier bereits besprochen haben. Die Ergebnisse finden sich in seinem Werk „Race Differences in Psychopathic Personality“[355]. Lynn untersucht insbesondere die großen Datensätze über Rassen und Straffälligkeit innerhalb zahlreicher Länder auf der ganzen Welt. Darüber hinaus führt er an einer anderen Stelle im Buch Daten zu den rassischen Unterschieden bei der Kriminalität in den Niederlanden auf und vergleicht dabei die Südasiaten mit den Niederländern. Wenn man Lynns Quelle heranzieht, lassen sich jedoch noch Vergleiche mit anderen Rassen ziehen, wenn auch nur von einer bestimmten Tabelle.[356] Darüber hinaus bin ich auf Informationen über die Kriminalitätsrate auf der Baffininsel gestoßen, einem spärlich besiedelten Gebiet im nördlichen Kanada an der Grenze zu Grönland, das zu annähernd 75 % von Inuit bewohnt wird.[357] Diese Daten lassen sich mit der Gesamtrate an Verbrechen in Kanada für das Jahr 1992 vergleichen.[358] Ich habe beide Statistiken in Wahrscheinlichkeitsraten umgerechnet und sie in der folgenden Tabelle aufgeführt:

Rassische Unterschiede bei der Kriminalität

Rasse	Land	Quotenverhältnis	IQ
Aborigines	Australien	16,0	62
Subsahara-Afrikaner	USA	7,5	85
pazifische Insulaner (Maori)	Neuseeland	5,9	92
Nordafrikaner (Marokkaner)	Niederlande	4,75	92
Inuit	Kanada	2,3	91
amerikanische Ureinwohner	USA	2,2	86
Südostasiaten	Niederlande	1,6	93
Europäer	insgesamt	1,0	100

Rasse	Land	Quotenverhältnis	IQ
Südasiaten	Großbritannien	1,0	89
Nordostasiaten	Großbritannien und USA	0,5	105

Mir standen keine relevanten Daten über die Straffälligkeit von Buschmänner- oder Pygmäengruppen zur Verfügung. Ich habe die geschätzten Intelligenzquotienten der rassischen Gruppen hinzugefügt, wo ich aus den spezifischen Ländern, in denen die Daten gesammelt wurden, Angaben hierzu finden konnte. Sie sollen zu Vergleichszwecken dienen, sodass wir die Kriminalitätsrate mit dem IQ in Beziehung setzen und prüfen können, ob noch ein anderer Faktor jenseits des bloßen IQ die rassischen Unterschiede bei der Straffälligkeit erklären könnte.[359] Es zeigt sich, dass all diese Intelligenzquotienten erheblich höher liegen, als es bei Angehörigen dieser Rassen in ihren jeweiligen eigenen Ländern der Fall ist. Dies passt zu einer fortgeschrittenen Gesellschaft, die den IQ auf seine phänotypische Spitze treibt. Darüber hinaus erlaubt der IQ Rückschlüsse auf das Migrationsverhalten, wie wir bereits angesprochen haben; Einwanderergemeinschaften werden daher tendenziell ohnehin intelligenter sein als ihre zurückgebliebenen Landsleute. Das Problem ist natürlich, dass Kriminalität auch ein Ausdruck niedriger Intelligenz ist. Deshalb sollten wir keine exakte Korrelation erwarten, wenn die rassischen Unterschiede in der Kriminalitätsrate auch rassische Unterschiede bei der psychopathischen Persönlichkeit widerspiegeln.

Die obige Tabelle zeigt uns, dass zwischen IQ und Straffälligkeit eine starke Korrelation von –0,88 (p = <0,001) besteht. Doch es gibt ganz klar noch einen weiteren Faktor. Denn während beispielsweise Nordostasiaten einen etwas höheren IQ als Weiße aufweisen, ist die Wahrscheinlichkeit, dass sie straffällig werden, nur knapp halb so hoch wie jene der Letzteren. Amerikanische Schwarze hingegen liegen beim IQ rund 15 % unterhalb des Durchschnittes, werden aber um ein Vielfaches häufiger straffällig als Weiße. Lynn ist der Ansicht, dass dieser zusätzliche Faktor die psychopathische Persönlichkeit ist. Wie wenig sich Kriminalitätsraten allein anhand des Intelligenzquotienten erklären lassen, zeigt sich besonders deutlich bei den australischen Aborigines, deren Straffälligkeit doppelt so hoch ist wie jene der Afroamerikaner, und bei den neuseeländischen Maori, deren IQ tatsächlich verhältnismäßig hoch ausfällt. Am anderen Ende des Spektrums würden der relativ niedrige IQ und die relativ niedrige Straffälligkeit südasiatischer Einwanderer mit einer niedrigen Ausprägung der psychopathischen Persönlichkeit übereinstimmen. Lynn hat zahlreiche Datensätze vorgestellt, die dies für das Vereinigte Königreich bestätigen, wonach Südasiaten beispielsweise weniger häufig von Schulen verwiesen werden als weiße britische Schüler. Der amerikanische Psychologe Donald Templer (1938–2016) stellte die These auf, dass das niedrige Aufkommen der psychopathischen Persönlichkeit sowie die hohen Werte in Gewissenhaftigkeit und Verträglichkeit bei Südasiaten eine Folge ihrer über einen sehr langen Zeitraum hinweg vollzogenen Anpassung an extrem dicht besiedelte Umgebungen sei, weil diese das Bedürfnis nach sozialer Harmonie verstärkt hätten.[360] Die verhältnismäßig hohe Religiosität der Südasiaten in Großbritannien mag auch von Bedeutung sein, denn es ist erwiesen, dass der Glaube daran, beobachtet zu werden – ob nun von einem Gott oder einem anderen Menschen –, soziales Verhalten befördert.[361] (Wir werden uns dem Verhältnis zwischen Rasse und Religion in Kapitel 10 widmen.)

Ein Vorbehalt, den man im Hinterkopf behalten sollte, ist, dass die hohe Straffälligkeit als Nachweis einer psychopathischen Persönlichkeit im Hinblick auf die australischen Aborigines, die Maori, die amerikanischen Ureinwohner und die Inuit zu einem gewissen Grad verdorben sein könnte, weil diese Völker über eine sehr geringe ererbte Anpassung an Alkohol verfügen. Wenn sie ihm ausgesetzt sind, werden sie in der Regel sehr schnell betrunken und entwickeln sehr leicht eine Alkoholabhängigkeit, welche zu einer höheren Straffälligkeit führt.[362] Wie bereits in Kapitel 6 thematisiert, war die Entwicklung alkoholischer Getränke geradezu unvermeidlich, sobald die Menschen sesshaft geworden waren und zum Ackerbau gefunden hatten: Obst begann zu gären, Menschen tranken dieses vergorene Obst, und auf diese Weise konnten sie vermeiden, Wasser zu trinken, durch welches sie sich Krankheitserreger hätten zuführen können.[363] In der Folge müssten sich innerhalb der Agrargesellschaften Gene verbreitet haben, die es den Menschen erlaubten, Alkohol besser zu verstoffwechseln und die schädlichen Nebeneffekte der Trunkenheit (wie den damit verbundenen Verlust der Gehemmtheit) sowie chronischen Alkoholismus zu vermeiden. Dieser Vorgang müsste im Gebiet des Fruchtbaren Halbmondes, wo vor 10.000 Jahren der Ackerbau erfunden wurde, am längsten währen. Je weiter wir uns also von dieser Gegend entfernen, umso weniger an Alkohol angepasst und umso anfälliger für Trunkenheit und Abhängigkeit sollten die Populationen sein. Gesellschaften aus Jägern und Sammlern verfügen über quasi gar keine Alkoholresistenz, und das bedeutet, dass der Alkohol diese Gruppen verheert, sobald sie einmal mit ihm in Kontakt gekommen sind. Dies zeigt sich bei den Buschmännern, die ihr Dasein als Jäger und Sammler aufgegeben haben und sich nun als Arbeiter für schwarze Farmer verdingen. In Botswana beispielsweise sind in den letzten Jahrzehnten viele Buschmänner aus ihren Reservaten herausgeworfen worden, angeblich zum Schutz der wilden Tiere vor übermäßig starker Bejagung. Man hat versucht, die Buschmänner in die Lebensweise der schwarzen Bevölkerung, die in Dörfern lebt, zu integrieren, was sie in Kontakt mit Alkohol gebracht hat. Viele von ihnen leben in „Umsiedelungslagern". Die Folgen sind weitverbreiteter Alkoholismus und das Zugrundegehen dieser Buschmänner.[364] Die Regierung Botswanas hat 2006 zugegeben, dass die Buschmänner sich praktisch „zu Tode trinken"[365]. In Namibia legen die sesshaft gewordenen Buschmänner ebenfalls einen „schweren und gefährlichen Grad an Alkoholismus"[366] an den Tag.

Insgesamt betrachtet mag es der Fall sein, dass die Straffälligkeit als Maßstab die psychopathische Persönlichkeit – und die schnelle *Life-history*-Strategie – bei Gruppen, die in ihrer Geschichte keinen weitläufigen Ackerbau betrieben haben, in unangemessener Weise überbetont. In Übereinstimmung damit ergaben Untersuchungen, dass die modale Persönlichkeit bei den Kindern von amerikanischen Ureinwohnern und Inuit jener von Nordostasiaten, mit denen sie genetisch ziemlich eng verwandt sind, relativ ähnlich ist. Lehrer haben beobachtet, dass solche Kinder im Vergleich mit weißen Amerikanern oder weißen Kanadiern sozialer sind, über eine höhere Impulskontrolle verfügen sowie stärker gehemmt und stiller sind, was eine geringe Extraversion nahelegt.[367] Im Gegensatz dazu erreichen amerikanische Ureinwohner im Erwachsenenalter höhere Ergebnisse auf der Skala für psychopathische Devianz des „Minnesota Multiphasic

Personality Inventory“ als Afroamerikaner.[368] Die Kinder von Maori und insbesondere australischen Aborigines sind indes in ihrem Verhalten problematischer als weiße Kinder, obschon Alkohol die Unterschiede zwischen Erwachsenen noch verstärken dürfte.

Sexualverhalten

Muster bei Ehen und Lebensgemeinschaften bieten einen zweiten – und vielleicht faireren – Maßstab für rassische Unterschiede bei der psychopathischen Persönlichkeit. Ein Kennzeichen der gering ausgeprägten psychopathischen Persönlichkeit ist die Fähigkeit, langfristige Beziehungen zu führen, auch wenn dies gewiss von der allgemeinen Religiosität einer Gesellschaft beeinflusst wird. Sexuelle Funktionsstörungen und Promiskuität hingegen sind Anzeichen einer psychopathischen Persönlichkeit. Die Daten in der folgenden Tabelle stammen erneut zum Teil aus Lynns „Race Differences in Psychopathic Personality“. Für die Angabe zu den Inuit habe ich mich stellvertretend der Prozentzahl an neugeborenen Kindern unverheirateter Mütter bedient, weil der kanadische Durchschnittswert hierbei sehr nah an der Prozentzahl der Unverheirateten und -verpartnerten liegt. Die gleiche Berechnungsweise habe ich für die australischen Aborigines angewandt.[369]

Rassische Unterschiede in Beziehungen

Rasse	Anteil Verheirateter/ Zusammenlebender	Jahr	Land
Ostasiaten	79 %	1999	USA
Europäer	68 %	1999	USA
amerikanische Ureinwohner	53 %	1999	USA
Afrikaner	39 %	1999	USA
Südasiaten	97 %	1996	Großbritannien
Inuit	23 %	2002	Kanada
Aborigines	30 %	2010	Australien

Wir finden hier das erwartbare r-K-Schema vor, das mit den rassischen Unterschieden bei der psychopathischen Persönlichkeit übereinstimmt: Ostasiaten (zu 79 % verheiratet oder verpartnert) gehen mit höherer Wahrscheinlichkeit monogame Partnerschaften ein als Weiße (68 %); bei beiden ist die Monogamiequote beträchtlich höher als bei Schwarzen (39 %). Wichtige Ausreißer sind die Südasiaten, deren Heiratsquote – bemerkenswerte 97 % – zu einem großen Teil durch den Islam bzw. den Hinduismus befördert wird.

Das Ausmaß der sexuellen Promiskuität gewährt uns ebenfalls einen Einblick in die psychopathische Persönlichkeit innerhalb rassischer Populationen. Sexuell übertragbare Krankheiten sind hierfür ein nützlicher Platzhalter, und es gibt über sie massenhaft Daten, weil die Gesundheitsbehörden diese Leiden zu behandeln versuchen und daran interessiert sind, die am stärksten gefährdeten Gruppen zu identifizieren. Die US-amerikanischen Centers for Disease Control and Prevention (CDC) haben Daten zur HIV/AIDS-Krise veröffentlicht, die ein besorgniserregendes Bild der Lage unter Afroamerikanern zeichnen.[370] In der folgenden Tabelle ist die Infektionsrate pro 100.000 Menschen aufgeführt. Die Quote der HIV-Diagnosen liegt bei *Hispanics* ungefähr dreieinhalb Mal so hoch wie bei Weißen und Asiaten; bei den Afroamerikanern sieht es mit der mehr als achtfachen Zahl noch düsterer aus.

Diagnostizierte HIV-Infektionen in den Vereinigten Staaten 2018

Rasse	Anzahl	Rate
amerikanische/alaskische Ureinwohner	186	7,7
Asiaten	876	4,7
Schwarze	16.047	39,2
hawaiianische Ureinwohner / pazifische Insulaner	66	11,3
Weiße	9572	4,8
Hispanics	9820	16,4
gemischtrassig	948	13,3

Ein ähnliches Bild bietet sich beim Blick auf die Häufigkeit anderer Geschlechtskrankheiten in den Vereinigten Staaten. Die nächste Tabelle zeigt die CDC-Zahlen für Chlamydien, Gonorrhö und Syphilis im Jahr 2018.[371] Auch hier sind die Infektionsraten pro 100.000 Menschen aufgeführt. Bei den Afroamerikanern betragen die Quoten jeder Geschlechtskrankheit ein Vielfaches der Zahl bei den Weißen: Bei Chlamydien sind sie 5,6-mal so hoch, bei Gonorrhö 7,7-mal so hoch und bei Syphilis 4,6-mal so hoch.

Anteile der gemeldeten Geschlechtskrankheitsfälle 2018

Rasse	Chlamydien	Gonorrhö	Syphilis
amerikanische/alaskische Ureinwohner	784,8	329,5	15,5
Asiaten	132,1	35,1	4,6
Schwarze	1192,5	548,9	28,1
hawaiianische Ureinwohner / pazifische Insulaner	700,8	181,4	16,3
Weiße	212,1	71,1	6,0
Hispanics	392,6	115,9	13,0
gemischtrassig	184,9	94,4	9,4

Während Geschlechtskrankheiten ein nützlicher Platzhalter für Promiskuität sind, gibt es auch – auf Eigenaussagen beruhende – Daten über das Alter beim ersten Geschlechtsverkehr. Unglücklicherweise war ich nicht in der Lage, eine Messweise hierfür zu finden, die für jede Rasse genau die gleiche wäre. Nichtsdestoweniger erlauben die verfügbaren Daten Rückschlüsse auf signifikante rassische Unterschiede in diesem Bereich. Rushton stellte fest, dass das Alter beim ersten Geschlechtsverkehr bei Afroamerikanern am niedrigsten liegt, bei Ostasiaten am höchsten und bei Weißen dazwischen, wie wir annehmen würden. Diverse Metaanalysen stützen diese Ansicht. In einer Zusammenfassung der verfügbaren Daten haben Marc Bornstein und seine Kollegen befunden, dass das durchschnittliche Alter beim ersten Geschlechtsverkehr bei Afroamerikanern 15 Jahre beträgt, bei Weißen und *Hispanics* 16,5 und bei „Asiaten“ 18.[372] Ausgehend von Daten aus dem Jahr 1993 – auch wenn darin kein konkretes Durchschnittsalter genannt wird – scheint das Alter beim ersten Geschlechtsverkehr bei Grönländerinnen viel niedriger zu liegen als bei Däninnen. Die Auswertung einer Stichprobe von 129 Grönländerinnen und 126 Däninnen zwischen 20 und 39 Jahren ergab, dass 14 % der Grönländerinnen ihre Jungfräulichkeit vor ihrem 14. Geburtstag verloren hatten – gegenüber nur 2,4 % der Däninnen. Darüber hinaus berichteten 61,2 % der Grönländerinnen davon, mehr als 20 Geschlechtspartner gehabt zu haben, was bei nur 3,2 % der Däninnen der Fall war.[373]

Daten aus dem Vereinigten Königreich spiegeln ein deutlich höheres Alter beim ersten Geschlechtsverkehr bei Südasiaten als bei Weißen wider (in einer Stichprobe von mehr als 12.000). Von 1999 bis 2000 betrug unter den 16- bis 44-Jährigen das durchschnittliche Alter beim ersten Geschlechtsverkehr bei Männern pakistanischer und indischer Abstammung 20 Jahre, bei englischstämmigen Männern und Frauen hingegen 17 Jahre. Bei pakistanischstämmigen Frauen waren es 22 Jahre, bei indischstämmigen Frauen 21. Darin zeigt sich die sehr hohe Rate vorehelicher Enthaltsamkeit unter den Südasiaten, die sich auch schon in der Heiratsquote abbildete: 30,6 % der pakistanischen und 28,2 % der indischen Männer gingen als Jungfrauen in die Ehe; das Gleiche galt für 74,8 % der pakistanischen und 45,8 % der indischen Frauen. Von den Engländern gaben 1,4 % der in diesen Jahren Verheirateten an, als Jungfrauen in die Ehe gegangen zu sein.[374] Fenton und seine Mitarbeiter stellten fest, dass südasiatische Frauen angaben, bislang im Durchschnitt einen Sexualpartner gehabt zu haben, gegenüber dreien bei schwarzen, vieren bei karibischstämmigen schwarzen und fünfen bei weißen Frauen. Die Forscher stellten allerdings auch fest, dass Frauen in der Regel die Zahl ihrer Sexualpartner herunterspielten, während Männer die ihren übertrieben – eine nicht allzu überraschende Fehlerquelle. In dieser Hinsicht ist interessant, dass schwarze Frauen zwar weniger Sexualpartner angaben als weiße Frauen, aber gleichzeitig auch eine signifikant höhere Häufigkeit von Geschlechtskrankheiten: 22,7 % der karibischstämmigen Frauen hatten mindestens eine Geschlechtskrankheit durchgemacht, von den weißen Frauen nur 12,7 %.[375] Von daher könnten sie weniger ehrlich gewesen sein, wofür spricht, dass die psychopathische Persönlichkeit unter Subsahara-Afrikanern stärker ausgeprägt ist als unter Europäern.

Der Umfrage zur „Indian Adolescent Health“ von 1987 (mit einer Stichprobe von 13.000 Befragten) zufolge betrug das Alter beim ersten Geschlechtsverkehr unter amerikanischen Ureinwohnern bei Mädchen 14,2 Jahre und bei Jungen 13,6 Jahre.[376] Eine Umfrage unter 710 amerikanischen Ureinwohnern ohne angegebene Altersgruppe ergab 1990, dass 30 % der Befragten im vorangegangenen Jahr zwei oder mehr Geschlechtspartner gehabt hatten.[377] Im Mittel ergaben zwei Umfragen aus den USA, die Lynn anführt, welche sich anhand ähnlicher Parameter weißen Amerikanern zwischen 15 und 44 Jahren zuwandten, dass 16 % im vorangegangenen Jahr zwei oder mehr Sexualpartner gehabt hatten. In Manitoba wurden 320 „Jugendliche von der Straße“ zwischen 14 und 24 Jahren befragt; „indigene“ Jugendliche gaben im Durchschnitt an, 4,67 Geschlechtspartner gehabt zu haben, während der Durchschnitt bei „nicht eingeborenen“ Jugendlichen 2,9 betrug.[378] Ich konnte keine Studien finden, die auf das Durchschnittsalter beim ersten Geschlechtsverkehr oder eine Durchschnittszahl an Sexualpartnern für Araber in westlichen Ländern hindeuteten. Eine niederländische Umfrage unter 12- bis 25-Jährigen von 2005 ergab jedoch, dass die Wahrscheinlichkeit, schon einmal eine Beziehung gehabt oder sich verliebt zu haben, bei marokkanischen und türkischen Jugendlichen niedriger lag als bei niederländischen.[379] Wie bei den südasiatischen Muslimen im Vereinigten Königreich ist es extrem wahrscheinlich, dass kultureller Konservatismus und der Islam dazu führen, dass Araber in westlichen Ländern weniger Geschlechtspartner haben und später ihren ersten Geschlechtsverkehr erleben als Europäer.

Auch wenn sie kein exaktes Alter angeben, haben Melissa Kang und ihre Mitarbeiter doch anhand einer repräsentativen Stichprobe von 856 Australiern zwischen 15 und 25 Jahren nachgewiesen, dass die Aborigines mit höherer Wahrscheinlichkeit ihre Jungfräulichkeit vor ihrem 16. Geburtstag verloren als weiße Australier.[380] Hinzu kommt, dass laut Erhebungen von 2009 62 % der 15-jährigen Aborigines bereits Sex gehabt hatten; 34 % der männlichen und 7 % der weiblichen Aborigines hatten vor ihrem 14. Geburtstag Sex gehabt.[381] Nur 25 % der weißen Australier hatten 2008 mit 15 Jahren bereits Sex gehabt.[382] Ich konnte keine belastbaren Daten über die durchschnittliche Zahl an Sexualpartnern von Aborigines gegenüber weißen Australiern finden. Nichtsdestoweniger deuten ethnografische Daten darauf hin, dass die Zahl bei den Aborigines höher liegen dürfte. Im Rahmen einer Studie über die Warlpiri, einen Stamm im australischen Northern Territory, befand der australische Anthropologe Mervyn Meggitt (1924–2004), dass laut seinen Beobachtungen und Befragungen „die meisten von ihnen in den ersten Jahren ihres Ehelebens wahrscheinlich etliche Male Ehebruch begehen“[383], obgleich die Scheidungsquote relativ niedrig ist. Man muss allerdings hervorheben, dass diese Einschätzung lediglich auf Meggitts subjektiven Beobachtungen beruht.

Im Hinblick auf die pazifischen Insulaner haben neuseeländische Forschungsarbeiten von Stephen Lungley und seinen Mitarbeitern ergeben, dass unter Schülern zwischen zwölf und 17 Jahren 24 % der Weißen sexuell aktiv waren, während dies auf 28 % der pazifischen Insulaner und 48 % der Maori zutraf.[384] Eine weitere Umfrage unter 15- und 16-Jährigen in Neuseeland ergab, dass 51 % der Maori vor ihrem 14. Geburtstag sexuell aktiv waren.[385] Auch wenn ich keine Studie finden konnte, die sich spezifisch mit der durchschnittlichen Zahl von Sexualpartnern der Maori oder pazifischen Insulaner befasste, so haben neuseeländische Studien doch eine positive Assoziation zwischen dem Alter beim ersten Geschlechtsverkehr und der Anzahl von Sexualpartnern bei Maorifrauen festgestellt.[386] Ich habe keine Studien über diese Variablen bei Südostasiaten in westlichen Ländern finden können. Es ist jedoch klar, dass das durchschnittliche Alter beim ersten Geschlechtsverkehr in südostasiatischen Ländern höher liegt als im Westen. 1996 lag beispielsweise in Vietnam das Alter beim ersten Geschlechtsverkehr bei durchschnittlich 19 Jahren, wobei nur 2,6 % der Frauen und 17 % der Männer vorehelichen Sex hatten.[387] Im Einklang damit dürfte die Anzahl der Sexualpartner im Laufe des Lebens verhältnismäßig niedrig sein. Eine andere Studie ergab, dass das Alter beim ersten Geschlechtsverkehr bei kambodschanischen Frauen aus der Unterschicht 19,8 Jahre betrug und 94,8 % der Befragten angaben, nur einen einzigen Sexualpartner gehabt zu haben.[388]

Ein verwandtes Thema ist die Häufigkeit des Geschlechtsverkehrs. Einfach ausgedrückt: Wir müssen annehmen, dass die eher K-strategisch ausgerichteten Rassen weniger Sex haben, weil sie mehr von ihren biogenetischen Ressourcen in die Pflege ihrer Kinder investieren. Rushton führte eine Reihe von Umfragen unter Paaren in ihren Zwanzigerjahren darüber, wie häufig sie Sex hatten, an. Konkret fand eine Umfrage von 1951 heraus, dass die Häufigkeit bei amerikanischen Ureinwohnern und pazifischen Insulanern bei einem bis vier Malen pro Woche lag, bei Weißen bei zwei bis vier Malen pro Woche und bei Schwarzen bei drei bis zehn Malen pro Woche. Spätere Umfragen bestätigten diese Ergebnisse und ergaben, dass Chinesen und Japaner 2,5-mal, amerikanische Weiße viermal und amerikanische Schwarze fünfmal pro Woche Sex hatten, auch wenn die befragte Altersgruppe unklar bleibt.[389] Unglücklicherweise konnte ich keine Studien finden, die nach Herkunftsland kontrollieren und uns erlauben würden, diese Messweise der r-K-Strategie (und der psychopathischen Persönlichkeit) auch auf die anderen Rassen auszuweiten. Solange es keine derartigen Studien gibt, ist die „Durex Sexual Wellbeing Survey" von 2005 eine nützliche Datenquelle, auch wenn sie mit einiger Vorsicht zu behandeln ist. Aus ihr geht hervor, dass die Anzahl von Geschlechtsakten im Jahr in nordostasiatischen Ländern von 73 (Japan) bis 96 (China) reicht, in südostasiatischen Ländern von 77 (Indonesien) bis 97 (Thailand), in Indien 75, in der Türkei 111 und in Südafrika 109 beträgt sowie in Europa von 92 (Schweden) bis 138 (Griechenland) reicht.[390] Soweit wir daraus Rückschlüsse ziehen können, sehen wir eine Wiederholung der verhältnismäßig geringen Häufigkeit von Geschlechtsverkehr unter Nordostasiaten. Zusätzlich zeigt sich die erwartbare höhere Häufigkeit der Geschlechtsakte bei Südostasiaten.

Geschlechterunterschiede in der Persönlichkeit

Wir haben bereits festgestellt, dass es rassische Unterschiede in der Ausprägung des sexuellen Dimorphismus gibt, also in den strukturellen Unterschieden zwischen den Geschlechtern. Es gibt sie auch in Bezug auf die Persönlichkeit. Im Vergleich zu Männern sind Frauen im Schnitt die größeren K-Strategen. Das ergibt Sinn, denn Frauen können schwanger werden und müssen sich um das daraus resultierende Kind kümmern. Dadurch steigt die Wichtigkeit fürsorglichen Verhaltens, und somit von Verträglichkeit und Gewissenhaftigkeit, die es beide braucht, um für das Wohl eines Kindes zu sorgen. Frauen weisen auch höhere Werte beim Neurotizismus auf, wegen der Bedeutung sozialer Ängste für das erfolgreiche Achtgeben auf ein Kind, ebenso wie bei der Extraversion, wodurch sie warmherziger, freundlicher und ihrem Kind gegenüber gesprächsfreudiger werden.[391]

Das Ausmaß dieser Geschlechterunterschiede variiert je nach Rasse. Allgemein gilt: Je langsamer die *Life-history*-Strategie der Gruppe, desto ausgeprägter sind die Geschlechterunterschiede. In unserer heutigen Zeit hat der Einfluss des Feminismus und der Bevorzugung von Frauen jedoch für eine beträchtliche Angleichung der Verhältnisse in westlichen Ländern gesorgt. Als Erklärung für den stärkeren Dimorphismus in stärker K-selektierten Umgebungen wurde vorgeschlagen, dass in einer raueren und stabileren Umwelt der Druck steige, sich an immer spezifischere ökologische Nischen anzupassen. Daraus resultiere eine immer spezifischere Arbeitsteilung, die zu einer steigenden Auseinanderentwicklung der modalen Persönlichkeiten von männlichen und weiblichen Individuen führe. Hinzu kommt, dass in einer weniger stabilen Umgebung das Männchen eher dazu neigt, das Weibchen zu verlassen, wodurch dieses dazu gezwungen ist, einige „männliche" Rollen zu übernehmen – beispielsweise ihre Nachkommen zu verteidigen –, wobei ihr eine höhere Aggressivität zugute kommt.[392] Das Ausmaß der Geschlechterunterschiede bei der Intelligenz verläuft parallel hierzu. Innerhalb von Stichproben erwachsener Menschen aus westlichen Ländern scheint es einen kleinen Geschlechterunterschied beim IQ von ungefähr vier Punkten zu geben. Die Jungen ziehen an den Mädchen vorbei, doch erst im Alter von circa 18 Jahren, weil sie die Pubertät – und die damit verbundene rasante Gehirnentwicklung – erst später durchmachen. Männer weisen überdies eine weitere IQ-Bandbreite auf als Frauen: einen größeren Anteil an Ausreißern mit extrem hohen und extrem niedrigen IQ-Werten.[393] Hingegen scheinen diese Unterscheide in Studien über Geschlechterunterschiede beim IQ in Entwicklungsländern viel kleiner auszufallen oder gänzlich zu fehlen.[394]

Von dieser Warte aus betrachtet entbehrt es nicht einer gewissen Ironie, dass stark K-strategisch entwickelte Gesellschaften die industrielle Revolution hervorgebracht haben, welche indirekt zum ausgeprägten Einbruch der traditionellen Religiosität führte, zum Aufstieg des Feminismus sowie zu der Behauptung, dass es zwischen Männern und Frauen keine angeborenen Unterschiede gäbe und alle derartigen Differenzen auf gesellschaftliche Faktoren zurückzuführen seien. Dies wiederum verleitete die Menschen dazu, zu hinterfragen, weshalb Frauen in den Führungsebenen von Wissenschaft, Industrie und Politik oft unterrepräsentiert sind. Erfolg in diesen Bereichen hängt zusammen mit einer Kombination aus einem sehr hohen IQ und mäßig niedrigen Werten bei Gewissenhaftigkeit und Verträglichkeit, wodurch Genies in die Lage versetzt werden, sich einfach nicht darum zu scheren, ob ihre gewagten Ideen jemanden düpieren, oder Politiker mit anziehendem Selbstvertrauen und Charisma versehen werden.[395] Insbesondere bei führenden Politikern und Geschäftsleuten paart sich oftmals ein sehr hoher IQ mit gemäßigten, aber optimalen Leveln an psychopathischer Persönlichkeit.[396] Von daher ist es schlüssig, dass Frauen in diesen Bereichen unterrepräsentiert und gleichzeitig im Mittelbau von Fürsorgeberufen, etwa im Lehramt und in der Allgemeinmedizin, sowie in den geisteswissenschaftlichen Fächern überrepräsentiert sind.[397] Es liegt daran, dass in diesen Bereichen die sprachlich-linguistische Intelligenz – in der Frauen besser abschneiden als Männer – wichtiger und die mathematische sowie räumliche Intelligenz und der Generalfaktor – in welchen sie schlechter abschneiden – weniger wichtig sind.[398] Deshalb sind es genau jene Gesellschaften, in denen die angeborenen Geschlechterunterschiede in Persönlichkeit und Intelligenz am stärksten ausgeprägt sind, die eine Ideologie herausbilden, welche eine Gleichheit der Geschlechter verlangt und die Behauptung aufstellt, kognitive Unterschiede seien rein umweltbedingt. Die Verfechter dieser Ideologie stehen immer wieder vor einem Rätsel, wenn sie daran scheitern, eine sozioökonomische Geschlechtergleichheit herzustellen, zumindest im Hinblick auf Spitzenpositionen.

Im Fazit dieses Buches werden wir darauf zurückkommen, wie die wissenschaftliche Erforschung der Rassen durch die beherrschenden Ideologien unserer Zeit unterdrückt und verzerrt wird. Doch zuvor werden wir noch zwei weitere hochbrisante Themen betrachten: Nationalismus und Religion.

9. Wir und die anderen: Ethnie und Ethnozentrismus

Der Entwurf zu diesem Buch entstand während der Nachbeben zweier großer Schocks für die westliche Welt: „Brexit“ und „Trump“. Im Juni 2016 votierten die Briten in einer Volksabstimmung für den Austritt aus der Europäischen Union. Die politische Klasse Großbritanniens hatte einen EU-Austritt allgemein für undenkbar gehalten; tatsächlich war die Abstimmung anberaumt worden, um dem Thema mit Nachdruck ein Ende zu bereiten. Es stellte sich heraus, dass der Brexit knapp durchkam und damit sowohl die Meinungsumfragen als auch selbst die Erwartungen der Unterstützer übertraf. Dann kam der Wahlsieg Donald Trumps im November des Jahres. Trump hatte keinerlei politische Erfahrung und war in erster Linie als Fernsehpersönlichkeit bekannt. Als Präsidentschaftskandidat war er in einen empörenden und peinlichen Skandal nach dem anderen verwickelt. Doch er schaffte es, einen unwahrscheinlichen Sieg einzufahren, vor allem durch die Mobilisierung von Wählern, die zuvor gar nicht gewählt oder für die Linke gestimmt hatten. Bis zu einem gewissen Grad war das auch beim Brexit der Fall gewesen.

Sowohl Brexit als auch Trump ereigneten sich vor dem Hintergrund einer „Flüchtlingskrise“, die eine Folge des Syrischen Bürgerkrieges war. Ungefähr fünf bis sechs Millionen Menschen verließen die Region, und West- und Mitteleuropa erlebten einen Zustrom an muslimischen und nahöstlichen Migranten, der ohne Beispiel in der jüngeren Geschichte war. Allein 2015 bewarben sich in EU-Mitgliedstaaten 1,3 Millionen Menschen um einen Flüchtlingsstatus. Es war die größte Einwanderungswelle, die der Kontinent seit dem Zusammenbruch der Sowjetunion erlebt hat.[399] Die Krise verschärfte überall in Europa die Ängste in der Bevölkerung, und die Art und Weise, wie die Regierungen mit der Situation umgingen, war extrem unpopulär. Viele Personen des öffentlichen Lebens forderten strenge Grenzkontrollen und geradeheraus die Ausweisung der Flüchtlinge. Für manche gingen die Gespenster von Fremdenfeindlichkeit und Rassismus um, die man doch vergangen geglaubt hatte.

Es ist nicht meine Absicht, den Brexit oder Trump zu verdammen oder zu unterstützen. Es handelt sich bei beiden um komplizierte Phänomene, und Parteipolitik ist nicht die Sache dieses Buches. Doch sie beide verdeutlichen die beständige Macht des *Nationalismus*. Trump war ein ungewöhnlicher Fall, weil er sich selbst offen als „Nationalist" bezeichnete, doch Nationalismus ist etwas, von dem alle Teile des politischen Spektrums auf die eine oder andere Weise zehren: Der französische Staatspräsident Emmanuel Macron steht für den Glanz und die Geschichte Frankreichs, die politische Linke der meisten Länder fordert den Schutz der nationalen Warenproduktion vor der Globalisierung, die Scottish National Party, einer der entschiedensten Gegner des Brexit, strebte nach ihrer eigenen nationalen Befreiung vom Vereinigten Königreich – es gibt unzählige Beispiele.

Für unsere Zwecke lassen sich sowohl Nationalismus als auch Fremdenfeindlichkeit als Ausprägungen von *Ethnozentrismus* betrachten, des einigenden Bandes innerhalb einer rassischen oder ethnischen Gruppe – mit anderen Worten: „Wir und die anderen". Ethnozentrismus lässt sich in zwei Komponenten zerlegen, um seine inneren und äußeren Merkmale zu verdeutlichen:

- **positiver Ethnozentrismus:** Wertschätzung und Opferbereitschaft für das eigene Volk.
- **negativer Ethnozentrismus:** Abneigung, Wunsch nach Absonderung und Kampfbereitschaft gegenüber anderen Völkern.

Nochmals: Der Ethnozentrismus ruft starke Reaktionen hervor, sowohl dafür wie auch dagegen, doch er ist eine Realität des Soziallebens und weist alle Kennzeichen eines evolutionär entwickelten Phänomens auf. Und wie wir in diesem Kapitel noch sehen werden, entwickeln sich mit den Ethnien auch die Ausprägungen von Nationalismus und Fremdenfeindlichkeit weiter.

Rassische Unterschiede beim Ethnozentrismus

Es gibt Hinweise auf rassische Unterschiede beim durchschnittlichen Level des Ethnozentrismus. Das ist ausgesprochen wichtig, weil – wie in Kapitel 2 bereits angesprochen – bei ansonsten völlig gleichen Variablen die stärker ethnozentrische Gruppe den Kampf der Gruppenselektion in der Regel gewinnen wird. Ethnozentrismus lässt sich – wenn auch nicht perfekt – anhand von individuellen Antworten auf existenzielle Fragen messen, etwa ob man Einwände gegen einen Ausländer als Nachbarn hätte oder ob man bereit wäre, sein Leben für das eigene Land zu opfern.[400] Vergleiche zwischen Subsahara-Afrikanern, Europäern, Südasiaten (einschließlich Arabern und Nordafrikanern) und Nordostasiaten haben ergeben, dass Araber den stärksten positiven Ethnozentrismus aufweisen, dicht gefolgt von den Nordostasiaten. Weit dahinter liegen die Europäer und Afrikaner. Die gleiche Rangfolge hat sich auch beim negativen Ethnozentrismus ergeben.

Eine Reihe von Faktoren erlaubt Vorhersagen über die nationalen Unterschiede beim Ethnozentrismus. Erstens steht positiver Ethnozentrismus in einem negativen Verhältnis zu Atheismus. Mit anderen Worten: Länder, die nicht an eine Gottheit glauben, werden weniger wahrscheinlich positiv ethnozentrisch sein. Es mag sein, dass ein geringerer Ethnozentrismus eine Komponente des Atheismus ist. Es erscheint aber wahrscheinlicher, dass der Glaube an eine höhere Macht – und der oftmals damit einhergehende Glaube, dass das eigene Volk von einem Gott gesegnet sei – den positiven Ethnozentrismus verstärkt, ebenso wie andere genetisch adaptive Tendenzen, etwa eine hohe Fruchtbarkeit.[401] Wir werden uns diesem Thema im nächsten Kapitel näher widmen.

Ein niedriger nationaler IQ erlaubt ebenfalls Rückschlüsse auf einen hohen Grad an positivem Ethnozentrismus. Einerseits könnte man der Ansicht sein, dass ein niedriger IQ uns eher instinktiv handeln lässt (indem wir weniger gut in der Lage sind, rational zu denken und dadurch unsere kognitiven Verzerrungen zu ignorieren), und wir haben wahrscheinlich einen gruppenselektierten Instinkt in Richtung eines positiven Ethnozentrismus. Der israelisch-amerikanische Psychologe Daniel Kahneman beispielsweise hat die These aufgestellt, dass es sich beim logischen Denken um eine Form der „Selbstbeherrschung“ handele, die es uns erlaube, unsere Instinkte zu überwinden und die Welt objektiv zu betrachten.[402] Auf der anderen Seite könnte ein stärkerer positiver Ethnozentrismus eine Folge des Umstandes sein, dass das Leben in Gesellschaften mit einem niedrigen IQ belastend ist, weil sie dazu neigen, arm, instabil und korrupt zu sein.[403] Perioden intensiver Belastung steigern oft die Religiosität, weil die mit ihr verbundene Gewissheit den Menschen dabei hilft, weiterzuleben und positiv gestimmt zu bleiben.[404] Auf nationaler Ebene steht Armut in einer signifikanten positiven Verbindung mit positivem Ethnozentrismus. Das wird aus Daten über das Bruttoinlandsprodukt und das Pro-Kopf-Einkommen deutlich. Das Bewusstsein der eigenen Sterblichkeit erlaubt ebenfalls Vorhersagen über den positiven Ethnozentrismus, weil es eine signifikante Beziehung zur Säuglingssterblichkeit gibt.

Auch die Verwandtenehe ist ein Faktor. Die Fortpflanzung unter Blutsverwandten – zwischen Cousins und Cousinen ersten und zweiten Grades – ist an sich bereits ein intensiver Ausdruck von Ethnozentrismus, weil sie enge Bindungen auf der Ebene des Stammes oder Clans aufbaut und auf ein Misstrauen gegenüber Außenstehenden schließen lässt. Heutzutage wird sie vorwiegend im Nahen Osten, in Westasien und in Nordafrika praktiziert, wo der Anteil an Verwandtenehen zwischen 25 und 50 % beträgt.[405] Die Verwandtenehe sowie die Geografie beeinflussen die politischen Strukturen dieser Regionen weit mehr, als vielen Mainstreamkommentatoren ersichtlich ist. Wenn Völker entlang von Stammesgrenzen gespalten sind, dann fehlt ihnen das allgemeine gesellschaftliche Vertrauen, das es braucht, um moderne Regierungsstrukturen zu entwickeln.

Die Verwandtenehe ist als Produkt einer verhältnismäßig schnellen *Life-history*-Strategie anzusehen. Wer eine extrem schnelle LHS verfolgt, wird in der Regel „auf Nummer sicher gehen“ wollen und gesunde Individuen, die sich genetisch stark von ihm unterscheiden, als Geschlechtspartner wählen – in der Hoffnung, dass diese Menschen irgendeine nützliche Anpassung an ihre instabile Umgebung in sich tragen. Wer eine langsame LHS verfolgt, wird solche Geschlechtspartner wählen, die ihm genetisch ähnlich sind, wodurch sich das Ausmaß, in dem er seine eigene Gene weitergibt, maximiert

– und was ebenso bedeutet, dass er eine enge Bindung mit sowohl seinem Partner als auch seinen Nachkommen aufbauen wird, was die Fürsorgefähigkeit erhöht. Diese genetische Ähnlichkeit wird ebenso dafür sorgen, dass die Familie an eine raue und berechenbare Umgebung angepasst ist. Die Verwandtenehe – auch wenn sie zu einem großen Teil aus einer Selektion nach genetischer Ähnlichkeit besteht – liegt zwischen diesen beiden Extremen. Sie versinnbildlicht eine Gesellschaft, die ausreichend entwickelt ist, dass die Menschen sich relativ entfernter Grade der Verwandtschaft bewusst sind, aber ein so geringes Maß an Vertrauen aufbringen (was eine instabile Umgebung impliziert), dass irgendwie nachgeholfen werden muss, damit Männer miteinander kooperieren und so eine ethnozentrische Gesellschaft aufzubauen helfen, die im Wettbewerb mit anderen Erfolg haben kann. Die Lösung ist die Verwandtenehe. In solchen Gesellschaften ist das Vertrauen so gering, dass die Menschen nur dann zur Zusammenarbeit zu bewegen sind, wenn sie dadurch ihre genetischen Interessen mit Nachdruck voranbringen können. Männer werden nur dann in ihre Nachkommen investieren, wenn sie innerhalb der Familie heiraten; dadurch erlangen sie die Sicherheit, dass selbst im Fall, dass ihnen Hörner aufgesetzt werden, ihre Kinder ihnen noch immer genetisch sehr ähnlich sind. Ein solches System konnte das Problem des geringen Vertrauens teilweise überwinden, indem es half, den Genpool in klar begrenzte Stämme eng verbundener Familien zu reduzieren. Dementsprechend verstärkte es den negativen Ethnozentrismus, indem es den genetischen Abstand zwischen den Stämmen künstlich erweiterte, und es verstärkte den positiven Ethnozentrismus durch die Schaffung eines starken Anreizes für die Menschen, zusammenzuarbeiten. Die Kehrseite der Medaille bei der Verwandtenheirat – und den ihr zugrunde liegenden Einstellungen – war, dass sie es erschwerte, größere und komplexere Gemeinwesen zu entwickeln, die sich ihrerseits entsprechend weiterentwickeln und über konkurrierende Gruppen triumphieren könnten. Der jüngste Einmarsch der USA in den Irak und ihr Versuch, dort eine demokratische Republik zu installieren, haben zu ungeheurem Leid und der Verschwendung menschlichen Lebens geführt; sie stehen beispielhaft für die gefährlich irrige und naive Auffassung vieler Westler vom Nahen Osten, welche zum großen Teil einer irrigen und naiven Auffassung von der Bedeutung des Ethnozentrismus entspringt.

Forschungen zu den nationalstaatlichen Korrelaten des Ethnozentrismus ergaben, dass die Verwandtenehe im Hinblick auf ihre positive Verknüpfung mit negativem Ethnozentrismus beinahe Signifikanz erreichte und bezüglich der Bereitschaft, für das eigene Land zu kämpfen, signifikant war. Nationen, die die Verwandtenehe praktizieren, sind fragmentiert, doch ihre Bürger sind trotzdem dazu bereit, sich gegen Außenstehende zu verteidigen, die ihnen in aller Regel nicht genetisch nahestehen werden. Dieser Umstand bietet auch Anlass zu der Annahme, dass ein kleinerer Genpool auf einen stärkeren positiven Ethnozentrismus schließen lässt.

Hinsichtlich des negativen Ethnozentrismus fand die Studie eine Reihe von Genformen und stark genetisch bedingten Eigenschaften, die wir mit einer schnellen *Life-history*-Strategie verbinden. Diese wiederum lassen positiv auf ein hohes Maß an negativem Ethnozentrismus schließen, was zeigt, dass Gruppenunterschiede im Ethnozentrismus zum Teil genetische Grundlagen haben. Stärker religiöse Länder weisen auch einen stärkeren negativen Ethnozentrismus auf. Das kann man so verstehen, dass der Fremde als „weniger göttlich" betrachtet wird. Die Faktorenanalyse hat darüber hinaus enthüllt, dass die Verwandtenehe einen einzigartigen, wichtigen Beitrag dazu leistet, nationale Unterschiede im negativen Ethnozentrismus zu verstehen. Niedrige Intelligenz scheint mit wichtigen Aspekten des negativen Ethnozentrismus assoziiert zu sein, ebenso wie Stress.

Die sozioökonomischen und kulturellen Auswirkungen auf Ethnozentrismus zeigen sich, wenn wir Unterschiede *innerhalb* der Rassen betrachten. Das „Pew Research Center" hat 56.000 Europäer befragt, ob sie bereit wären, einen Muslim oder einen Juden als Familienmitglied zu akzeptieren (eine offensichtliche Prüfung des negativen Ethnozentrismus).[406] Diese Frage zeigt eine klare Verwerfung zwischen dem „reichen" und „liberalen" Westen und dem „armen" und „postkommunistischen" Osten auf, die noch Jahrzehnte nach dem Kalten Krieg fortbesteht. Auch eine Trennlinie zwischen dem mediterranen (insbesondere griechischen und italienischen) und dem westlichen Europa sticht heraus, obwohl diese durchaus eher ein Ergebnis ökonomischer als kultureller und politischer Kräfte sein mag.

Bevölkerungsanteil mit Bereitschaft, ... als Familienmitglied zu akzeptieren

	Muslime	Juden
Durchschnitt Mittel-/Osteuropa	28 %	48 %
Durchschnitt Westeuropa	67 %	78 %
Durchschnitt Nordeuropa	77 %	90 %

In Westeuropa gaben 67 % und 78 % der Bevölkerung an, einen Juden bzw. einen Muslim als Familienmitglied akzeptieren zu können. Die nordischen Länder, in denen die Umfrage durchgeführt wurde, erwiesen sich mit im Schnitt 77 % und 90 % positiven Antworten auf diese Fragen als besonders tolerant. Die Niederländer können mit Stolz von sich behaupten, die Tolerantesten von allen zu sein – dort zeigte sich praktisch die gesamte Bevölkerung offen für muslimische oder jüdische Familienmitglieder. In Mittel- und Osteuropa sah es ganz anders aus: Dort waren nur durchschnittlich 25 % und 50 % der Bevölkerungen bereit, muslimische oder jüdische Familienmitglieder zu akzeptieren. Diese Ergebnisse stimmen großteils mit dem Grad der Religiosität überein; dieses Thema werden wir im nächsten Kapitel besprechen.

Die Theorie der genetischen Ähnlichkeit

Wie lassen sich die rassischen Unterschiede im Ethnozentrismus nun also in evolutionärer Hinsicht grob erklären? Wir könnten mit den Nordostasiaten beginnen. Japan beispielsweise hat eine extrem wohlhabende Gesellschaft und ist nicht mehr sonderlich religiös. Nichtsdestoweniger ist es noch immer viel ethnozentrischer als die meisten europäischen Länder. Das liegt wohl daran, dass in seinem extrem rauen Ökosystem mit großem Nachdruck nur außerordentlich kooperative soziale Gruppen selektiert wurden, die dazu bereit waren, mit tödlicher Gewalt gegen Außenstehende vorzugehen. Hinzu kommt, dass die raue Umgebung für einen kleinen und besonderen Genpool sorgte, der Fremde zu einer besonders großen Gefahr für die genetischen Interessen der Gruppe werden ließ und die Bereitschaft der Gruppe steigerte, diese gewaltsam abzuwehren, notfalls um den Preis des Selbstopfers.

J. Philippe Rushton machte dies alles verständlich durch seine sogenannte *Genetic Similarity Theory* (GST; „Theorie der genetischen Ähnlichkeit").[407] Er führte vor, dass wir unsere genetische Fitness maximieren, indem wir vorwiegend in Menschen investieren, die uns genetisch ähnlicher sind. „Gleich und Gleich gesellt sich gern", wie man so schön sagt, und die meisten Menschen befleißigen sich – wenn auch unbewusst – eines Verhaltens, das man als assortative Paarung bezeichnet. Ehepartner sind einander genetisch näher als zwei zufällig ausgewählte Volksgenossen innerhalb der gleichen Population, und Paare neigen dazu, sich in den am stärksten erblichen Eigenschaften am ähnlichsten zu sein. Menschen fühlen sich zu denen sexuell hingezogen, die ihnen genetisch verhältnismäßig ähnlich sind; tatsächlich wurde nachgewiesen, dass wir Fotografien von Angehörigen des anderen Geschlechtes attraktiver finden, wenn unser eigenes Gesicht subtil in das Bild hineingearbeitet wurde.[408] Diese Tendenz scheint selbst für Freundschaften zu gelten, die man ebenfalls als – wenngleich indirekte – Beförderung der eigenen genetischen Interessen verstehen kann. Studien an Tieren aus dem gleichen Wurf haben gezeigt, dass Vollgeschwister einander häufiger zu Hilfe kommen als Halbgeschwister. Eine Studie trieb die GST auf eine beinahe komödiantische Spitze und stellte die Frage: „Sehen Menschen wie ihre Hunde aus?" Tatsächlich stellten die Forscher fest, dass „Frauen mit langen Haaren meist Hunde mit Schlappohren bevorzugten, während Frauen mit kurzen Haarschnitten Hunde mit spitzen Ohren bevorzugten, ganz wie der Volksglaube besagt".[409]

Auch die Anthropologie hat die Theorie der genetischen Ähnlichkeit bestätigt. Forscher haben Straßenbettler in Moskau untersucht; einige davon waren ethnische Russen, wie der ganz überwiegende Teil der Passanten, andere waren in besondere Tracht gekleidet, die mit der Republik Moldau assoziiert wird, wo die Menschen Rumänisch sprechen. Wieder andere Bettler sahen wie dunkelhäutige Roma aus.[410] Die russischen Passanten gaben ihr Geld bevorzugt ihren Mit-Russen, danach ihren Mit-Osteuropäern, den Moldauern, und zuletzt den Roma. Dies zeigte sich, obwohl die Roma weit über das bloße Betteln hinausgingen und Überzeugungstaktiken anwandten wie Singen und Tanzen, das Bedrängen von Passanten und die Instrumentalisierung von Kindern, um Mitleid zu erregen.[411] Eine andere Forschergruppe prüfte die GST nach, indem sie eine Studie über Inuitstämme im nördlichen Kanada anfertigte. Darin wurden die Koeffizienten der Blutsverwandtschaft innerhalb wie außerhalb dieser zahlreichen Stämme berechnet. Man fand heraus, dass soziales Verhalten – etwa der Frauentausch – und asoziales Verhalten – wie die genozidale Ermordung von Frauen und Kindern eines anderen Stammes, mit dem man sich im Krieg befand – dem Grad der genetischen Ähnlichkeit im erwartbaren Maße entsprachen.[412]

Wie Frank Salter gezeigt hat, ist es möglich, den an den genetischen Interessen einer Gruppe angerichteten Schaden anhand der Anzahl der Außenstehenden, denen der Zutritt in das Territorium dieser Gruppe gestattet wurde, und dem Grad der genetischen Differenz zwischen den beiden Gruppen zu berechnen. Im Durchschnitt sind zufällig ausgewählte Angehörige einer ethnischen Gruppe Cousins ersten Grades zueinander, im Unterschied zu anderen Populationen. Salter hat zum Beispiel errechnet, wie viele Angehörige einer fremden Ethnie auf das Gebiet einer Gruppe vordringen müssen, damit die Wirkung die gleiche ist, als wenn jedes Mitglied der Gruppe ein Kind verlieren würde – er berechnet also, mit anderen Worten, „genetische Interessen". Angenommen, es würden 10.000 Dänen nach England einwandern, so entspräche das im Ausmaß, in welchem Engländer und Dänen sich vermischen und dadurch weniger englische Gene weitergegeben würden, 140 toten englischen Kindern. Wenn es hingegen 10.000 Bantus wären, die von den Engländern genetisch viel weiter entfernt sind als die Dänen, so verlören die Engländer den genetischen Gegenwert zu annähernd 11.000 Kindern.[413] Bei einem kleinen Genpool braucht es weniger fremde Eindringlinge, um einen signifikanten Verlust an genetischen Interessen zu verursachen, was uns hilft, den natürlichen Impuls der Fremdenfeindlichkeit besser zu verstehen.

Ethnische Unterschiede der Persönlichkeit

Ethnische Stereotype gibt es zuhauf: den „heißblütigen Italiener", den „stillen Finnen", den „steifen Engländer" und so weiter. Wo immer wir solche überkommenen und allgegenwärtigen Stereotype finden, haben wir es sehr wahrscheinlich mit evolutionär entwickeltem Verhalten zu tun – und derartige Lebensweisheiten sollte man nicht als bloße Vorurteile abtun. Innerhalb Europas gibt es nur begrenzte und indirekte empirische Belege für ethnische Unterschiede der Persönlichkeit, aber wir können mit Bedacht sagen, dass das, was Ihnen Ihr Onkel über verschiedene Völker gesagt hat, wahrscheinlich zutrifft.

Mit der Extraversion lässt sich gut beginnen. Eine Methode, diese zu prüfen, ist die Betrachtung der Geschwätzigkeit – wie viel die Menschen reden. Eine Studie, die sich mit Müttern aus Estland, Schweden und Finnland befasste, bestätigte den Stereotyp des „stillen Finnen“. Schweden sprechen am meisten mit ihren Säuglingen, Finnen hingegen am wenigsten.[414] Auch übermäßiger Sextrieb oder starke Zurückhaltung sind Klassiker. Wie bereits angemerkt gibt es Datenerhebungen über die nationalen Unterschiede in der Beischlaffrequenz und der Prävalenz der Langform des AR-CAG-Allels, beides Testosteronmarker. Diese Unterschiede werden aus der folgenden Tabelle ersichtlich:

Weltweite Sexumfrage von Durex 2005 (gek.)

Land	Häufigkeit Geschlechtsverkehr pro Jahr
Griechenland	138
Frankreich	120
Großbritannien	118
Niederlande	115
Polen	115
Vereinigte Staaten	113
Italien	106
Deutschland	104
Dänemark/Norwegen	98
China	96
Indien	75
Japan	45

Ausgehend von diesen Daten scheinen die Griechen nach europäischem Maßstab ein Volk mit hohem Testosteronspiegel – und somit temperamentvoller – zu sein, während Norweger, Schweden und

Deutsche im Vergleich eher zurückhaltend sind.[415] Auch die Prävalenz von Linkshändigkeit bietet einen überraschenden Einblick in nationale Unterschiede der Persönlichkeit und des Ethnozentrismus. In westlichen Ländern sind annähernd 90 % der Menschen Rechtshänder; Frauen sind sogar mit höherer Wahrscheinlichkeit Rechtshänder als Männer.[416] In Übereinstimmung damit gibt es eine klare Beweislage, dass Linkshändigkeit mit erhöhten Werten an männlichen Hormonen wie Testosteron assoziiert ist.[417] In der Tat haben Studien an Stammesvölkern ergeben, dass Linkshändigkeit in extrem aggressiven Gruppen besonders häufig auftritt: Die venezolanischen Yanomami beispielsweise, bekannt als „das wilde Volk“, sind zu 22 % Linkshänder.[418]

Der Normalfall ist natürlich, dass Menschen Rechtshänder sind. Linkshändigkeit scheint infolge von „Entwicklungsinstabilität“ zu entstehen, worunter man das Unvermögen eines Individuums versteht, unter spezifischen Umweltbedingungen einen bestimmten Phänotyp hervorzubringen. Wenn Individuen einer solchen Instabilität ausgesetzt sind, beispielsweise durch eine Frühgeburt, so sind sie mit höherer Wahrscheinlichkeit Linkshänder, zum Teil, weil sich das Gehirn anders entwickelt hat. Es wäre somit schlüssig, wenn Linkshändigkeit mit Eigenschaften einherginge, die dem Überleben in einer instabilen Umgebung zuträglich sind, wie etwa Aggressivität, und in instabilen Ökosystemen häufiger aufträte.[419] Da Linkshändigkeit bei Männern häufiger auftritt als bei Frauen und anscheinend mit Testosteronmarkern assoziiert ist, stellen die nationalen Häufigkeiten der Linkshänder einen nützlichen Platzhalter für die Persönlichkeit dar.[420] Die nationalen Unterschiede bei der Linkshändigkeit finden sich in der folgenden Tabelle. Man sieht, dass die Unterschiede beträchtlich ausfallen, wobei die Linkshändigkeit unter Europäern viel häufiger ist als unter Nordostasiaten.

Länderunterschiede in der Linkshändigkeit

Land	% Linkshänder
Niederlande	13,2
Vereinigte Staaten	13,1
Belgien	13,1

Land	% Linkshänder
Kanada	12,8
Großbritannien	12,24
Frankreich	11,15
Dänemark	11,0
Italien	10,5
Deutschland	9,8
Finnland	9,1
Griechenland	8,2
Indien	5,2
Japan	4,7
China	3,5
Korea	2,0

Es gibt auch schwache Korrelationen zwischen Intelligenz und Persönlichkeit, die zu erwarten sind, weil Intelligenz auf der Gruppenebene mit einer K-Strategie korreliert. Auf individueller Ebene ist dies allerdings nicht der Fall, ein Umstand, der als „Rushtons Paradoxon" bekannt ist und den wir bereits beleuchtet haben. Michael Woodley of Menie hat versucht, dieses Dilemma mithilfe seiner *Cognitive Differentiation Integration Effort Hypothesis* zu lösen. Er macht geltend, dass die Menschen auf der individuellen Ebene an unterschiedliche Nischen angepasst seien, und je stärker die Anpassung an diese sei, desto weniger eng falle die Beziehung zwischen verschiedenen Komponenten von K aus. Darüber hinaus seien die verschiedenen Komponenten des IQ weniger stark miteinander verbunden, je intelligenter die Individuen seien. Das führt zu einer beträchtlichen Vielfalt auf der Individualebene und somit dazu, dass es keine übergreifende Beziehung zwischen K und IQ gibt. Kehren wir noch einmal zu unserem Beispiel aus Kapitel 6 zurück: Wir alle kennen hochintelligente Menschen, die einen Vortrag über die Dichtkunst von Wordsworth halten können, aber ungepflegt aussehen und hoffnungslos unorganisiert sind. Mit anderen Worten: Menschen, die „ihren Kopf woanders haben" – die einen hohen IQ mit Eigenschaften kombinieren, die wir ansonsten mit niedriger Intelligenz in Verbindung bringen würden.

Es gibt gleichwohl schwache Beziehungen zwischen Persönlichkeitszügen und dem IQ auf der Gruppenebene. Je intelligenter eine Gruppe im Durchschnitt ist, desto stärker K-orientiert wird sie sein. Dementsprechend können wir einfach anhand des durchschnittlichen IQ einer ethnischen Gruppe mit der gebotenen Vorsicht Mutmaßungen darüber anstellen, wie die Modalpersönlichkeit dieser Gruppe aussehen mag. Intelligentere Ethnien werden höhere Werte bei Gewissenhaftigkeit und Verträglichkeit aufweisen, niedrigere bei Extraversion und ebenso bei Neurotizismus allgemein, wenn auch wahrscheinlich eine stärkere Sozialphobie. In der Tat hat eine Zwillingsstudie auf der individuellen Ebene schwache Korrelationen zwischen dem IQ und den „Big Five" entdeckt. Signifikante positive phänotypische Korrelationen mit dem IQ fanden sich für Verträglichkeit (0,21) und Offenheit (0,32). Es zeigte sich eine negative Korrelation zwischen Neurotizismus und IQ (–0,10). Die genetischen Korrelationen zwischen IQ und Verträglichkeit sowie Offenheit betrugen 0,3–0,4, die negative Korrelation zwischen IQ und Neurotizismus –0,18.[421] Es ist somit möglich, mit einiger Vorsicht einfach vom durchschnittlichen IQ einer ethnischen Gruppe auf ethnische Unterschiede der Persönlichkeit zu schließen.

Im letzten Kapitel haben wir die psychopathische Persönlichkeit erkundet, die sich unter anderem an der Straffälligkeit innerhalb einer Population messen lässt. Wenn wir Persönlichkeitsunterschiede zwischen Ländern untersuchen, wird die Verbrechensrate aufgrund der voneinander abweichenden Strafjustizsysteme zu einem fragwürdigen Platzhalter. Dementsprechend müssen objektivere Persönlichkeitskorrelate herangezogen werden, um ethnische Differenzen beurteilen zu können. Eine Methode, um Persönlichkeitsunterschiede auf Populationsebene zu vergleichen, ist die Betrachtung der Häufigkeit gewisser Genformen – Polymorphismen –, die mit spezifischen Extremfällen der Persönlichkeit assoziiert sind, innerhalb der Populationen; dieser Herangehensweise haben sich der japanische Ökonom Kenya Kura und seine Mitarbeiter bedient.[422] Sie haben gezeigt, dass ausgehend von der Häufigkeit dieser Polymorphismen Nordostasiaten eher risikoscheu und konformistischer sein müssten als Europäer.

Eine weitere Methode ist es, die Durchschnittswerte einer Bevölkerung in Testosteronmarkern zu untersuchen. Menschen mit einem hohen Testosteronspiegel neigen dazu, aggressiv, ehrgeizig, unkooperativ und stark sexuell getrieben zu sein, mit anderen Worten: niedrige Werte in Verträglichkeit und Gewissenhaftigkeit aufzuweisen. Es gibt viele Testosteronmarker, über die Daten auf nationaler Ebene vorliegen, darunter Linkshändigkeit, Form der Hände (gemäß dem sogenannten Fingerlängenverhältnis „2D:4D" korreliert ein geringer Abstand zwischen den Längen von Zeige- und Ringfinger mit einem hohen Testosteronspiegel), Behaarung der Finger, Häufigkeit von Prostatakrebs, Anzahl von Sexualpartnern und Häufigkeit des Geschlechtsverkehrs.[423] Laut der Durex-Studie von 2005 gibt es abhängig vom Land klare Variationen bei der Häufigkeit des Geschlechtsverkehrs und der Anzahl der Geschlechtspartner. Australier, Neuseeländer und Isländer gaben im Schnitt an, 13 Geschlechtspartner gehabt zu haben, während Einwohner Hongkongs, Chinesen, Vietnamesen und Inder auf annähernd 3 kamen. Der weltweite Durchschnitt für die befragten Länder – darunter keine afrikanischen – lag bei 9, darunter 9,8 in Großbritannien und 10,8 in den USA. Die durchschnittliche Häufigkeit des Geschlechtsverkehrs lag bei 103 Mal pro Jahr. Wie bereits angesprochen reichte die Spanne dabei von 138 Mal in Griechenland bis zu 45 Mal in Japan, wobei Amerikaner im Durchschnitt 113 Mal im Jahr Sex hatten. Die unterschiedlichen Maßstäbe für Androgene hängen alle miteinander zusammen. Die Häufigkeit des Geschlechtsverkehrs und die Anzahl der Geschlechtspartner korrelieren um 0,32, während die Häufigkeit des Geschlechtsverkehrs und die Behaarung der Finger um 0,55 korrelieren. Den verfügbaren Daten zufolge weisen Ostasiaten niedrigere Testosteronmarker auf als Europäer.[424]

Das Vorkommen von Autismus und Schizophrenie innerhalb einer Population stellt ebenfalls einen überraschend nützlichen Maßstab für Persönlichkeitsunterschiede zwischen Gruppen dar. Autismus ist mit Markern für einen hohen Testosteronspiegel assoziiert und spiegelt auf diese Weise eine Art von „extrem männlichem Gehirn" wider, das außerordentlich systematisch denkt, aber nur wenig Empathie aufweist.[425] Schizophrenie hingegen ist mit Markern für einen niedrigen Testosteronspiegel assoziiert und steht für ein Gehirn mit wenig Systematik, aber sehr hoher Empathie.[426] Autisten haben mit der *Theory of Mind* („Theorie des Mentalen“) zu kämpfen, also der Fähigkeit, beispielsweise anhand von subtilen Veränderungen im Gesprächston oder nonverbalen Signalen die Emotionen anderer zu erkennen. Im Gegensatz dazu kennzeichnet Schizophrene eine überentwickelte Sensibilität für andere Menschen und die Welt um sie herum, wodurch sie in allem eine Bedeutung zu erkennen glauben. Dies macht sie extrem anfällig für Paranoia, „Verschwörungstheorien“ und Religiosität. Diese beiden Krankheitsbilder lassen sich als die beiden Extreme eines Schizotypie-Spektrums begreifen – am einen Ende empathiearmer, testosteronreicher Autismus und am anderen Ende empathiereiche, testosteronarme Schizophrenie. Wenn wir den Anteil einer Population ermitteln, der an einem dieser Krankheitsbilder leidet, so erlaubt uns das, Populationen untereinander auf Grundlage der durchschnittlichen Persönlichkeit zu vergleichen, weil die Krankheit in der Regel eine Extremform von Persönlichkeitszügen darstellt und somit Rückschlüsse auf den Durchschnittswert dieser Züge innerhalb der Gesamtbevölkerung erlaubt. Eine Studie hat angemerkt, dass Schizophrenie und Rechtshändigkeit in Ländern wie Finnland und Japan, deren Einwohner allgemein als kooperativ und selbstbeherrscht gelten, häufiger auftreten, was sich damit deckt, dass Linkshändigkeit ein Testosteronmarker ist.[427]

Die Genie-Persönlichkeit

Die Moderne war fasziniert vom Begriff des „Genies“ – des Einzelnen, der entgegen allen Erwartungen und der etablierten Weisheit zum Trotz unwahrscheinlich originelle und ehrgeizige Ideen entwickelt. Das konnten Newton oder Napoleon sein, Picasso oder Darwin. Das „Genie“ ist ein schwieriger Begriff, weil das menschliche Streben seinem Wesen nach sehr stark sozial bedingt ist. Jedes schöpferische Vorhaben baut auf den Leistungen anderer auf; wir entwickeln frühere Konzepte weiter, wir benötigen die Mitarbeit von Kollegen oder – wie es oft der Fall ist – staatliche bzw. universitäre Förderung. Dieser Umstand verleitet uns häufig dazu, ausgetretenen Pfaden zu folgen, und bringt uns davon ab, den Sprung ins Ungewisse zu wagen. Der Wissenschaftsphilosoph Thomas Kuhn hat die bekannte Auffassung geprägt, dass sich Wissenschaft langfristig niemals in linearer Weise weiterentwickle, mit einer allmählichen Vermehrung von Wissen und Erkenntnis. Stattdessen mache Wissenschaft „Revolutionen“ und grundlegende „Paradigmenwechsel“ durch.[428] Das heliozentrische Weltbild des Kopernikus hat nicht auf dem geozentrischen Weltbild des Ptolemäus „aufgebaut“, sondern dieses gestürzt; die beiden sind unvereinbar. Es braucht einen mutigen Mann – vielleicht einen arroganten Mann, womöglich einen „weltfremden“ Mann –, um auch nur den Versuch zu unternehmen, mit einer Vormachtstellung dieser Tragweite zu brechen.

Welche Art von Persönlichkeit hat ein „Genie“? Wohl eher keine freundliche oder unbekümmerte. Das Genie ist besessen und getrieben. Zumindest in den Naturwissenschaften ist seine Persönlichkeit gekennzeichnet von einem herausragend hohen IQ zusammen mit geringer Verträglichkeit, geringer Gewissenhaftigkeit und geringer Empathie.[429] Und diese Charakterzüge sind – ganz genauso wie die Intelligenz – von entscheidender Bedeutung. Als „Regelbrecher“ wird das Genie Ideen präsentieren, die fast ausnahmslos auf Feindseligkeit stoßen, weil sie den Interessen anderer zuwiderlaufen. Doch das Genie kümmert sich einfach nicht darum – und wenn es das täte, dann würde ihm vielleicht nicht einmal in den Sinn kommen, dass es andere verärgern könnte. Man könnte auch sagen, dass es sich bei einem Genie um die Manifestation eines extrem hohen IQ gepaart mit einem hohen Testosteronspiegel handelt.

Welche Art von Nation dürfte mehr Genies hervorbringen? In der folgenden Tabelle sind Daten über die Quote der Nobelpreisträger pro Kopf gelistet. Wir würden davon ausgehen, dass aus solchen Nationen mehr Nobelpreisträger stammen, die allgemein hohe Werte sowohl für die Intelligenz als auch für den Testosteronspiegel aufweisen. In Übereinstimmung mit dieser Annahme haben Dimitri van der Linden und seine Mitarbeiter herausgefunden, dass bei der Betrachtung von Ländern mit einem durchschnittlichen IQ von mindestens 90 der nationale Testosteronspiegel – ermittelt anhand einer Reihe von Platzhaltern, etwa der durchschnittlichen Anzahl an Sexualpartnern, der durchschnittlichen Häufigkeit des Geschlechtsverkehrs, der Behaartheit der Finger und der Häufigkeit von Prostatakrebs – Vorhersagen über die Quote der naturwissenschaftlichen Nobelpreisträger pro Kopf einer Nation erlaubt, sogar über die Häufigkeit von Zitationen in wichtigen naturwissenschaftlichen Zeitschriften.[430]

Spitzenländer der Pro-Kopf-Nobelpreise in Naturwissenschaften (pro 10 Millionen)

Land	Anzahl Nobelpreise	Pro-Kopf-Nobelpreise
Luxemburg	2	33,9
Schweiz	25	29,3
Österreich	18	20,6
Dänemark	10	17,4
Schweden	17	17,0
Großbritannien	109	16,4
Norwegen	8	14,9
Deutschland	92	11,2
Niederlande	19	11,1
USA	350	10,7
Zypern	1	8,4
Ungarn	11	8,2
Neuseeland	3	6,3
Frankreich	39	6,0
Finnland	3	5,4

Es gibt einen großen Forschungsbestand, der darauf hindeutet, dass herausragende Wissenschaftler häufig auch autistische Züge aufweisen, zumindest solche der schwächeren Autismusvariante, die als Asperger-Syndrom bekannt ist.[431] Das passt zu unserem Verständnis von Autismus als mit einem hohen Testosteronspiegel korreliert, realiter als eine Manifestation eines extrem männlichen Gehirns. Die Pro-Kopf-Genies einer Nation eröffnen uns daher einen wichtigen Einblick in die Häufigkeit von Autismus, ebenso wie in die kollektive Persönlichkeit dieser Nation. Genies sind üblicherweise Nachkommen von Eltern, die sehr intelligent sind, sich aber noch innerhalb des „normalen“ Rahmens befinden. Sie sind das Ergebnis unwahrscheinlicher, aber möglicher genetischer Kombinationen, was bedeutet, dass ihre eigenen Kinder meist nicht annähernd so herausragend sind wie ihre Mütter oder Väter.[432]

Wie bereits besprochen, lässt sich Schizophrenie in gewissen Kernbereichen auf einem Spektrum als der Gegenpol zu Autismus betrachten, wobei die „normale" Persönlichkeit die Mitte bildet. Dazu passt der Befund, dass es in Nationen mit einem durchschnittlichen IQ von mindestens 90 eine starke negative Korrelation zwischen dem Pro-Kopf-Aufkommen von Schizophrenie und den Pro-Kopf-Nobelpreisen gibt. Finnland ist ein klares Beispiel für ein Land mit hohem durchschnittlichem IQ, das jedoch nur verhältnismäßig wenige Nobelpreisträger in den Naturwissenschaften hervorgebracht hat; ein weiteres Beispiel ist Japan. Beide Länder weisen eine viel höhere Prävalenz von Schizophrenie auf als jene Länder (meist in Nordwesteuropa), die mit einer hohen Zahl von Nobelpreisen pro Kopf aufwarten. Diese Länder – auch wenn es Ausreißer gibt – verbinden einen IQ von mindestens 90 mit einer sehr geringen Prävalenz von Schizophrenie. Diese Studienergebnisse konnten im Hinblick auf Beiträge zu hoch angesehenen wissenschaftlichen Fachzeitschriften anstelle von Nobelpreisen repliziert werden.[433]

Studien wie diese gestatten uns mit ausreichender Sicherheit die Feststellung, dass wir von Finnen erwarten, im Vergleich mit anderen Europäern hohe Werte in Verträglichkeit und Gewissenhaftigkeit sowie niedrige Werte in Extraversion aufzuweisen. Dies lässt sich ableiten aus ihrer hohen Pro-Kopf-Häufigkeit von Schizophrenie, ihrer geringen Verbreitung der Linkshändigkeit und der großen Häufigkeit von Allelen, die mit K-Persönlichkeitszügen assoziiert sind, worin sie innerhalb Europas einen Ausreißer bilden und näher an den Nordostasiaten liegen. Diese Rückschlüsse decken sich darüber hinaus mit Klischees, wonach Finnen kooperativ, wenig selbstbewusst, gesetzestreu und introvertiert seien.[434] Allein vom Schizophreniemarker ausgehend könnten wir vorhersagen, dass Menschen aus nordosteuropäischen und nordischen Ländern zurückhaltender, regelkonformer und kooperativer sind als ihre Nachbarn in Süd- und Nordwesteuropa, was in aller Regel so auch der Fall ist. Ausgehend von der Linkshändigkeit müssten wir annehmen, dass die Finnen – unter denen Linkshändigkeit, gemessen am europäischen Mittelwert, selten ist – verträglicher, gewissenhafter und introvertierter seien als die

Italiener, was sich durch alltägliche Beobachtungen leicht bestätigen lässt. Dieser Vergleich ist von Bedeutung, weil diese beiden Länder auf der Ausgleichsgeraden liegen, wenn es darum geht, das Verhältnis zwischen Linkshändigkeit und Pro-Kopf-Nobelpreisaufkommen zu bestimmen.

Mischvölker, Klinen und Persönlichkeit

Bei unserer Untersuchung der Intelligenz haben wir festgestellt, dass eine Reihe von Klinen – etwa die *Hispanics* – hinsichtlich ihrer durchschnittlichen Intelligenz genau zwischen ihren beiden Anteilsrassen liegen. Das ist jedoch nicht notwendigerweise der Fall, ob es nun um Intelligenz oder um Persönlichkeit geht. Wenn sich zwei Rassen mischen, gibt es mehrere mögliche Ergebnisse. Das bekannteste ist der *Heterosiseffekt*, auch als „Mischlingskraft" bezeichnet. Dabei handelt es sich um das Phänomen, dass bei der Vermischung von zwei Rassen des gleichen Organismus der Mischling körperlich stärker sein wird als jeder seiner genetisch unterschiedlichen Elternteile, weil er verhältnismäßig wenige doppelte Dosen schädlicher mutierter Gene ererbt hat. Demzufolge wird der Hybrid eine geringe Mutationsbelastung aufweisen, also genetisch gesund sein. Damit deckt sich, dass gemischtrassige Kinder oft größer und intelligenter als ihre Eltern zu sein scheinen. Daraus würde folgen, dass das Fehlen von doppelten Dosen an schädlichen Mutationen bei ihnen zu einem besseren Immunsystem als bei ihren reinerbigen Eltern geführt hat, was es ihnen erlaubte, ihre phänotypische Maximalhöhe zu erreichen, besser funktionierende Nervensysteme herauszubilden und ihr phänotypisches IQ-Maximum auszuschöpfen.[435] Einige Studien deuten darauf hin, dass sie auch als attraktiver wahrgenommen werden, was ebenfalls an ihrer relativ niedrigen Mutationsbelastung liegen mag.[436]

Ein weniger bekanntes Phänomen ist hingegen die *Auskreuzungsdepression*, bei der die Vermischung zweier genetisch unterschiedlicher Rassen dazu führt, dass die Nachkommen weniger gesund als ihre Elternteile sind. Dies kann aus zwei Gründen geschehen. Zum einen gibt es ein Phänomen namens „Inzuchtkraft", wodurch genetisch ähnliche Menschen durch ihre Fortpflanzung die Wahrscheinlichkeit erhöhen, dass ihre Nachkommen eine besonders nützliche

Anpassung an ihre jeweilige Umgebung erben werden – ein bekanntes Beispiel ist die Resistenz gegenüber Malaria. Möglicherweise ist die Inzuchtkraft einer der Gründe dafür, dass Menschen sich im Durchschnitt zu potenziellen Sexualpartnern hingezogen fühlen, die ihnen genetisch verhältnismäßig ähnlich sind, wie wir bereits besprochen haben.

Der zweite Mechanismus hinter der Auskreuzungsdepression ist die Art und Weise, wie Gene funktionieren. Wie wie bereits gesehen haben, wirken für viele Charakterzüge zahlreiche unterschiedliche Gene zusammen – in Interaktionen von Gen zu Gen –, um die jeweilige Besonderheit hervorzubringen. Über einen sehr langen Zeitraum hinweg entwickeln sich aus diesem Grund unterschiedliche Allele, um mit anderen spezifischen Allelen zusammenzuwirken. Je kürzer die Zeitspanne ist, in welcher diese beiden Allele bislang zusammengewirkt haben, umso weniger werden sie daran angepasst sein, erfolgreich zusammenzuarbeiten. Und je weniger sie daran angepasst sind, zusammenzuarbeiten, desto unberechenbarer werden die Ergebnisse dieses Wirkens ausfallen. In Anbetracht der Tatsache, dass Menschen bis vor relativ kurzer Zeit sehr stark an ihre jeweiligen Umgebungen angepasst waren, wird alles Unberechenbare – fast wie Mutationen – wahrscheinlich eher negative Folgen für die körperliche und geistige Gesundheit haben. Ausgehend von dieser Grundlage können wir also annehmen, dass jüngere Klinen ebenso wie gemischtrassige Individuen Anzeichen einer Auskreuzungsdepression aufweisen werden.

Eine Reihe von Studien hat nachgewiesen, dass gemischtrassige Menschen einem größeren Risiko unterliegen, an psychischen Krankheiten zu leiden, insbesondere an Depressionen, die sich als zu ungefähr 0,5 erblich und somit zu einem signifikanten Teil genetisch verursacht erwiesen haben.[437] Man muss allerdings darauf hinweisen, dass diese Studien nur geringe Unterschiede und kleine Stichproben umfassen; von daher sollten wir abwarten, bis bessere Forschungsergebnisse zu diesem Thema vorliegen. Gleichwohl hat eine Studie aus Alaska ergeben, dass Gymnasiasten mit gemischtrassigem Hintergrund häufiger unter psychischen Krankheiten leiden, insbesondere extremer Niedergeschlagenheit, intensiver Einsamkeit und Selbstmordgedanken. Das war selbst dann der Fall, wenn Umweltfaktoren kontrolliert wurden, die in der Regel gegen Geisteskrankheit schützen. Innerhalb der gemischtrassigen Stichprobe waren diese Schutzfaktoren – beispielsweise Zugang zu vertrauenswürdigen Erwachsenen, Freizeitaktivitäten und Engagement in einer Glaubensgemeinschaft – indes mit höherer Wahrscheinlichkeit nicht vorhanden, was die Depressionen der gemischtrassigen Schüler noch verschlimmerte.[438] Viele andere Studien haben in gleicher Weise eine erhöhte geistige Instabilität bei gemischtrassigen Individuen festgestellt. Eine solche Arbeit aus Kanada hat bei der Betrachtung von Schwarzen, Weißen und Mischlingen aus beiden Rassen befunden, dass die gemischtrassige Stichprobe im Hinblick auf körperliche Gesundheit – die zum Teil durch den sozioökonomischen Status bedingt ist – im Mittelfeld zwischen Weißen und Schwarzen lag. Allerdings berichteten die gemischtrassigen Befragten von einer um Längen schlechteren geistigen Gesundheit als sowohl Schwarze als auch Weiße.[439] Das ist auch nicht einfach nur eine Sache von Schwarz gegen Weiß oder Indianisch gegen Weiß. Eine weitere Arbeit, die sich auf die US-Studie „National Latino and Asian American Study" von 2002/03 bezog, ergab, dass bei einer Kontrolle nach Alter und anderen wichtigen Variablen 17 % der reinrassigen Menschen in der Stichprobe an psychischen Krankheiten gelitten hatten – im Vergleich zu 34 % der gemischtrassigen Menschen.[440] Eine Analyse der nationalen Längsschnittstudie zur Gesundheit unter Jugendlichen hat zu ähnlichen Ergebnissen geführt.[441]

Eine mögliche Erklärung für diese Befunde ist, dass wir von Menschen in gemischtrassigen Beziehungen wahrscheinlich erwarten würden, selbst gemessen an den Durchschnittswerten ihrer jeweiligen Rassen relativ starke K-Strategen zu sein. In einer sehr instabilen Umgebung hätte extreme Auskreuzung ihre Vorteile, weil jemand, der genetisch ganz anders ist, ein paar nützliche adaptive Genformen in sich tragen mag. Darüber hinaus kann man der Ansicht sein, dass es möglicherweise große Vorteile hat, Risiken einzugehen, und eine Beziehung mit jemandem anzufangen, der genetisch ganz anders ist, mag eine ganze Menge an Risiken bergen – aber eben vielleicht auch einen genetischen Nutzen. Da dem so ist, wären diejenigen, die eine solche Beziehung eingehen, selbst schnelle *Life-history*-Strategen und würden eine solche Strategie genetisch an ihre Nachkommen vererben, zum Teil in Form einer hochgradig erblichen psychischen Instabilität. Das Problem mit dieser Argumentation ist, dass gemischtrassige Kinder sowohl in den Vereinigten Staaten als auch im Vereinigten Königreich im Durchschnitt aus weitaus höheren sozioökonomischen Zusammenhängen stammen als reinrassige Kinder,[442] was darauf hindeutet, dass ihre Eltern in Wahrheit *langsame* LH-Strategen sind, wenn auch versehen mit dem Charakterzug der Offenheit, die mit Intelligenz assoziiert ist. Es gibt auch Hinweise aus Hawaii, wonach gemischtrassige Paare dazu neigen, ihre mangelnde körperliche Ähnlichkeit durch große Ähnlichkeit in stark erblichen psychologischen Zügen auszugleichen, etwa bei der Intelligenz.[443]

Davon abgesehen mag bei der erhöhten Depressionsrate unter Mischlingen auch ein Umweltfaktor eine Rolle spielen. Die Theorie der genetischen Ähnlichkeit beruht auf der Annahme, dass das Ausmaß der genetischen Ähnlichkeit zu einer anderen Person bestimme, wie viel Energie man in sie investieren wird. Das gilt sogar innerhalb von Familien: Menschen stehen Verwandten näher, die ihnen genetisch ähnlicher sind.[444] Wenn man eine gemischtrassige Beziehung eingeht, dann werden die Nachkommen einem genetisch verhältnismäßig weniger ähnlich sein. Das erlaubt den Rückschluss, dass man weniger Energie in sie investieren und eine weniger enge Bindung zu ihnen entwickeln wird, als es bei einem Kind der eigenen Rasse der Fall wäre. Damit würden die Kinder auf eine relativ schnelle *Life-history*-Strategie hin ausgerichtet, zu deren Komponenten eine erhöhte Anfälligkeit für Geisteskrankheiten zählt.

Eine andere Möglichkeit ist, dass die hohe oder niedrige psychische Stabilität gemischtrassiger Kinder davon abhängt, welche Rassen sich vermischt haben und welcher Elternteil welcher Rasse entstammt. Der USA-weiten Familienwachstumsumfrage von 2002 zufolge weisen gemischtrassige Ehen insgesamt eine höhere Scheidungsrate auf, was zu dem Argument passen würde, dass das höhere Aufkommen von Geisteskrankheiten bei ihren Nachkommen einfach nur ein Spiegelbild der schnellen *Life-history*-Strategen sei, die eher dazu neigen, gemischtrassige Beziehungen einzugehen. Gleichwohl war die Scheidungswahrscheinlichkeit im Vergleich zu weiß-weißen Ehen bei Paaren aus einer weißen Frau und einem schwarzen Mann sowie aus einer weißen Frau und einem asiatischen Mann höher. Ehepaare aus einer nicht weißen Frau und einem weißen Mann wurden tatsächlich weniger häufig geschieden als weiß-weiße Ehen. Ehen zwischen weißen Männern und schwarzen Frauen waren diejenigen, die mit der geringsten Wahrscheinlichkeit nach zehn Ehejahren geschieden worden waren. Im Gegensatz dazu waren Ehen zwischen schwarzen Männern und weißen Frauen diejenigen, die mit der größten Wahrscheinlichkeit geschieden wurden. Ehen zwischen weißen Männern und asiatischen Frauen wurden genauso oft geschieden wie solche zwischen weißen Ehepartnern, und viel seltener als solche zwischen asiatischen Ehepartnern, wodurch sie zu den am seltensten scheiternden werden.[445] Es bedarf noch weiterer Forschung auf diesem Gebiet, um zu erörtern, ob die Kinder eines weißen Vaters und einer schwarzen Mutter weniger häufig unter Depressionen leiden als die Kinder eines schwarzen Vaters und einer weißen Mutter. Wenn es nur einen geringen Unterschied geben sollte, wäre dies ein potenzieller Hinweis auf eine Auskreuzungsdepression.

Es ist unklar, weshalb die Muster der gemischtrassigen Ehen so funktionieren, wie sie es eben tun, aber drei Studien sind hierzu – zusammengenommen – womöglich höchst relevant. Erstens hat eine großflächige Umfrage der American Sociological Association in den USA 2015 ergeben, dass 70 % der Ehescheidungen von Frauen initiiert werden.[446] Zweitens neigen Frauen, wie bereits erwähnt, zu hypergamen Ehen – also dazu, sich im Hinblick auf ihren sozialen Stand „hochzuheiraten" –, und dieser Trend gilt sogar im Hinblick auf Rasse und Nationalität. Sämtliche multikulturellen Eheschließungen in Finnland im Jahr 2013 wurden hinsichtlich der Nationalität beider Ehepartner und dem Durchschnittseinkommen in beiden Herkunftsländern untersucht. In Übereinstimmung mit weiblichen Selektionsmustern für Sexualpartner tendierten finnische Frauen zur Heirat mit ausländischen Männern aus Ländern, die wohlhabender als Finnland waren. Finnische Männer heirateten Frauen aus Ländern, die ärmer als Finnland waren. Der sozioökonomische Status der Frau war insoweit relevant, als weniger gebildete finnische Frauen eine größere Hinneigung zu Ehen mit Männern aus ärmeren Ländern zeigten, vielleicht deshalb, weil sie in einer (für sie) relativ instabilen Umgebung nach körperlichen Attributen selektierten.[447] Drittens scheinen – ausgehend von einem großen Datensatz, der durch die Auswertung einer Dating-Website ermittelt wurde – alle Rassen weiße Menschen attraktiv zu finden, wahrscheinlich zum Teil deshalb, weil mit dem Weißsein ein höherer Status einhergeht.[448] Dies alles zusammengenommen würden wir von einer schwarzen Frau mit einem weißen Ehemann erwarten, sehr zufrieden zu sein, was bedeutet, dass sie keine Scheidung initiieren wird. Eine weiße Frau mit einem schwarzen Ehemann wird sehr wahrscheinlich nicht zufrieden sein und einen solchen Mann mit nicht geringer Wahrscheinlichkeit aufgrund ihrer schnellen *Life-history*-Orientierung bloß wegen seiner körperlichen Stärke geheiratet haben. Eine solche Strategie ist auch verbunden mit schwachen sozialen Bindungen und somit mit scheiternden Ehen.

Ein mögliches Beispiel für die Auskreuzungsdepression im Hinblick auf Klinen ist die *Coloureds*-Population in Südafrika. Wie bereits angesprochen sind die *Coloureds* eine Mischung aus Afrikaanern, Khoikhoi, Schwarzen, Indern und Südostasiaten. Interessanterweise wurde bei 75 % der neugeborenen *Coloureds* der Mongolenfleck festgestellt, der bei Buschmännern verbreitet ist.[449] Die *Coloureds* weisen einen durchschnittlichen IQ von 85 auf, höher, als man ausgehend von ihrer beträchtlichen Buschmännerherkunft erwarten könnte. Die Verurteilungsrate für „Kapitalverbrechen" liegt unter *Coloureds* schon lange mehr als doppelt so hoch wie unter Schwarzen, obwohl die *Coloureds* einen höheren Lebensstandard genießen und einen weit höheren durchschnittlichen IQ aufweisen.[450] Das könnte auf eine häufigere psychopathische Persönlichkeit innerhalb der *Coloureds*-Population hinweisen. Von allen südafrikanischen Rassen neigen die *Coloureds* am ehesten zu schwerem Alkoholismus und den damit einhergehenden Verhaltensweisen.[451] Dagegen lässt sich vorbringen, dass dies zum Teil ein Abbild ihrer Khoikhoi-Herkunft sein könnte, sie also eine mangelnde Alkoholresistenz ausgebildet hätten. Es mag sein, dass diese Ergebnisse zu einem großen Teil auf ihre Khoikhoi-Ahnen zurückzuführen sind, von denen sie eine geringere Anpassung an Alkohol ererbt haben könnten. Auch einige „schwarze" Volksgruppen in Südafrika, wie etwa die Xhosa, weisen einen beträchtlichen Buschmännereinschlag auf, doch bei den *Coloureds* handelt es sich um eine Mischung aus Weißen, Schwarzen (insbesondere solchen mit Buschmänneranteil) und Khoikhoi, weswegen der Buschmänner- oder Buschmänner-ähnliche Einschlag unter *Coloureds* höher ausfällt als unter südafrikanischen Schwarzen allgemein.[452] Tatsächlich wird den Rehobother Bastern – der Khoikhoi-Buren-Kline, die wir bereits behandelt haben – schon seit langer Zeit nachgesagt, sehr schwere Alkoholprobleme zu haben.[453]

Ethnogenese in Amerika

Wenn wir das Wort „Ethnie" hören, denken wir oft an Völker wie die Iren oder die Han-Chinesen, die ihre Ahnen und ihre Geschichte über Jahrtausende zurückverfolgen können. Doch natürlich sind Rassen und Ethnien dynamisch und entwickeln sich weiter. Volksgruppen, die sich selbst als „zeitlos" verstehen, haben vielleicht größere genetische Veränderungen durchgemacht und sich größerer Auskreuzung befleißigt, als sie es zugeben mögen. Darüber hinaus gibt es keinen Grund für uns, nicht zu erwarten, dass in der Zukunft neue und ganz andere Ethnien auftreten könnten.

Wie wir bereits in Kapitel 3 besprochen haben, lassen sich Rassen am besten als Subspezies der Menschheit verstehen und Ethnien als eine Art von „Sub-Subspezies" oder hybrider Kline. Mit anderen Worten: Manchmal ist eine Ethnie die Unterart einer Rasse, die sich aus dem einen oder anderen Grund verhältnismäßig isoliert entwickelt haben mag; in anderen Fällen sind Ethnien aus der Kombination von zwei oder mehr Rassen entstanden. Im Laufe der vergangenen 50 Jahre ist die Welt, und insbesondere die westliche Welt, infolge von Einwanderung und der atemberaubenden Fortschritte in Kommunikations- und Transportwesen zunehmend multikultureller und multirassischer geworden. Dies hat – wenig überraschend – zu einer verstärkten Vermischung der Rassen und Ethnien geführt, und zwar zwischen Gruppen, die vor dem Zeitalter der Globalisierung kaum Kontakt miteinander gehabt hätten. Es kommt die Zeit, in der ein Hybrid zwischen zwei Gruppen es verdient hat, als eigene Ethnie bezeichnet zu werden. Dieser Vorgang der *Ethnogenese* – wortwörtlich: der „Volksschöpfung" – braucht Jahrhunderte, doch wir können aktuelle Trends bei Heiraten und Partnersuche betrachten und über die Ethnien der Zukunft zumindest spekulieren.

Die Vereinigten Staaten haben sich diesbezüglich zu einer Art von Laboratorium entwickelt. Während ich dies schreibe, haben Weiße einen Anteil von ungefähr 60 % an einer Gesamtbevölkerung von 330 Millionen Menschen; Afroamerikaner bilden 13 %, *Hispanics* 20 %, Asiaten 6 % und amerikanische Ureinwohner kaum mehr als 1 %. Aktuellen Prognosen zufolge wird Amerika innerhalb der nächsten 25 Jahre eine „mehrheitliche Minderheitennation" werden, es wird also keine Rasse demografisch die Oberhand haben. Selbst in einer solchen Umgebung wird die überwältigende Mehrheit der Ehen noch immer innerhalb der gleichen Rasse geschlossen.[454] Wenn Liebe tatsächlich farbenblind wäre, dann würde sich ein anderes Bild ergeben. Um die Jahrtausendwende lag die Wahrscheinlichkeit, mit der Amerikaner einen Bekannten hatten, der einer anderen Rasse angehörte und mit dem sie „wichtige Angelegenheiten besprachen", um 75 % niedriger als die Zufallszahl.[455] Es ist allerdings wichtig, darauf hinzuweisen, dass sich die Zahl der gemischtrassigen Eheschließungen seit der Aufhebung der Gesetze gegen Rassenmischung 1967 („Loving v. Virginia") mehr als verdreifacht hat. Das „Pew Research Center" hat berichtet, dass mit Stand von 2015 „Mischehen" ungefähr 17 % der Neuverheirateten (also der Menschen, die im Vorjahr geheiratet hatten) betrafen. Das Aufkommen an Mischehen ist in Großstadtgebieten, wo Amerikaner häufiger auf Angehörige anderer Rassen treffen, ein wenig höher.[456]

Unter den Neuverheirateten des Jahres 2015 wählten sich Weiße in nur knapp mehr als 10 % der Fälle einen Gatten aus einer anderen Rasse. Unter den anderen Rassen ist die Rate der Mischehen signifikant höher: Bei Afroamerikanern beträgt sie 18 %, bei *Hispanics* 27 % und bei Asiaten 29 %.[457] Während Asiaten weniger häufig Mischehen eingehen als vor 40 Jahren (der Anteil sank von 33 % auf 29 %), hat sich der Anteil der Schwarzen, die dies tun, im gleichen Zeitraum mehr als verdreifacht (von 5 % auf 18 %).

Neuverheiratete in Mischehen

	1980	2015
Asiaten	33 %	29 %
Schwarze	5 %	18 %
Hispanics	26 %	27 %

	1980	2015
Weiße	4 %	11 %
insgesamt	**7 %**	**17 %**

Es gibt signifikante rassische und sexuelle Unterschiede bei den Mischehen. Männliche wie weibliche Weiße und *Hispanics* gehen ungefähr zu gleichen Teilen Mischehen ein; bei Schwarzen und Asiaten ist dies nicht der Fall. Es heiraten doppelt so viele schwarze Männer gemischtrassig (24 %) wie schwarze Frauen (12 %). Für Asiaten gilt beinahe das Gegenteil: Mehr als ein Drittel der asiatischen Frauen geht Mischehen ein, gegenüber 21 % der asiatischen Männer. Die bei Weitem häufigste Form der Mischehe wird zwischen Weißen und *Hispanics* geschlossen; sie macht 42 % der Gesamtzahl aus, gefolgt von Ehen zwischen Weißen und Asiaten (15 %) und Ehen zwischen Weißen und Schwarzen (11 %).

Neuverheiratete in Mischehen 2014/15 nach Geschlecht

	Männer	Frauen
Weiße	12 %	10 %
Hispanics	26 %	28 %
Schwarze	24 %	12 %
Asiaten	21 %	36 %

Paarungsverhältnis Neuverheirateter 2014/15

Paarung	Anteil an Mischehen insgesamt
Weiße/*Hispanics*	42 %
Weiße/Asiaten	15 %
Weiße/Mischlinge	12 %
Weiße/Schwarze	11 %
Hispanics/Schwarze	5 %
Weiße/amerikanische Ureinwohner	3 %
Hispanics/Asiaten	3 %
Hispanics/Mischlinge	3 %

Männliche und weibliche Weiße und *Hispanics* heiraten einander – mehr oder weniger – mit der gleichen Häufigkeit. In allen anderen Fällen zeigen sich jedoch signifikante Unterschiede. Asiaten sind, wie gesagt, diejenige Rasse, die am ehesten „auswärts heiratet", und wenn sie es tun, dann heiraten 75 % von ihnen Weiße. Ehepaare aus einem weißen Mann und einer asiatischen Frau gibt es fast dreimal so oft wie solche aus einem asiatischen Mann und einer weißen Frau. In gleicher Weise sind Paare aus einem schwarzen Mann und einer weißen Frau mehr als doppelt so häufig wie solche aus einem weißen Mann und einer schwarzen Frau.

Neuverheiratete in Mischehen nach Mann/Frau

Paarung	Anteil an Mischehen insgesamt
weißer Ehemann / *Hispanic*-Ehefrau	22 %
Hispanic-Ehemann / weiße Ehefrau	20 %
weißer Ehemann / asiatische Ehefrau	11 %
asiatischer Ehemann / weiße Ehefrau	4 %
weißer Ehemann / schwarze Ehefrau	3 %
schwarzer Ehemann / weiße Ehefrau	7 %
Hispanic-Ehemann / schwarze Ehefrau	1 %
schwarzer Ehemann / *Hispanic*-Ehefrau	4 %

In vielerlei Hinsicht bietet der Bericht des „Pew Research Center" von vor einem halben Jahrzehnt mehr Detailangaben als jener, der sich auf Daten von 2015 stützt.[458] Im Jahr 2008 antworteten weiße Männer, die innerhalb der vorangegangenen zwölf Monate jemanden aus einer anderen Ethnie geheiratet hatten, auf die Frage nach dieser Ethnie zu 46,1 % mit „*Hispanic*" und zu 26,9 % mit „Asiaten", womit Letztere den zweitgrößten Anteil darstellten. Nur 6,9 % antworteten mit „Schwarze". Bei den weißen Frauen entfielen nur 9,4 % auf „Asiaten", hingegen 51,4 % auf „*Hispanics*" und 20,1 % auf „Schwarze".

Beziehungen zwischen Weißen und *Hispanics*, die häufigste Form der Mischehe in den Vereinigten Staaten, sind keine Vorboten einer Ethnogenese. Der Begriff *Hispanics* war schon immer mehrdeutig, weil es sich dabei um eine sprachliche, nicht um eine ethnische Kategorie handelt. Genetisch betrachtet sind *Hispanics* Menschen mit einem europäisch-indianischen Mischhintergrund – was durch diese Mischehen nicht grundlegend berührt wird. Ihre Nachkommen werden einfach als *Hispanics* oder als Weiße angesehen werden, je nach Einzelfall. Es ist allerdings sinnvoll, darauf hinzuweisen, dass diese Identitätszuordnung eine kleine, doch signifikante Auswirkung auf die vom US-Statistikamt errechnete Gesamtdemografie hat.

Bemerkenswerter ist die zweithäufigste Form der Mischehe, die zwischen Weißen und Asiaten (nochmals: vorwiegend Ostasiaten), welche 15 % der Gesamtzahl ausmacht. Hierbei handelt es sich um eine neue Kline. Ganz so, wie die Fortpflanzung zwischen weißen Männern und indianischen Frauen die *Hispanics* hervorgebracht hat – die dann wiederum Mischehen eingegangen sind –, gibt es einen laufenden Prozess, in dem die Vereinigung weißer amerikanischer Männer mit ostasiatischen amerikanischen Frauen sich zu einem Beispiel für Ethnogenese auswachsen könnte.

Die hohe Rate an Mischehen unter Asiaten spiegelt wahrscheinlich die verhältnismäßig geringe Zahl von Asiaten in den Vereinigten Staaten wider. In der Tat sind Mischehen weniger häufig geworden, je weiter ihre Population angewachsen ist; zwischen 1980 und 2015 ist ihr Anteil um etwa 12 % gesunken. Darin mag sich auch niederschlagen, dass insbesondere Frauen hypergam zu heiraten wünschen und sich deshalb – möglicherweise – gezielt Partner aus einer anderen Rasse suchen, speziell weiße Männer, weil Weiße mit Status assoziiert werden. In Übereinstimmung damit haben laut Daten von 2008 39,5 % der asiatischen Frauen in Amerika Männer aus anderen Rassen geheiratet – 76 % davon wiederum weiße Männer –, während nur 19,5 % der asiatischen Männer in Amerika so gehandelt haben. Bei den Afroamerikanern ist es umgekehrt: 22 % der schwarzen Männer heiraten Frauen aus anderen Rassen (in 57 % der Fälle weiße Frauen), während 8,9 % der afroamerikanischen Frauen Männer aus anderen Rassen heiraten (zu 58 % weiße Männer).

Diese „Anziehungsungleichheit" zeigt sich auch bei der Partnersuche. Die beliebte Online-Kontaktbörse „OkCupid" veröffentlichte in den Jahren 2009 und 2014 Metadaten über Rasse und Geschlecht ihrer zig Millionen Nutzer. Diese Daten wurden von Christian Rudder, einem der Mitgründer des Portals, analysiert – und diese Auswertung später wieder gelöscht. Wie das Magazin „New York“ beklagte, passten die Ergebnisse so gar nicht zur „farbenblinden Utopie von Liebe jenseits der Rassen“:

Die Angehörigen der meisten Rassen zogen es vor, innerhalb ihrer eigenen Rasse auf Partnersuche zu gehen. Asiatische und schwarze Männer wurden seltener angeschrieben als weiße Männer, während schwarze Frauen die wenigsten Kontaktgesuche von allen Nutzern erhielten.[459]

„QuickMatch“-Bewertungen 2014

	asiatische Frauen	schwarze Frauen	Latinas	weiße Frauen
asiatische Männer bewerten ...	15 %	–20 %	2 %	3 %
schwarze Männer bewerten ...	2 %	1 %	2 %	–6 %
Latinos bewerten ...	4 %	–18 %	10 %	4 %
weiße Männer bewerten ...	9 %	–17 %	3 %	6 %

	asiatische Männer	schwarze Männer	Latinos	weiße Männer
asiatische Frauen bewerten ...	24 %	–27 %	–15 %	18 %
schwarze Frauen bewerten ...	–13 %	23 %	–3 %	–6 %
Latinas bewerten ...	–14 %	–16 %	18 %	12 %
weiße Frauen bewerten ...	–12 %	–8 %	1 %	19 %

Eine der auffälligsten Analysen beruhte auf den Daten der Funktion „QuickMatch“, wobei die Nutzer das Foto eines potenziellen Kontaktes auf einer Skala von 1 bis 5 bewerten sollen. Die Auswertung dieser Daten findet sich in der obigen Tabelle; sie sind nach Rasse und Geschlecht unterteilt und zeigen die Prozentzahl im Vergleich zum Durchschnitt. Asiatische Männer bewerten beispielsweise asiatische Frauen um 15 % höher als die Durchschnittsfrau, aber schwarze Frauen um 20 % niedriger. Wir sehen, dass Frauen eine starke Präferenz für Männer der gleichen Rasse zeigen, irgendwo zwischen 18 % und 24 % über dem Durchschnitt. Auf Männer trifft dieser Befund allerdings nicht zu. Sowohl schwarze als auch weiße Männer scheinen asiatische Frauen den Frauen ihrer eigenen Rassen leicht vorzuziehen. Schwarze Männer sind im Hinblick auf die Rasse ihrer potenziellen Partnerin am wenigsten wählerisch, wie man an der geringen Bandbreite ihrer Werte erkennt. Und alles in allem werden schwarze Frauen und asiatische Männer von den Angehörigen der jeweils anderen Rassen am niedrigsten bewertet.

Diese Unterschiede lassen sich anhand von drei Forschungszweigen erklären. Wenn weißen Frauen Fotos von schwarzen, weißen und ostasiatischen Männern vorgelegt werden, dann finden sie meist die Schwarzen am attraktivsten – wahrscheinlich, weil sie am männlichsten aussehen – und die Ostasiaten am unattraktivsten. Bei weißen Männern ist es genau umgekehrt: Zeigt man ihnen Fotos von Frauen, so bewerten sie die Asiatinnen als die attraktivsten und die Schwarzen als die am wenigsten attraktiven. Forscher über Fragen von Rasse und Attraktivität haben darauf hingewiesen, dass ostasiatische Frauen typische, extrem feminine und kindliche Gesichtszüge aufweisen (wodurch sie „niedlich“ aussehen), wohingegen schwarze Frauen üblicherweise am wenigsten weiblich aussehen.[460] Das würde auch zu erklären helfen, warum schwarze Frauen besonders selten „auswärts heiraten“. Wie wir schon thematisiert haben, selektieren Männer in erster Linie nach Jugend und Schönheit und sind weniger an Status interessiert. Schwarz zu sein ist traditionell mit einem niedrigen Status assoziiert, und was noch wichtiger ist: Schwarze Frauen weisen kaum kindliche Züge auf. Hinzu kommt, dass bezüglich der festgestellten rassischen Heiratsmuster die Theorie der genetischen Ähnlichkeit darauf hindeuten würde, dass sich Weiße und *Hispanics* aufgrund ihrer relativen genetischen Ähnlichkeit zueinander hingezogen fühlen müssten. Zu guter Letzt gibt es auch einige Hinweise darauf, dass bei Mischehen in den Vereinigten Staaten ein Abgleich erwünschter Eigenschaften eine Rolle spielt, besonders bei Ehen zwischen schwarzen Männern und weißen Frauen. In diesen Beziehungen verfügt der Schwarze im Vergleich zur Weißen meist über einen verhältnismäßig hohen Bildungsstand, was heißt, dass die Weiße in

Sachen Bildung hypergam heiratet. Es steht zu vermuten, dass dies die Tatsache aufwiegt, dass die Frau in rassischer Hinsicht hypogam (also sozial abwärts) geheiratet hat. Mit anderen Worten: Sie hat einen Statuswechsel vollzogen.[461]

Nichtsdestoweniger können wir erkennen, dass sich in den Vereinigten Staaten ein Prozess der Ethnogenese vollzieht, primär im Rahmen der Beziehungen zwischen weißen Männern und ostasiatischen Frauen. In Hawaii geschieht dies aufgrund der dort etablierten japanischen Minderheit schon seit langer Zeit, und die Ergebnisse dieser Verbindungen werden mit dem hawaiianischen Wort „Hapa" bezeichnet, das für Mischling steht. Überall in den Vereinigten Staaten nehmen junge Menschen, die halb weißer und halb ostasiatischer Abstammung sind, „Hapa" als einen Marker ihrer Identität an, auch wenn einige hawaiianische Aktivisten dies als ein Beispiel für „kulturelle Aneignung" kritisiert haben.[462] Es verdient Erwähnung, dass schwarz-weiße Mischlinge in den USA in der Regel eine weiße Mutter haben, während asiatisch-weiße Mischlinge meist einen weißen Vater haben. Möglicherweise hat dies Auswirkungen darauf, welche Eigenschaften vererbt werden, doch auf dem derzeitigen Stand der Forschung kann darüber nur spekuliert werden. Den Daten von „Pew" zufolge korreliert das Eingehen einer Mischehe positiv mit dem Bildungsgrad. Das mag an der Beziehung zwischen Bildungserfolg und Intelligenz liegen, welche wiederum mit Offenheit assoziiert ist. Es mag auch an der „Ausgesetztheit" liegen: Besonders Schwarze werden mit steigendem Bildungsgrad häufiger in Gegenden leben, in denen es viele Weiße gibt.[463] Es bleibt gleichwohl nur eine sehr geringe Beziehung zum Bildungsgrad.

Klar ist, dass sich die amerikanische Nation dramatisch verändert. Um dies zu begreifen, lohnt sich ein Blick ins Silicon Valley (Kalifornien) – die Vorreiterregion der Vereinigten Staaten in Sachen Technologie, Kultur, Finanzwesen und, zunehmend, *Demografie*. Mit Stand von 2017 bildeten „Asiaten" – hauptsächlich aus China und Indien – die mit 34 % größte Bevölkerungsgruppe im Valley, einer Ansammlung von Bezirken mit 3,1 Millionen Einwohnern. Unter den hoch qualifizierten und gebildeten Arbeitern waren allein 14 % aus China und machten so dem Anteil der Kalifornier (17 %) und der US-Amerikaner im Allgemeinen (16 %) Konkurrenz. Indien stellte alle anderen in den Schatten und stellte 26 % der hoch qualifizierten Arbeiter im Technologiesektor.[464]

Eine Situation wie diese wird nicht die Rassenthematik „irrelevant“ werden lassen, sondern vielmehr ein neues Volk hervorbringen – oder vermutlich eher *Völker*. Wir sollten nicht erwarten, dass Peoria in Illinois bald dem Silicon Valley ähneln wird. Und doch wird die dramatische Veränderung, die Amerika derzeit durchläuft, unzweifelhaft in nicht allzu ferner Zukunft auch das kollektive Gefühl von Nationalismus – und Fremdenfeindlichkeit – verändern.

10. Gott mit uns: Rasse und Religion

Wissenschaft ist Wissenschaft. Religion ist Religion. Die beiden werden nie zueinander finden. Stephen J. Gould, dem wir schon begegnet sind, und vielen anderen ist das nur recht so. „Um die alten Klischees zu zitieren: Die Wissenschaft bestimmt das Alter von Steinen, und die Religion bestimmt den Fels der Ewigkeit; die Wissenschaft bestimmt, wie sich der Himmel bewegt, und die Religion bestimmt, wie man in den Himmel kommt." Gould hat sogar eine Art von Unterlassungserklärung vorgeschlagen – „NOMA", kurz für *Nonoverlapping Magisteria* („einander nicht überschneidende Lehrgebiete").

> *Das Netzwerk oder Lehrgebiet der Naturwissenschaften umfasst die erfahrbare Welt: woraus das Universum besteht (Tatsachen) und warum es auf diese Weise funktioniert (Theorie). Das Lehrgebiet der Religion befasst sich mit Fragen letztgültiger Bedeutung und moralischen Wertes. Diese beiden Lehrgebiete überschneiden einander nicht [...].*[465]

Gould wollte einen Waffenstillstand zwischen Wissenschaft und Theologie schließen und uns von der Glaubenskrise erlösen, die über die letzten 200 Jahre hinweg gereift ist. Er schrieb sein Buch 1999 und erahnte vielleicht schon die Modeerscheinung des „Neuen Atheismus", die im folgenden Jahrzehnt aufkam. Angeführt von dem Evolutionsbiologen Richard Dawkins griff diese Bewegung Religion frontal als „Wahn" an und hatte das Ziel, für Atheismus zu werben.[466]

Es gibt viele Probleme mit dem „NOMA"-Waffenstillstand – das erste ist rein intellektueller Natur. Kann ein Theologe nichts Wertvolles über Evolution sagen? Oder ein Naturwissenschaftler über das Wesen religiöser Erfahrungen? Oder ein Historiker über das Leben Jesu? Warum werden diese beiden Lehrgebiete als „einander nicht überschneidend" angesehen, wenn dies beispielsweise auf Mathematik und Musik ganz eindeutig nicht zutrifft? Was für unsere Zwecke deutlich akuter ist: „NOMA" lässt es nicht zu, *Religion als Phänomen* zu betrachten sowie sie und ihre Entwicklung unter evolutionären Gesichtspunkten zu untersuchen.

Wie David Sloan Wilson 2002 in „Darwin's Cathedral" schrieb:

> *Etwas, das so kompliziert – und zeit-, energie- und geistaufwendig – ist wie Religion, würde nicht existieren, wenn es keinen weltlichen Nutzen hätte. Glaubensgemeinschaften gibt es vor allem deshalb, damit Menschen gemeinsam vollbringen können, was sie allein nicht schaffen. Zu den Mechanismen, die religiöse Gruppen in die Lage versetzen, als adaptive Einheiten zu funktionieren, gehören genau jene Glaubensinhalte und Praktiken, die Religion für so viele Außenstehende rätselhaft erscheinen lassen.*[467]

Religion ist ein menschliches Allgemeingut, das mit an Sicherheit grenzender Wahrscheinlichkeit älter ist als die Herausbildung aller in diesem Buch behandelten Rassen. Sie weist alle Merkmale eines evolutionär entstandenen Phänomens auf. Religiosität – die Stärke und Verwurzelung des Glaubens und der kollektiven Religionsausübung – korreliert mit Gesundheit, Langlebigkeit und Fruchtbarkeit. Zwillingsstudien zufolge ist sie zu ungefähr 40 % genetisch bedingt.[468] Die Religiosität nimmt in Zeiten der Belastung zu, was bedeutet, dass sie ähnlich wie ein Überlebensinstinkt funktioniert.[469] Wir können daraus nur schlussfolgern, dass die Menschen religiös sind, weil sie danach positiv selektiert wurden. Es handelt sich dabei um die evolutionäre „Norm", ebenso wie bei erotischem Begehren, dem Statusstreben und der Furcht vor Verlust.

Natürlich sind viele Beispiele für extreme Religiosität ganz eindeutig nicht evolutionär vorteilhaft, zumindest nicht für die Individuen, die sie praktizieren. Hingebungsvolle Mönche, die in Enthaltsamkeit und Abgeschiedenheit lebten, Asketen, die auf hohen Säulen standen und das Fasten sowie die Abkehr von allem Weltlichen predigten, jene, die bis hin zur Selbstkasteiung und sogar Selbstkastration gingen – sie alle waren, das versteht sich von selbst, kaum in der Lage, ihre Gene weiterzugeben. Gleichwohl mag ihr Fanatismus für die Gruppe insgesamt sehr vorteilhaft gewesen sein.

Die erfolgreichste Gruppe arbeitet intern zusammen und bekämpft Außenstehende mit Nachdruck und Mut. Dies wurde in Computermodellen nachgewiesen, in denen Gruppen mit unterschiedlichen

Charakteristika ein einmaliges Gefangenendilemma aus der Spieltheorie durchspielen, in dem man entweder miteinander kooperieren oder einander „verraten“ muss. Es werden vier „Gruppen“ gebildet, markiert mit unterschiedlichen Farben. Die am meisten „ethnozentristische“ Gruppe, deren Angehörige mit ihrer eigenen Farbe kooperieren und sich von anderen Farben absetzen, werden immer letzten Endes über Gruppen triumphieren, die humanitär (Zusammenarbeit mit allen), egoistisch (Zusammenarbeit mit niemandem) oder verräterisch (Zusammenarbeit nur mit Angehörigen anderer Gruppen) agieren.[470] Die religiösen Eiferer, die andere durch Demütigung oder Ermutigung dazu brachten, sich einzureihen, mögen über die Weitergabe von Genen hinaus eine wichtige Rolle für die Gesellschaft gespielt haben.

Wir haben bereits erkundet, in welcher Weise die kollektive Anbetung von Göttern als adaptiv gelten kann. Im Allgemeinen stellen Religionen evolutionär adaptives Verhalten – beispielsweise viele Kinder zu haben oder Feinde niederzuwerfen – als den „göttlichen Willen“ dar. Doch es gibt Grund zu der Annahme, dass die evolutionären Vorteile der Religiosität noch viel tiefer liegen. Als die zentralen umweltbedingten Bestimmungsfaktoren der Religiosität haben sich Stress infolge von Unsicherheit – und insbesondere das Bewusstsein der eigenen Sterblichkeit – sowie Gefühle der Ausgrenzung erwiesen. Diese Faktoren verstärken religiöse Inbrunst.[471] In westlichen Gesellschaften werden jene, die kollektiv einen moralischen Gott anbeten, mit höherer Wahrscheinlichkeit heiraten, sich weniger häufig scheiden lassen, öfter Kinder haben und mit höherer Wahrscheinlichkeit mehrere Kinder haben.[472] Sie leiden weniger häufig an körperlichen und seelischen Erkrankungen, leben länger, werden sich mit höherer Wahrscheinlichkeit von schweren Krankheiten wieder erholen und weisen eine niedrigere Sterblichkeit auf.[473] Religiosität steht außerdem – selbst in nicht religiösen Gesellschaften – in Zusammenhang mit niedrigem Neurotizismus, hoher Verträglichkeit und hoher Gewissenhaftigkeit – Eigenschaften, die man als für jede soziale Spezies wichtig beurteilen würde. Religiosität ist also eine entwickelte *kognitive Verzerrung*.[474]

Zu Dawkins’ Verdruss lassen sich Atheismus und andere Abweichungen von traditionellem religiösen Glauben in modernen Populationen folgerichtig sinnvoll als Mutationen verstehen – und als eine schädliche Mutation obendrein. In Übereinstimmung damit steht Atheismus in Zusammenhang mit anderen Mutationsmarkern wie Autismus, schlechter körperlicher Verfassung, mäßiger geistiger Gesundheit und körperlicher Asymmetrie.[475] Atheismus mag auch mit gewissen Beispielen abweichender Sexualität zusammenhängen, was die individuelle Fitness herabsetzen würde. Frauen, die darüber fantasieren, ein Mann zu sein („Genderorientierungsfantasien"), sind nur selten wirklich religiös.[476] Darüber hinaus sind „rechte Ansichten", die mit Religiosität zu 0,75 korrelieren[477] und somit weitgehend identisch sind, mit einem als symmetrischer und attraktiver bewerteten Gesicht assoziiert – anders ausgedrückt, mit einer geringeren Mutationsbelastung.[478]

Mindestens die letzten 100 Jahre hindurch hat die *Säkularisierungsthese* – teilweise unbewusst – das Denken von Gelehrten, öffentlichkeitswirksamen Intellektuellen und politischen Entscheidungsträgern beeinflusst. Verkürzt besagt sie, dass die Menschen und die Institutionen weniger religiös sowie die überdauernden Religionen immer stärker in die Privatsphäre zurückgedrängt und immer „toleranter" werden, eher Lifestyle als Lebensart. Es gab natürlich einige gute Gründe für diese Annahme. Die Glaubenskrise des Westens führte zu vermehrter Apathie und sogar zu mehr Atheismus, und das 20. Jahrhundert erlebte das Aufkommen kämpferisch säkularer politischer Ideologien. Die Frauenemanzipation wurde zu einer unhinterfragbaren gesellschaftlichen Errungenschaft. Und die Kombination von Weiterentwicklungen bei Verhütungsmitteln und Abtreibungstechniken mit der Ermutigung der Frauen, Berufskarrieren und höhere Bildung anzustreben, führte zu einem weltweiten Rückgang der Fruchtbarkeit. Der vielleicht ausschweifendste, haarsträubendste Ausdruck dieser These war die Ausrufung des „Endes der Geschichte" durch Francis Fukuyama in den frühen 1990er-Jahren: Alle Wege sollten hin zu säkularen, liberalen und demokratischen Staaten führen.[479] Der „Neue Atheismus" von Dawkins scheint auf ähnlichen Annahmen zu beruhen.

Der Sozialwissenschaftler Eric Kaufmann hat der Säkularisationsthese eine kalte Dusche verpasst: Die Geschichte ende nicht im Atheismus, tatsächlich würden einst die Religiösen die Erde besitzen

– und das sogar innerhalb säkularer Staaten.[480] Der Grund dafür ist demografischer Natur – oder liegt, zugespitzt, in der Korrelation von Religion und Fruchtbarkeit. Während die Fruchtbarkeit in Amerika im Laufe des 20. Jahrhunderts zurückgegangen ist, haben Frauen konservativ-protestantischen Bekenntnisses (die sogenannten Evangelikalen) im Schnitt fast ein Kind mehr auf die Welt gebracht als solche, die einer gemäßigten oder liberalen protestantischen Kirche angehörten (die „WASPs").[481] Heutzutage haben Frauen mit einer konservativen Einstellung gegenüber Abtreibungen (unabhängig von ihrer jeweiligen Glaubensrichtung oder ihrem Bekenntnis) knapp ein Zweidrittelkind mehr als solche, die für das Recht auf Abtreibung sind.[482] Über Amerika hinaus sieht Kaufmann den Aufstieg „antientropischer" Populationen, der sogenannten Fundamentalisten, die sich nicht nur reproduzieren, sondern weiter anwachsen, während ihre säkularen und liberalen Vettern in einem „Geburtenmangel" feststecken. Kaufmann (selbst ein säkularer Liberaler) schließt daraus widerwillig, dass diese religiösen Völker dazu bestimmt seien, „die Welt [zu] übernehmen".

Was also ist diese gewaltige Macht „Religion", die den Fortgang der Evolution prägt – und woher ist sie gekommen?

Ein evolutionärer Blickwinkel auf die Religion

Wie genau unsere Urahnen darauf gekommen sind, an Götter zu glauben, werden wir nie endgültig klären können. Wir können darüber jedoch begründete Spekulationen anstellen. Beginnen wir auf der individuellen Ebene. Eine Möglichkeit besteht darin, dass die übermäßige Wahrnehmung absichtsvollen Handelns einen evolutionären Vorteil darstellt. Wenn ein Mensch der Vorzeit weit entfernt im Wald ein seltsames Geräusch hörte, konnte er auf die unterschiedlichsten Weisen darauf reagieren, von denen jede einzelne Folgen haben würde. Wenn er davon ausging, dass das Geräusch von einem gefährlichen Tier stammte, würde er eine Deckung suchen oder sich auf einen Angriff vorbereiten. Wenn er sich damit irrte, würde er nur wenig verloren haben. Wenn er damit recht hatte, würde er alles gerettet haben. Wenn dieser vorzeitliche Mensch sich um seltsame Geräusche, die er hörte, nicht scherte, würde er früher oder später gefressen werden. Die übermäßige Wahrnehmung von absichtsvollem Handeln wäre damit positiv selektiert worden. Mit anderen Worten: Es zahlt sich aus, paranoid zu sein. Und wir können davon ausgehen, dass ein Vorzeitmensch mit seinem großen Hirn nicht nur über Geräusche aus dem Wald spekuliert hätte; er hätte begonnen, auch hinter der Welt an sich eine Ursächlichkeit zu vermuten.[483]

Auch der menschliche Altruismus mag für unsere Herausbildung des Glaubens an Götter und Geister relevant sein. Ein essenzieller Faktor des Altruismus ist die Empathie – die Fähigkeit, seelische Zustände aus externen Signalen abzuleiten und somit die Empfindungen anderer korrekt zu erspüren, sie sogar selbst nachzuempfinden. Wie wir im vorangegangenen Kapitel thematisiert haben, sind Menschen mit extrem hohen Werten für diesen Charakterzug – etwa Schizophrene – besonders anfällig dafür, überall Anzeichen für absichtsvolles Handeln zu sehen, selbst in der Welt an sich. Wer an Gott glaubt, aber psychologisch normal ist, hat die gleiche Neigung, allerdings in weitaus geringerer Ausprägung. Es ist wenig überraschend, dass klischeehafte „hochfunktionale Autisten" – die über sehr wenig Empathie verfügen – oft Atheisten sind.[484]

Wenn die Menschen erst einmal an Gott glauben, sind sie weiters im Vorteil, weil sie moralischer (kooperativer) und weniger gestresst sind, also mit geringerer Wahrscheinlichkeit aus der Gemeinschaft ausgeschlossen werden.[485] Damit übereinstimmend ist Religiosität mit Verträglichkeit, Gewissenhaftigkeit und geringem Neurotizismus verbunden.[486] Experimente haben nachgewiesen, dass wir sozialer werden, wenn wir glauben, beobachtet zu werden.[487] Religiosität wäre somit ein Marker für eine *soziale Persönlichkeit*, würde also positiv selektiert.

Das führt uns allerdings zu einem Problem: Schmarotzer könnten sich als religiös ausgeben, um über eine gewisse Zeitspanne hinweg in den Genuss der damit einhergehenden sozialen Vergünstigungen zu kommen. Es gibt Hinweise darauf, dass eine extrinsische – also bloß äußerliche – Religiosität mit Neurotizismus assoziiert ist, welcher wiederum mit periodisch auftretendem religiösen Eifer zusammenhängt.[488] Religionen haben dieses Problem – teilweise – durch Glaubensprüfungen gelöst. Sie verlangen Beweise einer intensiven Hingabe, zum Beispiel ein Glaubensbekenntnis und detaillierte Gespräche darüber, wie man „Jesus gefunden“ habe. Das spricht für Authentizität und gegen solche, die zynisch nur „so tun, als ob“. Mit anderen Worten: Religiosität – als ein Marker für Hingabe – müsste sich unentwegt der Parasiten erwehren und würde sich entsprechend entwickeln. Insgesamt würde Religiosität auf der individuellen Ebene positiv selektiert, und stärker religiöse Gruppen hätten einen Vorteil gegenüber weniger religiösen Gruppen.

Wie wir bereits gesehen haben, korreliert Intelligenz mit Impulskontrolle, Regelbefolgung, Vorausschau, Altruismus und Kooperativität. Sie korreliert auch mit einer Neigung zur Offenheit für weniger instinktive Gedankengänge, etwa die Vorstellung von einem einzigen moralischen Gott, woran weniger entwickelte Menschengruppen nicht glauben.[489] Wenn also Religiosität positiv selektiert wird, dann werden gleichzeitig Intelligenz und kooperative Persönlichkeit – die Altruismus und eine hohe Impulskontrolle umfasst (den „Generalfaktor der Persönlichkeit“)[490] – positiv selektiert, was bedeutet, dass sich das Wesen der Gesellschaft mit der Zeit verändert.[491] Doch die Religiosität selbst – und das ist des Pudels Kern – beginnt dann, ebendiese evolutionär adaptiven Charakterzüge noch wesentlich stärker zu selektieren, oft vermittels auf den ersten Blick bizarrer oder sogar brutaler Rituale und Vorschriften, die, so erschreckend sie ausfallen können, ausgesprochen evolutionär adaptiv sind. Beschneidungsriten beispielsweise zwingen den Einzelnen dazu, unter Beweis zu stellen, in welchem Ausmaß er zu kooperieren bereit ist, indem er selbst Schmerz erdulden oder seine Kinder Schmerzen aussetzen muss. Und gerade weil solche Handlungen als der Wille Gottes oder der Götter bzw. deren Handeln präsentiert werden, wird ihnen leichter Folge geleistet. Als die Menschen glaubten, dass Götter real seien, fragten sie nicht mehr ständig: „Was erwarten die anderen Menschen wohl von mir?“ Stattdessen fragten sie: „Was erwarten die Götter von mir?“ Das Übernatürliche wird so zu einem Mittel, um Menschen – große Massen von Menschen – zu kontrollieren und zu lenken, ohne körperlichen Zwang anzuwenden. Und das von den Göttern bevorzugte Verhalten wird im Allgemeinen gruppenorientiertes, soziales Verhalten sein.[492] Das liegt daran, dass Tabus und Mythen in allen Religionen das widerspiegeln, was in früheren Generationen erfolgreich war.

Religiöse Mythen werden von den evolutionären Überlebenden geprägt, weil jene, die den Göttern den Wunsch nach anderem Verhalten unterstellten als sie, ihre Gene schlicht nicht weitergeben konnten. Religiöse Konzepte sind Produkte einer Evolution insofern, als negative „Mutationen“ über Generationen der Selektion hinweg ausgemerzt worden sind. Faktisch sind Moralvorstellungen und andere den Göttern zugesprochene Gedanken in Wirklichkeit das Endergebnis menschlicher Anstrengungen, die – zumindest für eine konkrete Gruppe innerhalb eines substanziellen Zeitraumes – erfolgreich waren. Diese Erfahrung als göttliches Gesetz zu vermitteln – „So steht es geschrieben“ – ist eine extrem mächtige Weise, sie zu erhalten und zukünftiges evolutionär adaptives Verhalten sicherzustellen. Es sichert somit den evolutionären Erfolg des Einzelnen und der Gruppe, „Gottes Gedanken“ zu lesen und ihm gegenüber Empathie zu zeigen.

Natürlich kann es zu Fehlern kommen. Beispielsweise könnten Außenstehende über eine Gruppe siegen – oder in sie integriert werden – und dieser dann ihre eigenen religiösen Vorstellungen aufzwingen, sie mit einem fremden Bekenntnis indoktrinieren. Diese Vorstellungen mögen für das dominante Volk adaptiv sein, sich aber auf das unterworfene Volk maladaptiv auswirken. Dies ist der Grund dafür, dass sich Religionen abhängig vom relativen Status der mit ihnen assoziierten Gruppe entwickeln können. Es wird offenkundig, wenn man das Christentum der frühen Kirche – als die Christen noch eine verfolgte Minderheit waren – mit jenem nach dem Konzil von Nicäa und der Annahme des Christentums als Staatsreligion vergleicht. Nachdem das geschehen war, bildete das Christentum allmählich einen Synkretismus mit dem Heidentum und wurde zu einer Legitimationsweise der jeweils aktuellen politischen Ordnung. Die Ungleichheit der Begründung ist ein Aspekt vieler Religionen dieser Art. Gott segnet, wen immer er zu segnen beliebt.[493]

Die „Stufen“ der Religion

Da Religiosität evolutionär adaptiv ist, müssen wir davon ausgehen, dass unterschiedliche Ökosysteme unterschiedliche Arten von Religiosität hervorbringen. Und wenn das so ist, dann müssen wir auch davon ausgehen, dass es rassische Unterschiede in der Religiosität gibt. Viele Philosophen und Theoretiker haben sich darum bemüht, eine Vogelperspektive der menschlichen Entwicklung zu liefern. Der schottische Ökonom Adam Smith (1723–1790) vertrat die Ansicht, dass Gesellschaften vier ökonomische Stadien durchliefen:

1. **Jäger und Sammler**
2. **Weidewirtschaft und Wanderviehhaltung**
3. **Ackerbau**
4. **Handel**[494]

Diese „Stufentheorie" der Entwicklung wurde als Grundlage genutzt, um Unterschiede in modalen Denksystemen zu erkunden. Der französische Philosoph Auguste Comte (1798–1857) stellte die ergänzende Theorie auf, dass Gesellschaften in ihrer Entwicklung eine Reihe von Phasen und damit einhergehenden Weltanschauungen durchliefen. Comte fasste diesen Vorgang in das sogenannte Drei-Stadien-Gesetz[495]:

1. **theologisch:** Die Natur wird mythisch begriffen und mit einem oder mehreren übernatürlichen Wesen erklärt.
2. **metaphysisch:** Die Welt wird durch die Natur und unklare Mächte erklärt.
3. **positivistisch:** Die Welt wird durch Logik, Vernunft und Wissenschaft erklärt.

Der englische Philosoph Herbert Spencer (1820–1903) argumentierte – vereinfacht gesagt –, dass man von zwei Arten von Gesellschaften sprechen könne: der *militanten* und der *industriellen*. Die Militante Gesellschaft sei einfach, undifferenziert und beinhalte eine Art von Hierarchie sowie den Gehorsam dieser gegenüber, während die Industrielle Gesellschaft komplex und die Zusammenarbeit darin freiwillig oder durch vertraglichen Zwang begründet sei. Gesellschaften entwickelten sich von der einen in die andere Form in Übereinstimmung mit den Prinzipien der natürlichen Selektion: Je intelligenter und kreativer die Menschen würden, desto stärker tendierten sie zum Industrialismus. Spencer war der Ansicht, dass die von ihm so wahrgenommenen „niederen Rassen“ die am wenigsten entwickelte Form der Religiosität pflegten – die *Ahnenverehrung*. Im Laufe ihrer Entwicklung würden ihre Nachkommen beginnen, *Geister und Naturkräfte* anzubeten, und diese würden weiter zu *Göttern* transformiert. Diese Religiosität würde letztendlich zugunsten des wissenschaftlichen Denkens verworfen.[496]

Der schottische Anthropologe Sir James Frazer (1854–1941) präsentierte eine ähnliche „Stufentheorie“ der gesellschaftlichen Entwicklung:

1. **primitive Magie:** Glaube an Geister und die Ahnen.
2. **Religion:** Glaube an Götter.
3. **Wissenschaft**

Auch hier erkennen wir die Schlussfolgerung, dass eine Gesellschaft, je weiter sie sich intellektuell verfeinert, die primitiveren religiösen Denkweisen mehr und mehr zugunsten der wissenschaftlichen aufgebe. In seinem *Opus magnum* „The Golden Bough“ (1890) wird Frazer diesbezüglich ganz deutlich. Er schreibt, dass im Laufe der Herausbildung von Zivilisationen „jene mit scharfem Verstand die religiösen Theorien über die Natur als ungenügend verwarfen [...]. Die Religion wurde in ihrer Funktion als Erklärung der Natur durch die Wissenschaft ersetzt“[497]. Frazer zufolge sollte auch der Übergang vom „Aberglauben“ zur „Religion“ durch die Ablehnung des Aberglaubens seitens jener mit der höchsten Intelligenz angestoßen werden. Der englische Anthropologe Frank Byron Jevons (1858–1936) wurde noch konkreter. Er untersuchte die spezifischen Stufen innerhalb der Religiosität und stellte die These auf, dass diese sich mit zunehmender Komplexität der Gesellschaften von Animismus und Ahnenverehrung erst zum Polytheismus und schließlich zum Monotheismus entwickle.[498]

Diese „Stufentheorien“ betonen die rassischen Unterschiede in der Religiosität im Hinblick auf die urtümlichen Umgebungen der Rassen, von daher scheinen sie im Großen und Ganzen korrekt zu sein. Die Art der Religiosität, wie sie Rassen von Jägern und Sammlern – oder solche, die bis zum Kontakt mit Europäern als Jäger und Sammler lebten – praktizierten, unterscheidet sich qualitativ von der solcher Rassen, die einen komplexeren Entwicklungsstand erreicht haben. Jäger und Sammler glauben nicht an Götter, erst recht nicht an moralische Götter. Sie glauben an Geister, mit denen sie sich gut stellen müssen, um beim Jagen und Sammeln erfolgreicher zu sein. Das deckt sich in den meisten Fällen damit, dass sie eher r-selektiert sind. Ihr Ökosystem ist weniger stabil und weniger rau; das bedeutet, dass Zusammenarbeit weniger überlebenswichtig ist und soziales Verhalten weniger positiv selektiert wird. Hinzu kommt, dass es sowieso keinen Grund gibt, mit Menschen zu kooperieren, die nicht Teil der eigenen Verwandtschaftsgruppe sind, und allgemeines Sozialverhalten kaum selektiert wird. Dementsprechend scheinen derartige Gesellschaften nicht an moralische Götter zu glauben. Je weiter wir uns einer Agrargesellschaft annähern, desto mehr ändert sich dieser Zustand, denn der Ackerbau sorgt für eine rauere, aber stabilere Umgebung; die Etablierung des Ackerbaus sorgt also in der Regel für einen Umschwung der Gesellschaft in eine kooperativere und pflichtbewusstere – das heißt: K-selektierte – Richtung. Individuen mit lediglich kurzfristigen Interessen werden am Ackerbau scheitern und aussterben. Wir beginnen also, die Entwicklung von Göttern und Ahnen, die zu sozialem Verhalten mehr oder weniger verpflichten, zu verstehen, denn genau dieses Verhalten wird jetzt wichtig. Daraus ergibt sich, dass Menschen, die an solche Götter glauben, mit höherer Wahrscheinlichkeit ihre Gene weitergeben.

Beim Erreichen der Stufe des Städtebaus sehen wir allmählich eine radikale Verschiebung. Um unter urbanen Bedingungen gedeihen zu können, müssen die Menschen zunehmend mit anderen Menschen kooperieren, die nicht ihrer Verwandtschaftsgruppe angehören, darunter auch solche, die sie wahrscheinlich nie wiedersehen werden. Vor diesem Hintergrund hält die Verwandtschaft – und der Glaube an gemeinsame Vorfahren – die Leute nicht länger zusammen und kann sie nicht mehr so leicht zur Zusammenarbeit veranlassen. Dementsprechend muss das allgemeine Sozialverhalten gestärkt werden, und deshalb werden wir Zeugen der Heraufkunft ausgesprochen sozialer Götter, die ein zutiefst moralisches Verhalten verlangen, welches seinerseits die Menschen noch sozialer werden lässt.[499] Der Glaube an einen moralischen Gott wird dadurch zu einer Art von Versicherung. Wenn ein Fremder an diesen moralischen Gott glaubt, dann kann man ihm wahrscheinlich vertrauen. Er wird sein Wort halten; er wird sozial handeln, weil er – wie man selbst – daran glaubt, dass dieser Gott ihn beobachtet und dass dieser Gott ihn bestrafen wird, wenn er sich unmoralisch aufführt. Diese Art des Denkens findet sich in Gruppen, die sich von der Weidewirtschaft weiterentwickelt haben zur unabhängigen Schaffung von Stadtstaaten und mehr: bei den Südasiaten, Europäern, Nordostasiaten, Nordafrikanern und Arabern sowie bei einigen Eingeborenengruppen in Amerika, etwa den Inka und den Azteken. Das sind jene Gruppen, die ein gewisses Niveau eigenständiger kultureller Errungenschaften erreicht haben, wie die folgende Tabelle zeigt.

Rangfolge der Rassen nach Kulturleistungen und Zivilisation

Rasse	Rang	Kriterium
Europäer	1	Beiträge zu Naturwissenschaften
Nordostasiaten	2	Beiträge zu Naturwissenschaften
Nordafrikaner/Araber	3	21 Zivilisationsmarker eigenständig erreicht
Südasiaten	4	21 Zivilisationsmarker eigenständig erreicht
amerikanische Ureinwohner	5	Hälfte der 21 Zivilisationsmarker erreicht
arktische Völker	6	keine Zivilisationsmarker eigenständig erreicht
Südostasiaten	6	keine Zivilisationsmarker eigenständig erreicht
pazifische Insulaner	6	keine Zivilisationsmarker eigenständig erreicht
Subsahara-Afrikaner	6	keine Zivilisationsmarker eigenständig erreicht
Aborigines	6	keine Zivilisationsmarker eigenständig erreicht
Buschmänner	6	keine Zivilisationsmarker eigenständig erreicht
Pygmäen	6	keine Zivilisationsmarker eigenständig erreicht

Sie werden – rassisch geordnet – anhand wichtiger Beiträge zu den Naturwissenschaften sowie der Anzahl an Zivilisationsmarkern (von 21 anerkannten ebensolchen), die sie eigenständig erlangt haben, beurteilt.[500] Zu diesen Markern zählen das Tragen von Kleidung, die Verwendung des Rades, das Unterlassen von Verstümmelungen, die Verbindung von Dörfern und Städten durch Straßen, die Pflanzenzucht, die Domestikation von Tieren, das Wissen um Metalle (soweit diese verfügbar sind), das Unterlassen des Kannibalismus, Geldwesen, Gesetze, Schrift und eine Form von Mathematik. Diese Art von Religion findet sich auch in Gruppen, die mit diesen erfolgreichen Gruppen in Kontakt gekommen sind, doch haben sie sie nicht eigenständig herausgebildet.

Der Spitzenplatz Europas ist eine Bestätigung der Tatsache, dass die entwickelte Welt an sich von Grund auf „westlich" ist, was ihre politischen, rechtlichen und wirtschaftlichen Systeme angeht, und zunehmend auch hinsichtlich ihrer kulturellen Normen. Allgemein gilt, dass die stärker in K-Richtung entwickelten Rassen – die die größten zivilisatorischen Schritte vollbracht haben – am wahrscheinlichsten den Glauben an moralische Götter entwickelt haben. Es gibt allerdings einen damit einhergehenden Prozess der größeren religiösen Vereinfachung. Deshalb glauben die am wenigsten entwickelten Rassen an zahlreiche Geister und Urahnen, die ihre Leben zu beeinflussen vermögen. Wenn sie sich weiterentwickeln, verengt sich dieses Spektrum auf eine Reihe von Göttern. Und wenn sie sich noch weiterentwickeln, bleibt am Ende ein einzelner Gott übrig. Dies deckt sich mit der Suche der Naturwissenschaften nach der einfachsten Erklärung, ebenso wie intelligentere Menschen auch systematischer und wissenschaftlicher denken.[501] Das zeigt sich am deutlichsten im Judentum, und dementsprechend auch im Christentum und Islam. Mit der Erfindung des Demiurgen und der Ideenlehre durch Platon hingegen entwickelte der neoplatonische Monotheismus einen großen Einfluss auf das klassische Heidentum. Im Hinduismus werden Götter oft als Manifestationen von drei Grundgottheiten angesehen.[502]

In Fernost besteht eine Spannung zwischen dem heidnischen und dem buddhistischen Glauben, wobei sich in vielen Völkern ein Synkretismus aus beiden findet. 1993 ergab eine Umfrage, dass 65 % der Japaner nicht an Gott glaubten, während 55 % „nicht an Buddha glaubten", was eine wichtige Unterscheidung darstellt.[503] Man könnte legitimerweise behaupten, dass eine moralische Gottheit in monotheistischen Gesellschaften stärker – oder zumindest deutlicher – herausragt. Ein solcher moralischer Gott schreibt moralisches gruppeninternes Verhalten unmittelbar als seinen Willen vor. Im Gegensatz dazu weisen die Götter polytheistischer Gesellschaften häufig allzu menschliche Schwächen auf. Nichtsdestoweniger hat sich erwiesen, dass sie selbst dort im Zusammenhang mit Moralvorstellungen stehen, auch wenn es qualitative Unterschiede zwischen monotheistischen und polytheistischen Religionen gibt. In polytheistischen Religionen ist das Befolgen der Rituale wichtiger und das Akzeptieren der Dogmen weniger wichtig, wobei sich viele Mischformen und Variationen finden. Die europäischen Länder waren vor dem Aufstieg des Christentums natürlich offen polytheistisch, und viele christliche Gruppen vermengten Aspekte von Monotheismus und Polytheismus, wie wir etwa an den diversen Gegenständen der Verehrung in der katholischen Kirche sehen können.[504] Vielleicht liegt ein zentraler Unterschied zwischen Europa und Ostasien darin, wie „Religion" definiert wird. Ostasiaten scheinen Tempelrituale als einen eher „kulturellen" als „religiösen" Aspekt zu verstehen, selbst wenn die Teilnahme daran einen Glauben an Schicksal, Glück und sogar an die Ahnen oder Götter, die das Leben beeinflussen können, impliziert.[505]

Nationale und ethnische Unterschiede in der Religiosität

Wenn die Religiosität in Beziehung zur urtümlichen Umgebung des Einzelnen steht, dann sollte es innerhalb multiethnischer Staaten rassische Unterschiede in der Religiosität geben. Im 19. und 20. Jahrhundert gingen viele Denker von einem umgekehrt proportionalen Verhältnis zwischen Intelligenz und Religiosität aus. Der englische Naturwissenschaftler Sir Francis Galton (1822–1911) konzentrierte sich nicht auf die Frage der Religion, sondern führte in seinem Buch „Hereditary Genius" (1869) die Religiosität der Spanier auf den Einfluss der Spanischen Inquisition zurück:

> *Bis zu welcher Ausdehnung die europäischen Völker von Verfolgungen getroffen wurden, läßt sich leicht durch einige wohlbekannte statistische Tatsachen ermessen. So wurde das spanische Volk im Verlaufe der drei Jahrhunderte zwischen 1471 und 1781 jährlich um die Zahl von 1000 Personen an Freidenkern entblößt; da durchschnittlich pro Jahr 100 Personen hingerichtet und 900 während dieser Zeit eingesperrt wurden. Die tatsächlichen Daten aus diesen drei Jahrhunderten sprechen von 32.000 auf Scheiterhaufen verbrannten Personen, von 17.000 en effigie verbrannten (ich nehme an, daß die meisten von ihnen im Gefängnis starben oder aus Spanien entflohen), und von 291.000,*

> *die zu Gefängnisstrafen von verschiedener Länge und anderen Bußen verurteilt wurden. Es ist unmöglich, daß irgend ein Volk einer solchen Politik Stand halten kann, ohne eine gewaltige Strafe in der Verschlechterung seiner Nachkommenschaft zu zahlen, wie es sich tatsächlich in dem Aufkommen des heutigen abergläubischen unintelligenten spanischen Volkes zeigt.*[506]

Wie Frazer und andere „Stufen"-Theoretiker ist auch Galton der Ansicht, dass ein hoher Grad an „Aberglaube" auf eine weniger entwickelte Gesellschaft hindeute als der übliche „Monotheismus" oder „Wissenschaft", und dass Spanien zum Teil aus biologischen Gründen abergläubisch sei. Mit anderen Worten: Ob Galton nun empirisch richtig lag oder nicht, er stellte die These auf, dass der Massenmord an der spanischen Intelligenzija ein stärker religiöses Land zur Folge gehabt habe; damit scheint er zu implizieren, dass intelligente Menschen weniger Bereitschaft dazu zeigen, religiöse Dogmen zu akzeptieren. Tatsächlich hat eine große Anzahl an Studien übereinstimmend gezeigt, dass es eine negative Korrelation zwischen religiösem Glauben und IQ gibt. Metaanalysen zufolge liegt diese bei ungefähr -0,2.[507]

Galton ist bei Weitem nicht der einzige Denker des Viktorianischen Zeitalters, der ein umgekehrt proportionales Verhältnis zwischen Intelligenz und Religion auf der ethnischen Ebene vermutete. Ein solches Verhältnis wurde auch in einer viktorianischen Debatte über das Ausmaß, in welchem Religion als durch die Rasse vorherbestimmt angesehen werden könne, als weitgehend gesichert angenommen. Der Barrister Luke Owen Pike (1835–1915) stellte der Londoner Anthropologischen Gesellschaft am 16. März 1869 eine Abhandlung mit dem Titel „On the Alleged Influence of Race Upon Religion"[508] vor. Er war der Ansicht, dass es so gut wie keinen rassischen Einfluss auf die Religion einer Gruppe gebe. Pikes Arbeit soll vonseiten der versammelten Anthropologen erhebliche Kritik auf sich gezogen haben; die meisten von ihnen vertraten den Standpunkt, dass die weniger Intelligenten (ob nun Rassen, Volksgruppen oder Individuen) religiöser oder zumindest weniger religionsskeptisch seien. Der Rassenforscher J. Gould Avery (1811–1877) beispielsweise behauptete, dass Protestanten größere „Freidenker" als Katholiken seien und sich dies an den Rassen auf den Britischen Inseln ablesen lasse, die jeweils einem dieser beiden Bekenntnisse zuneigten.[509] Die Waliser seien eine Mischrasse, und das spiegele sich in ihrer Fügsamkeit gegenüber ihren „Seelsorgern“ wider. Avery ordnete also Eigenschaften, die mit Intelligenz assoziiert sind – unabhängiges und kritisches Denken – dem jeweiligen religiösen Bekenntnis zu. Der Anthropologe und Schriftsteller McGrigor Allan (1827–1916) warf ein: „Wenn die Rasse keinen Einfluss auf die Religion hätte, wie könnte es dann sein, dass England es nicht vollbracht hat, aus den Iren Protestanten zu machen?“[510] Dieser Kommentar muss im Lichte der seinerzeit allgemein verbreiteten Meinung gesehen werden, wonach die Iren weniger intelligent seien als andere britische „Rassen“ (im damals gebräuchlichen Sinne des Wortes).[511] Die Diskussion uferte derart aus, dass sie bis zur nächsten Zusammenkunft am 6. April vertagt wurde, auf welcher weitere Kritik an Pikes Theorie geübt wurde. Der Getreidehändler und preußische Einwanderer Adolph Bendir (1834–1897)[512] brachte „Stufen“-Theorien in die Diskussion ein und behauptete, dass Rassen jeweils so komplexe Religionen entwickeln würden, wie es ihre Fähigkeiten zuließen.[513] Die Debatte erscheint somit als Hinweis auf den Glauben, dass die Religion abhängig von so etwas Ähnlichem wie Intelligenz variiere, auch wenn nicht ausdrücklich postuliert wird, dass die Nichtreligiösen wahrscheinlich die höchste Intelligenz aufwiesen.

In Übereinstimmung mit ihren Hypothesen haben der deutsche Biochemiker Gerhard Meisenberg und sein Team unter der Verwendung von Bildung als Platzhalter für Intelligenz herausgefunden, dass es in beinahe allen Ländern auf der ganzen Welt, über die Daten verfügbar sind, eine negative Verbindung zwischen Religiosität und Intelligenz gibt.[514] Ein bemerkenswertes Gegenbeispiel ist Subsahara-Afrika, das sich durch einen fortwährenden Glauben an Geister abhebt, welcher von der Frage, wie sehr eine Person an Gott glaubt, nicht berührt wird. Dementsprechend herrscht in Subsahara-Afrika ein positives Verhältnis zwischen Intelligenz und Religiosität vor, aber dies – im Einklang mit den Stufentheorien der Religion – nur deshalb, weil die weniger Religiösen an Geister statt an Götter glauben. In gleicher Weise sind die am wenigsten gebildeten Südkoreaner Anhänger der vorchristlichen, polytheistischen Religion Koreas. Die mittelmäßig gebildeten Südkoreaner sind Katholiken, folgen also einer Religion, die den Monotheismus mit dem heidnischen Glauben an vielfältige Gottheiten verschmolzen hat, welche als Engel, Heilige und die Jungfrau Maria dargestellt werden.[515] Die gebildetsten gläubigen Südkoreaner sind Protestanten; dieses Bekenntnis stellt die reinste Form einer monotheistischen Religion dar. Ein ähnliches Verhältnis findet sich in den Niederlanden, wo der durchschnittliche IQ von Protestanten höher liegt als der von Katholiken, die Nichtreligiösen aber den höchsten IQ von allen aufweisen.[516]

In multiethnischen Staaten gibt es Unterschiede in der Religiosität, die parallel zu den rassischen Unterschieden in der Intelligenz zu verlaufen scheinen. George Fitchett und seine Mitarbeiter bedienten sich der landesweiten Erhebung „Study of Women's Health Across the Country", um rassische Unterschiede in der Religiosität zu erkunden.[517] Der Glaube an Gott wurde folgendermaßen bewertet: 1 = Ich glaube nicht an Gott, 2 = Wir werden uns nie sicher sein können, 3 = Ich glaube an eine höhere Macht, 4 = Ich glaube manchmal an Gott, 5 = Ich glaube an Gott, aber habe meine Zweifel, 6 = Ich weiß ohne jeden Zweifel, dass es Gott gibt. Darüber hinaus wurde noch die Stärke der Religiosität erhoben: 1 = unreligiös, 2 = wenig religiös, 3 = mäßig religiös, 4 = sehr religiös. Nach beiden Maßstäben waren Schwarze viel religiöser als Weiße und andere Rassen: 80 % der Schwarzen behaupteten, zu „wissen, dass es Gott gibt", gegenüber 61,7 % der Weißen und 67,9 % der anderen; 49,3 % der Schwarzen gaben an, „sehr religiös" zu sein, im Vergleich zu 37 % der Weißen und 34,2 % der anderen Rassen. Fitchett und seine Mitarbeiter unternahmen eine Regressionsanalyse, in der sie sprachliche Intelligenz, Alter, Geschlecht, Bildungsgrad, Einkommen, religiöses Bekenntnis und Umfragejahr kontrollierten, und fanden heraus, dass Schwarze selbst unter diesen Bedingungen nach beiden Maßstäben signifikant religiöser waren als Nichtschwarze. Tatsächlich stellte Fitchett fest, dass „das Schwarzsein sich stärker auf die Religiosität auswirkt als auf die Intelligenz". Eine andere Forschergruppe, Chatters und Mitarbeiter, verglich schwarze und weiße Amerikaner sowie karibische Schwarze im Hinblick auf ihren Atheismus, wobei ebenfalls das Einkommen kontrolliert wurde (ein sinnvoller, wenn auch nicht idealer Platzhalter für u. a. Bildungsgrad und Intelligenz), und fand heraus, dass 15,5 % der weißen Stichprobe keinerlei religiösen Glauben aufwiesen, im Vergleich zu 12,7 % der karibischen Schwarzen und 10,51 % der Afroamerikaner.[518] Dies deutet wiederum darauf hin, dass etwas anderes als Intelligenz und Umgebung zumindest einen Teil des Unterschiedes ausmacht. Sicherlich wird es kaum nur die Umgebung sein, weil Schwarze ungeachtet ihrer sozialen Schicht ausgesprochen religiös sind.

Das „Pew Forum" hat ebenfalls darüber berichtet, dass Afroamerikaner religiöser als Weiße sind.[519] Um die 79 % der Schwarzen geben an, dass Religion für sie „sehr wichtig im Leben" sei, gegenüber einem Durchschnittswert von 56 %. Während 2009 16 % der US-Bevölkerung keiner Glaubensgemeinschaft angehörten, galt das nur für 12 % der Schwarzen. „Pew" stellte allerdings auch fest, dass diese Schwarzen zum größten Teil „gläubig" waren (so gläubig wie Mainstream-Protestanten oder -Katholiken), im Gegensatz zu atheistischen, agnostischen oder konfessionell ungebundenen Weißen.

> *Tatsächlich gibt sogar eine große Mehrheit (72 Prozent) der Schwarzen, die keiner konkreten Religionsgemeinschaft angehören, an, dass Religion eine mindestens „eher wichtige" Rolle in ihrem Leben spiele; beinahe die Hälfte (45 Prozent) der ungebundenen Afroamerikaner bezeichnet Religion als „sehr wichtig im Leben", das ist der rund dreifache Prozentsatz innerhalb der religiös ungebundenen Gesamtbevölkerung (16 Prozent). In der Tat ähneln religiös ungebundene Afroamerikaner auf dieser Skala eher der katholischen Gesamtbevölkerung (von der 56 % sagen, die Religion sei „sehr wichtig" für sie) und Mainstream-Protestanten (52 %).*

Hinzu kommt, dass von den Schwarzen nur 4 % einer „protestantischen Mainstreamkirche" (die meist die liberalsten sind) angehören, der landesweite Durchschnitt jedoch 15 % beträgt. Die Umfrage ergab auch, dass 53 % der Schwarzen mindestens einmal pro Woche den Gottesdienst besuchen (Durchschnittswert 39 %), 76 % von ihnen angeben, mindestens einmal am Tag zu beten (Durchschnittswert 58 %), und 88 % zum Ausdruck bringen, absolut sicher zu sein, dass es Gott gibt (Durchschnittswert 71 %). „Nach jeder dieser Messweisen", so das „Pew Forum", „ragen Afroamerikaner als die am meisten religiös engagierte rassische oder ethnische Gruppe des Landes hervor." Selbst Schwarze, die keiner Glaubensgemeinschaft angehören, beten fast so oft wie die Gesamtbevölkerung an Mainstream-Protestanten: 48 % der religiös ungebundenen Afroamerikaner beten täglich, bei den Mainstream-Protestanten sind es 53 %. Religiös ungebundene Afroamerikaner werden insgesamt ebenso häufig mit absoluter Sicherheit an Gott glauben (70 %) wie Mainstream-Protestanten (73 %) und -Katholiken (72 %). Die Religiosität unter amerikanischen Schwarzen folgt ebenso den Mustern, die wir erwarten würden: 88 % der Schwarzen sind „absolut sicher", dass es Gott gibt, gegenüber 71 % der amerikanischen Gesamtbevölkerung; 55 % der Schwarzen nehmen die Heilige Schrift wörtlich (das ist ein Marker für Fundamentalismus, indem beispielsweise der im Buch Genesis beschriebene Vorgang der Schöpfung „wörtlich" verstanden wird), gegenüber 33 % der gesamten Vereinigten Staaten; 83 % der Afroamerikaner sind von der Existenz von „Engeln" und „Dämonen" überzeugt, gegenüber 68 % aller Amerikaner. Weiters glauben 23 % der religiös ungebundenen Schwarzen an den „biblischen Literalismus", gegenüber gerade einmal 11 % der religiös ungebundenen Gesamtbevölkerung. Eine Reihe anderer Studien stimmt mit diesen Ergebnissen überein. Selbst unter Kontrolle auf Bildungsgrad, Familienstand, Einkommen, Region, Verstädterung und subjektives Gesundheitsempfinden sind ältere Afroamerikaner (mindestens über 55) nach beinahe allen Maßstäben einfach religiöser als ältere weiße Amerikaner, selbst wenn die generell höhere Religiosität der Frauen eingerechnet wird.[520]

Die Forschung zu jüdischen Amerikanern hat ergeben, dass es sich bei ihnen um die am wenigsten fromme aller religiösen Gruppen handelt, was sich mit ihrem hohen durchschnittlichen IQ deckt.[521] Dies liegt wahrscheinlich daran, dass es sich beim Judentum sowohl um eine Volksgruppe als auch um eine Religion handelt, weshalb jüdische Atheisten den Judaismus als ihre Religion ansehen. Die Forschung zu ostasiatischen Amerikanern, welche auf eine Verbindung zwischen ihrer überlegenen Intelligenz und Religiosität hindeuten könnte, ist leider sehr begrenzt. „Pew Forum" vermengt Ostasiaten meist zusammen mit allen anderen „Asiaten" (etwa Indern) in einer einzigen Kategorie. Wenn aber eine Unterscheidung getroffen wird, fällt das Ergebnis gemäß unseren Erwartungen aus.[522] In der folgenden Tabelle werden die rassischen und ethnischen Unterschiede in der Religiosität innerhalb der USA zusammen mit den rassen- und ethnienbezogenen durchschnittlichen IQ-Werten dargestellt.[523] Wir sehen eine starke positive Korrelation von 0,8 zwischen der ethnienbezogenen durchschnittlichen Intelligenz und religiöser Ungebundenheit. China und Vietnam sind Sonderfälle, wahrscheinlich aufgrund des kommunistischen Einflusses, doch die Tabelle zeigt, dass unter den asiatischen Amerikanern die religiöse Ungebundenheit parallel zur Intelligenz ansteigt. Selbst wenn es also Schwierigkeiten beim Vergleich zwischen ostasiatischen und westlichen Religionen gibt, wie wir bereits thematisiert haben, so fallen die Ergebnisse doch aus wie erwartet. Es fällt auch auf, dass der Anteil der religiös Ungebundenen in den Vereinigten Staaten laut „Pew Forum" 16 % beträgt und dass Ostasiaten, wie wir annehmen würden, diesen Durchschnittswert mit 35,6 % religiös Ungebundenen weit übertreffen. Darüber hinaus glauben 79 % der „asiatischen Amerikaner" (eine allzu offene Kategorie, wie gesagt) an Gott, gegenüber einem nationalen Durchschnittswert von 92 %, und 40 % von ihnen (gegenüber 56 % landesweit) beten jeden Tag. Das modale Persönlichkeitsprofil legt die höchste Religiosität nahe, und so lässt sich die Tatsache, dass sie die niedrigste aufweisen, im Zusammenhang damit erklären, dass sie die höchste durchschnittliche Intelligenz an den Tag legen.

Ethnischer Hintergrund, IQ und religiöse Ungebundenheit bei asiatischstämmigen Amerikanern

ethnischer Hintergrund	durchschnittlicher IQ (Ethnie)	religiös ungebunden
Chinesen	105	52 %
Filipinos	86	8 %
Inder	82	10 %
Japaner	105	32 %
Koreaner	105	23 %
Vietnamesen	94	20 %

Eine vertretbare Schlussfolgerung ist, dass niedrige durchschnittliche Intelligenz eine signifikante Dimension der hohen Religiosität unter Afroamerikanern erkläre. Dass sie aber immer noch religiöser als Weiße sind, wenn sozioökonomische Variablen kontrolliert werden, ist faszinierend und eröffnet eine Reihe von Möglichkeiten. Sowohl US-amerikanische als auch europäische Stichproben haben ergeben, dass Religiosität mit den Persönlichkeitszügen Gewissenhaftigkeit und Verträglichkeit positiv assoziiert ist[524], was zu der These passt, dass es sich bei ihr um ein Abbild evolutionärer Zwänge handelt, die die Menschen zu sozialerem Verhalten anspornen, ebenso wie zu der Annahme, dass religiöser Glaube die Menschen sozialer macht. Wir wissen aber, dass diese Persönlichkeitszüge unter Schwarzen im Durchschnitt geringer ausgeprägt sind als bei Weißen. Gleichwohl neigen Schwarze eher zu Schizophrenie als Weiße, und man kann deshalb davon ausgehen, dass sie auf dem Schizotypiespektrum höher rangieren. Damit übereinstimmend neigen Schwarze eher zu psychotischen Episoden, selbst wenn auffällig intensiv kontrolliert wird.[525] Afroamerikanern wird dreimal so häufig Schizophrenie diagnostiziert wie Weißen. Dieser Umstand lässt sich nur zum Teil mit rassischen Unterschieden im sozioökonomischen Status erklären, wonach Stress die Anfälligkeit für psychotische Episoden erhöhen soll.[526] Mit anderen Worten: Der durchschnittliche Afroamerikaner liegt – aus genetischen Gründen – höher auf einer Skala, die mit intensiver Religiosität assoziiert ist, als der durchschnittliche weiße Amerikaner, was dazu führt, dass eine viel größere Zahl von Afroamerikanern am extremen Rand dieses Spektrum liegt.

Afroamerikaner leiden auch doppelt so häufig wie weiße Amerikaner an Schläfenlappenepilepsie.[527] Man kann sich Epilepsie – wie Autismus oder Schizophrenie – als ein Spektrum vorstellen, an dessen einem Ende die schweren Verlaufsformen stehen.[528] Eine große Zahl von Studien stimmt in der Annahme überein, dass Epilepsie mit religiösen Erfahrungen in Zusammenhang steht, da all diese Phänomene mit Aktivität in den Schläfenlappen einhergehen.[529] Daraus würde folgen, dass der durchschnittliche Afroamerikaner auf dem Epilepsiespektrum höher rangiert als der durchschnittliche Weiße, dass also Afroamerikaner häufiger intensive religiöse Erfahrungen durchmachen. Die hohe Schizophrenierate unter Afroamerikanern ließe sich wohl auf die geringe Selektion gegen asoziale psychologische Eigenschaften in Subsahara-Afrika zurückführen. Darin deutet sich auch eine interessante kurvenförmige Dimension der Schizophrenie an. Sie ist in Nordostasien häufig, weil zu ihren Aspekten eine extreme und maladaptive Form der Empathie sowie ein niedriger Testosteronspiegel gehören. Sie ist aber auch in Afrika häufig, weil sie allgemein asozial wirkt und Afrikaner in ihrem Ökosystem einem geringeren Selektionsdruck für soziale Charakterzüge unterworfen waren. Ebenso auffallend ist, dass Afroamerikaner häufiger als Weiße an primitivere Religionsformen glauben, in denen es Teufel und Dämonen gibt. Wie bereits angesprochen, steht dies in Übereinstimmung mit niedrigerer Intelligenz. Das klischeehaft „charismatische" Wesen des afroamerikanischen Christentums mit seinen emotionalen Gebetsformen spiegelt wahrscheinlich die stark ausgeprägte Extraversion der Schwarzen wider. Im Vereinigten Königreich wurde nachgewiesen, dass besonders extravertierte Anglikaner sich ebenfalls von dieser Form des Gottesdienstes angezogen fühlen.[530] Vielleicht zeugt es auch von der Leichtigkeit, mit welcher sich religiöse Erfahrungen in Menschen mit hoher Epilepsieanfälligkeit auslösen lassen.

Eine andere These zur Erklärung, weshalb Afroamerikaner religiöser sind, bezieht sich darauf, dass diese über lange Zeit hinweg ärmer als Weiße und deswegen einer intensiveren darwinschen Selektion unterworfen gewesen seien, als Letztere es – zumindest bis vor relativ kurzer Zeit – waren; dies besonders vor dem Hintergrund des in den Vereinigten Staaten nur eingeschränkten Wohlfahrtsstaates. Insoweit Menschen zu unterschiedlichen Graden nach ihrer Religiosität positiv selektiert werden, könnte es auch sein, dass Afroamerikaner – bei gleichem sozioökonomischen Status – religiöser sind als Weiße, weil sie weniger dysgenisch als Weiße sind. Sie sind auch im Rahmen der sozialen Epistase vor den eher dysgenischen Elementen der weißen Kultur besser geschützt. Tatsächlich kann man die begründete Ansicht vertreten, dass der Multikulturalismus die Schwarzen – ganz im Gegensatz zu den Weißen – dazu ermutige, sich ethnozentrisch und in diesem Sinne adaptiv zu verhalten. In Großbritannien gaben laut dem Zensus von 2001 rund 18 % der Weißen an, „keine Religion" zu haben, im Vergleich zu 2 % der Inder, fast 0 % der Pakistaner und Bangladescher, 10 % der Schwarzen und 32 % der Chinesen.[531] Diese Befunde stehen im Einklang mit den rassischen Unterschieden in der Intelligenz, mit Ausnahme der Südasiaten. Eine Möglichkeit – besonders im Hinblick auf die Inder, da ihr IQ und ihr sozioökonomischer Status denen der Weißen recht ähnlich sind – ist, dass sie über einen längeren Zeitraum einer harschen darwinschen Selektion ausgesetzt waren. Es mag auch eine Rolle spielen, dass der Hinduismus als polytheistische Religion mehr Wert auf Rituale und gemeinsame Abstammung legt als auf die Befolgung von Dogmen. Von daher lässt sich behaupten, dass der Hinduismus eine Sache der „Kultur" sei und man problemlos zeitgleich ein Atheist und ein Hindu sein könne.[532]

Ethnische Unterschiede in der Religiosität zu verstehen, ist schwieriger, und zwar aufgrund der wesentlichen Variablen: Unterschiedliche Ethnien leben meist in unterschiedlichen Ländern, wodurch sie unterschiedlichen Umgebungsbedingungen unterliegen. Abgesehen davon zeigten sich in einer Studie des „Pew Research Center" von 2018 hinsichtlich der Religiosität klare Trennlinien innerhalb der weißen Rasse, die in der folgenden Tabelle aufgeführt sind. „Pew" führte in Ländern überall in Europa Befragungen durch und berechnete für jedes von diesen einen Index der Gesamtreligiosität, der sich zusammensetzte aus Kirchenbesuchen, regelmäßigen Gebeten und dem selbst bekannten Glauben an Gott. Das vielleicht auffallendste Ergebnis ist der Einbruch der Religiosität insgesamt, besonders in Westeuropa und Skandinavien. Der hohe Grad an Religionslosigkeit in Frankreich lässt sich auf den langen Einfluss der Aufklärung und der Ideale der Revolution zurückführen.[533] Doch 2016 konnten die Niederlande als erstes westliches Land von sich behaupten, eine mehrheitlich unreligiöse Bevölkerung zu haben.[534] Länder mit einer katholischen Bevölkerungsmehrheit sind fast doppelt so religiös geblieben wie mehrheitlich protestantische Länder, und mehrheitlich christlich-orthodoxe Länder sind die religiösesten von allen. Wie „Pew" anmerkte, sind die regionalen Unterschiede erheblich, so sind Mittel-, Südost- und Osteuropa ungefähr doppelt so religiös wie ihre Nachbarn im Westen. Das gleiche Muster tritt bei Messungen des Ethnozentrismus auf, wie wir bereits in Kapitel 9 beleuchtet haben.

Anteil „sehr religiöser" europäischer Erwachsener

Land (Durchschnitt)	Religiosität
mehrheitlich katholisch	23 %
mehrheitlich orthodox	31 %
mehrheitlich protestantisch	12 %

Land (Durchschnitt)	Religiosität
mitteleuropäisch	24 %
osteuropäisch	25 %
nordeuropäisch	12 %
westeuropäisch	15 %
südosteuropäisch	38 %
sowjetisch beeinflusst	28 %
amerikanisch beeinflusst	19 %

Politische Trennlinien der Geschichte sind ebenfalls signifikant. Die Länder, die während des Kalten Krieges Teil der Sowjetunion waren oder unter deren Vorherrschaft standen, standen am Ende deutlich religiöser da als jene in der Sphäre der von Amerika angeführten „freien Welt" oder die neutralen (konkret: Österreich und die Schweiz). Es stellt wohl eine der größten Ironien des 20. Jahrhunderts dar, dass Völker, die von militant atheistischen Diktaturen beherrscht wurden, besser dazu in der Lage waren, ihre religiösen Traditionen und den kollektiven Glauben an Gott zu bewahren.[535]

Ausgehend von ihren nationalen IQ-Daten haben Richard Lynn und Tatu Vanhanen eine klare Beziehung zwischen dem durchschnittlichen IQ eines Landes und seinem Grad an Religiosität, also der Prozentzahl an Gläubigen, nachgewiesen. Diese Korrelation wird als R x IQ ausgedrückt.[536] Die Ergebnisse finden sich in der folgenden Tabelle:

Korrelation zwischen nationalem IQ und Religiosität

Variable	Länder	R x IQ
Atheismus	137	–0,6
religiöser Glaube	58	–0,58
Bedeutung der Religion	60	–0,75
Anteil Gläubiger	60	–0,56

Es zeigt sich, dass es – gemessen an einem relativ breiten IQ-Spektrum – eine starke Beziehung zwischen dem nationalen IQ- und dem nationalen Atheismuslevel gibt. Darüber hinaus haben Lynn und seine Mitarbeiter in jedem Land die Prozentzahl derer geprüft, die aktiv nicht an Gott glauben (die dawkinsschen Atheisten, wenn man so will) – dabei handele es sich um einen besseren Maßstab, denn schließlich könnten Menschen infolge sozialen Druckes oder gesellschaftlicher Konventionen auch einfach nur behaupten, nicht gläubig zu sein.[537] Dies zeigt die nächste Tabelle:

Unglaube und nationale Intelligenz

IQ-Bereich	Länder	% Ungläubige	Grad des Unglaubens	Unglaube x IQ
64–108	137	10,69 %	<1 % bis 81 %	0,60
64–86	69	1,95 %	<1 % bis 40 %	0,16
87–108	68	16,99 %	<1 % bis 81 %	0,54

Lynn und seine Mitarbeiter haben auf eine starke negative Korrelation von 0,6 zwischen Intelligenz und Atheismus hingewiesen. Es gibt allerdings viele potenzielle Probleme mit diesen Daten. Erstens fielen die Rückmeldungen auf die Umfragen relativ spärlich aus. Das bedeutet, dass man nur schwerlich sicher sein kann, dass die verwendeten Stichproben repräsentativ für die jeweiligen Länder sind. Es mag beispielsweise sein, dass entweder die extrem Gläubigen oder die extrem Ungläubigen mit höherer Wahrscheinlichkeit an einer solchen Umfrage teilnehmen als die mäßig Gläubigen. Zweitens waren viele der Stichproben nicht randomisiert, was ein offensichtliches Problem darstellt, selbst wenn die Teilnehmerzahl groß gewesen wäre. Auch dies erschwert die Verallgemeinerung der Ergebnisse auf eine ganze Population. Drittens könnten die Ergebnisse durch das jeweilige politische oder kulturelle Klima beeinflusst worden sein. Wie Lynn und Vanhanen betont haben, können unter unterdrückerischen Regierungen, die einen Staatsatheismus verfolgen, Gläubige für den Fall, dass ihre Identität enthüllt wird, unwillig sein, sich zu bekennen – und *vice versa* unter Regierungen, die eine Staatsreligion verordnen. Selbst in liberaleren Gesellschaften entfaltet der Gruppenzwang seine Wirkung. Die Menschen behaupten vielleicht nur deshalb, an Gott zu glauben, weil sie der Ansicht sind, dass andere dies hören wollen.[538] Man muss hierzu anmerken, dass Amerikaner laut aktuellen Umfragen signifikant eher willens sind, ihre Stimme einem muslimischen, jüdischen oder homosexuellen Präsidentschaftskandidaten zu geben als einem Atheisten. Nur „Sozialisten" sind noch unbeliebter.[539]

Viertens entstehen durch den interkulturellen Gebrauch religiöser Terminologie methodologische Probleme. Begriffe wie „religiös", „Religion", „Gläubiger", „Atheist" und sogar „Gott" können in verschiedenen Kulturen unterschiedliche Konnotationen und historische Altlasten haben. Das Ausmaß, in welchem die Umfragedaten zur Religiosität in unterschiedlichen Kulturen vergleichbar sind, ist aus verschiedenen Gründen sehr beschränkt. Wer damit arbeitet, so wie Lynn und Vanhanen, der betont diesen Umstand, fügt aber hinzu, dass es sich dabei um „die einzigen verfügbaren empirischen Daten über religiösen Glauben [handele]. Deshalb müssen wir damit arbeiten"[540]. Wenn die Daten zeigen, dass Religion und nationale Durchschnittsintelligenz negativ korrelieren, so beweist das aufgrund der angesprochenen Mängel nicht zwangsläufig ein solches Verhältnis. Doch insofern sie im Zusammenhang mit deutlich zuverlässigeren Daten über Religion und individuelle Unterschiede zu dieser Schlussfolgerung beitragen, gibt es vernünftige Gründe dafür, ihre Wahrhaftigkeit anzuerkennen.

Lynn und Vanhanen merken an, dass einige Länder Ausreißer darstellen, die um mehr als 12 Punkte vom Religiositätsgrad abweichen, den man aufgrund ihres durchschnittlichen IQs annehmen müsste. Bei diesen 16 Ländern handelt es sich um Bolivien, Costa Rica, Ecuador, den Irak, Irland, Kroatien, Kuwait, Libyen, Malaysia, Malta, Oman, Polen, Tunesien, die Vereinigten Arabischen Emirate, die Vereinigten Staaten und Zypern. Hier lässt sich ein deutliches Muster erkennen. Sechs dieser Länder sind muslimisch und liegen in Nordafrika oder im Nahen Osten. Hinzu kommt, dass auch Malaysia muslimisch ist, ebenso wie einige weniger starke Ausreißer, etwa Pakistan und Bangladesch. In allen muslimischen Staaten ist die Religiosität stärker ausgeprägt, als man anhand des IQ annehmen würde. Das mag an der fundamentalistischen Reaktion auf die jüngere und rasante Modernisierung der muslimischen Welt liegen, vielleicht auch an einer intensiven Selektion auf Religiosität.[541] Sieben der Ausreißer sind katholische Länder. Die Religiosität in Zypern spiegelt wahrscheinlich den Krieg gegen die muslimische Türkei in den 1960ern wider.[542] Die hohe Religiosität in den Vereinigten Staaten mag – einigen Interpreten zufolge – das Produkt zweier Faktoren sein: Das Land wurde zum Teil von fundamentalistischen Protestanten gegründet, sodass eine intensive Religiosität sowohl genetisch als auch kulturell an nachfolgende Generationen weitergegeben worden sein könnte.[543] Des Weiteren hängt Religiosität mit Migration zusammen und erlaubt eine Vorhersage derselben, während ein großer Teil der US-Bevölkerung von vor verhältnismäßig kurzer Zeit angekommenen Einwanderern abstammt.[544] Dies liegt möglicherweise daran, dass Religiosität mit Angst negativ korreliert, sodass religiöse Menschen eher dazu bereit sind, Risiken einzugehen. Tatsächlich mag ein solches Verhalten durch den Glauben daran, dass Gott sie behüten und alles richten werde, noch verstärkt werden.

Es gibt 17 Länder, die weniger religiös sind, als man von ihrem durchschnittlichen IQ ausgehend annehmen würde: Albanien, China, Estland, Frankreich, Deutschland, Japan, Kasachstan, Kirgisistan, Kuba, Nordkorea, Russland, Schweden, die Tschechische Republik, Uruguay, Vietnam und Weißrussland. Elf dieser Staaten waren oder sind kommunistisch; darin zeigt sich möglicherweise die langfristige Wirkung des Kommunismus, auch wenn der Ostblock sich insgesamt stärkere religiöse Traditionen bewahren konnte als der Westen. Das Wichtigste ist jedoch, dass wir eine stärkere Streuung der Ergebnisse erwartet hätten, weil der IQ nicht der einzige Faktor ist, der auf die Religiosität schließen lässt. Die modale Persönlichkeit, der Modernisierungsgrad und andere Umweltbedingungen sind ebenso relevant. Wenn wir verschiedene Maßstäbe der Religiosität zusammenbringen, um den kulturellen Unterschieden im Wesen der Religiosität Rechnung zu tragen, so haben Lynn und Vanhanen gezeigt, dass nationale Intelligenz im Allgemeinen ein starker Indikator für niedrige Religiosität ist.

Engel und Dämonen

Wie ich in meinem Buch „Race Differences in Ethnocentrism" (2019) dargelegt habe, standen den europäischen Völkern mindestens zwei evolutionäre Strategien offen, um ihre genetische Fitness zu maximieren: a) die hochgradig *ethnozentrische Strategie* oder b) die *Genie-*

Strategie. Die Letztere beinhaltete einen verhältnismäßig niedrigen negativen Ethnozentrismus. Das erlaubte der Gruppe, sich auszudehnen, ihnen Genpool zu erweitern und in der Folge durch genetischen Zufall Genies hervorzubringen. Diese Genies erfanden dann Dinge von großem Nutzen für ihre Gruppe, die es dieser ermöglichten, sich noch weiter auszudehnen und zu herrschen. Diese Strategie würde den zentralen Genpool verwässern, aber adaptiv sein, solange ein Optimum an Ethnozentrismus gewahrt bliebe, etwa mittels Religion oder Nationalstolz. Diese „geniale“ Option stand den Japanern schlichtweg nicht zur Verfügung, und daher rührt ihre relativ niedrige Pro-Kopf-Quote an Genies in Anbetracht ihres durchschnittlichen IQ von 105; dieses Thema haben wir bereits im letzten Kapitel behandelt. Die japanische Umgebung war zu rau, als dass der Genpool in einem solchen Ausmaß hätte diversifiziert werden können, das es braucht, um eine signifikante Anzahl an Genies hervorzubringen, und die mit Genies verbundenen Risikofaktoren – beispielsweise das zufällige Auftreten asozialer Menschen mit niedrigem IQ, die die Harmonie der Gruppe zerstören – waren einfach zu schwerwiegend. Nordostasiaten sind dementsprechend ethnozentristischer als Europäer.

Die Genie-Strategie war auch für Araber und Südasiaten von nur eingeschränktem Nutzen. Sie waren weniger beschwerlichen Umweltbedingungen unterworfen als Europäer und entwickelten deshalb verhältnismäßig niedrige Gewissenhaftigkeit, Verträglichkeit und Intelligenz. Wie also sollten sie sich gegenüber einer hochintelligenten Gesellschaft, die eine Genie-Strategie verfolgte, durchsetzen? Die Antwort lag in der Verstärkung ihres Ethnozentrismus. Dies wurde durch eine intensive Religiosität und die Cousinenheirat erreicht. Letztere spornte die Männer dazu an, in ihren Stamm und ihre Nachkommen zu investieren. Selbst wenn ihnen fremde Kinder untergeschoben worden wären – eine Urangst innerhalb menschlicher Gemeinschaften –, wären diese Nachkommen immer noch eng mit ihnen verwandt gewesen. Die Cousinenheirat hat somit das Vertrauen und die Kooperation unter Männern gestärkt, während sie gleichzeitig den Umfang und die Vielfalt des Genpools reduziert und dadurch die Fitnessvorteile des positiven und negativen Ethnozentrismus vermehrt hat. Religiosität hat auch hochgradig ethnozentrisches Verhalten befördert.[545] Insbesondere im Islam, wo Einschränkungen der Bewegungsfreiheit und des Verhaltens der Frauen – ein *Parda* genanntes System – dafür sorgten, dass die Männer sicher sein konnten, keine Hörner aufgesetzt zu bekommen. Dadurch reduzierte sich die Gewalt unter den Männern, und das Vertrauen sowie das kooperative Verhalten – also der Ethnozentrismus – nahmen zu. Dies hilft dabei, zu erklären, weshalb sowohl positiver als auch negativer Ethnozentrismus unter Südasiaten und verwandten Völkern höher ausfallen als bei Europäern.[546]

Kommen wir zu den Subsahara-Afrikanern. Aufgrund des verhältnismäßig niedrigen durchschnittlichen IQ dürfte die Genie-Strategie hier selten sein. Es besteht jedoch die Möglichkeit, dass Elemente dieser Strategie – etwa überlegene Waffen – den Schwarzen dabei halfen, sich auf Kosten der Buschmänner (einer Bevölkerung, die einen noch deutlich geringeren durchschnittlichen IQ aufweist) nach Süden hin auszudehnen. Wir würden aber insgesamt davon ausgehen, dass der negative Ethnozentrismus unter Afrikanern stärker ausgeprägt ist, weil sie am ausgeprägtesten an eine instabile und behagliche Umgebung angepasst sind, wodurch es nur eine sehr eingeschränkte Selektion auf Allgemeinvertrauen gab. Dementsprechend hätten sie jedem misstraut, insbesondere Außenstehenden, die genetisch ziemlich anders gewesen wären. Meine Studie zu rassischen Unterschieden im Ethnozentrismus erwies einen nicht signifikanten Unterschied zwischen Weißen und Schwarzen im Hinblick auf negativen Ethnozentrismus. Doch das kann sehr gut auch an der kleinen Stichprobe und der fragwürdigen Natur afrikanischer Nationalität gelegen haben, weil viele Völker in Stämme aufgeteilt sind und ein Gefühl der nationalen Einheit, wie Westler es empfinden mögen, nur sehr eingeschränkt aufkommt. Anders ausgedrückt: Schwarze weisen einen zu hohen negativen Ethnozentrismus auf, um auf organische Weise Nationalstaaten begründen zu können. Es gibt auch einige Hinweise darauf, dass Schwarze einen höheren negativen Ethnozentrismus aufweisen als Weiße. Charles Judd und seine Mitarbeiter haben vier Studien geprüft, die alle zu dem Schluss kamen, dass dies im Vergleich von afroamerikanischen und weißen Jugendlichen tatsächlich der Fall ist, was mit einem *Life-history*-Modell übereinstimmt.[547] Subsahara-Afrikaner verfügen über eine relativ hohe genetische Vielfalt, weil sie in ihrer Entwicklungsgeschichte nur gering ausgeprägten ökologischen Fährnissen unterworfen waren. Die Aufspaltung in Stämme – die den Gesamtgenpool praktisch in regionale Genpools aufteilte – beförderte den positiven Ethnozentrismus eines jeden Stammes. Doch unter den nur schwach selektiven Bedingungen, die in Afrika vorherrschten, bestand nie ein intensiver Druck, zu kooperieren und Beziehungen aufzubauen, und wir sollten keinen besonders ausgeprägten allgemeinen Ethnozentrismus erwarten.

Diese Unterschiede bedeuten, dass der Zusammenbruch der Religion für alle intelligenten Gesellschaften ein Problem darstellt – aber besonders für die europäischen, gerade weil diese die „Genie-Strategie" verfolgt haben. Wenn die Religiosität abnimmt, ist Gott – der die Gesellschaft so lange Zeit vor den negativen Folgen hoher Intelligenz beschützt hat – tot. Und die hohe Intelligenz der Gesellschaft kann potenziell zu ihrer Selbstzerstörung führen. Wer intelligent ist, neigt auch zu Vertrauen – und die Grenze zwischen Vertrauen und Naivität kann verschwimmen. Intelligente Menschen werden Fremde in ihre Gesellschaft hereinlassen und annehmen, dass sie eigentlich ehrlich und gut seien und am Ende alles in Ordnung kommen werde. Da die Intelligenten auch eine hohe Offenheit aufweisen, werden sie vom „Exotischen" erregt und fasziniert sein und deshalb dazu neigen, gute Seiten an anderen Völkern zu suchen, sogar Dinge, die sie als überlegen betrachten. Wenn die (potenziellen) Einwanderer aus ärmeren Gesellschaften stammen, werden die Intelligenten mit ihrer ausgeprägten Empathie den tiefen Wunsch empfinden, ihnen das Leben zu erleichtern. Und weil sie – wie gesagt – vertrauensselig sind, werden sie glauben, dass diese Empfindungen auf Gegenseitigkeit beruhen. Die Intelligenten sehen vor den Toren keine Feinde, sie sehen nur intelligente Menschen, solche wie sie es sind. In Kapitel 9 habe ich beschrieben, wie die tragische „Flüchtlingskrise" von 2015 das Gespenst der Xenophobie heraufbeschwor; sie beschwor ebenso das Gespenst der Xenophilie – „Refugees welcome!" – herauf, vor allem in den hochfunktionalen Gesellschaften West- und Mitteleuropas.

Es gibt die Ansicht, dass der Zusammenbruch der Religiosität im Westen selbst in evolutionäre Begriffe zu fassen sei. Unter darwinschen Bedingungen wurde Religiosität stark positiv selektiert, weil religiöse Gruppen einen höheren Ethnozentrismus aufwiesen. Und aus diesem Grund war traditionelle Religiosität die evolutionäre Norm. Das bedeutet, dass sie mit adaptiven Eigenschaften verbunden war (und noch immer ist), beispielsweise mit genetischer, körperlicher und geistiger Gesundheit ebenso wie mit Fruchtbarkeit. Doch unter darwinschen Bedingungen betrug die Kindersterblichkeit mindestens 40 % – auf diese Weise wurde die Population in jeder Generation um jene mit nur eingeschränkter genetischer und körperlicher Gesundheit erleichtert. Das Gehirn macht 84 % des gesamten Genoms aus, wodurch es extrem anfällig für Mutationen wird, und mutierte Gene für die körperliche Entwicklung korrelieren mit mutierten Genen für die geistige Entwicklung. Der mit dem Einsetzen der Industrialisierung – die unter Weißen ihren Anfang nahm, ganz konkret bei den Westeuropäern – zu verzeichnende Einbruch der Kindersterblichkeit führte dazu, dass mehr und mehr geistig maladaptive Menschen überlebten. Dies wiederum führte zu einem lang anhaltenden Anstieg von u. a. Autismus, Depressionen und Schizophrenie. Die betroffenen Menschen vertraten mit höherer Wahrscheinlichkeit maladaptive Ansichten, so etwa irreligiöse, antinatalistische, antinationalistische und multikulturalistische. Und diese maladaptiven Menschen verhielten sich anderen gegenüber boshaft, während sie ihre Ansichten landauf, landab verbreiteten. Die eusoziale Natur des Menschen (das „Schwarmdenken“) bedingt, dass wir von denen um uns herum stark beeinflusst werden, sodass diese „boshaften Mutanten“ andere nach und nach davon überzeugen konnten, ihre fitnessschädigenden Ideen zu übernehmen – keine Kinder in die Welt zu setzen, das Leben für sinnlos zu halten oder das Wohlergehen anderer Gruppen dem der eigenen Gruppe vorzuziehen. Somit spielten diese „boshaften Mutanten“ eine wohl unentbehrliche Rolle bei der Unterminierung von Religiosität und Ethnozentrismus.[548] Denn der Mutant sagt in seinem Herzen: „Es gibt keinen Gott.“

11. Das auserwählte Volk: Rasse und Judentum

Es heißt, der französische König Ludwig XIV. habe den herausragenden Mathematiker und Religionsphilosophen der damaligen Zeit Blaise Pascal gebeten, seiner Majestät einen Beweis für die Existenz von Wundern zu erbringen. Der Legende nach soll Pascal rasch geantwortet haben, dass der beste Beweis für Wunder die Juden seien. Damit meinte er, dass die Juden als ein Volk in der Diaspora, dessen Angehörige als Außenseiter in Gastgeberländern leben und verfolgt werden, anscheinend dem Schicksal von Niedergang und Auflösung entgangen sind, das alle anderen Völker überkommen hat. Wie Pascal in seinen *Pensées* schreiben sollte:

> *Dies Volk [die Juden; E. D.] ist nicht bloß wegen seines Alterthums beachtenswerth, sondern es ist auch eigenthümlich in seiner Dauer, indem es immer fortbesteht von seinem Ursprung an bis jetzt. Während die Völker Griechenlands, Italiens, Lacadämons, Athens, Roms und die andern, die so lange Zeit nachher gekommen sind, schon lange aufgehört haben, bestehn diese immer und trotz der Unternehmungen so vieler mächtigen Könige, die hundert Mal versucht haben sie zu ertilgen […].*[549]

Zusätzlich zu den bemerkenswerten Umständen seines Überlebens hat das jüdische Volk dauerhaft bedeutenden Einfluss auf die westliche Kultur ausgeübt, obwohl es selbst nicht europäisch ist. Unter den naturwissenschaftlichen Nobelpreisträgern sind Juden im Verhältnis von 8:1 in der Überzahl, ebenso wie sie in Ländern, in denen sie nur eine kleine Minderheit bilden, in allen Bereichen stark überrepräsentiert sind, die überlegene Intelligenz erfordern: Schachmeister, Bridgemeister, akademische Preisträger, Recht, Medizin und universitärer Betrieb. Sie sind innerhalb der Finanzelite überrepräsentiert und haben erheblichen Einfluss auf die Juristenschaft, die Medien und andere Branchen. In vielen Ländern brauchten aschkenasische Juden, die vor den russischen Pogromen geflohen waren, nicht länger als eine Generation, um von verarmten Einwanderern zum Elitenstatus aufzusteigen. 1930 waren 40 % aller Ärzte in der Slowakei Juden. In Budapest waren im gleichen Jahr die Hälfte aller Ärzte und Rechtsanwälte Juden. Als Rasse haben die Juden herausragende sozioökonomische und intellektuelle Leistungen vollbracht, übereinstimmend mit dem Selbstverständnis religiöser Juden als „das auserwählte Volk".[550] Von daher bedarf innerhalb unserer Studie gruppenevolutionärer Strategien der einzigartige Fall des jüdischen Volkes eines eigenen Kapitels. Den Ausnahmefall der Juden zu ignorieren, wäre intellektuell unredlich und würde fragwürdig erscheinen lassen, was wir bislang über die Realität der Rassen festgestellt haben. Das schwierige Überleben des jüdischen Volkes, das Pascal als Beweis für Wunder ansah, werden wir aus einer evolutionären Perspektive betrachten.

Wie wir bereits thematisiert haben, sind die Juden im Grunde eine Kline – insofern, dass die aschkenasischen Juden aufgrund von historischer Vermischung im Durchschnitt zu rund 40 % Europäer sind, auch in der weiblichen Linie.[551] Es herrscht keine Einigkeit darüber, warum die Juden ein System angenommen haben, dem zufolge man eine jüdische Mutter haben muss, um als jüdisch akzeptiert zu werden. Eine Möglichkeit ist jedoch, dass dadurch sichergestellt wird, dass es keinerlei Unruhe hinsichtlich der Vaterschaft geben kann. Alle, die als jüdisch akzeptiert werden, werden definitiv jüdisch sein. Ein solches System optimiert die genetischen Interessen aller Juden – denn sie können so garantieren, dass sie mit Menschen zu tun haben, die mindestens zum Teil jüdisch sind. Das wiederum würde möglicherweise ihren positiven und negativen Ethnozentrismus verstärken, was im Kampf der Gruppenselektion vorteilhaft wäre. Allerdings scheint es so, als sei dieses System erst frühestens um 200 v. Chr. Teil der jüdischen Gesetze geworden, möglicherweise auch deutlich später. Es mag also auch spezifische historische Beweggründe dafür gegeben haben, die über das Thema dieser Untersuchung hinausgehen.[552]

Die Juden setzen sich aus vier ethnischen Gruppen zusammen. Die *Aschkenasim* wurden in Osteuropa sesshaft und nahmen die jiddische Sprache an, einen Dialekt des Deutschen, der viele hebräische Wörter einschloss. Die *Sephardim* siedelten auf der Iberischen Halbinsel, wo sie den als Djudezmo bekannten Dialekt entwickelten (im Grunde Spanisch mit Lehnwörtern aus dem Hebräischen und anderen Sprachen) und sich später auch auf dem Balkan ausbreiteten. Die *Misrachim* blieben im Nahen Osten und breiteten sich auf den Mittleren Osten aus. Sie sprachen meist entweder Aramäisch oder ihren eigenen Dialekt der Ortssprache, etwa Judäo-Arabisch. Der Umstand, dass sie ihre eigenen Dialekte entwickelten, zeugt von dem relativ hohen Ausmaß der Endogamie innerhalb traditioneller jüdischer Gruppen. Sie alle waren stark ethnozentrisch ausgerichtet und bewahrten mit aller Macht ihre kulturelle – und somit genetische – Abschottung, auch wenn genetische Untersuchungen darauf hindeuten, dass es über die Jahrhunderte hinweg trotzdem zu einer beträchtlichen Vermischung mit Nichtjuden kam. Diese drei jüdischen Gruppen sind genetisch alle eng miteinander verwandt. Der Sonderfall sind die sogenannten *äthiopischen Juden*, die das Judentum in einer Zeit annahmen, als die Juden evangelikal orientiert waren. Auch wenn der Staat Israel die äthiopischen Juden anerkennt und ihnen das Rückkehrrecht gewährt, sind sie genetische Äthiopier, und das spiegelt sich in ihrem IQ wider. Folgerichtig gehören sie zum überwiegenden Teil der israelischen Arbeiterklasse an.[553] Es gibt auch signifikante genetische Variationen zwischen den drei genetisch jüdischen Gruppen. Beispielsweise leiden 58 % der irakischen Juden (Misrachim) an G6PD-Mangel, einem Gendefekt, der bei männlichen Betroffenen zu Anämie führt. Unter den Aschkenasim sind hingegen nur 0,4 % hiervon betroffen.[554]

Diese Gruppen unterscheiden sich auch erheblich in ihrem durchschnittlichen IQ. Dieser wurde bei aschkenasischen Juden in den Vereinigten Staaten und anderen westlichen Ländern auf 112 gemessen. Es gibt auch eine starke sprachliche Neigung: Ihr linguistischer IQ liegt bei 117, also eine volle Standardabweichung oberhalb des europäischen Mittelwertes von 100.[555] Es sind überwiegend die Aschkenasim, die in westlichen Ländern enorm erfolgreich gewesen sind, und deshalb sollen uns hier auch primär die Aschkenasim interessieren. Berichte über den hohen durchschnittlichen IQ der Aschkenasim, besonders jener in Deutschland, reichen zurück bis 1938.[556] Der durchschnittliche IQ der Sephardim wird auf 99 geschätzt. Das ist ungefähr der gleiche wie bei Europäern, wiewohl er fünf bis zehn

Punkte höher liegt als der Durchschnittswert der Nationen, in denen sie gelebt haben, etwa Spaniens, Portugals und der Balkanländer. Der IQ der Misrachim liegt durchschnittlich bei 91 und damit annähernd sieben Punkte oberhalb des durchschnittlichen Intelligenzquotienten jener Länder, die sie einmal ihr Zuhause nannten. Zu guter Letzt liegt der durchschnittliche IQ der äthiopischen Juden bei 66 und unterscheidet sich damit wenig von dem der nicht jüdischen Äthiopier.[557]

Richard Lynn hat eine Reihe von einander nicht ausschließenden Theorien aufgestellt, um das im Vergleich zum Durchschnitt ihrer einstmaligen Gastgeberländer erhöhte IQ-Niveau der drei wichtigsten genetisch jüdischen Gruppen zu erklären. Er stellt fest, dass Juden über lange Zeit hinweg eine Art von Eugenik betrieben, indem die Rabbiner, die meist die gelehrtesten und intelligentesten Mitglieder der Gemeinde waren, dazu ermutigt wurden, so viele Kinder wie möglich zu zeugen, und dabei von der Gemeinde selbst finanziell unterstützt wurden. In Europa war es den Juden den größten Teil der Geschichte hindurch lediglich erlaubt, eine sehr begrenzte Anzahl von Berufen auszuüben, die sich meist um den Geldverleih drehten, weil den Christen der Zinswucher verboten war. Diese Berufe bedurften eines hohen IQ, was bedeutet, dass es beim genetisch „zufälligen" Auftreten von Juden mit einem ungenügenden IQ für die Ausübung dieser Berufe zwei mögliche Konsequenzen gab. Einerseits konnten sie verarmen und so damit scheitern, ihre Gene weiterzugeben, denn wie wir bereits behandelten, bestand bis ungefähr 1800 in Europa ein starker Zusammenhang zwischen dem sozioökonomischen Status und der Erfüllung der Fruchtbarkeit.[558] Oder sie konnten andererseits die jüdische Gemeinde verlassen, einen nicht jüdischen Beruf ergreifen und sich in die nicht jüdische Bevölkerung integrieren. So oder so würde dieses Zusammenspiel unterschiedlicher Faktoren auf der genetischen Ebene zum Anstieg des IQ der Juden im Verhältnis zur umgebenden Bevölkerung beitragen. In Übereinstimmung mit diesem genetischen Modell wurde nachgewiesen, dass gewisse Polymorphismen – Varianten eines Gens – in Verbindung mit einem sehr hohen IQ stehen, und dass ein größerer Prozentsatz von Aschkenasim als von weißen Amerikanern diese Polymorphismen in sich trägt.[559] Es wurde außerdem erwiesen, dass der IQ-Unterschied zwischen Weißen und Juden am Generalfaktor liegt, dem am meisten genetisch beeinflussten Aspekt des IQ.[560]

Ein zweiter von Lynn hervorgehobener Faktor sind die unregelmäßig ausbrechenden Pogrome. Diese können laut Lynn als „Selektionsereignisse“ angesehen werden. Intelligenz trage dazu bei, Pogrome zu überleben, weil jene mit höherem IQ und sozioökonomischem Status diese eher vorhersehen könnten, besser in der Lage wären, Pläne umzusetzen, um ihnen zu entgehen, und mit höherer Wahrscheinlichkeit hochrangige nicht jüdische Kontaktpersonen hätten, die ihnen Schutz gewähren könnten. Viele angesehene Juden ließen ihre Töchter in wohlhabende nicht jüdische Familien einheiraten, wodurch es wahrscheinlicher wurde, dass diese geschützt würden. Andere hochgestellte Juden konvertierten zum Christentum, aber heirateten oft in andere Familien ein, die das Gleiche getan hatten, was zu – nicht immer unbegründeten – Anschuldigungen führte, dass es sich bei ihnen tatsächlich um „Kryptojuden“ handele.[561] Abgesehen davon würden wir von den intelligentesten Juden erwarten, über so viel soziale Intelligenz zu verfügen, sich möglichst keine nicht jüdischen Feinde zu machen, um stattdessen nützliche Kontakte zu Nichtjuden zu kultivieren. Pogrome spielten eine prägendere Rolle in der Geschichte der sephardischen als in jener der misrachischen Juden, was womöglich erklären hilft, weshalb der IQ der Misrachim dem Durchschnitt der umgebenden Bevölkerung am nächsten liegt. Die Aschkenasim waren besonders schwer von Pogromen betroffen, was Lynn zufolge der Schlüssel zum Verständnis des Umstandes ist, dass ihr IQ so viel höher ist als jener ihrer Gastgebervölker. Lynn behauptet, dass der Holocaust der Nazis ein besonders schwerwiegendes Beispiel für diesen Prozess sei; auch dieser war ein „Selektionsereignis“. Die reichsten und intelligentesten Juden hätten vorausgesehen, was passieren würde, seien auf die Zukunft hin orientiert gewesen und hätten über die notwendigen finanziellen Mittel verfügt, um sich so weit wie möglich von Deutschland abzusetzen, vorzugsweise in die Vereinigten Staaten oder, wenn das misslang, in das Vereinigte Königreich, wie es in ähnlicher Form bereits im 19. und frühen 20. Jahrhundert in Reaktion auf die russischen Pogrome gewesen war. Lynns These zufolge ist dies der Schlüssel zum hohen IQ der Aschkenasim.

Des Weiteren haben Geoffrey Cochran und seine Kollegen eine ganz ähnliche Erklärung für den hohen Aschkenasim-IQ vorgeschlagen.[562] Sie weisen nicht nur nach, dass dieser stark genetisch begründet ist, sondern gehen auch dezidiert der Frage nach, wie dieser sich entwickelt haben mag. Dabei stellen sie ein mögliches Beispiel für „Inzuchtkraft" besonders heraus. Durch die Art der von den Juden geschaffenen Nische gab es eine extrem starke Selektion zugunsten der mathematischen und verbalen – nicht aber der räumlichen – Intelligenz. Beispielsweise mussten Juden als Bankiers und Geldverleiher arbeiten und erfolgreiche Geschäftsabschlüsse aushandeln. In Übereinstimmung damit entspricht die räumliche Intelligenz aschkenasischer Juden annähernd der von Europäern. Cochran und seine Kollegen zeigen auf, dass diese jüdische Inzucht, die oft die Verwandtenehe einschloss, zu einer Reihe von die Fitness herabsetzenden Erbkrankheiten führte, die lange Zeit unter den Aschkenasim verbreitet waren. Sie weisen nach, dass bei Vorliegen einer Kopie des entsprechenden Allels die Intelligenz der Testperson im Durchschnitt höher liegt als jene der Kontrollgruppe. Wenn die Testperson aber über zwei Kopien verfügt, wird sie an einer die Fitness vermindernden Krankheit leiden. Unter vormodernen Bedingungen mit einer Kindersterblichkeit von 40 % wären die Träger von zwei Kopien des Allels wahrscheinlich jung verstorben und hätten sich nicht fortgepflanzt. Die Träger einer einzelnen Kopie hätten wahrscheinlich größeren Wohlstand erworben, was zu einer erhöhten genetischen Fitness geführt hätte. Dementsprechend sehen wir ein klares Beispiel für Inzuchtkraft, da es in vorindustriellen Zeiten vorteilhaft für Juden war, jene zu heiraten, die ihnen genetisch extrem ähnlich waren, einschließlich ihrer eigenen Cousinen und Cousins.

Damit kommen wir zur Frage der jüdischen Modalpersönlichkeit. Dem Stereotyp zufolge sollen Juden in hohem Maße ethnozentrisch sein. Ein unmittelbarer Beweis für jüdischen Ethnozentrismus (im Vergleich zum deutschen) findet sich im Verhalten von Säuglingen, deren Verhalten mit hoher Wahrscheinlichkeit stark genetisch beeinflusst ist, da bei einem Merkmal umso wahrscheinlicher von einer genetischen Grundlage auszugehen ist, je früher es sich manifestiert. Entwicklungspsychologen haben bei israelischen Säuglingen eine ungewöhnlich starke Furchtreaktion auf Fremde festgestellt, während sich bei Säuglingen aus Norddeutschland das Gegenteil zeigt. Die Wahrscheinlichkeit, dass die israelischen Kinder in Anwesenheit von Fremden „untröstlich aufgewühlt" wurden, war viel höher, während die norddeutschen Kinder verhältnismäßig geringe Reaktionen zeigten. Die Fremdenangst der israelischen Säuglinge passt zu der Hypothese, dass Juden stärker (negativ) ethnozentrisch seien als Europäer.[563] In jüngerer Zeit haben Daten aus der MIDUS-Studie über Amerikaner mittleren Alters gezeigt, dass es bei weißen Europäern eine signifikante positive Korrelation zwischen dem Ausmaß ihrer Religiosität und ihrer Gruppenorientierung gibt – eine Verbindung, die sich auch in der jüdischen Stichprobe fand. Allerdings bildeten die Juden die am stärksten ethnozentrische (oder gruppenorientierte) religiöse Gruppe, obwohl sie die am wenigsten religiöse waren, und behielten diesen Rang auch bei Kontrolle von Faktoren wie Religiosität und Intelligenz.[564]

Eine plausible Erklärung ist, dass ihr hoher Grad an Ethnozentrismus eine Funktion ihres kleinen Genpools ist, da ihre historische Isolation und Verfolgung Ethnozentrismus positiv selektiert haben. Es mag sein, dass die Erfahrung des Holocausts den jüdischen Ethnozentrismus angefacht hat, auch wenn eine derartige Mentalität bereits lange vor dem Zweiten Weltkrieg feststellbar war.[565] Eine sinnvolle Erklärung ist, dass Juden aus teilweise genetischen Gründen sehr ethnozentrisch sind, ein Stereotyp über sie, das sich ihre gesamte europäische Geschichte hindurch gehalten hat.[566] Wir sollten uns daran erinnern, dass Stereotype – auch solche über Rassen – ein hohes Maß an empirischer Genauigkeit aufweisen.[567] Eine Studie verglich Stichproben verschiedener religiöser Gruppen in den Vereinigten Staaten – nämlich von Baptisten, Katholiken, Methodisten, Juden und Atheisten/Agnostikern – miteinander, wobei die Testpersonen gefragt wurden, was sie für das Wichtigste für ein „gutes Leben" hielten. Die Juden betonten – im Gegensatz zu allen anderen Gruppen – die Bedeutung von „zusätzlichem Geld". Ebenfalls im Gegensatz zu den übrigen Gruppen legten die Juden gemeinsam mit den Atheisten/Agnostikern Wert auf „ein Erfolgsgefühl".[568]

Aschkenasische Juden haben interessanterweise exakt die Persönlichkeit, die mit sozioökonomischem „Erfolg" in Verbindung steht. Denn laut der Forschungsergebnisse von Curtis Dunkel und seinen

Kollegen schneiden die Aschkenasim besser als Europäer ab, wenn es um den Generalfaktor der Persönlichkeit (GFP) geht, die „sozial positiven“ Pole eines jeden Persönlichkeitsmerkmals der „Big Five“. Dieser Unterschied zwischen Juden und Nichtjuden bleibt bestehen, selbst wenn Intelligenz als Faktor miteingerechnet wird, ist also keine Folge des Verhältnisses zwischen IQ und prosozialen Verhaltensmustern.[569] Diese Erkenntnis würde – abgesehen von ihrem hohen IQ – dazu beitragen, das große Ausmaß an Erfolg der aschkenasischen Juden zu erklären. Sie ist besonders wichtig, weil Untersuchungen anderer Völker mit hohem IQ ergeben haben, dass diese im Hinblick auf den GFP schlechter abschneiden als die Vergleichsstichprobe mit niedrigerem IQ. So verhält es sich etwa im Vergleich von Finnen mit der schwedischsprachigen Minderheit in Finnland, bei der es sich um eine Kline zwischen Finnen und Schweden handelt. In diesem Fall beruht der niedrigere finnische GFP auf niedrigerer Extraversion und hohem Neurotizismus, die andere, positive Eigenschaften überlagern, wobei der stärker ausgeprägte Neurotizismus der Finnen wahrscheinlich mit höherer Sozialangst zusammenhängt.[570]

Zusätzlich gibt es auch Hinweise auf ein erhöhtes Vorkommen von Schizophrenie und bipolarer Störung unter aschkenasischen Juden. Eine Metaanalyse von Studien über das aschkenasische Genom hat festgestellt, dass die Aschkenasim um bis zu 40 % häufiger als die Kontrollgruppen Genvarianten in sich tragen, die mit sowohl Schizophrenie als auch bipolarer Störung assoziiert sind. Diese Genvarianten haben in anderen Stichproben die Wahrscheinlichkeit des Auftretens derartiger Krankheiten um 15 % erhöht.[571] Solche Untersuchungsergebnisse entsprechen dem Stereotyp von Juden als „neurotisch“ und „paranoid“ im alltagssprachlichen Sinne dieser Wörter.[572] Es gibt auch Hinweise darauf, dass männliche Juden – anders als weibliche – anfälliger für Depressionen sind als die Kontrollgruppe.[573] Es ist möglich, dass dies mit dem insgesamt höheren GFP der Aschkenasim übereinstimmt, da nachgewiesen wurde, dass ein relativ hohes Angstniveau mit Erfolg in der Hochschulbildung zusammenhängt.[574]

Die Kultur der Kritik

Eine eher kontroverse Theorie über aschkenasische Juden ist das 2002 im Buch „The Culture of Critique“ vorgestellte Modell des amerikanischen Psychologen Kevin MacDonald.[575] Er stützt sich dabei auf seine früheren Schriften über die jüdische Geschichte, „A People That Shall Dwell Alone“ (1994) und „Separation and Its Discontents“ (1998).[576] Die These der „Kritik“ ist, dass Juden ihre eigenen genetischen Interessen indirekt befördert haben, indem sie jene ihrer Konkurrenten aktiv unterminierten. Jüdische Intellektuelle und Aktivisten haben traditionelle Denkweisen, die evolutionären Erfolg auf der Gruppenebene befördern (etwa ethnischen Nationalismus, Religiosität und bestimmte Wissenschaftszweige), mit vernichtender Skepsis und Kritik überzogen. Im Gegenzug setzten sie sich an die Spitze von Bewegungen des revolutionären Wandels moralischer, intellektueller oder politischer Art in ihren Gastgebergesellschaften, wodurch sich letztendlich die nationale Population selbst radikal veränderte.

Die erste und welterschütterndste dieser Ideologien und Bewegungen war der Kommunismus bzw. Bolschewismus – der Leitstern zum Umstürzen der „alten Welt“. Die Behauptung, dass der Kommunismus einen betont jüdischen Charakter habe, wird oft als „Verschwörungstheorie“ abgetan, doch scheint sie auf Tatsachen zu basieren. Karl Marx (1818–1883) selbst war ein ethnischer Jude, auch wenn seine Familie zum Protestantismus konvertiert war. Wladimir Lenin war teils jüdischer Abstammung, Leo Trotzki (1879–1940) der Sohn ukrainisch-jüdischer Landbesitzer; der Trend setzt sich außerhalb des russischen Zusammenhanges fort, so mit Rosa Luxemburg (1871–1919), Georg Lukács (1885–1971), Karl Kautsky (1854–1938) und vielen anderen.

Juden machten niemals mehr als 5 % der russischen Gesamtbevölkerung aus, aber, wie Yuri Slezkine in „Das jüdische Jahrhundert“ ausführlich beschreibt: „In allen revolutionären Parteien gab es sehr viele Juden an der Spitze, unter den Theoretikern, Journalisten und Führern.“[577] Auf dem Ersten Allrussischen Sowjetkongress waren ca. 31 % der Delegierten Juden. „Beim Treffen des bolschewistischen Zentralkomitees am 23. Oktober 1917, auf dem der bewaffnete Aufstand beschlossen wurde, waren fünf der zwölf anwesenden Mitglieder Juden."[578] Noch in den 1930er-Jahren waren Juden an herausragenden Stellen im kommunistischen Apparat vertreten: 42 der 111 Funktionäre der Geheimpolizei des NKWD waren Juden.[579]

Die Lage der Juden in der Sowjetunion wurde problematisch, als unter der Führung von Josef Stalin (1878–1953) viele der frühen, jüdischen Bolschewisten verfolgt oder hingerichtet werden. Stalins eigenes Konzept des „Sozialismus in einem Land" markierte eine gewisse Hinwendung zu einem russischen Nationalismus, ebenso wie seine Aufrufe zur Verteidigung des „Vaterlandes" nach dem deutschen Einmarsch 1941. Nichtsdestoweniger ist die herausragende – tatsächlich unabdingbare – jüdische Rolle im frühen Kommunismus schlicht nicht von der Hand zu weisen.

Während die Kommunisten nach politischem und wirtschaftlichem Wandel strebten, zielten die meisten von MacDonald betrachteten Figuren auf Veränderungen des Denkens. Die Psychoanalyse wurde von Sigmund Freud (1856–1939) begründet, einem bekennenden Juden. Freud begann als klinischer Psychiater am Allgemeinen Krankenhaus der Stadt Wien, doch wurde enorm einflussreich durch die philosophischen, soziologischen und historischen Implikationen seiner Schriften. In Abkehr von empirischen und medizinischen Betrachtungen der Psychose entwickelte Freud eine Strukturtheorie der Psyche, deren vor- oder irrationale Seite sich in Träumen widerspiegele. Es gebe das archaische *Es*, das unsere instinktiven, fleischlichen Begierden repräsentiere, das *Ich* als halb bewussten, lenkenden Zugriff auf die Wirklichkeit und das eigene Selbst sowie das *Über-Ich* aus verinnerlichten äußeren Werten, Moral und Schuldmechanismen, oder nach Freud: dem „Nein" des Vaters.

Während die Wirksamkeit der Psychoanalyse auf Patienten immer umstritten war, gelang es Freud, ein geschlossenes System zum Verständnis des menschlichen Subjektes zu schaffen. Begriffe wie das „Lustprinzip" (die Definition menschlichen Handelns als Streben nach sexueller Befriedigung, selbst in abartiger Form) und „Verdrängung" (die unbewusste Unterdrückung „verbotener Leidenschaften", die zu Neurosen und Hysterie führt) haben ihre größte Wirkung wohl außerhalb der klinischen Psychiatrie entfaltet.

Ganz ähnlich wie Nietzsche und Darwin brachte Freud das Selbstbild des Menschen als vernünftig und moralisch Handelnder unwiederbringlich ins Wanken. *Alles* – von Eltern-Kind-Beziehungen über Religion und Mythen bis hin zu alltäglichen Versprechern – wurde der Psychoanalyse unterzogen und, so kann man sagen, mit Traumata und Sexualität aufgeladen. Es gibt Hinweise darauf, dass Menschen und Gesellschaften umso kreativer und erfolgreicher sind, je stärker sie Sexualität unterdrücken, weil sexuelle Energie dann zu Leistung und Ausdruckskraft vergeistigt wird; eine Vorstellung, die Freud in „Das Unbehagen in der Kultur" (1930) selbst vertreten hat.[580] Doch unabhängig von den Absichten und dem Zartgefühl Freuds entfaltete die Psychoanalyse ihre folgenreichste Wirkung durch das Vorantreiben der „sexuellen Befreiung", die Entlastung von der „Verdrängung", die uns die Zivilisation ermöglicht hatte.

Im Kapitel „Krieg gegen ‚die Rasse'" haben wir behandelt, wie sich die Anthropologie veränderte, insbesondere durch die Einbindung von „Kulturrelativismus" und „Environmentalismus" (nicht zu verwechseln mit Umweltschutz), was dazu beigetragen hat, dass die wissenschaftliche Diskussion über Rassen zu einem Tabuthema wurde. MacDonald stellt die These auf, dass es sich hierbei um ein weiteres Beispiel für eine jüdisch geführte Bewegung handele, die adaptive Trends in der Gesellschaft zerstört habe. Wie wir gesehen haben, war der jüdische Amerikaner Franz Boas quasi der Begründer der modernen Anthropologie. Boas richtete seine akademischen Bemühungen gegen jene von Madison Grant – und somit frontal gegen das Streben nach Eugenik, Einwanderungsbeschränkungen und der Erhaltung eines besonderen amerikanischen Typus. Diese Akzeptanz des „Kulturrelativismus" führte letztlich zum Kippen lang gehegter Annahmen von europäischer Überlegenheit und schuf wohl die Grundlage für einen Glauben an nicht europäische Überlegenheit.

Besondere Aufmerksamkeit widmet MacDonald der ausgesprochen einflussreichen Bewegung der Kritischen Theorie oder des Kulturmarxismus. Diese intellektuellen Strömungen gingen zu Zeiten der Weimarer Republik vom Institut für Sozialforschung in Frankfurt am Main aus, ehe sie über den Atlantik in die Vereinigten Staaten vordrangen. Die sogenannte Frankfurter Schule setzte sich fast vollständig aus Juden zusammen, darunter Theodor Wiesengrund Adorno (1903–1969), Walter Benjamin (1892–1940), Max Horkheimer (1895–1973), Herbert Marcuse (1898–1979) und andere, und strebte eine Synthese aus Marxismus, Freudianismus, Soziologie und – im Falle Adornos – Musikwissenschaft an. Adorno und seine Weggefährten waren scharfe Kritiker des nationalsozialistischen Deutschland (angesichts ihrer eigenen misslichen Lage verständlich), doch wandten sich dann ebenso ätzend gegen ihre neue amerikanische Heimat – sowohl aufgrund der Uniformität und Oberflächlichkeit (der „Kulturindustrie“) als auch wegen des Faschismus, den sie im Innern lauern sahen.

Adornos berühmtestes, wenn auch nicht sein maßgebliches Projekt war „The Authoritarian Personality“ (1950).[581] Es ging einher mit der Entwicklung eines Persönlichkeitstests für den Bundesstaat Kalifornien, der „F-Skala“, wobei das „F“ für Faschismus steht. Er beruhte auf dem Spektrum zwischen einer „autoritären“ und einer „revolutionären“ Persönlichkeit – die Letztere wurde für das amerikanische Publikum in „demokratisch“ umbenannt. Wie Nathan Glazer 1954 feststellte: „Kein seit dem Krieg auf dem Feld der Sozialpsychologie veröffentlichter Band hat eine größere Wirkung auf die Richtung der tatsächlichen empirischen Arbeit gehabt, die heute in den Universitäten durchgeführt wird.“[582] „The Authoritarian Personality“ maß die folgenden „antidemokratischen Tendenzen“[583]:

- *Conventionalism*: stures Festhalten an konventionellen, mittelständischen Werten […]
- *Authoritarian Submission*: unterwürfige und unkritische Einstellung gegenüber Autoritätsfiguren […]
- *Authoritarian Aggression*: Neigung dazu, Menschen zu suchen, zu verurteilen, auszustoßen und zu bestrafen, die konventionellen Werten zuwiderhandeln […]
- *Anti-Intraception*: Ablehnung des Subjektiven, des Imaginativen, des Schöngeistigen […]
- *Superstition and Stereotypy*: Glaube an mystische Bestimmungsfaktoren des Schicksals des Individuums […]
- *Power and „Toughness“*: Besessenheit vom Verhältnis zwischen Herrschaft und Unterwerfung, Stärke und Schwäche, Führer und Gefolgschaft; Identifikation mit Machthabern […]

- *Destructiveness and Cynicism*: allgemeine Feindseligkeit, Herabwürdigung anderer Menschen [...]
- *Projectivity*: Veranlagung zum Glauben daran, dass in der Welt wilde und gefährliche Dinge vor sich gehen; Projektion unbewusster emotionaler Impulse nach außen [...]
- *Sex*: übertriebene Sorge um sexuelle „Geschichten" [...]

Was an dieser Liste vielleicht am bemerkenswertesten ist, ist der Umstand, wie evolutionär adaptiv die Merkmale sind, die Adorno ins Visier zu nehmen, für krankhaft zu erklären und zu korrigieren gedachte. Ebenso ist bemerkenswert, wie MacDonald herausstellt, dass die „F-Skala" nur auf Nichtjuden zielt, nicht etwa auch auf jüdische Ethnozentristen.[584]

Sogar Adornos Beschäftigung mit Musik brachte eine gewisse „demokratische" oder „revolutionäre" – oder vielleicht einfach nur demoralisierende – Neigung zum Ausdruck, und das trotz der Tatsache, dass er, anders als Freud, von eher konservativem und professoralem Gemüt war. In seinen umfangreichen Schriften zur Musik trat Adorno für die „Zwölftontechnik" Arnold Schönbergs ein, bei der allen zwölf Tönen der chromatischen Skala die gleiche Bedeutung und Gewichtung gegeben wurde, was die jahrhundertelang gültige tonale Hierarchie der westlichen Musik auf den Kopf stellte. Die mittels dieser Technik geschaffene Musik erschien den meisten Hörern als intellektualisierte Kakophonie. Vielleicht ließe sich die Reaktion auf einer Art von „F-Skala" bewerten.

Zu guter Letzt lassen sich auch Ideologien wie der Postmodernismus mit Bedacht unter diesen Sammelbegriff der hundertjährigen „Kultur der Kritik" einordnen. Der Postmodernismus ist bestimmt von der Ansicht, dass es so etwas wie objektive Wahrheit nicht gebe, weil Wahrheit nur die Weltsicht der Machthaber sei. Demnach sind wir moralisch dazu verpflichtet, die Machthaber herauszufordern – indem wir ihre „Wahrheit" dekonstruieren – und die Machtlosen zu unterstützen. Zu denen, die von der Macht ferngehalten werden, gehören auch nicht westliche Völker. Allgemeiner gesprochen unterminiert der Postmodernismus ein Gefühl von Struktur, Gewissheit und Überlegenheit bei westlichen Völkern, in gewisser Weise ähnlich wie schon die Religion: Das Leben hat keine Bestimmung, nichts ist wahr und nichts hat einen Sinn, außer das eigene Leben zu genießen und die Demokratie zu verfechten. Viele Schlüsselfiguren des Postmodernismus waren Juden, etwa Jacques Derrida (1930–2004), der führende Denker der „Dekonstruktion".

Der zentrale Aspekt von MacDonalds Theorie ist *nicht*, dass viele Juden im 20. Jahrhundert „schlechte Ideen" vertreten hätten – immerhin traten viele Nichtjuden für die gleichen Ideen ein. Davon abgesehen können viele der oben umrissenen Gedanken in Richtungen weiterentwickelt werden, die jüdischen Interessen nicht dienlich sind – und wurden es auch. MacDonalds Theorie beruht vielmehr auf der Kernannahme, dass sich in jüdischem Aktivismus und jüdischer intellektueller Arbeit eine evolutionäre Langzeitstrategie widerspiegele, die aus ihrer ursprünglichen Heimat im Kulturraum der „mittleren Alten Welt" stamme. MacDonald zufolge entstanden die Juden in einer Umgebung der Gruppenkonflikte, bei denen in multirassisch bewohnten Regionen hochgradig ethnozentrische, dogmatische und unnachgiebige Gruppen im Vorteil waren. Einfacher ausgedrückt: Juden entwickelten sich für die Kriegsführung zwischen Gruppen, und sie sind an das Leben in einer feindseligen Umgebung angepasst. Europäer hingegen entwickelten sich in den Jäger-und-Sammler-Gesellschaften der nordeurasischen und der Polarkultur, eine Umgebung, die die einfache Familie und den Individualismus bevorzugte.[585]

Eine Kritik der „Kritik"

2018 veröffentlichte der jüdisch-amerikanische Philosoph Nathan Cofnas in der Zeitschrift „Human Nature" eine detaillierte Kritik der Theorie MacDonalds.[586] Darin zweifelt er an, dass Juden ethnozentrischer als Nichtjuden seien, verkompliziert die Geschichte des linken jüdischen Aktivismus und postuliert, eine einfachere Erklärung sei, dass Juden schlicht intelligenter als Nichtjuden und dementsprechend in allen intellektuellen Bewegungen überrepräsentiert seien – zumindest in den nicht antisemitischen.

Dem lässt sich entgegenhalten, dass es klare Beweise dafür gibt, dass Juden ethnozentrischer sind als Nichtjuden, wie wir bereits gesehen haben. Davon ausgehend lässt sich schlussfolgern, dass Juden in allen Bereichen des Lebens – und in einem größeren Ausmaß als

Nichtjuden – dazu neigen werden, die genetischen Interessen ihrer eigenen Gruppe zu befördern. Dazu würde auch ihr Eintreten für die bereits angesprochenen Ideologien zählen. Durch bewusste Selbstregulation („Effortful control") wären sie besser in der Lage, sich selbst – unabhängig von der empirischen Beweislage – von der Richtigkeit einer Weltanschauung zu überzeugen, an die zu glauben nützlich ist. Tatsächlich hat sich erwiesen, dass hohe Intelligenz mit dieser Fähigkeit zusammenhängt.[587]

Zudem lässt sich diese Angelegenheit mithilfe von Rushtons genetischer Ähnlichkeitstheorie erhellen. Diese Theorie hebt die Tatsache hervor, dass wir von Natur aus zu ethnischem Nepotismus neigen, um unsere eigenen Interessen voranzubringen. Das beginnt mit unserer Partnerwahl und den Menschen, die wir körperlich attraktiv finden, bei denen es sich tendenziell um solche handelt, die uns in optimaler Weise genetisch ähnlich sind, und zeigt sich noch in den Kleinigkeiten des Lebens, etwa darin, welche von zwei gleich argumentierenden akademischen Quellen man sich zu zitieren entscheidet, wenn man einen Artikel für eine Fachzeitschrift schreibt.[588] Im engeren Sinne handeln wir auch im Alltagsleben in unserem ganz eigenen genetischen Interesse, so lässt sich anhand „genetischer Ähnlichkeit" etwa vorhersagen, mit wem wir uns befreunden, wen wir wählen und zu welchen unserer Vollgeschwister wir das beste Verhältnis pflegen werden.[589]

Daraus ergibt sich eine wichtige Frage: Wenn Menschen unvermeidlich ihren inklusiven Fitnessinteressen folgen, warum lassen Weiße es dann zu, dass ihre Gesellschaften diversifiziert werden? Warum sind so viele von ihnen mit Eifer dabei, fremde Menschen in ihren Gesellschaften willkommen zu heißen? Gewiss, eine Zwischenvariable ist die Stärke der ethnischen Identität, die durch Kultur und Führung auf- oder abgebaut werden kann. Wie wir bereits im Rahmen der Erkundung der rassischen Unterschiede beim Ethnozentrismus thematisiert haben, ist die Religion ein wesentlicher Faktor der Stärke des Ethnozentrismus einer Gruppe, und insbesondere in westeuropäischen Ländern hat eine Reihe von Faktoren dazu geführt, dass die Religiosität vermindert wurde. Dazu zählen eine selten gewordene Reflexion der eigenen Sterblichkeit sowie – ganz einfach – Prominente, die traditionelle Religiosität ununterbrochen infrage stellen und diese dadurch untergraben.

Zum Kommunismus merkt Cofnas an, dass in Polen Juden eher Gefahr liefen als Weiße, von der kommunistischen Geheimpolizei getötet zu werden. Ihm zufolge passe dies dazu, dass Juden einzig aufgrund ihrer hohen Intelligenz innerhalb der kommunistischen Elite im Vergleich zu den Polen übermäßig stark vertreten gewesen seien. Dem lässt sich allerdings erwidern, dass es sich dabei um keine ehrliche Wiedergabe der These von MacDonald handelt. Die Kernfrage ist, ob sich – theoretisch – behaupten lässt, dass eine Ideologie wie der Marxismus die Traditionen, die westliche Länder zusammengehalten haben (darunter die Religion), unterminiert und die Eigenschaften eines positiven wie negativen Ethnozentrismus befördert hat, der – wie nachgewiesen wurde – letzten Endes im Kampf der Gruppenselektion zum Triumph bestimmter Gruppen führt. Es ist zwar gut möglich, dass sich eine Denkweise herausbildet, die sich als ziemlich gefährlich für viele Angehörige der eigenen Gruppe erweisen kann (wie es der Kommunismus sicherlich war) – und doch kann diese Denkweise in letzter Instanz vorteilhaft für die Gruppe als Ganzes sein. Beispielsweise konnte nachgewiesen werden, dass die Praxis des europäischen Mittelalters, beinahe alle Verbrecher (und somit ungefähr 2 % der männlichen Gesamtbevölkerung jeder Generation) hinzurichten, den GFP, die Intelligenz sowie die Religiosität und somit die Gruppenselektivität in Europa gesteigert hat.[590] Und es wurde gezeigt, dass Religiosität stark assoziiert mit sowohl positivem als auch negativem Ethnozentrismus ist.[591] Marxismus hilft dabei, in europäischen Bevölkerungen all diese Eigenschaften zu untergraben, und daraus folgt, dass Marxismus im Gruppeninteresse der ethnischen Minderheiten innerhalb dieser Bevölkerungen liegt. Das heißt: Selbst wenn Angehörige dieser Minderheiten in ihrer Vorkämpferfunktion für revolutionäres Gedankengut unverhältnismäßig oft getötet werden, ist dieses – auf lange Sicht – trotzdem in ihrem Gruppeninteresse. Tatsächlich mag es unter der Voraussetzung, dass der Marxismus in ihrem Gruppeninteresse lag, sogar so gewesen sein, dass gerade die weniger stark gruppenselektierten Juden übermäßig oft getötet wurden, weil sie eher dazu neigten, das herrschende System zu hinterfragen, statt mit ihm zusammenzuarbeiten, was im Falle des Kommunismus in dieser Situation eher im jüdischen Gruppeninteresse gewesen wäre.

Eine Verteidigung der „Kritik"

Im Sommer 2018 veröffentlichte ich meine Kritik der Kritik von Cofnas in der Fachzeitschrift „Evolutionary Psychological Science".[592] Sie führte zu einem erwartbaren Aufschrei. Das Online-Magazin „UnDark" brachte einen ganzen Artikel über die Affäre, unter dem Titel „Kevin MacDonald und die Aufwertung antisemitischer Pseudowissenschaft" und mit dem Untertitel: „Warum veröffentlichen respektable Fachzeitschriften Einlassungen zu längst aufgegebener voreingenommener psychologischer Forschung?"[593] Der Artikel war wenig objektiv. Der Gebrauch des Wortes „Fachzeitschriften" im Plural implizierte, dass nicht nur „Evolutionary Psychological Science" moralisch falsch gehandelt habe, indem es eine zurückhaltende Verteidigung der Theorie MacDonalds veröffentlichte, sondern bereits „Human Nature" sich moralisch versündigt habe, indem es die Kritik von Cofnas publizierte. Das gesamte Thema sei *verboten*[594]. Der Autor stellt die rhetorische Frage: „Verdient voreingenommene Forschungsarbeit wie die von MacDonald eine faire Widerlegung, oder wird sie dadurch als Teil des Mainstream-Diskurses legitimiert?" Von der mangelnden Objektivität des Textes zeugt auch seine Bebilderung: Die Illustration zeigt einen Angehörigen des Ku-Klux-Klan, der sich hinter einem Bücherregal versteckt. Der Autor Michael Schulson, selbst ein Jude[595], deutet an, dass es moralisch fragwürdig sei, die Schlussfolgerungen empirischer Forschung zu publizieren, wenn sie antisemitischen Ansichten „entsprechen". Er verlangte vom Redakteur von „Evolutionary Psychological Science", Todd Shackelford, sich für die Veröffentlichung meines Artikels zu rechtfertigen, obwohl dieser eine wissenschaftliche Begutachtung passiert hatte. Shackelford kam der Aufforderung nach, aber war offensichtlich wegen des möglichen Aufschreis so nervös, dass er einfach vergaß, dass mein Artikel durch die *Peer Review* gegangen war und sein Abdruck keiner weiteren Rechtfertigung bedurfte. In einer anschließenden E-Mail betonte er seine „schweren Bedenken gegenüber Duttons Argumenten"; gleichwohl betrachte er den Artikel als gut gemeinte Antwort auf Cofnas' Auseinandernehmen von MacDonald: „Ich dachte, Dutton hätte gute Arbeit geleistet und zum Ausdruck gebracht, ‚Wartet mal, vielleicht haben wir hier das Kind mit dem Bade ausgeschüttet'."

Dass Schulson überhaupt erwähnte, dass Shackelford noch „eine anschließende E-Mail" geschickt habe, ist ein weiterer Beweis für den sensationslüsternen und voreingenommenen Blickwinkel des Artikels, weil Shackelson so als unentschlossen und ängstlich dargestellt wird. Schulson nahm auch Kontakt zu dem bekannten jüdisch-kanadischen Psychologen Steven Pinker auf, der dem Vorstand der Zeitschrift angehört. Und Pinker hat sofort „eine Mitteilung an Shackelford geschickt [...] und seine Enttäuschung über die Entscheidung, [Duttons Artikel] zu veröffentlichen, zum Ausdruck gebracht". Shackelford schrieb daraufhin nochmals eine E-Mail an Schulson und erklärte, die Zeitschrift werde Cofnas einladen, eine Antwort auf meine Erwiderung zu schreiben, die dementsprechend nicht vor der Veröffentlichung begutachtet würde. Das tat Cofnas auch umgehend.

In seinem letzten Schreiben zu dieser Angelegenheit behauptete Cofnas, es gebe nur wenige Hinweise darauf, dass Menschen im Interesse ihrer Ethnien handelten, und die meiste Zeit über würden Menschen nicht in ihrem genetischen Interesse handeln.[596] Wie wir oben gesehen haben, steht dieser Aussage eine extrem starke Beweislage entgegen. Cofnas behauptete weiter, dass amerikanische Juden die höchste Mischehenquote aller religiösen Gruppen in den Vereinigten Staaten hätten, was – ihm zufolge – nicht zu einem prononcierten jüdischen Ethnozentrismus passe. Doch laut Frank Salter ist die bloße Zahl der Mischehen ein dürftiges Maß für Ethnozentrismus.[597] Es stimmt zwar, dass Ethnozentrismus Menschen dazu bewegt, innerhalb ihrer identitären Gruppe zu heiraten; die groben Mischehenzahlen müssen jedoch mit den Zahlen verglichen werden, die zu erwarten wären, wenn die Partnerwahl im Hinblick auf Ethnie oder Religion rein zufällig verliefe. Salter merkt an, dass im Jahr 2014 die Mischehenquote der Juden von 35 % ungefähr jener der gemäßigten Protestanten entsprochen habe, die 41 % betrug.[598] Aber aus diesen Daten können wir nicht schließen, dass die beiden Bevölkerungsgruppen in ähnlichem Maße ethnozentristisch wären. Das wird eindeutig klar, wenn wir von den Mischehen zu den Ehen innerhalb der eigenen Gruppe (Endogamie) übergehen und deren tatsächliche Quoten mit der Wahrscheinlichkeit ihres Vorkommens vergleichen, wenn die Menschen bei der Partnerwahl den Faktor Religion außer Acht lassen würden. 2014 machten Juden 1,9 % der amerikanischen Gesamtbevölkerung aus, gemäßigte Protestanten bildeten 14,7 %.[599] Das heißt, dass für Juden die Wahrscheinlichkeit, anderen Juden zu begegnen, selbst unter Berücksichtigung der Verteilung der Religionen (dazu später mehr) 0,036 % betrug. Die Protestanten begegneten mit einer Wahrscheinlichkeit von 2,2 % jemandem des gleichen Bekenntnisses.[600] Die Endogamiequote war aber in beiden Religionen viel höher, was darauf hindeutet, dass irgendetwas – und der wahrscheinlichste Kandidat für diesen Faktor ist der Ethnozentrismus – einige Individuen dazu antrieb, Ehepartner der gleichen Religion zu wählen. Um diese beiden Quoten der Endogamie zu erreichen, brauchte es unterschiedliche Ausmaße des Ethnozentrismus, da es allein schon durch Zufall wahrscheinlicher war, dass Protestanten andere Gemeindemitglieder kennenlernten und heirateten als Juden. Wir berechnen Ethnozentrismus, indem wir die tatsächliche Endogamiequote durch die erwartbare Zufallsquote teilen. Das Ergebnis ist, dass im Jahr 2014 jüdischer Ethnozentrismus 49-mal so häufig vorkam wie protestantischer Ethnozentrismus.[601]

Dagegen könnte man einwenden, dass diese Schätzung unrealistisch sei, weil Juden geografisch und beruflich viel konzentrierter auftreten als Protestanten, und zwar aufgrund von nicht ethnozentrischen Faktoren wie höherem IQ und bevorzugten Berufsfeldern. Eine solche Widerlegung des jüdischen Ethnozentrismus trägt jedoch nicht allzu weit, solange man nicht nachweisen kann, dass diese Konzentration 49-mal höher gelegen hat als jene der gemäßigten Protestanten. Zusätzlich wäre zu belegen, dass diese Konzentration nicht selbst ein Resultat von Ethnozentrismus war. Beide dieser Bedingungen sind unwahrscheinlich, sodass uns auf Grundlage der bemerkenswert hohen Quote an endogamen Ehen als Endergebnis bleibt, dass der jüdische Ethnozentrismus stark ausgeprägt ist.

Gegen die Argumentation von Cofnas lässt sich des Weiteren einwenden, dass die Scheidungsquote bei diesen exogamen Ehen viel höher ausfällt als bei endogamen Ehen, was der genetischen Ähnlichkeitstheorie entspricht. Außerdem stellt die Tatsache, dass bei Juden ein bestimmter Marker für Ethnozentrismus gering ausgeprägt ist, keineswegs infrage, dass sie ethnozentristischer sind als Weiße. Tatsächlich könnte man ein solches Verhalten als Teil einer Strategie der Gruppenselektion begreifen. Es ist möglich, dass ein optimales Maß an Exogamie eine solche Strategie darstellt. Juden, die durch ihre Gene sehr ethnozentrisch sind, wären unter solchen Umständen viel eher Juden geblieben, während solche mit geringer ausgeprägtem Ethnozentrismus abtrünnig geworden wären. Ein gewisses Maß an Verschleiß in jeder Generation ebenso eingerechnet wie einheiratende Nichtjuden mit geringerem Ethnozentrismus, ließe sich ein optimales Niveau des Ethnozentrismus herstellen. Eine solche Strategie hätte das Potenzial etlicher einander bedingender Vorteile. Erstens würde sie den Genpool verschneiden, was wichtig würde, falls die Gruppe durch hohe Endogamie einem steigenden Risiko der doppelten Dosis an schädlichen mutierten Genen ausgesetzt wäre. Zweitens hat die Minderheit, wenn sie – wie die aschkenasischen Juden in den Vereinigten Staaten – nur sehr klein ist, keine Aussicht darauf, die Mehrheit demografisch beherrschen zu können, und ist ihrerseits von dieser leicht zu beherrschen. In dem Versuch, zur Mehrheit zu werden, so viele Nachkommen wie möglich zu zeugen, würde im Rahmen einer darwinschen Selektion nicht funktionieren, weil dabei die Mehrheit ebenfalls so viele Kinder wie möglich hätte. Es erscheint möglich, dass es unter gewissen Umständen für eine Minderheitengruppe die beste Strategie zur Vermeidung von Verfolgung sowie zur Maximierung von Ressourcen und Einfluss wäre, sich mithilfe eines optimalen Maßes an Endogamie bei der Mehrheitsbevölkerung beliebt zu machen. Das würde wahrscheinlich zu einer positiven Wahrnehmung der ethnischen Minderheit als Ganzes führen und dabei helfen, dieser gegenüber möglicherweise empfundene Feindseligkeit oder Ressentiments zu entschärfen, solange das optimale Gleichgewicht gewahrt bleibt.

Dies wäre keine bewusste oder gezielte Strategie. Sie wäre nicht in irgendeiner Weise geplant, sondern erlaubte es der Minderheit gleichsam zufällig, zu überleben und zu gedeihen – woran Minderheiten mit anderen Vorgehensweisen gescheitert sind. Die Abkömmlinge solcher jüdisch-nichtjüdischen Ehen mögen sich sogar selbst als

Nichtjuden ansehen. Die Voraussetzungen dafür könnten – beispielsweise – sein, dass die Bevölkerungsgruppen einander physiologisch so sehr ähneln, dass die genetischen Unterschiede zwischen Ehegatten und ihren Kindern nicht sichtbar hervortreten, und dass das durchschnittliche Humankapital der Minderheitsbevölkerung höher angesiedelt ist. Dass sie allgemein besser dastehen als der Durchschnittsbürger, wird sie zu begehrten Ehepartnern und nächsten Verwandten werden lassen. Es ist nur schwer zu übersehen, dass in den Familien beider Präsidentschaftskandidaten der großen amerikanischen Parteien 2020, Donald Trump und Joe Biden, Juden geheiratet wurden und im Falle Ivanka Trumps auch eine Konversion zum Judentum stattfand. Auch wenn das optimale Maß der Endogamie manchmal nicht erreicht werden wird, hat diese Strategie doch immerhin die jüdische Kernpopulation seit dem Zweiten Weltkrieg vor Verfolgung bewahrt. Darüber hinaus funktioniert dieses Vorgehen so lange als Gruppenstrategie, wie die genetische Ähnlichkeit der Juden (oder der sich als Nichtjuden ansehenden Nachkommen von Juden), die ihm nachgehen, im Vergleich zur orthodoxen Kernpopulation größer ausfällt als die genetische Ähnlichkeit zwischen diesen liberalen Juden und den Nichtjuden, die sie heiraten. Wenn exogame Juden den endogamen Juden ähnlicher sind als den Nichtjuden, dann erhöht die Strategie auf der Gruppenebene die Fitness dieser exogamen Juden. Wir können uns einen Verlauf vorstellen, in dem orthodoxe Juden Kinder haben, die sich zu reformierten Juden entwickeln und ihrerseits Kinder haben, die exogam heiraten. Von daher ist es gut möglich, dass die hohe Mischehenquote bei den reformierten Juden zentraler Bestandteil einer ethnozentrischen Gruppenstrategie ist, wobei die jüdische Gruppe als Ganzes unter Bedingungen der Konflikte zwischen Gruppen besser überlebt hätte, gerade weil sie sich so verhalten hat.[602] Es muss noch einmal betont werden, dass wir hier nicht von einer bewussten Strategie einiger Juden sprechen, die aus Berechnung gezielt Nichtjuden heiraten würden, weil dies ihrer ethnischen Gruppe zugute käme. Es handelt sich hierbei um einen evolutionären Prozess, in dessen Rahmen jüdische Exogamie innerhalb europäischer Gesellschaften über einen langen Zeitraum hinweg verfolgt wurde.[603] Als Kevin MacDonald eine Verteidigung meines Modells an *Evolutionary Psychological Science* schickte, wurde diese Einsendung von der Zeitschrift abgelehnt (also gar nicht erst zur Begutachtung durch Experten weitergeleitet): „Sie schrieben, sie wollten nichts mehr von diesem Thema hören.“[604]

MacDonald brachte in seiner ursprünglichen Arbeit über die „Kultur der Kritik“ eine *qualitative* Argumentation vor, ähnlich wie es Historiker tun, in seinem Fall für seine These, dass bedeutsame Bewegungen, die den europäischen Ethnozentrismus zersetzen, jüdisch bestimmt wurden. Aus Sicht der Evolutionspsychologie wäre es ausgesprochen überraschend, wenn er damit falsch gelegen hätte. Ausgehend von den Erkenntnissen Rushtons müssten wir im Allgemeinen annehmen, dass Intellektuelle sich zu Theorien hingezogen fühlten, die im Sinne ihrer genetischen Interessen sind. Außerdem wäre das mit besonders hoher Wahrscheinlichkeit in einer stark ethnozentristischen Bevölkerungsgruppe der Fall, etwa bei Juden oder Nordostasiaten, und weniger wahrscheinlich bei Europäern, weil diese einen geringeren Ethnozentrismus aufweisen.[605]

Steven Pinker hat eine Reihe von Bemängelungen gegen diese Theorie vorgebracht.[606] Einige davon lassen sich leicht widerlegen. Beispielsweise behauptet Pinker, dass MacDonald *ad hominem* argumentiere, indem er die These aufstellt, Juden würden gewisse Absichten hegen, weil sie Juden seien. Ich sehe nicht, weshalb das von Bedeutung sein sollte. Wenn man sich einer metaakademischen Analyse befleißigt, dann ist es legitim, zu prüfen, was Akademiker antreibt, denn diese sind auch nur Menschen. Das hat nichts mit einem *Argumentum ad hominem* zu tun. MacDonald behauptet nicht, dass irgendeine Idee falsch sei, *weil* sie von einem Juden vertreten wird.

Pinker kritisiert MacDonald für seine Wortwahl und behauptet, diese erwecke den Eindruck, dass es sich um keine gewöhnliche wissenschaftliche Hypothese handele. Das ist natürlich ein echtes *Argumentum ad hominem*. MacDonalds persönliche Meinung von den Juden ist völlig unerheblich für die Frage, ob seine Theorie zu überzeugen vermag. Hinzu kommt, dass wir – wenn MacDonald richtig liegt – tatsächlich annehmen müssten, dass eine solche Theorie, ob nun logisch oder nicht, eher von einem amerikanischen Ethnonationalisten vorgebracht würde als von einem weniger ethnozentrischen Fachkollegen. Wenn also MacDonald „antisemitisch“ wäre, dann wäre das tatsächlich im Einklang mit seiner eigenen Theorie. Pinker hebt hervor, dass MacDonald keine Kontrollgruppe betrachtet und seine Theorie auch nicht mit möglichen Alternativen abgeglichen habe. Im Hinblick auf den ersten Kritikpunkt ließe sich entgegnen, dass MacDonalds Theorie sehr schwierig statistisch zu belegen ist; sie bewegt sich, wie gesagt, auf qualitativer, geschichtlicher und gesellschaftlicher Ebene. Beispielsweise wäre es nicht unbedingt hilfreich, nachzuweisen, dass Juden innerhalb einer bestimmten philosophischen Schule überrepräsentiert sind, weil wir aufgrund ihrer überlegenen Intelligenz ohnehin davon auszugehen hätten. Und selbst wenn Juden in den von MacDonald sogenannten „jüdischen intellektuellen Bewegungen“ nicht statistisch überrepräsentiert wären, so hätte das keine Bedeutung für die qualitative Frage, wie einflussreich Juden in diesen Bewegungen sind oder wodurch diese wahrscheinlich angeregt worden sind. In der Theorie ließe sich dies allerdings quantitativ überprüfen, und zwar, indem man sich darauf einigt, wer die wichtigsten Leute innerhalb gewisser intellektueller Bewegungen seien, und indem man sich darauf einigt, wie „Jude“ definiert sei.

Pinker hat recht damit, dass der Theorie eine Kontrollgruppe zugute käme. Wenn man nachweisen möchte, dass Juden besonders ethnozentristisch seien, dann muss man notwendigerweise belegen, dass sich andere Gruppen nicht genauso verhalten haben. Nichtsdestoweniger gibt es eine große Menge an Belegen für einen besonders starken Ethnozentrismus selbst bei säkularen Juden.[607] Es wäre nützlich, wenn MacDonald gezeigt hätte, dass sich andere ethnische Gruppen in gleicher Weise verhielten; ein Thema, dem wir uns in Kürze zuwenden werden. Zuletzt schlägt Pinker eine alternative Theorie vor – die der „Minderheit der Mittelsmänner“. Diesem Modell zufolge haben viele Gesellschaften ethnische Minderheiten beherbergt, die sich auf geistig verhältnismäßig fordernde Berufe spezialisierten; die Wohlhabenden und in elitären Berufen Herausragenden rufen Feindseligkeit hervor und sind Ziele von Verschwörungstheorien, insbesondere von Vorwürfen, sie hätten den Reichtum der angestammten Bevölkerung geraubt.

Obwohl Pinkers alternatives Modell recht zutreffend zu sein scheint, lässt sich dem das gewichtige Argument entgegensetzen, dass Juden sich von anderen „Mittelsmänner“-Minderheitengruppen deutlich unterscheiden, in erster Linie durch ihren kulturellen ebenso wie wirtschaftlichen Einfluss. Die Theorie der „Mittelsmänner“-Minderheiten, die von Hubert M. Blalock erstmals aufgestellt und von Edna Bonacich weiterentwickelt wurde, bleibt nur undeutlich definiert.[608] Doch insoweit sie sich im Großen und Ganzen auf ethnische Minderheiten bezieht, die einen mittleren statt eines niedrigen Status einnehmen und die sich auf Handel, Finanzwesen sowie ähnliche Berufszweige konzentrieren, weist das geschichtliche Profil der Juden in Europa gewiss erstaunliche Ähnlichkeiten beispielsweise mit den Chinesen in Südostasien und den Indern in Ostafrika auf. Diese Bevölkerungsgruppen haben ebenfalls erhebliche Feindseligkeiten seitens ihrer Gastgebervölker hervorgerufen.

Große Unterschiede ergeben sich jedoch aus dem Umstand, dass die Juden sich im Anschluss an ihre erfolgreiche Emanzipation infolge der Französischen Revolution intensiv in die europäische Kultur und Politik eingemischt haben. Nach diesem geschichtlichen Zeitpunkt waren Juden in der europäischen Gesellschaft um Längen präsenter als jede andere „Mittelsmänner“-Minderheit, deren Verbindung zu ihren Gastgebervölkern vorwiegend wirtschaftlicher Natur war und blieb. Tatsächlich kam es zu Feindseligkeiten gegenüber den Juden in Europa, die ihren Höhepunkt in Form von Gesetzgebungen und Gewalttaten im frühen 20. Jahrhundert erreichten, zu einem Zeitpunkt, an dem die Juden wirtschaftlich in einem größeren Ausmaß diversifiziert worden waren als jemals zuvor in ihrer Geschichte. Die Klagen von Antisemiten aus diesem Zeitraum beziehen sich auf die lokale wirtschaftliche Kontrolle durch Juden, die in Ländern wie Rumänien beinahe eine Monopolstellung innehatten, denen aber auch kulturelle Feindschaft und Anschuldigungen der zweifelhaften Loyalität und der länderübergreifenden Verschwörung widerfuhren. Anders als die Chinesen in Südostasien und die Inder in Ostafrika, deren Einwirkung auf die philippinische und ugandische Kultur hinein minimal ausfiel, haben die Juden überall im Westen eine Vielzahl von Intellektuellen und Organisationen hervorgebracht, von Moses Mendelssohn (1729–1786) bis hin zur ADL, die darauf aus sind, den Juden innerhalb der Gastgebergesellschaft kulturell „Platz zu schaffen“ und deren Werte in einer Weise zu ändern, die Juden und anderen Minderheiten nützt. Bonacich vertrat die Ansicht, dass sich Feindseligkeiten der Gastgeber gegenüber „Mittelsmänner“-Minderheiten oftmals deshalb entwickeln, weil „Elemente jeder Gruppe miteinander unvereinbare Ziele haben“. Man könnte dazu anführen, dass dies auf die Geschichte der Juden in Europa zutrifft, deren Ziele eventuell weitergehend sind und eher dazu neigen, die höchste Feindschaft ihrer Gastgeber zu erregen, als jene anderer „Mittelsmänner“-Minderheiten. Insgesamt kann man vielleicht der Ansicht sein, dass MacDonald die Einzigartigkeit der Juden überbetone, doch letztlich ist die Theorie von der „Minderheit der Mittelsmänner“ nicht unvereinbar mit der These MacDonalds.

Ich würde dem hinzufügen, dass es vier Dimensionen der aschkenasischen Persönlichkeit gibt, die ihre Überrepräsentation in „kritischen“ Bewegungen bestimmen. Erstens wäre das die hohe Intelligenz, die Cofnas hervorhebt und die eine überdurchschnittliche Beteiligung an ziemlich allen intellektuellen Dingen bedingt. Zweitens wäre das ihr hoher Generalfaktor der Persönlichkeit, der das Gleiche bedingt. Drittens bestimmt ihr hoher Ethnozentrismus, dass sie sich zu Bewegungen hingezogen fühlen, die in ihrem ethnischen Interesse zu sein scheinen. Viertens sind ihre verhältnismäßig hohen Anteile an Schizophrenie und bipolaren Störungen zu nennen. Wie wir bereits behandelt haben, ist Schizophrenie durch übermäßiges Mitgefühl, wahnhafte Interpretation von Bedeutungen und eine Unfähigkeit zur Systematisierung gekennzeichnet. Das würde Betroffene prinzipiell zu dogmatischen und unlogischen Weltanschauungen tendieren lassen, besonders solchen, die eine „unsichtbare Hand“ hinter den Kulissen wirken sehen. Es gibt diesbezüglich eindeutige Belege, wonach Schizophrenie mit einer Neigung zum Paranormalen und zu Verschwörungstheorien assoziiert ist, teils aufgrund der Paranoia, die ein typischer Bestandteil der Schizophrenie ist.[609] Dies zeigt sich in allen Ideologien, die MacDonald hervorgehoben hat. Im Marxismus ist es die materialisierte Geschichte, die sich vor unseren Augen entfaltet; im Postmodernismus ist alles letztlich ein Produkt von „Macht“, sogar die Wahrheit selbst. Es gibt auch eine sehr schwache Assoziation zwischen Neurotizismus und dem Glauben an solche Theorien, was mit dem hohen Anteil bipolarer Störungen bei Aschkenasim zusammenhängen mag.[610] Darüber hinaus ist die Anfälligkeit für Psychosen assoziiert mit militantem politischen Extremismus, der auch als eine verwässerte Form ideologischen Eifers verstanden werden könnte.

Dementsprechend würde eine erhöhte Anfälligkeit der aschkenasischen Juden für Psychosen zusammen mit einem hohen Ethnozentrismus ihre Neigung zu linken Ideologien mustergültig erklären, während ihre hohe Intelligenz der Grund für ihre herausragenden Positionen in derartigen ideologischen Gruppierungen wäre.

Die Frage des jüdischen Charakters „der Linken“ wird uns erhalten bleiben, insbesondere, nachdem linke Politik und Liberalismus mehr und mehr zum beherrschenden Moralsystem der westlichen Welt werden. Doch wir sollten uns dadurch nicht von der weiter gefassten jüdischen Überlebensgeschichte ablenken lassen – einer Geschichte, die Pascal als „diese sichtbaren Wunder“[611] anbot.

Die Zukunft eines Tabus: Fazit

Kehren wir zurück in die Kneipen, in denen über große Sportler und die volle Bandbreite ihrer Fähigkeiten diskutiert wird, in unsere Krankenhauskantine, wo Ärzte sich über den Mangel an südasiatischen Nierenspendern aufregen, oder in unsere Grundschule, wo die Kinder südkoreanischer Eltern mal wieder am besten abgeschnitten haben. Diese Phänomene und noch viele weitere sind verständlich, wenn wir etwas akzeptieren, das noch vor einem Jahrhundert für jedermann selbstverständlich war – *Rassen sind real, und die Rasse macht einen Unterschied.*

Wenn es überhaupt eine biologische Komponente der Rasse gibt – die Hautfarbe ist ein offensichtliches Beispiel –, dann müssen Rassen eine grundlegende biologische Realität sein. Rassen sind ebenso sehr eine biologische Realität – und genauso sehr ein „soziales Konstrukt" – wie jede andere Kategorie der Geisteswissenschaften. „Rasse" ist ebenso sehr ein soziales Konstrukt innerhalb der Humanbiologie wie „Subspezies" innerhalb der Ökologie, sogar ebenso sehr ein soziales Konstrukt wie „Spezies" selbst. Jeder Begriff ist eine linguistische oder mathematische Abstraktion der Realität. Von daher wird ausnahmslos jeder Begriff „unscharfe Grenzen" und überraschende Ausnahmen aufweisen; und jeder nützliche und sinnvolle Begriff verdient es, verfeinert und überarbeitet zu werden, wenn sich das Wissen vermehrt hat. „Rasse" ist nützlich und sinnvoll, weil dieser Begriff es erlaubt, präzise Vorhersagen zu treffen, und sich dadurch als erfolgreiches Mittel zur Planung der Welt erweist. Wenn ein Arzt ein Verständnis von Rassen hat, kann das Leben retten; es verbessert die Chancen auf eine zutreffende Diagnose und Behandlung, ebenso stellt es sicher, dass Patienten die passendsten Medikamente oder Spenderorgane erhalten. Einem Rechtsmediziner kann die Feststellung der Rasse eines Skelettes – was mit einer Genauigkeit von 80 % möglich ist – dabei helfen, herauszufinden, wer das lange Zeit vergrabene Mordopfer war.[612] Im weniger folgenreichen Bereich des Sports hilft der Rassenbegriff Fans dabei, Unterschiede bei Ergebnissen besser zu verstehen, und fraglos ist die Rasse ein Paradigma für Trainer und Manager bei der Aufstellung ihrer Teams, auch wenn darüber immer weniger gesprochen wird.

„Und sie unterscheiden sich doch" ist keine endgültige Bestandsaufnahme des Themas; das wäre zu viel für ein Buch dieses Umfanges – oder jedes Umfanges. Doch es wird hoffentlich eine ziemlich endgültige Einführung in das Thema sein. Es ist eine Einladung, „rassisch" über die Menschheit, über die Gesellschaft, über die Kultur, über die Politik, über den Gang der Welt, über Sport und über viele andere Aspekte des menschlichen Lebens nachzudenken. Die Informationen, über die wir verfügen, helfen uns, die Welt besser zu verstehen – und Vorhersagen über sie zu treffen. Weiters können die Quellennachweise in diesem Buch als „Brotkrumen" dienen, denen der Leser folgen kann, um auf dem Weg das Material und die Daten zu prüfen und ein tieferes Verständnis von diesem faszinierenden Thema zu entwickeln.

Dieses Abschlusskapitel hat zweierlei Funktion. Erstens soll es einen Teil der neuesten Rassenforschung umreißen, nachdem wir nun deren Grundzüge deutlich vor Augen haben. Zweitens wollen wir zum sensiblen Thema der *Rasse als Tabu* zurückkehren, das ich in der Einführung aufgebracht habe und das im Verlauf dieses Buches immer wieder aufgetaucht ist. Es gibt definitiv Anlass zur Hoffnung, dass ein umfassenderes wissenschaftliches Wissen über die Rassen eine bessere öffentliche Ordnung und ein besseres Verständnis des Verhältnisses zwischen den Rassen befördern wird. Immerhin *muss* die Rassenfrage in einer immer stärker globalisierten und verknüpften Welt angesprochen werden, und es wäre besser, wenn dies auf vernünftiger Grundlage geschähe, nachdem die empirischen Daten ruhig geprüft worden sind. Es gibt allerdings auch Anlass dazu, angesichts dieser Aussicht nicht allzu zuversichtlich zu sein ... Das ergibt sich – zum Teil – aus einigen der Konzepte, die in diesem Buch ergründet worden sind, unter anderem Ethnonationalismus, Religiosität und Anteilen der menschlichen Persönlichkeit. Das ist aber auch Teil von etwas Größerem, das jenseits des Geltungsbereiches dieses Buches liegt – von den herrschenden Ideologien unserer Zeit. Man sagt uns, wir lebten in einem „säkularen Zeitalter“, und doch kehren abgenutzte religiöse Begriffe in neuen Verkleidungen wieder. Aber die Rassen sind nicht wie jedes andere kontroverse wissenschaftliche Thema. Die „Stringtheorie“ und der „Elektromagnetismus“ beispielsweise lassen sich diskutieren, selbstverständlich auch leidenschaftlich, aber ohne jeden Hass oder Verachtung. Bei den Rassen sieht das scheinbar anders aus. Und das ist so, weil die Ideologie des Multikulturalismus einer religiösen und spezifisch christlichen Logik folgt. *Wir haben gesündigt* (Rassismus, Sklaverei, Kolonialismus etc.). *Wir suchen Buße* (Antirassismus, Farbenblindheit). *Und wir hoffen auf Erlösung* (eine postrassische Gesellschaft). Dieses Glaubenssystem hat – unter anderem – eine ernsthafte Debatte über die rassische Realität unterdrückt, indem neue Bezeichnungen dafür eingeführt wurden, was ein „Frevel“ ist und was wir als „Ketzerei“ ansehen. Das liegt daran, dass rassische Unterschiede im Lebenslauf – wenn wir sie als hinreichend genetisch bedingt akzeptieren – nichts mehr mit unseren „Sünden“ zu tun haben, was unseren Neuen Glauben und alle, die darin investiert haben, grundsätzlich infrage stellt.

Doch bevor wir uns in dieses „düstere“ Territorium hineinstürzen, sollten wir hübschere Landschaften betrachten. Wenn die Rasse eine wissenschaftliche Kategorie ist, wie wir gezeigt haben, dann werden uns immer neue Forschungsbereiche offenstehen. Unser Verständnis der rassischen Unterschiede wird immer feiner und detaillierter werden, und wir müssten davon ausgehen, dass es rassische Unterschiede selbst in (oberflächlich betrachtet) bizarren oder schwer verständlichen Lebensbereichen gibt. Wenn wir genauer hinsehen, dann gibt es jedoch in der Regel eine tragfähige evolutionäre Erklärung für diese Unterschiede.

Ohrenschmalz, Körper- und Mundgeruch

Da die Rassen sich an verschiedene Umgebungen angepasst haben und aufgrund dessen in ihren Genfrequenzen differieren, gibt es bei zahlreichen Eigenschaften durchschnittliche rassische Unterschiede. Diese Unterschiede haben sich aufgrund mehr oder weniger subtiler Abweichungen in der jeweiligen Umwelt, an die sich die Rasse angepasst hat, manifestiert. Kein Buch zu diesem Thema kann auch nur annähernd alle Unterschiede im Detail darlegen. So gibt es beispielsweise stimmige rassische Unterschiede hinsichtlich der Größe und Form der Zähne, der Fähigkeit des Körpers, Vitamin C zu speichern, und selbst im Geschmacksempfinden der Menschen. Der Geschmackssinn ist bei amerikanischen Ureinwohnern und Afrikanern feiner ausgeprägt als bei Europäern und Südasiaten. Tatsächlich ist die geschmackliche Sensibilität der Südasiaten besonders gering.[613] Erklärt das vielleicht zum Teil die südasiatische Vorliebe für würzige Speisen?

Ein anderes interessantes Feld der aktuellen Forschung ist die Zusammensetzung von Ohrenschmalz. Es gibt rassische Unterschiede im Geruch und der Beschaffenheit des Ohrenschmalzes, und diese verlaufen parallel zu rassischen Unterschieden in der Stärke des Körpergeruches. Das Ohrenschmalz von Ostasiaten ist meist weiß, trocken und flockig. Europäer und Subsahara-Afrikaner haben in der Regel gelbes, feuchtes Ohrenschmalz, wobei das der Afrikaner dunkler ist und eher orange aussieht. Andere Rassen liegen dazwischen. Das Ohrenschmalz der amerikanischen Ureinwohner etwa wird als „trockenes weißes Wachs" beschrieben, während es bei den Menschen in Südasien ungefähr 1:3 bis 1:2 variiert.[614] Ostasiatisches Ohrenschmalz verströmt keinen besonders starken Geruch, während europäisches und subsahara-afrikanisches Ohrenschmalz sehr streng riecht – den Unterschied macht ein einziges Gen. Wer feuchtes Ohrenschmalz hat, verfügt auch über einen intensiveren Körpergeruch.[615]

Es wurde nachgewiesen, dass das eher flockige Ohrenschmalz in größeren Höhenlagen immer häufiger auftritt; das bedeutet, dass es sich dabei sehr wahrscheinlich um eine Art von Anpassung an eine kältere Umgebung handelt. Selbst unter Europäern, wo flockiges Ohrenschmalz generell seltener ist, ist es in kalten Gegenden stärker verbreitet.[616] Die Unterschiede im Geruch des Ohrenschmalzes verlaufen jedoch gleichmäßig entlang einer rassischen Abstufung, wobei der Anteil flüchtiger organischer Verbindungen – das heißt: geruchsintensiver Verbindungen – bei den Subsahara-Afrikanern am höchsten ist; dann kommen die Kaukasier, und am niedrigsten ist die Konzentration bei Ostasiaten.[617] Baker vertritt die Ansicht, dass es rassische Unterschiede im Körpergeruch gibt, wobei Schwarze die meisten, Ostasiaten die wenigsten apokrinen (Geruch absondernden)

Drüsen haben und Kaukasier im Mittelfeld liegen sollen.[618] Die Erkenntnisse über Ohrenschmalz zeigen jedoch, dass sich die Intensität des Geruches unabhängig von der Drüsenanzahl je nach Rasse unterscheidet. Körpergerüche stehen in Beziehung zur sexuellen Anziehung des Menschen.[619] Deshalb lässt sich sagen, dass stark riechendes Ohrenschmalz (und intensiver Körpergeruch im Allgemeinen) ebenso wie sekundäre Geschlechtsmerkmale, etwa Brüste, ein Mittel der sexuellen Werbung darstellt. In einer instabilen Umgebung muss man seine genetische Qualität so auffällig und unmittelbar wie möglich anpreisen. Wie bei den Brüsten würde dies zu einem Wettlauf immer stärkerer Körpergerüche unter den Trägern guter Gene führen. Dieser Wettlauf würde abflachen, je K-orientierter sich die Umgebung entwickelt. Die rassischen Unterschiede beim Ohrenschmalz entsprechen also den Vorhersagen des Modells von Rushton.

Zukünftige Forschung wird gewiss zahlreiche weitere signifikante rassische Unterschiede in allen möglichen obskuren und faszinierenden Bereichen enthüllen. Beispielsweise gibt es belegbare geschlechtliche Unterschiede bei Flatulenzen; so hat eine Studie ergeben, dass weibliche Blähungen seltener auftreten als männliche, aber eine größere „olfaktorische Anstößigkeit" aufweisen. Das Gleiche gilt für Mundgeruch. Frauen leiden mit höherer Wahrscheinlichkeit an Mundgeruch als Männer, weil ihr Atem eine „höhere Konzentration an Schwefelverbindungen"[620] enthält. Wenn diese geschlechtlichen Unterschiede genetische Gründe haben, dann ist es möglich, dass auch rassische Unterschiede in Häufigkeit und „olfaktorischer Anstößigkeit" von Flatulenzen bestehen. Was das angeht, so haben US-Studien ergeben, dass *Hispanics* infolge einer Infektion mit *Helicobacter pylori* am ehesten zu „Magen-Darm-Symptomen" neigen. Afroamerikaner leiden im Zuge einer solchen Infektion am häufigsten an Dyspepsie – Verdauungsstörungen, die auch zu Mundgeruch führen können. Die Erkrankung verursacht bei diesen beiden rassischen Gruppen also unterschiedliche üble Gerüche.[621] Es scheint ein Vorurteil zu geben, wonach Afroamerikaner Mundgeruch haben sollen, was meist auf mangelnde Mundhygiene zurückgeführt wird.[622] Es besteht aber auch die Möglichkeit, dass sie aus genetischen Gründen eher zu einem olfaktorisch anstößigen Atemduft neigen. Es gibt Hinweise darauf, dass Mundgeruch zum Teil genetisch bedingt sein könnte.[623] Weiters wäre anzunehmen, dass Körpergerüche immer problematischer werden, je intelligenter eine Gesellschaft wird, weil Intelligenz damit korreliert, große Mengen an Informationen aufzunehmen und dadurch leichter überreizt zu werden.[624] Intelligente Menschen können zum Beispiel besonders gut Farben unterscheiden, denn je feiner akzentuiert und detaillierter die Eindrücke sind, die man aufnimmt, desto besser kann man Probleme lösen.[625] Von daher ist es nur folgerichtig, dass Nordostasiaten schon seit Langem behaupten, dass Europäer unerträglich stinken würden.[626]

„Ich habe einen (Klar-)Traum“

Wir wissen, dass es rassische Unterschiede im Schlafverhalten gibt. Weiße bewegen sich mehr als Schwarze; auf diese Weise kann man sich in einer Umgebung mit sehr kalten Nächten warm halten.[627] Tatsächlich leiden weiße Amerikaner dreimal so häufig am „Restless-Legs-Syndrom“ (bei dem sich die Beine im Schlaf bewegen) wie Afroamerikaner.[628] Aber unterscheiden sich die Rassen auch in der Art ihrer Träume? Eine Studie hat – wenn auch anhand einer nur kleinen Stichprobe – ergeben, dass der IQ eine verhältnismäßig große Vorhersagekraft über die Einarbeitung neuer Erfahrungen in Träume hat; anscheinend deshalb, weil es der evolutionäre Zweck des Träumens ist, Verhaltensweisen quasi einzuüben, die im wachen Leben nützlich sein könnten.[629] Dieses Verhältnis war nur im Hinblick auf „frühe Träume“, die außerhalb von REM-Schlafphasen („Non-REM“, NREM) auftreten, statistisch signifikant. Den Forschern zufolge ist dieser Umstand wichtig, weil Menschen in NREM-Schlafphasen am ehesten neue Erinnerungen ausbilden. Wenn diese Forschung korrekt ist, dann müßte es – weil es Intelligenzunterschiede zwischen den Rassen gibt – auch rassische Unterschiede im Wesen der Träume geben. Die Träume von Weißen würden sich mit höherer Wahrscheinlichkeit um neue Erfahrungen drehen, die am jeweiligen Tag gemacht wurden, als jene von Schwarzen, wobei dieser Unterschied verschwände, sobald die Intelligenz als Kontrollfaktor genutzt würde. Es muss betont werden, dass die angesprochene Traumstudie – obschon signifikant – auf einer Stichprobe von lediglich 24 Individuen beruhte. Eine andere Studie hat allerdings ähnliche Ergebnisse gezeitigt. Die Schlafqualität von Schwarzen schwankt viel stärker als die von Weißen. Das führt dazu, dass sie weniger Erinnerungen bilden, vor allem weniger Langzeiterinnerungen.[630] Das würde zu einer schnellen *Life-history*-Strategie passen, innerhalb welcher detailliertes Wissen über eine stabile Umgebung – und somit Langzeiterinnerungen – weniger wichtig wäre.

Nebenbei bemerkt: Eine Studie in Virginia hat ergeben, dass 76 % der Afroamerikaner angeben, schon einmal einen Klartraum gehabt zu haben, in dem man sich darüber bewusst ist, dass man träumt. Weiße hingegen berichteten nur zu 53 % über Klarträume.[631] Menschen, die klarträumen, neigen eher zu riskantem Verhalten und haben Freude daran, was mit den Unterschieden zwischen Schwarzen und Weißen im Hinblick auf Gewissenhaftigkeit und wohl auch Extraversion übereinstimmt. Klarträume gehen auch mit einem hohen allgemeinen Erregungsniveau einher.[632] Verträglichkeit ist nachweislich negativ mit Klarträumen verbunden.[633] Das legt nahe, dass es tatsächlich rassische Unterschiede in der Traumqualität gibt und dass diese Unterschiede evolutionär begründet sind. Davon ausgehend müssten wir annehmen, dass Nordostasiaten seltener klarträumen als Weiße. In der Tat hat eine Umfrage von 2010 ergeben, dass asiatische Amerikaner viel weniger häufig Klarträume erleben als Schwarze oder Weiße, während zwischen letzteren beiden kein signifikanter Unterschied feststellbar war.[634] Es bedarf weiterer Forschung zu den evolutionären Mechanismen, die das Verhältnis zwischen Persönlichkeitstypus und Klarträumen begründen, um diese rassischen Unterschiede besser zu verstehen. Dass Klarträume immer seltener vorkommen, je älter man wird, mag darauf hindeuten, dass sie eine Manifestation emotionaler Unreife sind, sodass Ostasiaten deshalb am seltensten Klarträume empfänden, weil sie die emotional Gereiftesten sind.

Tod den Ketzern

Es findet zwar eine ganze Menge Forschung über rassische Unterschiede statt – andernfalls gäbe es dieses Buch nicht –, aber sie ist traurigerweise weitgehend entkoppelt von politischen Entscheidungsträgern ebenso wie von den meisten Akademikern innerhalb der Geistes- und Sozialwissenschaften. Für populäre Intellektuelle und Journalisten, die unmittelbaren Zugang zur Öffentlichkeit haben, sind die in diesem Buch vorgestellten Befunde schlicht Frevel. Viele von uns, die wir die Realität und Bedeutsamkeit der Rassen erkannt haben, hofften lange darauf, dass an irgendeinem „Tag X" ein unbescholtener, in hohem Maße glaubwürdiger Wissenschaftler endlich einmal Klartext über dieses Thema reden könnte – und dem Rest von uns damit die Türen öffnen würde. Wir wir alle wissen, hängt die öffentliche Legitimität eines Standpunktes nicht nur davon ab, *was* gesagt wird, sondern auch davon, *wer* es sagt.

Nun, dieser „Tag X" kam am 14. Oktober 2007. Der Nobelpreisträger James Watson (geb. 1928) gab der Londoner „Sunday Times" ein Interview, in dem er die folgende Beobachtung äußerte:

> *Ich bin grundsätzlich bedrückt über die Zukunftsaussichten Afrikas, denn unsere gesamte sozialpolitische Strategie beruht auf der Annahme, dass deren Intelligenz die gleiche sei wie unsere – während alle Tests ergeben, dass das nicht korrekt ist.*[635]

Watson – alles andere als ein eifernder „Rassist" – empfand keinerlei Freude an diese Tatsache; tatsächlich wünschte er, es wäre nicht so, und hoffte darauf, dass sich geeignete Maßnahmen finden lassen würden. Er betonte allerdings, dass diese sich erst planen ließen, wenn wir uns mit der Realität abfänden. Man kann sich nur schwerlich eine qualifiziertere Person vorstellen, um der Öffentlichkeit dieses Wissen zu vermitteln. Zusammen mit Francis Crick (1916–2004) hat Watson 1953 die Doppelhelixstruktur der DNA mitentdeckt; er ist zu Recht legendär als einer der Väter der modernen Genetik und war eine Führungsfigur des Human Genome Project. Wer wäre besser geeignet, um diesen Tabubruch zu begehen?

Nachdem das Interview in der „Sunday Times" veröffentlicht worden war, brach der Zorn der weltweiten Medien schnell und heftig herein. Überall wurde sich von Watson distanziert, und häufig wurde darüber gemutmaßt, ob dieser einstmals so große Mann den Verstand verloren haben könnte. Watson entschuldigte sich beinahe postwendend: „Ich kann nicht begreifen, wie ich geäußert haben könnte, was als meine Aussage zitiert wird. Es gibt keine wissenschaftliche Grundlage für eine solche Sichtweise."[636] Doch das war längst nicht genug. In der nächsten Woche verlor Watson sowohl seine Stelle als Kanzler des Cold Spring Harbor Laboratory auf Long Island als auch seinen Platz in dessen Verwaltungsrat.[637] Das folgende Jahrzehnt bestand aus Stille und Abgeschiedenheit. In einem Akt der Reue, Verzweiflung und Erniedrigung versteigerte Watson 2014 seine Nobelpreismedaille und kündigte an, einen Teil des Geldes dem Cold Spring Harbor Laboratory spenden zu wollen, nachdem er zu einer „Unperson" erklärt worden sei und Schande über seine institutionelle Heimat gebracht habe.[638]

Interessanterweise kehrte Watson 2019, zwölf Jahre nach dem Interview in der „Sunday Times", in die öffentliche Wahrnehmung zurück, als das amerikanische Fernsehen eine Dokumentation über sein Leben drehte. Als er vor laufender Kamera mit der Frage konfrontiert wurde, ob sich seine Ansichten über Rassen und Intelligenz seit 2007 geändert hätten, antwortete Watson: „Kein bisschen."

> *Ich wünschte, sie hätten sich geändert – dass es neue Erkenntnisse gäbe, die besagen, dass die Umwelteinflüsse viel wichtiger als die Genetik sind. Aber ich habe noch keine derartigen Erkenntnisse gesehen. Und es gibt einen Unterschied zwischen den Durchschnittswerten Schwarzer und Weißer bei IQ-Tests. Ich würde sagen, dass dieser Unterschied genetisch bedingt ist.*[639]

Watson ist mittlerweile weit über 90 Jahre alt und kann sich nicht mehr mit voller Energie für unaussprechliche Wahrheiten engagieren. Doch leider haben die meisten öffentlichkeitswirksamen Wissenschaftler aus dieser Affäre lediglich „gelernt", nun erst recht auf gar keinen Fall über Rassen zu sprechen. Im Rahmen ihrer Berichterstattung über den „Fall Watson" interviewte die „New York Times" diverse Bevölkerungsgenetiker, deren Arbeitsfeld auch rassische Unterschiede umfasst, und doch weigerte sich jeder von ihnen, die offenkundigen Schlüsse zu ziehen. Einer dieser Männer war der Harvard-Genetiker David Reich, der zuvor bereits die Ansicht geäußert hatte, dass „neue Techniken der DNA-Analyse zeigen, dass einige menschliche Populationen lange genug geografisch voneinander getrennt waren, um mit hoher Wahrscheinlichkeit im Mittel genetische Unterschiede in Wahrnehmung und Verhalten auszubilden". Doch wie die „Times" berichtete, lehnt Reich rassische Unterschiede ab, weil sie „seit langer Zeit bestehende, verbreitete Vorurteile bestätigen" und deshalb „im Prinzip zwangsläufig falsch" seien.[640] Das Problem ist, dass Vorurteile nicht „zwangsläufig falsch" sind; tatsächlich tragen Vorurteile in der Regel ein beträchtliches Maß an Wahrheit in sich. Es wäre nur wenig übertrieben, zu sagen, dass sie „im Prinzip zwangsläufig richtig" seien, denn wenn sie keinen Nutzen hätten, würde es sie nicht geben.[641] Jemand wie Reich, dessen Beruf es ist, Phänomene unter evolutionären Gesichtspunkten zu untersuchen, sollte das eingestehen.

Richard Dawkins, wohl einer der bekanntesten lebenden Wissenschaftler, redet seit Jahren in Büchern und bei Medienauftritten um die Rassenthematik und damit verbundene Themen wie Eugenik *herum*. Und wann immer die Lage zu heikel wird und es aussieht, als könnte auch er „gecancelt" werden, vollzieht Dawkins einen strategischen Rückzug. Wenn er zu Zeiten Königin Victorias gelebt hätte, hätte er für die Veröffentlichung eines Buches wie „Der Gotteswahn" womöglich einen hohen Preis gezahlt.[642] Doch dieses Buch erschien 2006, als Tony Blair Premierminister war, und so sorgte das Werk zwar in gewissen Kreisen für Empörung, doch wurde der Autor letztendlich mit Vortragseinladungen, Stiftungsprofessuren und Fernsehauftritten belohnt – ganz zu schweigen von dem Ruf, „provokant" zu sein. Die harmlosen Kommentare Watsons hingegen haben ihren Urheber praktisch in den Abgrund der Vergessenheit gestürzt.

Kann die Welt Rassen akzeptieren?

Der Anthropologe Vincent Sarich (1934–2012) und der Journalist Frank Miele veröffentlichten 2004 ein Buch mit ähnlichen Absichten wie das Ihnen hiermit vorliegende, „Race. The Reality of Human Differences"[643]. Die Autoren skizzierten darin drei mögliche Szenarios, wie wir letzten Endes lernen könnten, „mit Rassen zu leben". Ihnen schwebten drei einleuchtende ethische, ökonomische und politische System vor:

- **Leistungsgesellschaft und Weltmarkt:** Man lässt die Gruppenunterschiede einfach laufen und versucht, die Missgunst gegenüber Hochleistungsgruppen einzuhegen.
- **positive Diskriminierung, rassenbezogene Normierung und Quoten:** Man bedient sich staatlich erzwungener Gleichmacherei auf

Kosten der Freiheit des Einzelnen und – letztendlich – des gesamten Leistungsniveaus.

- **zunehmende erneute Rassentrennung und Heraufkunft der Ethnopolitik:** Polarisierung und Absonderung mit steigender Gefahr auf sowohl nationaler wie auch internationaler Ebene, welche von Gruppen ausgeht, die sich selbst als diskriminiert und vom Weltmarkt ausgeschlossen betrachten.[644]

Jede dieser Vorgehensweisen hätte gewisse Vor- und Nachteile. Eine weltumspannende Leistungsgesellschaft und Blindheit gegenüber Rassen könnte unter Umständen am meisten für den wirtschaftlichen und wissenschaftlichen Fortschritt leisten – doch dadurch würden sich Ungleichheit und Missgunst intensivieren. Wir wir bereits in der Einführung thematisiert haben, werden moderne westliche Staaten auf der Grundlage zweier unterschiedlicher Ideologien regiert, die in unterschiedlichen historischen Situationen entstanden sind: *Vielfalt* auf der einen Seite, *staatsbürgerschaftlicher Nationalismus* und *Gleichheit* auf der anderen Seite. Einfach gesagt: *Wir sind alle unterschiedlich … und wir sind alle gleich.* Offenkundige rassische Ungleichheiten bei den Ergebnissen auf nationaler – und sogar auf internationaler – Ebene würden beinahe immer zu Volksaufständen führen. Jedes Volk will seinen Platz an der Sonne. Und es ist keine Übertreibung, festzustellen, dass ein „meritokratischer Globalismus" seine eigene Zerstörung herbeiführen würde und eine von Grund auf unmenschliche Ideologie darstellte. Wir sind einfach nicht dazu in der Lage, uns auf eine solche Ordnung einzulassen. Es handelt sich dabei um eine evolutionäre Fehlpaarung, weil wir dazu geschaffen sind, innerhalb von Gesellschaften einander genetisch verhältnismäßig ähnlicher Menschen zu funktionieren.

Wir könnten also sagen, dass die drei von Sarich und Miele vorgeschlagenen Pfade in den modernen westlichen Nationalstaaten heutzutage tatsächlich nebeneinander existieren, in einer unruhigen, brisanten Konstellation. Die Vereinigten Staaten beispielsweise praktizieren positive Diskriminierung (*Affirmative action*) und rassenbezogene Normierung auf der Grundlage nationaler Demografien sowohl in privaten als auch in staatlichen Organisationen, insbesondere im akademischen Bereich. Und doch verstehen sich dieselben

Institutionen (oder zumindest die großen) auch als global angelegt und wollen den herausragendsten Talenten aus der ganzen Welt offenstehen. Als Folge davon werden wir Zeugen der Zunahme von „Identitätspolitik“ innerhalb der Minderheitenpopulationen der USA, einschließlich solcher, die – wie die *Hispanics* – auf dem besten Wege sind, zu regionalen Mehrheiten zu werden. Selbst der „weiße Nationalismus“, der noch vor wenigen Jahrzehnten eine völlig randständige Ideologie darstellte, ist mittlerweile zu einem geläufigen Thema in den Mainstreammedien geworden. In 100 Jahren werden Geschichts- und Politikwissenschaftler unsere Zeit vielleicht als eine des *Überganges* betrachten, die auf offenkundig widersprüchlichen Normen beruhte, welche früher oder später einem neuen beherrschenden Paradigma weichen mussten.

Je rassisch vielfältiger eine Gesellschaft ist, desto unvermeidlicher wird der ethnische Konflikt. Menschen wollen ein Gefühl von „Heimat“; sie wollen mit Angehörigen ihrer eigenen Rasse zusammenleben, werden diesen unverhältnismäßig oft und umfangreich helfen, und sie werden den Angehörigen anderer Rassen unverhältnismäßig stark misstrauen. Darüber hinaus verringert rassische Vielfalt sogar das Vertrauen *innerhalb* einer konkreten rassischen Gruppe, weil ihre Angehörigen einander als mögliche Kollaborateure mit dem Feind wahrnehmen. Die Identitätspolitik – und dazu gehört, wenn auch nicht nur, die geschlossene Stimmabgabe bei Wahlen – sollte uns nicht überraschen. Dieser Vorgang wird voraussichtlich den Niedergang der Demokratie einläuten, oder zumindest dessen, was im 20. Jahrhundert unter „Demokratie“ verstanden wurde, weil die bloße Vorstellung von einem „Wir“ instabil wird. Rassische Demagogie hat echte Zukunftsaussichten, ebenso wie eine Art von „autoritärer Oligarchie“, in der die Führungsschicht von den Menschen, die sie beherrscht, abgekoppelt ist oder ihnen sogar feindselig gegenübersteht.[645] Beispiele dafür sehen wir bereits heute vor unseren Augen.

Die Bedeutung der Rassen zu verstehen ist in diesen „interessanten Zeiten“ extrem wichtig. Ich habe keinen Zweifel daran, dass dieses Buch die Feindseligkeit gewisser Kreise ernten wird. Andere werden es gezielt ignorieren und sich weigern, mit Begriffen zu arbeiten, die für ihre Fachgebiete extrem bedeutsam sind. Aber ich habe dieses Buch nicht geschrieben, um für Empörung oder Spaltung zu sorgen.

Ich habe es geschrieben, weil es lebenswichtig ist, die Welt um uns herum logisch, systematisch und ohne Ablenkung durch Dogmen und Emotionen zu verstehen. Und während wir damit beschäftigt sind, könnten wir auch beginnen, besser zu verstehen, wer wir wirklich sind.

Anmerkungen

1 Deutsch im Original. [N. W.]

2 Jack McCallum: „SI's 50 greatest players in NBA history", si.com vom 8. Februar 2016.

3 Vgl. Edward Dutton u. Richard Lynn: Race and Sport. Evolution and Racial Differences in Sporting Ability, London 2015.

4 Im englischen Original „Race is only skin deep", eine Anspielung auf „Beauty is only skin deep" (etwa „Es ist nicht alles Gold, was glänzt"). [N. W.]

5 Vgl. Sandra Wilde, Adrian Timpson, Karola Kirsanow et al.: „Direct Evidence of Positive Selection of Skin, Hair, and Eye Pigmentation During the Last 5,000 Years"; in: Proceedings of the National Academy of Sciences 111 (2014), S. 4832–4837.

6 Vgl. Dutton u. Lynn: Race and Sport, op. cit.

7 Vgl. John Gray: Politik der Apokalypse. Wie Religion die Welt in die Krise stürzt, Stuttgart 2009.

8 Vgl. Edward Bailey: Implicit Religion in Contemporary Society, Kampen u. Weinheim 1997.

9 Anspielung auf den christlich-theologischen Sinnspruch: „Credo, quia absurdum est" („Ich glaube, weil es [das Glauben] widersinnig ist"), der sich in der exakten Formulierung nicht zur Quelle zurückverfolgen lässt, aber ähnlich von Tertullian formuliert wurde: „[…] prorsus credibile est, quia ineptum est" („Es [der Kreuzigungstod Jesu] ist ganz glaubhaft, weil es unbegreiflich ist"). [N. W.]

10 Vgl. Jacques Lacarrière: The Gnostics, San Francisco 1989, S. 108.

11 Die amerikanische Aktivistin Rachel Dolezal nennt sich selbst „transrassisch" und lebt als Schwarze, obwohl sie genetisch weiß ist. Vgl. Ijeoma Oluo: „The Heart of Whiteness. Ijeoma Oluo Interviews Rachel Dolezal, the White Woman Who Identifies as Black", thestranger.com vom 19. April 2017.

12 Vgl. Edward Dutton: Culture Shock and Multiculturalism, Newcastle Upon Tyne 2012.

13 Genau das legen die Daten nahe. Vgl. Tatu Vanhanen: Ethnic Conflicts. Their Biological Roots in Ethnic Nepotism, London 2012, sowie Robert Putnam: „*E Pluribus Unum*: Diversity and Community in the Twenty-First Century. The 2006 Johan Skytte Prize Lecture"; in: Scandinavian Political Studies 30 (2007): S. 137–174.

14 Vgl. Lee Jussim: Social Perception and Social Reality. Why Accuracy Dominates Bias and Self-Fulfilling Prophecy, Oxford 2012.

15 Noah Carl: „How Stifling Debate Around Race, Genes, and IQ Can Do Harm"; in: Evolutionary Psychological Science 4 (2018), S. 399–407.

16 Vgl. Lizzie Dearden: „Grooming Gang Review Kept Secret as Home Office Claims Releasing Findings ‚Not in Public Interest'"; in: independent.co.uk vom 21. Februar 2020.

17 Vgl. Richard Adams: „Cambridge Gives Role to Academic Accused of Racist Stereotyping“, theguardian.com vom 7. Dezember 2018.

18 Vgl. J. Philippe Rushton: „Genetic Similarity, Human Altruism, and Group Selection“; in: *Behavioral and Brain Sciences* 12 (1989), S. 503–518.

19 Helgason et al.: „An Association Between the Kinship and Fertility of Human Couples“; in: *Science* 319 (2008), S. 813–816.

20 Vinkhuyzen et al.: „Reconsidering the Heritability of Intelligence in Adulthood. Taking Assortative Mating and Cultural Transmission into Account“; in: *Behavior Genetics* 42 (2012), S. 187–198.

21 Vgl. Wilde, Timpson, Kirsanow et al.: „Direct Evidence of Positive Selection of Skin, Hair, and Eye Pigmentation During the Last 5,000 y“, op. cit.

22 Charles Darwin: *Die Abstammung des Menschen und die geschlechtliche Zuchtwahl*, Bd. 1, Stuttgart 1871, S. 228.

23 Vgl. Geoffrey F. Miller: *Die sexuelle Evolution. Partnerwahl und die Entstehung des Geistes*, 2. Aufl., Heidelberg 2010.

24 Vgl. David Sloan Wilson u. Elliott Sober: „Reintroducing Group Selection to the Human Behavioral Sciences“; in: *Behavioral and Brain Sciences* 17 (1994), S. 585–654.

25 Vgl. William Hamilton: *The Narrow Roads of Gene Land*, Oxford 1996, sowie ders.: „The Genetical Evolution of Social Behavior“; in: *Journal of Theoretical Biology* 7 (1964), S. 1–52.

26 Vgl. Frank Salter: *On Genetic Interests. Family, Ethnicity and Humanity in an Age of Mass Migration*, New Brunswick 2007, S. 70.

27 Vgl. Frank Salter u. Henry Harpending: „J. P. Rushton's Theory of Ethnic Nepotism“; in: *Personality and Individual Differences* 55 (2013), S. 256–260.

28 Vgl. Robert Axelrod u. Ross A. Hammond: „The Evolution of Ethnocentric Behavior“; in: *Journal of Conflict Resolution*, 50 (2006), S. 1–11.

29 Vgl. Salter: *Genetic Interests*, ebd.

30 Vgl. Samir Okasha: „Biological Altruism“; in: *The Stanford Encyclopedia of Philosophy* (Herbst 2013).

31 Vgl. Steven Pinker: „The False Allure of Group Selection“; in: *The Edge* vom 18. Juni 2012.

32 Vgl. Axelrod u. Hammond: „The Evolution of Ethnocentric Behavior“, op. cit.

33 Die Gruppenselektion wurde in überzeugenderer Weise von dem Physiker Gregory Cochran kritisiert, der angibt, ausgerechnet zu haben, dass sie nur mit einer verschwindend geringen Wahrscheinlichkeit jemals wirksam werden könnte. Dem ließe sich entgegnen, dass sie selbst dann bei den Millionen verschiedener Spezies auf der Erde früher oder später aufgetreten sein müsste; wenn sie die einfachste Erklärung für die vorhandenen Daten über das menschliche Verhalten ist, dann ist sehr wahrscheinlich, dass es sie gibt.

34 Vgl. Richard Lynn: *Race Differences in Intelligence. An Evolutionary Analysis*, Whitefish 2015, Abs. 1.

35 „Hispanic“ bezeichnet, technisch gesehen, eine Sprache und keine rassische Gruppe. Die Bezeichnung wurde in den Vereinigten Staaten erstmals unter der Präsidentschaft

von Richard Nixon gebraucht und taucht seit 1980 auf Unterlagen zur Volkszählung auf. Der Begriff ist mehrdeutig und sollte mit Vorsicht behandelt werden, wo er in einem Rassenzusammenhang gebraucht wird.

36 Vgl. Michael Levin: *Why Race Matters. Race Differences and What They Mean*, Oakton 2005.

37 Vgl. Costa, Pereira, Pala et al.: „A Substantial Prehistoric European Ancestry Amongst Ashkenazi Maternal Lineages"; in: *Nature Communications* 4 (2013), S. 2543.

38 Campbell, Palamaara, Dubrovsky et al.: „North African Jewish and Non-Jewish Populations Form Distinctive, Orthogonal Clusters"; in: *PNAS* 109 (2012), S. 13.865–13.870.

39 Vgl. Behar, Yunusbayev, Metspalu et al.: „The Genome-Wide Structure of Jewish People"; in: *Nature* 466 (2010), S. 238–242.

40 Vgl. John Entine: *Abraham's Children. Race, Identity, and the DNA of the Chosen People*, New York 2014.

41 Vgl. Salter: *Genetic Interests.*

42 Vgl. Pierre L. van den Berghe: „Race and Ethnicity. A Sociobiological Perspective"; in: *Ethnic and Racial Studies* 1 (1978), S. 401–411.

43 Vgl. Anthony D. Smith: *The Ethnic Origins of Nations*, Oxford 1986, S. 22–30.

44 Vgl. Pereira, Cunha, Alves et al.: „African Female Heritage in Iberia. A Reassessment of mtDNA Lineage Distribution in Present Times"; in: *Human Biology* 77 (2005), S. 213–229.

45 Vgl. Ottoni, Martinez-Labarga, Vitelli et al.: „Human Mitochondrial DNA Variation in Southern Italy"; in: *Annals of Human Biology* 36 (2009), S. 785–811.

46 Vgl. Luigi Luca Cavalli-Sforza, Paolo Menozzi u. Alberto Piazza: *The HIstory and Geography of Human Genes*, Princeton 1994, S. 273.

47 Vgl. Razib Khan: „The Non-European Ancestry of Afrikaners"; in: *Gene Expression* vom 22. September 2017. Online abrufbar unter: gnxp.com/wordpress/2017/09/22/the-non-european-ancestry-of-afrikaners/.

48 Vgl. Novembre, Johnson, Bryc et al.: „Genes Mirror Geography Within Europe"; in: *Nature* 456 (2008), S. 98–101.

49 Vgl. Lek, Karczewski, Minikel et al.: „Analysis of Protein-Codin Genetic Variation in 60,706 Humans"; in: *Nature* 536 (2016), S. 285–291.

50 Vgl. Salmela, Lappalainen, Fransson et al.: „Genome-Wide Analysis of Single Nucleotide Polymorphisms Uncovers Population Structure in Northern Europe"; in: *PLoS ONE* 3 (10, 2008), S. e3519.

51 Vgl. Edward Dutton: *The Silent Rape Epidemic. How the Finns Were Groomed to Love Their Abusers*, Oulu 2019, sowie Salmela, Lappalainen, Fransson et al.: „Genome-Wide Analysis", op. cit.

52 Vgl. Salmela, Lappalainen, Fransson et al.: „Genome-Wide Analysis", op. cit.

53 Deutsche Erstausgabe: Charles Darwin: Über die Entstehung der Arten im Thier- und Pflanzen-Reich durch natürliche Züchtung, oder Erhaltung der vervollkommneten Rassen im Kampfe um's Daseyn, Stuttgart 1860. [N. W.]

54 Vgl. John Baker: Race, Oxford 1974.

55 Vgl. Lynn: Race Differences, op. cit.
56 Vgl. Stanley Coren: The Intelligence of Dogs. A Guide to the Thoughts, Emotions, and Inner Lives of Our Canine Companions, New York 1994.
57 Vgl. Baker: Race, op. cit.
58 Vgl. Beda der Ehrwürdige: Kirchengeschichte des englischen Volkes, hg. vom Günter Spitzbart, 2., bibliogr. erg. Aufl., Darmstadt 2007.
59 Vgl. Gabriel Andrade u. Maria Campo Redondo: „Rushton and Jensen's Work Has Parallels with Some Concepts of Race Awareness in Ancient Greece“; in: Psych 1 (2019), S. 391–402.
60 Vgl. Baker: Race, op. cit.
61 Deutsche Erstausgabe: Arthur Graf Gobineau: Versuch über die Ungleichheit der Menschenrassen, 4 Bde., Stuttgart 1900.
62 Vgl. Ludwik u. Hanna Hirszfeld: „Essai d'application des methods au probleme des races“; in: Anthropologie 29 (1919), S. 505–537.
63 Vgl. William Boyd: Genetics and the Races of Man, New York 1950.
64 Vgl. Masatoshi Nei u. Arun K. Roychoudhury: „Evolutionary Relationships of Human Populations on a Global Scale“; in: Molecular Biology and Evolution 10 (1993), S. 927–943.
65 Vgl. Cavalli-Sforza, Menozzi u. Piazza: History and Geography, op. cit.
66 Walter Bodmer u. Luigi Cavalli-Sforza: Genetics, Evolution and Man, San Francisco 1976, S. 698.
67 Vgl. Mathias Georg Guenther: Tricksters and Trancers. Bushman Religion and Society, Bloomington 1999.
68 Vgl. David Reich: Who We Are and How We Got Here. Ancient DNA and the New Science of the Human Past, Oxford 2018.
69 Vgl. Z. L. Zhuang, Douglas Landsittel, Stacey M. Benson et al.: „Facial Anthropometric Differences Among Gender, Ethnicity, and Age Groups“; in: Annals of Occupational Hygiene 54 (2010), S. 391–402.
70 Vgl. Carleton Coon, Stanley M. Garn u. Joseph B. Birdsell: Race. A Study of Race Formation in Man, Springfield 1950.
71 Vgl. Carina M. Schlebusch, Pontus Skoglund, Per Sjödin et al.: „Genomic Variation in Seven Khoe-San Groups Reveals Adaption and Complex African History“; in: Science 338 (2012), S. 374–379.
72 Vgl. Stephen Oppenheimer: The Real Eve. Modern Man's Journey Out of Africa, New York 2004.
73 Vgl. Nina G. Jablonski: „The Anthropology of Skin Colors. An Examination of the Evolution of Skin Pigmentation and the Concepts of Race and Skin of Color“; in: Neelam Vashi u. Howard Maibach (Hg.): Dermatology of Ethnic Skin and Hair, New York 2017.
74 Vgl. Edward Dutton u. Richard Lynn: Race and Sport. Evolution and Racial Differences in Sporting Ability, London 2015.
75 Vgl. Guiseppe Passarino, Ornella Semino, Lluís Quintana-Murci et al.: „Different Genetic Components in the Ethopian Population, Identified by mtDNA and Y-Chromosome Polymorphisms“; in: AJHG 62 (1998), S. 420–434.
76 Vgl. Caitlin Uren, Minju Kim, Alicia R. Martin et al.: „Fine-Scale Human Population Structure in Southern Africa Reflects Ecogeo-

graphic Boundaries"; in: Genetics 204 (2016), S. 303–314.

77 Vgl. Nina Jablonski: Skin. A Natural History, Berkeley 2006.

78 Vgl. Richard Grossinger: Embryogenetic. Species, Gender and Identity, New York 2000.

79 Vgl. Oppenheimer: The Real Eve. Modern Man's Journey Out of Africa, New York 2004.

80 Vgl. Richard Cowen: History of Life, 5. Aufl., New York 2013.

81 Vgl. Gregory Cochran u. Henry Harpending: The 10,000 Year Explosion. How Civilization Accelerated Human Evolution, New York 2009.

82 Vgl. S. Lakshmi, Brad Metcalf, Charudatta Joglekar et al.: „Differences in Body Composition and Metabolic Status Between White UK and Asian Indian Children (EarlyBird 24 and the Pune Maternal Nutrition Study)"; in: Pediatric Obesity 7 (2012), S. 347–354.

83 Vgl. Emma Pomeroy, Veena Mushrif-Tripathy, Tim J. Cole et al.: „Ancient Origins of Low Lean Mass Among South Asians and Implications for Modern Type 2 Diabetes Susceptibility"; in: Scientific Reports 9 (2019), # 10515.

84 Vgl. Carina M. Schlebusch u. Himla Soodyall: „Extensive Population Structure in San, Khoe, and Mixed Ancestry Populations from Southern Africa Revealed by 44 Short 5-SNP Haplotypes"; in: Human Biology 84 (2012), S. 695–724.

85 Vgl. Ashley H. Robins: Biological Perspectives on Human Pigmentation, Cambridge 2005, Tab. 7:1.

86 Vgl. Alf Wannenburgh: Buschmänner, Hannover 1979.

87 Vgl. John Baker: Race, Oxford 1974, S. 319.

88 Vgl. ebd., S. 314.

89 Vgl. John Bancroft: „The Endocrinology of Sexual Arousal"; in: Journal of Endocrinology 186 (2005), S. 411–427.

90 Vgl. Felix Bryk: Die Beschneidung bei Mann und Weib. Ihre Geschichte, Psychologie und Ethnologie, Neubrandenburg 1931.

91 Vgl. J. Philippe Rushton: Rasse, Evolution und Verhalten. Eine Theorie der Entwicklungsgeschichte, Graz 2005, S. 224.

92 Vgl. H. Loofs-Wissowa: „The *Penis Rectus* as a Marker in Human Palaeontology?"; in: Human Evolution 9 (1994), S. 343–356.

93 Vgl. Stephen C. Schuster, Webb Miller, Aakrosh Ratan et al.: „Complete Khoisan and Bantu Genomes from Southern Africa"; in: Nature 463 (2010), S. 943–947.

94 Vgl. Alan Barnard: Anthropology and the Bushmen, Oxford 2007, S. 62–65.

95 Vgl. Henry Harpending: „Genetic Diversity, Kinship, Race, and Nepotism", Vortrag gehalten auf der 2. Sommerschulung für menschliche Ethnologie in Moskau, 29. Juni bis 7. Juli 2002.

96 Vgl. Baker: Race, op. cit.

97 Vgl. Karim Sadt: „The First Herders at the Cape of Good Hope"; in: African Archaeological Review 15 (1998), S. 101–132.

98 Vgl. Roger Pearson: Anthropological Glossary, Malabar 1985, S. 119.

99 Vgl. Cavalli-Sforza, Menozzi u. Piazza: The History and Geography of Human Genes, op. cit., S. 176.

100 Jean Hiernaux: The People of Africa, London 1974, S. 111.

101 Vgl. J. D. O'Shea: „Possible Contribution of Low Ultraviolet Light Under the Rainforest Canopy to the Small Stature of Pygmies and Negritos"; in: Homo. Journal of Comparative Human Biology 44 (1994), S. 284–287.

102 Vgl. Andrea Bamberg Migliano, Lucio Vinicius u. Marta Mirazón Lahr: „Life History Trade-offs Explain the Evolution of Human Pygmies; in: Proceedings of the National Academy of Science of the United States of America 104 (2007), S. 56.

103 Vgl. G. Debets: „Essay on the Graphical Presentation of the Genealogical Classification of Human Races"; in: Yu. Bromley (Hg.): Soviet Ethnology and Anthropology Today, Den Haag 1974.

104 Vgl. Andrew Collins u. Gregory L. Little:

105 Vgl. Masatoshi Nei u. Arun K. Roychoudhury: „Genetic Relationship and Evolution of Human Races"; in: E. Nathaniel Gates (Hg.): The Concept of Race in Natural and Social Science, London 2014.

106 Vgl. Farhang Aghakhanian, Yushima Yunus, Rakesh Naidu et al.: „Unravelling the Genetic History of Negritos and Indigenous Populations of Southeast Asia"; in: GBE 7 (2015), S. 1206–1215.

107 Vgl. Katarzyna Bryc, Eric Y. Durand, J. Michael Macpherson et al.: „The Genetic Ancestry of African Americans, Latinos, and European Americans across the United States"; in: American Journal of Human Genetics 96 (2015), S. 37–53.

108 Vgl. Razib Khan: „The Cape Coloreds are a mix of everything", discovermagazine.com vom 16. Juni 2011.

109 Vgl. Nigel Worden: Slavery in Dutch South Africa, Cambridge 1985.

110 Vgl. Ashwin Desai u. Goolam Vahed: Inside Indian Indenture. A South African Story 1860–1914, Kapstadt 2010.

111 Vgl. Lluis Quintana-Murci, Christine Harmant u. Hélène Quach: „Strong Maternal Khoisan Contribution to the South African Coloured Population. A Case of Gender-Based Admixture"; in: American Journal of Human Genetics 86 (2010), S. 611–620.

112 Vgl. De Lacy O'Leary: Comparative Grammar of the Semitic Languages, London 2000.

113 Vgl. Ida Moltke, Matteo Fumagalli, Thorfinn S. Korneliussen et al.: „Uncovering the Genetic History of the Present-Day Greenlandic Population"; in: American Journal of Human Genetics 96 (2015), S. 54–69.

114 Vgl. Ulther Charlton-Stevens: Anglo-Indians and Minority Politics in South Asia. Race, Boundary Making and Communal Nationalism, London 2018.

115 Vgl. Sharri Whiting: Namibia. The Essential Guide to Customs and Culture, London 2008.

116 Vgl. K. Vitaranta-Knowles, P. Sistonen u. H. Nevanlinna: „A Population Genetic Study in Finland. Comparison of the Finnish- and Swedish-Speaking Populations"; in: Human Heredity 41 (1991), S. 248–264.

117 Die Zahlen wurden extrapoliert aus Lori J. Lawson Handley, Andrea Manica, Jérôme Goudet u. François Balloux: „Going

the Distance. Human Population Genetics in a Clinical World"; in: Trends in Genetics 23 (2007), S. 432–439. Verglichen wurden die folgenden Bevölkerungen: Europäer (Franzosen), nicht europäische Kaukasier (Palästinenser), Südasiaten (Belutschen aus Pakistan), Nordostasiaten (Han-Chinesen), Südostasiaten (Kambodschaner), pazifische Insulaner (Melanesier), amerikanische Ureinwohner (Maya), arktische Völker (Jakuten), australische Aborigines (Papua), Subsahara-Afrikaner (Yoruba), Buschmänner (San) und Pygmäen (Mbuti).

118 Zit. n. Gavin Evans: Skin Deep. Journeys in the Divisive Science of Race, London 2019.

119 Alan H. Goodman, Yolanda T. Moses u. Joseph L. Jones: Race. Are We So Different?, Hoboken 2012.

120 Joseph Graves: „The Misuse of Life History Theory. J. P. Rushton and the Pseudoscience of Racial Hierarchy"; in: Jefferson M. Fish (Hg.): Race and Intelligence, Mahwah 2011, S. 5.

121 Mark Nathan Cohen: „An Anthropologist Looks at ‚Race' and IQ testing"; in: Fish (Hg.): Race and Intelligence, S. 211.

122 Vgl. Katarzyna Kaszycka u. Jan Strzalko: „Race – Still an Issue for Physical Anthropology? Results of Polish Studies Seen in the Light of the U.S. Findings"; in: American Anthropologist 105 (2003), S. 114–122.

123 Vgl. Leonard Lieberman u. Larry T. Reynolds: „Race. The Deconstruction of a Scientific Concept"; in: dies.: Race and Other Misadventures. Essays in Honor of Ashley Montagu, Dix Hills 1996.

124 Richard J. Herrnstein u. Charles Murray: The Bell Curve. Intelligence and Class Structure in American Life, New York 1994, S. 341.

125 Vgl. Linda Gottfredson et al.: „Mainstream Science on Intelligence"; in: Wall Street Journal vom 13. Dezember 1994.

126 Linda Gottfredson: „Mainstream Science on Intelligence. An Editorial With 52 Signatories, History, and Bibliography"; in: Intelligence 24 (1997), S. 13–23.

127 Vgl. Edward Dutton: Culture Shock and Multiculturalism, Newcastle upon Tyne 2012.

128 Vgl. Richard Spencer: „Madison Grant and the American Nation", radixjournal.com vom 8. Oktober 2016 (dt.: Der Untergang der großen Rasse. Die Rassen als Grundlage der Geschichte Europas, München 1925, sowie Die Eroberung eines Kontinents. Die Verbreitung der Rassen in Amerika, Berlin 1937).

129 Vgl. Nicholas Wade: „A New Look at Old Data May Discredit a Theory on Race", nytimes.com vom 8. Oktober 2002.

130 Fish (Hg.): Race and Intelligence, op. cit.

131 Vgl. Lord Acton, Stanley Mordaunt Leathes, Sir Adolphus William Ward u. G. W. Prothero (Hg.): Cambridge Modern History, Bd. 2, Cambridge 1902.

132 Vgl. Sandish Shoker: „The Health System's Struggle to Get More Black and Asian Donors"; in: bbc.com vom 4. Juli 2015.

133 Vgl. Susanne Bejerot u. Mats Humble: „Inhabitants of Swedish-

Somali Origin Are at Great Risk for Covid-19"; in: *British Medical Journal* 368 (2020), m1101.

134 Vgl. Lucio Luzatto: „Sickle Cell Anaemia and Malaria"; in: *Mediterranean Journal of Hematology and Infectious Diseases* 4 (1) (2012), e2012065.

135 Vgl. Brian P. O'Sullivan u. Steven D. Freedman: „Cystic Fibrosis"; in: *Lancet* 373 (2009), S. 1891–1904.

136 Vgl. Joanne K. Tobacman: „Does Deficiency of Arylsulfatase B Have a Role in Cystic Fibrosis?"; in: *Chest* 123 (2003), S. 2130–2139.

137 Vgl. Emma Pomeroy, Veena Mushrif-Tripathy, Tim J. Cole et al.: „Ancient Origins of Low Lean Mass Among South Asians and Implications for Modern Type 2 Diabetes Susceptibility"; in: *Scientific Reports* 9 (2019), S. 10515.

138 Vgl. Office of the Ministry of Health: *Monthly Bulletin of the Ministry of Health* 1954, S. 173.

139 Vgl. C. L. Chen, Li Xiao, Y.-P. Zhou et al.: „Ethnic Differences in Susceptibilities to A(H1N1) Flu. An Epidemic Parameter Indicating a Weak Viral Virulence"; in: *African Journal of Biotechnology* 8 (2009), S. 25.

140 Vgl. Gregory Cochran u. Henry Harpending: *The 10,000 Year Explosion. How Civilization Accelerated Human Evolution*, New York 2009.

141 Vgl. A. W. F. Edwards: „Human Genetic Diversity: Lewontin's Fallacy"; in: *BioEssay* 25 (2003), S. 798–801.

142 Peter Frost: „Lewontin's Fallacy?"; in: evoandproud.blogspot.com vom 31. Juli 2008.

143 Vgl. John H. Relethford: „Apportionment of Global Human Gene tic Diversity Based on Craniometrics and Skin Color"; in: *American Journal of Physical Anthropology* 118 (2002), S. 393–398.

144 Vgl. Nathan Cofnas: „Science Is Not Always ‚Self-Correcting': Fact-Value Conflation and the Study of Intelligence"; in: *Foundational Science* 21 (2015), S. 477–492.

145 Vgl. Eric S. Lander, John Sulston, Robert H. Waterston et al.: „Initial Sequencing and Analysis of the Human Genome"; in: *Nature* 4 (2001), S. 860–921.

146 Vgl. Dean K. Simonton: „Varieties of (Scientific) Creativity. A Hierarchical Model of Domain-Specific Disposition, Development, and Achievement"; in: *Perspective on Psychological Science* 4 (2009), S. 5.

147 Vgl. *Online Etymological Dictionary*: „Racist"; etymonline.com/word/racist.

148 Vgl. Robert Miles: *Racism*, London 1989.

149 Alexandra Walsham: Church Papists. Catholicism, Conformitiy, and Confessional Polemic in Early Modern England, Woodbridge 1999, S. 108.

150 Vgl. Richard Lynn: „The Evolution of Race Differences in Intelligence"; in: Mankind Quarterly 1/1991, S. 99–173. [Für eine sehr oberflächliche deutschsprachige Einführung vgl. o. A.: „Deutsche sollen intelligenteste Europäer sein", spiegel.de vom 27. März 2006; N. W.]

151 Vgl. J. Philippe Rushton: Race, Evolution, and Behavior. A Life History Perspective, New

Brunswick 1995 (dt.: Rasse, Evolution und Verhalten. Eine Theorie der Entwicklungsgeschichte, Graz 2005).

152 Vgl. Edward Dutton: J. Philippe Rushton. A Life History Perspective, Oulu 2018.

153 Vgl. Edward Dutton, Dimitri Van der Linden u. Richard Lynn: „Population Differences in Androgen Levels. A Test of the Differential *K* Theory“; in: Personality and Individual Differences 90 (2016), S. 289–295.

154 Vgl. Dutton: J. Philippe Rushton op. cit.

155 Vgl. Edward Dutton u. Guy Madison: „Life History and Race Differences in Puberty Length. A Test of Differential-*K* Theory“; in: Mankind Quarterly 56 (2016), S. 546–561.

156 Vgl. Dutton: J. Philippe Rushton op. cit.

157 Vgl. Michael A. Woodley: „The Cognitive Differentiation-Integration Effort Hypothesis. A Synthesis Between the Fitness Indicator and Life History Models of Human Intelligence“; in: Review of General Psychology 15 (2011), S. 228–245.

158 Vgl. Heitor B. F. Fernandes, Richard Lynn u. Steven Hertler: „Race Differences in Anxiety Disorders, Worry, and Social Anxiety. An Examination of the Differential-*K* Theory in Clinical Psychology“; in: Mankind Quarterly 58 (2018), S. 466–500.

159 Vgl. Richard Lynn u. Tatu Vanhanen: Intelligence. A Unifying Construct for the Social Sciences, London 2012.

160 Vgl. Heiner Rindermann: Cognitive Capitalism. Human Capital and the Well-Being of Nations, Cambridge 2018.

161 Vgl. Dean K. Simonton: „Varieties of (Scientific) Creativity: A Hierarchical Model of Domain-Specific Disposition, Development, and Achievement“; in: Perspectives on Psychological Science 4 (2009), S. 5.

162 Vgl. Edward Dutton u. Bruce Charlton: The Genius Famine, Buckingham 2015.

163 Vgl. Edward Dutton: Race Differences in Ethnocentrism, London 2019.

164 Vgl. Edward Dutton: „Fellatio“; in: Todd Shackelford u. Viviana Weekes-Shackelford (Hg.): Encyclopedia of Evolutionary Psychological Science, New York 2018.

165 Vgl. Amotz Zahavi u. Avishag Zahavi: The Handicap Principle. A Missing Piece of Darwin’s Puzzle, Oxford 1997 (dt.: Signale der Verständigung. Das Handicap-Prinzip, Frankfurt a. M. 1998).

166 Vgl. Aurelio José Figueredo, Heitor B. F. Fernandes u. Michael A. Woodley of Menie: „The Quantitative Theoretical Ecologies of Life History Strategies“; in: Mankind Quarterly 57 (2017), S. 305–325.

167 Vgl. Agnieszka M. Zelazniewicz u. Boguslaw Pawlowsk: „Female Breast Size Attractiveness for Men as a Function of Socio-sexual Orientation (Restricted vs. Unrestricted)“; in: Archives of Sexual Behavior 40 (2011): S. 1129–1135.

168 Vgl. Viren Swami u. Martin J. Tovée: „Resource Security Impacts Men’s Female Breast Size Preferences“; in: PLOS One 8 (2013), e57623.

169 Vgl. Rachel Sewell: „What is Appealing? Sex and Racial Differen ces in Perceptions of the Physical Attractiveness of Women"; in: The University of Central Florida Undergraduate Research Journal 6 (2013), S. 56–70.

170 Vgl. Ivan D. Steiner: „Attribution of Choice"; in: Martin Fishbein (Hg.): Progress in Social Psychology, Bd. 1, Hove 1980.

171 Vgl. Jonathan Wells: „Sexual Dimorphism in Body Composition Across Human Populations. Associations with Climate and Proxies for Short- and Long-Term Energy Supply"; in: American Journal of Human Biology 24 (2012), S. 411–419.

172 Vgl. Edward Dutton u. Richard A. Stretch: „Racial Differences in Sexual Dimorphism as an Explanation for Differences in Olympic Track and Field Achievement"; in: Mankind Quarterly 55 (2014), S. 52–73.

173 Vgl. Dutton: J. Philippe Rushton, op. cit.

174 Vgl. Richard Lynn: Race Differences in Intelligence. An Evolutionary Analysis, Whitefish 2015.

175 Vgl. Richard Lynn: „Racial and Ethnic Differences in Psychopathic Personality"; in: Personality and Individual Differences 32 (2002), S. 273–316.

176 Vgl. Cochran u. Harpending: 10,000 Year Explosion, op. cit., S. 77 f., 181.

177 Vgl. Yael Sela, Todd K. Shackelford u. James R. Liddle: „When Religion Makes It Worse. Religiously Motivated Violence As a Sexual Selection Weapon"; in: D. Jason Sloane u. James A. Slyke (Hg.): The Attraction of Religion. A New Evolutionary Psychology of Religion, London 2015.

178 Vgl. Lynn: „Racial and Ethnic Differences in Psychopathic Personality", op. cit.

179 Vgl. Edward Dutton, Guy Madison u. Richard Lynn: „Demographic, Economic, and Genetic Factors Related to National Differences in Ethnocentric Attitudes"; in: Personality and Individual Differences 101 (2016), S. 137–143.

180 Vgl. Plowden Report: Children and their Primary Schools, London 1967.

181 Vgl. Jeroen A. de Wilde, Paula van Dommelen, Stef van Buuren et al.: „Height of South Asian Children in the Netherlands Aged 0–20 Years. Secular Trends and Comparisons with Current Asian Indian, Dutch and WHO References"; in: Annals of Human Biology 25 (2014), S. 1–7.

182 Vgl. P.C. Chiam, T.P. Ng, L.L. Tan et al.: „Results of the National Mental Health Survey of the Elderly 2003"; in: Annals of Academic Medicine 33 (2004), S. S14 f.

183 Vgl. Jocelyn Peccei: „Menopause. Adaptation or Epiphenomenon?"; in: Evolutionary Anthropology 10 (2001), S. 43–57.

184 Vgl. Ellen B. Gold, Joyce T. Bromberger, Sybil Crawford et al.: „Factors Associated with Age at Natural Menopause in a Multiethnic Sample of Midlife Women"; in: American Journal of Epidemiology 153 (2001), S. 9.

185 Vgl. Marcus Richards et al.: „Lifetime Cognitive Function and Timing of the Natural Menopause"; in: Neurology 53 (1999), S. 308–314.

186 Vgl. Ellen B. Gold: „The Timing of the Age at Which Natural Menopause Occurs“; in: Obstetrics and Gynecology Clinics of North America 3 (2011), S. 425–440.

187 Vgl. John G. Greene: The Social and Psychological Origins of Climacteric Syndrome, Aldershot 1984.

188 Vgl. Harold Snieder, Alex J. MacGregor u. Tim D. Spector: „Genes Control the Cessation of a Woman's Reproductive Life. A Twin Study of Hysterectomy and Age at Menopause“; in: Journal of Clinical Endocrinology and Metabolism 83 (1998), S. 1875–1880.

189 Vgl. Katherine DeLellis Henderson et al.: „Predictors of the Timing of Natural Menopause in the Multiethnic Cohort Study“; in: American Journal of Epidemiology 167 (2008), S. 1287–1294.

190 Vgl. Julie R. Palmer, Lynn Rosenberg, Lauren A. Wise et al.: „Onset of Natural Menopause in African American Women“; in: American Journal of Public Health 93 (2003), S. 299–306.

191 Vgl. Andrea B. Migliano, Lucio Vinicius u. Marta M. Lahr: „Life History Trade-offs Explain the Evolution of Human Pygmies“; in: Proceedings of the National Academy of Sciences (2007).

192 Vgl. Madeleine J. Goodman, Agnes Estioko-Griffin, P. Bion Griffin et al.: „Menarche, Pregnancy, Birth Spacing and Menopause Among the Agta Women Foragers of Cagayan Province, Luzon, the Philippines“; in: Annals of Human Biology 12 (1985), S. 169–177.

193 Vgl. Emma Jones, Janelle Jurgenson, Judith Katzenellenbogen u. Sandra Thompson: „Menopause and the Influence of Culture. Another Gap for Indigenous Australian Women?“; in: BMC Women's Health 12 (2012), S. 43.

194 Vgl. Lynn: „Racial and Ethnic Differences in Psychopathic Personality“, op. cit.

195 Vgl. Richard Berthoud: „Family Formation in Multicultural Britain. Three Patterns of Diversity“, University of Essex Working Paper, 2000.

196 Vgl. T. Knijn u. Arieke Rijken: „Demographic Trends in the Netherlands. National Report Section 1 For the Project: Welfare Policies and Employment in the Context of Family Change“; in: Department of General Social Science 2003, S. 9.

197 Vgl. Rafiz Hapipi: „Commentary on Malay Muslim Marriages and Divorces“, Paper presented to The Reading Group, Singapore 2006.

198 Vgl. David De Vaus: Diversity and Change in Australian Families. Statistical Profiles, Melbourne 2004, S. 218.

199 Vgl. Robyn Parker, Catherine Caruana u. Lixia Qu: „Snapshots of Indigenous Families. Indicators of the Socio-economic Resources of Mothers and Indigenous Cultural Connectedness“; in: Family Relationships Quarterly 17 (2010).

200 Vgl. Peter Bjerregaard et al.: Ivaaq. The Greenland Inuit Child Cohort. A Preliminary Report, Nuuk 2007.

201 Vgl. Gertrude Himmelfarb: „The Family In Extremis“; in: Christopher Wolfe (Hg.): The Family,

Civil Society and the State, Lanham 1998, S. 23.

202 Vgl. Jeremy Hull: „Aboriginal Single Mothers in Canada, 1996. A Statistical Profile"; in: J. White, P. Maxim u. D. Beavon (Hg.): Aboriginal Policy Research. Setting the Agenda for Change, Toronto 2004.

203 Vgl. Mathias G. Guenther: Tricksters and Trancers. Bushman Religion and Society, Indianapolis 1999.

204 Vgl. Stephen Davies: The Artful Species. Aesthetics, Art and Evolution, Oxford 2012, S. 107.

205 Vgl. Martha Rosenthal: Human Sexuality. From Cells to Society, Boston 2012, S. 164.

206 Vgl. Ashley Robins: Biological Perspectives on Human Pigmentation, Cambridge 2005, S. 137.

207 Vgl. Rachel E. K. Freedman, Michele M. Carter, Tracy Sbrocco et al.: „Ethnic Differences in Preferences for Female Weight and Waist-to-Hip Ratio. A Comparison of African-American and White American College and Community Samples"; in: Eating Behaviors 5 (2004), S. 191–198.

208 Vgl. Natalie Colabianchi, Carolyn E. Ievers-Landis u. Elaine A. Borawski: „Weight Preoccupation as a Function of Observed Physical Attractiveness. Ethnic Differences Among Normal-Weight Adolescent Females"; in: Journal of Pediatric Psychology 8 (2006), S. 803–812.

209 Vgl. Merry N. Miller u. Andrés J. Pumariega: „Culture and Eating Disorders. A Historical and Cross-Cultural Review"; in: Psychiatry 64 (2001), S. 93–110.

210 Vgl. Viren Swami and Martin J. Tovée: „Female Physical Attractiveness in Britain and Malaysia. A Cross-Cultural Study"; in: Body Image 2 (2005), S. 115–128.

211 Vgl. Frank Marlowe, Coren Apicella u. Dorian Reed: „Men's Preferences For Women's Profile Waist-to-Hip Ratio in Two Societies"; in: Evolution and Human Behavior 25 (2005), S. 371–378.

212 Vgl. Viren Swami, John Jones, Dorothy Einon et al.: „Men's Preferences For Women's Profile Waist-to-Hip Ratio, Breast Size, and Ethnic Group in Britain and South Africa"; in: British Journal of Psychology 100 (2009), S. 313–332.

213 Vgl. Devendra Singh u. Robert K. Young: „Body Weight, Waist-to-Hip Ratio, Breasts, and Hips. Role in Judgments of Female Attractiveness and Desirability for Relationships"; in: Ethology and Sociobiology 16 (1995), S. 483–507.

214 Vgl. Yanfeng Li, Qi Dai, James Jackson u. Jian Zhang: „Overweight is Associated With Decreased Cognitive Functioning Amongst School Age Children and Adolescents"; in: Obesity 16 (2008), S. 1809–1815.

215 Vgl. B. J. Dixson, Baoguo Li u. A. F. Dixson: „Female Waist-to-Hip Ratio, Body Mass Index and Sexual Attractiveness in China"; in: Current Zoology 56 (2010), S. 175–181.

216 Vgl. Singh u. Young: „Body Weight, Waist-to-Hip Ratio, Breasts, and Hips", op. cit.

217 Vgl. Sewell: „What Is Appealing?", op. cit.

218 Vgl. Vinet Coetzee, Jaco M. Greeff, Ian D. Stephen et al.: „Cross-Cultural Agreement in Facial Attractiveness Preferences. The Role of Ethnicity and Gender"; in: PLoS ONE, 2014.

219 Vgl. Lena Pflüger, Elisabeth Oberzaucher, Stanislav Katina, Iris Holzleitner u. Karl Grammer: „Cues to Fertility. Perceived Attractiveness and Facial Shape Predict Reproductive Success"; in: Evolution and Human Behavior 6 (2012), S. 708–714.

220 Vgl. Judith L. Anderson, Charles B. Crawford, Joanne Nadeau et al.: „Was the Duchess of Windsor right? A Cross-Cultural Review of the Socioecology of Ideals of Female Body Shape"; in: Ethology and Sociobiology 13 (1992), S. 197–227.

221 Vgl. Anthony C. Little, Coren L. Apicella u. Frank W. Marlowe: „Preferences for symmetry in human faces in two cultures. Data from the UK and the Hadza, an isolated group of hunter-gatherers"; in: Proceedings of the Royal Society, 2007.

222 Vgl. D. T. Kenrick et al.: „Evolution, Traits, and the Stages of Human Courtship. Qualifying the Parental Investment Model"; in: Journal of Personality 58 (1990), S. 97–116.

223 Vgl. Gary L. Brase and Gary Walker: „Male sexual strategies modify ratings of female models with specific waist-to-hip ratios"; in: Human Nature 15 (2004), S. 209–224.

224 Vgl. Zelazniewicz u. Pawlowski: „Female Breast Size Attractiveness for Men as a Function of Sociosexual Orientation", op. cit.

225 Vgl. Swami u. Tovee: „Resource Security Impacts Men's Breast Size Preferences", op. cit.

226 Vgl. Sewell: „What Is Appealing?", op. cit.

227 Vgl. Steiner: „Attribution of Choice", op. cit.

228 Vgl. Faye Z. Belgrave u. Kevin W. Allison: African American Psychology. From Africa to America, London 2009, S. 226.

229 Vgl. Guanlin Wang, Kurosh Djafarian, Chima Egedigwe et al.: „The Relationship of Female Physical Attractiveness to Body Fatness"; in: PeerJ 3 (2015), S. e1155.

230 Vgl. Robert Axelrod u. Ross A. Hammond: „The Evolution of Ethnocentric Behavior"; in: Journal of Conflict Resolution 50 (2006), S. 1–11.

231 Vgl. Arthur Jensen: „How Much Can We Boost IQ and Scholastic Achievement?"; in: Harvard Educational Review 9 (1969), S. 1–123.

232 Vgl. Hans Eysenck: „Introduction. Science and Racism"; in: Roger Pearson (Hg.): Race, Intelligence and Bias in Academe, Washington 1991.

233 Vgl. Helmuth Nyborg: „The Greatest Collective Scientific Fraud of the 20th Century. The Demolition of Differential Psychology and Eugenics"; in: Mankind Quarterly 51 (2011), S. 241–268.

234 Vgl. Noah Carl u. Michael A. Woodley of Menie: „A Scientometric Analysis of Controversies in the Field of Intelligence Research"; in: Intelligence 77 (2019), S. 101–397.

235 Vgl. Linda Gottfredson: „Mainstream Science on Intelligence. An Editorial With 52 Signatories,

History, and Bibliography"; in: Intelligence 24 (1997), S. 13–23.

236 Vgl. Edward Dutton u. Michael A. Woodley of Menie: At Our Wits' End. Why We're Becoming Less Intelligent and What It Means for the Future, Exeter 2018, S. 11 f.

237 Vgl. David Buss: The Evolution of Desire. Strategies of Human Mating, New York 1994 (dt.: Die Evolution des Begehrens. Geheimnisse der Partnerwahl, Hamburg 1994).

238 Vgl. Kathleen Kirasic: „Acquisition and Utilization of Spatial Information by Elderly Adults. Implications for Day-to-Day Situations"; in: Leonard Poon, David Rubin u. Barbara Wilson (Hg.): Everyday Cognition in Adulthood and Later Life, Cambridge 1989.

239 Vgl. Programme for International Student Assessment: „Results From PISA 2018—United States"; online verfügbar unter: oecd.org/pisa/publications/PISA2018CNUSA.pdf; vgl. auch Steve Sailer: „The New 2018 PISA School Test Scores: USA! USA!", unz.com vom 3. Dezember 2019.

240 Vgl. Joel H. Spring: „Psychologists and the War. The Meaning of Intelligence in the Alpha and Beta Tests"; in: History of Education Quarterly 12 (1972), S. 3–15.

241 Vgl. Carl C. Brigham: A Study of American Intelligence, Princeton 1923.

242 Vgl. Lewis Terman: Genetic Studies of Genius. Mental and Physical Traits of a Thousand Gifted Children, Palo Alto 1925.

243 Vgl. James R. Flynn: Asian Americans. Achievement Beyond IQ, London 1991, S. 146.

244 Vgl. Jay Mathews: „The Bias Question"; in: The Atlantic Monthly 11/2003.

245 Die Prüfungskommission „College Board", die die Zulassungstests durchführt, hat 2016 ein neues SAT-Format eingeführt; die durchschnittlichen Ergebnisse in beiden Testabschnitten schnellten danach um bis zu 30 Punkte in die Höhe. Dabei handelt es sich mit an Sicherheit grenzender Wahrscheinlichkeit um eine Folge von Veränderungen am Test, nicht um ein Anzeichen gestiegener durchschnittlicher Intelligenz.

246 Vgl. The College Board (Hg.): „Total Group Profile Report"; online verfügbar unter: secure-media.collegeboard.org/digitalServices/pdf/sat/total-group-2015.pdf.

247 Richard V. Reeves u. Dimitrios Halikias: „Race Gaps in SAT Scores Highlight Inequality and Hinder Upward Mobility", brookings.edu vom 1. Februar 2017.

248 Vgl. Arthur Jensen: The g Factor. The Science of Mental Ability, Westport 1998.

249 Vgl. ebd.

250 Vgl. Richard Lynn: Dysgenics. Genetic Deterioration in Modern Populations, London 2011, S. 101.

251 Vgl. James R. Flynn: Does Your Family Make You Smarter? Nature, Nurture, and Human Autonomy, Cambridge 2016.

252 Vgl. Michael Levin: Why Race Matters. Race Differences and What They Mean, Oakton 2005.

253 Vgl. Sarah Broman, Paul Nichols, Peter Shaughnessy u. Wallace Kennedy: Retardation in Young Children. A Developmental Stu-

dy of Cognitive Deficit, Hillsdale 1987.

254 Vgl. Richard Weinberg, Sandra Scarr u. Irwin Waldman: „The Minnesota Transracial Adoption Study. A Follow-up of IQ Test Performance at Adolescence"; in: Intelligence 16 (1992), S. 117–135.

255 Vgl. J. Philippe Rushton: Race, Evolution, and Behavior. A Life History Perspective, New Brunswick 1995 (dt.: Rasse, Evolution und Verhalten. Eine Theorie der Entwicklungsgeschichte, Graz 2005).

256 Vgl. Lani Guinier u. Gerald Torres: The Miner's Canary. Enlisting Race, Resisting Power, Transforming Democracy, Cambridge 2002.

257 Vgl. Ezekiel Dixon-Roman, Howard Everson u. John Mcardle: „Race, Poverty and SAT Scores. Modeling the Influences of Family Income on Black and White High School Students' SAT Performance"; in: Teachers College Record (2013), S. 115.

258 Vgl. auch „Family Income Differences Explain Only a Small Part of the SAT Racial Scoring Gap", jbhe.com vom 22. Januar 2009.

259 Vgl. Walter Eels: „Mental Ability of the Native Races of Alaska"; in: Journal of Applied Psychology 17 (1933), S. 417–438.

260 Vgl. Claudia M. Steele: „Thin Ice. Stereotype Threat and Black College Students"; in: The Atlantic Monthly, August 1999.

261 Vgl. Colleen Ganley, Leigh Mingle, Allison Ryan et al.: „An Examination of Stereotype Threat Effects on Girls' Mathematics Performance"; in: Developmental Psychology 49 (2013), S. 1886–1897.

262 Vgl. William Helmreich: The Things They Say Behind Your Back. Stereotypes and the Myths Behind Them, New York 1982.

263 Vgl. Lee Jussim: Social Perception and Social Reality. Why Accuracy Dominates Bias and Self-Fulfilling Prophecy, Oxford 2012.

264 Vgl. Howard Gardner: Frames of Mind. The Theory of Multiple Intelligences, New York 1983 (dt.: Abschied vom IQ. Die Rahmentheorie der vielfachen Intelligenzen, Stuttgart 1991).

265 Vgl. Scott Kaufman, Colin DeYoung, Deidre Reis et al.: „General Intelligence Predicts Reasoning Ability for Evolutionarily Familiar Content"; in: Intelligence 39 (2011), S. 311–322.

266 Vgl. Richard Lynn u. Tatu Vanhanen: IQ and the Wealth of Nations, Westport 2002.

267 Vgl. Edward Dutton: „Obituary: Tatu Vanhanen (1929–2015)"; in: Mankind Quarterly 56 (2015), S. 226–233.

268 Vgl. Richard Lynn u. Tatu Vanhanen: Intelligence. A Unifying Construct for the Social Sciences, London 2012.

269 Vgl. Richard Lynn: Race Differences in Intelligence. An Evolutionary Analysis, Whitefish 2015.

270 Vgl. Lynn u. Vanhanen: Intelligence, op. cit., Kap. 1.

271 Vgl. viewoniq.org.

272 Vgl. Richard Lynn u. David Becker: The Intelligence of Nations, London 2019.

273 Vgl. Lynn: Race Differences in Intelligence, op. cit.

274 Vgl. Davide Piffer: „Evidence for Recent Polygenic Selection on

Educational Attainment Inferred from GWAS Hits“, preprints.org vom 6. November 2016.

275 Vgl. Davide Piffer: „Correlation Between PGS and Environmental Variables“, rpubs.com vom 31. März 2018.

276 Vgl. Lynn: Race Differences in Intelligence, op. cit.

277 Vgl. Katarzyna Bryc, Eric Durand, J. Michael MacPherson et al.: „The Genetic Ancestry of African Americans, Latinos, and European Americans Across the United States“; in: American Journal of Human Genetics 96 (2015), S. 37–53.

278 Vgl. Rickie Solinger: Pregnancy and Power. A Short History of Reproductive Politics in America, New York 2005.

279 Vgl. Jada Benn Torres, Menahem Doura, Shomarka Keita u. Rick Kittles: „Y Chromosome Lineages in Men of West African Descent“; in: PLoS One vom 25. Januar 2012.

280 Vgl. Daniel Ness u. Stephen J. Farenga: Knowledge Under Construction. The Importance of Play in Developing Children's Spatial and Geometric Thinking, Plymouth 2007, S. 23.

281 Vgl. H. Reuning: „Testing Bushmen in the Central Kalahari“; in: S. H. Irvine u. John Berry (Hg.): Human Abilities in Cultural Context, Cambridge 1988, S. 476.

282 Vgl. Maureen Cox: Children's Drawings of the Human Figure, Hove 2013, S. 70.

283 Vgl. Helmut Reuning: „Testing Bushmen in the Central Kalahari“; in: S. H. Irvine u. John Berry (Hg.): Human Abilities in Cultural Context, Cambridge 1988, S. 476.

284 Vgl. Stephen Jay Gould: The Mismeasure of Man, New York 1981 (dt.: Der falsch vermessene Mensch, Basel, Boston u. Stuttgart 1983).

285 Vgl. Stephen Jay Gould: „Morton's Ranking of Races by Cranial Capacity“; in: Science 200 (1978), S. 503–509.

286 Vgl. Jason E. Lewis, David DeGusta, Marc R. Meyer et al.: „The Mismeasure of Science. Stephen Jay Gould versus Samuel George Morton on Skulls and Bias“; in: PLoS Biology vom 7. Juni 2011.

287 Vgl. Nicholas Wade: „Scientists Measure the Accuracy of a Racism Claim“; in: New York Times vom 13.Juni 2011.

288 Vgl. Heiner Rindermann: Cognitive Capitalism. Human Capital and the Wellbeing of Nations, Cambridge 2018, S. 243. Vgl. auch Lawrence Whalley u. Ian Deary: „Longitudinal Cohort Study of Childhood IQ and Survival up to Age of 76“; in: British Medical Journal 322 (2001): S. 4.

289 Vgl. David Starr Jordan: War and the Breed. The Relation of War to the Downfall of Nations, Boston 1915.

290 Vgl. James R. Flynn: Are We Getting Smarter? Rising IQ in the Twenty First Century, Cambridge 2012.

291 Vgl. Gregory Clark: A Farewell to Alms. A Brief Economic History of the World, Princeton 2007.

292 Vgl. Dutton u. Woodley of Menie: At Our Wits' End, op. cit., Kap. 4.

293 Vgl. Satoshi Kanazawa: The Intelligence Paradox. Why the Intelligent Choice Isn't Always

the Smart One, Hoboken 2012, S. 179 f.

294 Vgl. Dutton u. Woodley of Menie: At Our Wits' End, op. cit., Kap. 7.

295 Vgl. Adam Perkins: The Welfare Trait. How State Benefits Affect Personality, London 2016.

296 Vgl. Jonathan Huebner: „A Possible Declining Trend for Worldwide Innovation"; in: Technological Forecasting & Social Change 72 (2005), S. 980–986.

297 Vgl. Lynn: Race Differences in Intelligence, op. cit.

298 Vgl. Richard Lynn u. David Becker: The Intelligence of Nations, London 2019.

299 Vgl. Edward Dutton, Jan te Nijenhuis u. Eka Roivainen: „Solving the Puzzle of Why Finns Have the Highest IQ, But One of the Lowest Number of Nobel Prizes in Europe"; in: Intelligence 46 (2014), S. 192–202.

300 Vgl. Iosif Lazaridis, Alissa Mitnik, Nick Patterson et al.: „Genetic Origins of the Minoans and Mycenaeans"; in: Nature 548 (2017), S. 214–218.

301 Vgl. Alexandros Heraclides, Evy Bashiardes, Eva Fernandez-Dominguez et al.: „Y-Chromosomal Analysis of Greek Cypriots Reveals a Primarily Common Pre-Ottoman Paternal Ancestry with Turkish Cypriots"; in: PLoS ONE 12 (2017), S. e0179474.

302 Vgl. Maria Fernandez: „A Study of the Intelligence of Children in Brazil"; in: Mankind Quarterly 42 (2001), S. 17–20.

303 Vgl. „Cinco Milhões de Netos de Emigrantes Podem Tornar-se Portugueses", noticiaslusofonas.com vom 17. Februar 2006.

304 Vgl. Jelena Čvorović: The Roma. A Balkan Underclass, London 2014.

305 Vgl. C. Capelli, N. Readhead, V. Romano et al.: „Population Structure in the Mediterranean Basin. A Y Chromosome Perspective"; in: Annals of Human Genetics 70 (2006), S. 225.

306 Vgl. Richard Lynn: „In Italy, North-South Differences in IQ Predict Differences in Income, Education, Infant Mortality, Stature and Literacy"; in: Intelligence 38 (2010), S. 93–100.

307 Vgl. Noah Carl: „IQ and Socioeconomic Development Across Regions of the UK"; in: Journal of Biosocial Science 48 (2016), S. 406–417.

308 Vgl. Arthur Herman: How the Scots Invented the Modern World. The True Story of How Western Europe's Poorest Nation Created Our World and Everything In It, New York 2001.

309 Vgl. Kenya Kura, Jan te Nijenhuis u. Edward Dutton: „Spearman's Hypothesis Tested Comparing 47 Regions of Japan Using a Sample of 14 Million Children"; in: Psych 1 (2019): S. 26–34.

310 Vgl. Richard Lynn u. Prateek Yadav: „Differences in Cognitive Ability, Per Capita Income, Infant Mortality, Fertility and Latitude Across the Indian States"; in: Intelligence 49 (2015), S. 179–185.

311 Vgl. Edward Dutton, Salaheldin Bakhiet, Khaled Ziada, Yossry Essa, Hamada Ali u. Shehana Alqafari: „Regional Differences in Intelligence in Egypt. A Country Where Upper is Lower"; in: Journal of Biosocial Science 51 (2019), S. 273–281.

312 Vgl. Salaheldin Bakhiet and Richard Lynn: „Regional Differences in Intelligence in Sudan“; in: Intelligence 50 (2015), S. 50 ff.
313 Vgl. Lynn: Race Differences in Intelligence, op. cit.
314 Vgl. John Fuerst u. Emil O. W. Kirkegaard: „Admixture in the Americas. Regional and National Differences“; in: Mankind Quarterly 56 (2016), S. 256–374.
315 Vgl. Jan te Nijenhuis, Michael van der Hoek u. Joep Dragt: „A Meta-Analysis of Spearman’s Hypothesis Tested on Latin-American Hispanics, Including a New Way to Correct for Imperfectly Measuring the Construct of g“; in: Psych 1 (2019), S. 101–122.
316 Vgl. Dan P. McAdams u. Jennifer L. Pals: „A New Big Five. Fundamental Principles for an Integrative Science of Personality“; in: American Psychologist 61 (2006), S. 204–217, hier S. 212.
317 Vgl. Daniel Nettle: Personality. What Makes You Who You Are, Oxford 2007 (dt.: Persönlichkeit. Warum du bist, wie du bist, Köln 2008).
318 Vgl. ebd.
319 Vgl. Richard Lynn: Dysgenics. Genetic Deterioration in Modern Populations, London 2011.
320 Vgl. Nettle: Personality, op. cit.
321 Vgl. Edward Dutton u. Bruce Charlton: The Genius Famine, Buckingham 2015.
322 Vgl. Daniel Goleman: „75 Years Later, Study Still Tracking Geniuses“; in: New York Times vom 7. März 1995.
323 Vgl. Howard S. Friedman, Joan S. Tucker, Carol Tomlinson-Keasey et al.: „Does Childhood Personality Predict Longevity?“; in: Journal of Personality and Social Psychology 65 (1993), S. 176–185.
324 Vgl. Nettle: Personality, op. cit.
325 Vgl. Peter Hills, Leslie Francis, Michael Argyle et al.: „Primary Personality Trait Correlates of Religious Practice and Orientation“; in: Personality and Individual Differences 36 (2004), S. 61–73.
326 Vgl. Iva Čukić and Timothy C. Bates: „The Association Between Neuroticism and Heart Rate Variability Is Not Fully Explained by Cardiovascular Disease and Depression“; in: PLoS One 10 (2015), e0125882.
327 Vgl. Nettle: Personality, op. cit.
328 Vgl. Filip De Fruyt u. Ivan Mervielde: „Personality and Interests as Predictors of Educational Streaming and Achievement“; in: European Journal of Personality 10 (1996), S. 405–425.
329 Vgl. Dimitri van der Linden, Jan te Nijenhuis u. Arnold B. Bakker: „The General Factor of Personality. A Meta-Analysis of Big Five Intercorrelations and a Criterion-Related Validity Study“; in: Journal of Research in Personality 44 (2010), S. 315–327.
330 Vgl. Brett P. Anderson: „Ethnic Group Differences in the General Factor of Personality (GFP) are Opposite to That Which Would be Predicted by Differential-*K* Theory“; in: Personality and Individual Differences 152 (2020), S. 109567.
331 Vgl. ebd.
332 Vgl. Carol A. Prescott, Deanna Lyter Achorn, Ashley Kaiser et al.: „The Project TALENT Twin and Sibling Study“; in: Twin Research and Human Genetics 16 (2013), S. 437–448.

333 Vgl. Gerhard Meisenberg: „Do We Have Valid Country-Level Measures of Personality?"; in: Mankind Quarterly 55 (2015), S. 360–382.

334 Vgl. David P. Schmitt, Jüri Allik, Robert R. McCrae et al.: „The Geographic Distribution of the Big Five Personality Traits. Patterns of Profiles on Human Self-Description Across 56 Nations"; in: Journal of Cross-Cultural Psychology 38 (2007), S. 173–212.

335 Vgl. Meisenberg: „Do We Have Valid Country-level Measures of Personality?", op. cit.

336 Vgl. Aurelio José Figueredo, Dok J. Andrzejczak, Daniel Nelson Jones et al.: „Reproductive Strategy and Ethnic Conflict. Slow Life History as a Protective Factor Against Negative Ethnocentrism in Two Contemporary Societies"; in: Journal of Social, Evolutionary and Cultural Psychology 5 (2011), S. 14–31.

337 J. Philippe Rushton: „Ethnic Differences in Temperament"; in: Yueh-Ting Lee, Clark R. McCauley u. Juris G. Draguns (Hg.): Personality and Person Perception Across Cultures, Mahwah 1999, S. 45–63.

338 Vgl. Sopagna Eap, David S. DeGarmo, Ayaka Kawakami et al.: „Culture and Personality Among European American and Asian American Men"; in: Journal of Cross-Cultural Psychology 39 (2008), S. 630–643.

339 Vgl. Fernandes, Lynn u. Hertler: „Race Differences in Anxiety Disorders, Worry, and Social Anxiety", op. cit.

340 Vgl. Chris Cantor: „Post-traumatic Stress Disorder. Evolutionary Perspectives"; in: Australia and New Zealand Journal of Psychiatry 43 (2009), S. 1038–1048.

341 Vgl. Rushton: „Ethnic Differences in Temperament", op. cit.

342 Vgl. Brian W. Tate u. Michael A. McDaniel: „Race Differences in Personality. An Evaluation of Moderators and Publication Bias", Anaheim 2008.

343 Vgl. Curtis S. Dunkel, Tomás Cabeza De Baca, Michael A. Woodley et al.: „The General Factor of Personality and General Intelligence. Testing Hypotheses From Differential-K, Life History Theory, and Strategic Differentiation-Integration Effort"; in: Personality and Individual Differences 61–62 (2014), S. 13–17.

344 Vgl. Curtis S. Dunkel, Joseph Nedelec u. Dimitri Van der Linden: „Predicting the General Factor of Personality. From Adolescence Through Adulthood"; Human Ethology Bulletin 3 (2015), S. 4–12.

345 Vgl. American Psychiatric Association (Hg.): Diagnostic and Statistical Manual of Mental Disorders, 5. Aufl., Washington, D.C. 2013.

346 Vgl. Richard Lynn: „Racial and Ethnic Differences in Psychopathic Personality"; Personality and Individual Differences 32 (2002), S. 273–316.

347 Vgl. Walter Mischel u. Ebbe B. Ebbesen: „Attention in Delay of Gratification"; in: Journal of Personality and Social Psychology 16 (1970), S. 329–337.

348 Vgl. Walter Mischel, Yuichi Shoda u. M. I. Rodríguez: „Delay of Gratification in Children"; in: Science 244 (1989), S. 933–938.

349 Vgl. Richard Lynn: Race Differences in Psychopathic Personality, Whitefish 2019.

350 Vgl. City of New York Police Department (Hg.): „Crime and Enforcement Activity in New York City (Jan 1 – Dec 31, 2019)"; online abrufbar unter: www1.nyc.gov/assets/nypd/downloads/pdf/analysisand*planning/year-end-2019-enforcement-report.pdf*.

351 Vgl. Michael Levin: Why Race Matters. Race Differences and What They Mean, Oakton 2005, S. 311 ff.

352 Vgl. The Fiscal Policy Institute: „The Racial Dimension of New York's Income Inequality"; online abrufbar unter: fiscalpolicy.org/wp-content/uploads/2017/03/Racial-Dimension-of-Income-Inequality.pdf.

353 Vgl. City of New York Police Department (Hg.): „Crime and Enforcement Activity in New York City (Jan 1 – Dec 31, 2014)"; online abrufbar unter: www1.nyc.gov/assets/nypd/downloads/pdf/analysisandplanning/enforcementreportyearend2014.pdf.

354 Vgl. Levin: Why Race Mattes, op. cit., 311 ff.

355 Vgl. Lynn: Race Differences in Psychopathic Psychology, op. cit.

356 Vgl. Martine Blom u. Roel Jennissen: „The Involvement of Different Ethnic Groups in Various Types of Crime in the Netherlands"; in: European Journal on Criminal Policy and Research 20 (2013), S. 51–72, Tab. 1a.

357 Vgl. J. Garth Taylor: „The Baffin Island Inuit"; in: Encyclopedia of Canada, 2018. Online abrufbar unter: thecanadianencyclopedia.ca/en/article/baffin-island-inuit.

358 Vgl. Darryl S. Wood: Violent Crime and Characteristics of Twelve Inuit Communities in the Baffin Region, NWT, Diss. phil., Burnaby 1997.

359 Vgl. Richard Lynn: Race Differences in Intelligence. An Evolutionary Analysis, Whitefish 2015.

360 Vgl. Donald I. Templer: „Richard Lynn and the Evolution of Conscientiousness"; in: Helmuth Nyborg (Hg.): Race Differences in Intelligence and Personality. A Tribute to Richard Lynn at 80, London 2013, S. 77.

361 Vgl. Melissa Bateson, Luke Callow, Jessica R. Holmes et al.: „Do Images of ‚Watching Eyes' Induce Behavior that is More Pro-Social or More Normative? A Field Experiment on Littering"; in: PLoS ONE 8 (2013), e82055.

362 Vgl. Michael Gossop: Living With Drugs, Aldershot 2007, S. 42, sowie Sherry Saggers u. Dennis Gray: Dealing with Alcohol. Indigenous Usage in Australia, New Zealand and Canada, Cambridge 1998.

363 Vgl. Gregory Cochran u. Henry Harpending: The 10,000 Year Explosion. How Civilization Accelerated Human Evolution, New York 2009.

364 Vgl. Louis Molamu u. Dave Macdonald: „Alcohol Abuse Among the Basarwa of the Kgalagadi and Ghanzi Districts in Botswana"; in: Drugs. Education, Prevention and Policy 2 (1996), S. 145–152.

365 Miriam Ross: „Government Admits Bushmen Drinking Themselves to Death"; in: Survival vom 30. März 2006.

366 Robert J. Gordon: The Bushman Myth. The Making of a Namibian Underclass, London 1992.

367 Vgl. Rushton: „Ethnic Differences in Temperament", op. cit.

368 Vgl. Lynn: Race Differences in Psychopathic Personality, op. cit., S. 273–316.

369 Vgl. Robyn Parker, Catherine Caruana u. Lixia Qu: „Snapshots of Indigenous Families. Indicators of the Socio-economic Resources of Mothers and Indigenous Cultural Connectedness"; in: Family Relationships Quarterly 17 (2010).

370 Vgl. Centers for Disease Control and Prevention (Hg.): HIV Surveillance Report 2018, Bd. 31, Atlanta 2020. Online abrufbar unter: www.cdc.gov/hiv/library/reports/hiv-surveillance.html.

371 Vgl. Centers for Disease Control and Prevention (Hg.): Sexually Transmitted Disease Surveillance 2018, Atlanta 2019. Online abrufbar unter: www.cdc.gov/std/stats18/STDSurveillance2018-FUll-report.pdf.

372 Vgl. Laurence Steinberg, Marc H. Bornstein, Deborah Lowe Vandell et al.: Lifespan Development. Infancy Through Adulthood, Belmont 2010.

373 Vgl. Susanne K. Kjaer, Ethel-Michele de Villiers, Hande Çağlayan et al.: „Human Papillomavirus, Herpes Simplex Virus and Other Potential Risk Factors for Cervical Cancer in a High-Risk Area (Greenland) and a Low-Risk Area (Denmark)—a Second Look"; in: British Journal of Cancer 67 (1993), S. 830–837.

374 Vgl. Catherine Griffiths, Anne M. Johnson u. Kevin A. Fenton: „Attitudes and First Heterosexual Experiences Among Indians and Pakistanis in Britain. Evidence from a National Probability Survey"; in: International Journal of STD and AIDS 22 (2011), S. 131–139.

375 Vgl. Kevin A. Fenton, Christos Korovessis u. Anne M. Johnson: „Sexual Behavior in Britain. Reported Sexually Transmitted Infections and Prevalent Genital Chlamydia trachomatis Infection"; in: The Lancet 358 (2001), S. 1851–1854.

376 Vgl. T. Kue Yong: The Health of Native Americans. Toward a Biocultural Epidemiology, Oxford 1994, S. 87.

377 Vgl. Roberta L. Hall, Doni Wilder, Pamela Bodenroeder et al.: „Assessment of AIDS Knowledge, Attitudes, Behaviors, and Risk Level of North Western American Indians"; in: American Journal of Public Health 80 (1990), S. 875 ff.

378 Vgl. Carole M. Beaudoin: Results from Phase II of the Enhanced Surveillance of Sexually Transmitted Diseases among Winnipeg Street-Involved Youth Study, Manitoba 2004.

379 Vgl. Vereinte Nationen (Hg.): Country Progress Report: Netherlands, Appendix 5, 2005. Online verfügbar unter: data.unaids.org/pub/Report/2006/2006*country*progress*report*netherland*en.pdf*.

380 Vgl. Melissa Kang, Arlie Rochford, S. Rachel Skinner et al.: „Sexual Behavior, Sexually Transmitted Infections and Attitudes to Chlamydia Testing Among a Unique National Sample of Young Australians. Baseline Data From a Randomised Controlled Trial";

in: BMC Public Health 14 (2014), S. 12.

381 Vgl. Patricia Fagan u. Paula McDonell: „Knowledge, attitudes and behaviors in relation to safe sex, sexually transmitted infections (STI) and HIV/AIDS among remote living north Queensland youth"; in: Australian and New Zealand Journal of Public Health 34 (2010), S. 52–56.

382 Vgl. Jan Savage: Aboriginal Adolescent Sexual and Reproductive Health Programs. A Review of Their Effectiveness and Cultural Acceptability, Sydney 2009.

383 Vgl. Mervin J. Meggitt: Desert People. A Study of the Walbiri Aborigines of Central Australia, Sydney 1962, S. 107.

384 Vgl. Stephen Lungley, Judy Paulin u. Alison Gray: Ways of Learning about Sexuality. A Study of New Zealand Adolescents' Sexual Knowledge, Attitudes and Behaviors, Wellington 1993.

385 Vgl. Tarrant J. Scanlen: 1995 Northland Youth Sexuality Survey. Report on Findings, Whangarei 1995.

386 Vgl. Cathrine Huhana Waetford: The Knowledge, Attitudes and Behavior of Young Maori Women in Relation to Sexual Health. A Descriptive Qualitative Study, M.A. Auckland University of Technology, 2008.

387 Vgl. Michael L. Rekart: „Sex in the City. Sexual Behavior, Societal Change, and STDs in Saigon"; in: Sexually Transmitted Infection 78 (2001), S. 147–154.

388 Vgl. Heng Sopheab, Pamina M. Gorbach, Roger Detels et al.: Sexual Risk and HIV/STD in Vulnerable Cambodian Females. The Cambodian Young Women's Cohort, Factory Workers, Los Angeles 2005.

389 Vgl. J. Philippe Rushton: Race, Evolution, and Behavior. A Life History Perpective, New Brunswick 1995 (dt.: Rasse, Evolution und Verhalten. Eine Theorie der Entwicklungsgeschichte, Graz 2005).

390 Vgl. Edward Dutton, Dimitri van der Linden u. Richard Lynn: „Population Differences in Androgen Levels. A Test of the Differential K Theory"; in: Personality and Individual Differences 90 (2016), S. 289–295.

391 Vgl. Christopher J. Soto, Oliver P. John, Samuel D. Gosling et al.: „Age Differences in Personality Traits From 10 to 65. Big Five Domains and Facets in a Large Cross-Sectional Sample"; in: Journal of Personality and Social Psychology 100 (2011), S. 330–348.

392 Vgl. Paul T. Costa, Robert R. McCrae u. David Arenberg: „Enduring Dispositions in Adult Males"; in: Journal of Personality and Social Psychology 38 (1980), S. 793–800.

393 Vgl. Richard Lynn: „Sex Differences in Intelligence. The Developmental Theory"; in: Mankind Quarterly 58 (2017), S. 9–42.

394 Vgl. Edward Dutton, Salaheldin Farah Attallah Bakhiet, Guy Madison et al.: „Sex Differences on Raven's Standard Progressive Matrices Within Saudi Arabia and Across the Arab World"; in: Personality and Individual Differences 134 (2018), S. 66–70.

395 Vgl. Dean K. Simonton: „Varieties of (Scientific) Creativity. A Hier-

archical Model of Domain-Specific Disposition, Development, and Achievement"; in: Perspectives on Psychological Science 4 (2009), S. 5.

396 Vgl. Felix Post: „Creativity and Psychopathology"; in: British Journal of Psychiatry 165 (1994), S. 22–34.

397 Vgl. Joanna Williams: Women vs Feminism. Why We All Need Liberating from the Gender Wars, Bingley 2017.

398 Vgl. Simonton: „Varieties of (Scientific) Creativity", op. cit.

399 Vgl. Pew Research Center: „Number of Refugees to Europe Surges to Record 1.3 Million in 2015", pewresearch.org vom 2. August 2016.

400 Vgl. Edward Dutton, Guy Madison u. Richard Lynn: „Demographic, Economic, and Genetic Factors Related to National Differences in Ethnocentric Attitudes"; in: Personality and Individual Differences 101 (2016), S. 137–143.

401 Vgl. Yael Sela, Todd K. Shackelford u. James R. Liddle: „When Religion Makes It Worse. Religiously Motivated Violence as a Sexual Selection Weapon"; in: D. Jason Sloane u. James A. Van Slyke (Hg.): The Attraction of Religion. A New Evolutionary Psychology of Religion, London 2015.

402 Vgl. Daniel Kahneman: Thinking, Fast and Slow, New York 2011 (dt.: Schnelles Denken, langsames Denken, München 2012).

403 Vgl. Richard Lynn u. Tatu Vanhanen: Intelligence. A Unifying Construct for the Social Sciences, London 2012.

404 Vgl. Ara Norenzayan u. Azim Shariff: „The Origin and Evolution of Religious Pro-Sociality"; in: Science 322 (2008), S. 58–62.

405 Vgl. Ghazi O Tadmouri, Pratibha Nair, Tasneem Obeid et al.: „Consanguinity and Reproductive Health Among Arabs"; in: Reproductive Health 6 (2009).

406 Vgl. Pew Research Center: „Eastern and Western Europeans Differ on Importance of Religion, Views of Minorities, and Key Social Issues", pewforum.org vom 29. Oktober 2018.

407 Vgl. J. Philippe Rushton: „Ethnic Nationalism, Evolutionary Psychology and Genetic Similarity Theory"; in: Nations and Nationalism 11 (2005), S. 489–507.

408 Vgl. ebd.

409 Vgl. Stanley Coren: „Do People Look Like Their Dogs?"; in: Anthrozoös 12 (1999), S. 111–114.

410 Vgl. Marina Butovskaya, Frank Salter, I. Diakonov u. A. Smirnov: „Urban Begging and Ethnic Nepotism in Russia. An Ethological Pilot Study"; in: Human Nature 11 (2000), S. 157–182.

411 Für eine interessante Analyse der Roma vgl. Jelena Cvorovic: The Roma. A Balkan Underclass, London 2014.

412 Vgl. C. J. Irwin: „A Study in the Evolution of Ethnocentrism"; in: Vernon Reynolds, VOM S. E. Falger u. Ian Vine (Hg.): The Sociobiology of Ethnocentrism. Evolutionary Dimensions of Xenophobia, Discrimination, Racism, and Nationalism, London 1987.

413 Vgl. Frank Salter: On Genetic Interests. Family, Ethnicity and Humanity in an Age of Mass Migration, New Brunswick 2007.

414 Vgl. Luule Mizera, Boel Geer u. Marja-Terttu Tryggvason: „A Si-

lent Finn, a Silent Finno-Ugric or a Silent Nordic? A Comparative Study of Estonian, Finnish and Swedish Mother Interaction Techniques"; in: Applied Psycholinguistics 24 (2003), S. 249–265.

415 Vgl. Edward Dutton, Dimitri van der Linden u. Richard Lynn: „Population Differences in Androgen Levels: A Test of the Differential K Theory"; in: Personality and Individual Differences 90 (2016), S. 289–295, sowie Durex (Hg.): 2005 Global Sex Survey Results.

416 Vgl. Marietta Papadatou-Pastou, Maryanne Martin, Marcus Munafò et al.: „Sex Differences in Left-handedness. A Meta-analysis of 144 Studies"; in: Psychological Bulletin 134 (2008), S. 677–699.

417 Vgl. Charlotte Faurie, Violaine Llaurens, Alexandra Alvergne et al.: „Left-Handedness and Male-Male Competition. Insights from Fighting and Hormonal Data"; in: Evolutionary Psychology 9 (2011).

418 Vgl. Michael Hopkin: „Left-handers Flourish in Violent Society"; in: Nature (2004).

419 Vgl. Michael Woodley of Menie, Heitor Fernandes, Satoshi Kanazawa et al.: „Sinistrality is Associated With (Slightly) Lower General Intelligence. A Data Synthesis and Consideration of Secular Trend Data in Handedness"; in: HOMO. Journal of Comparative Human Biology 69 (2018), S. 118–126.

420 Vgl. Edward Dutton, Guy Madison u. Dimitri van der Linden: „Why Do High IQ Societies Differ in Intellectual Achievement? The Role of Schizophrenia and Left-Handedness in Per Capita Scientific Publications and Nobel Prizes"; in: Journal of Creative Behavior (2019).

421 Vgl. Meike Bartelsa, Felice van Weegena, Catharina van Beijsterveldt et al.: „The Five Factor Model of Personality and Intelligence. A Twin Study on the Relationship Between the Two Constructs"; in: Personality and Individual Differences 53 (2012), S. 368–373.

422 Vgl. Kenya Kura, Jan te Nijenhuis u. Edward Dutton: „Why Do Northeast Asians Win So Few Nobel Prizes?"; in: Comprehensive Psychology 4 (2015).

423 Vgl. Dimitri van der Linden, Edward Dutton u. Guy Madison: „National-Level Indicators of Androgens Are Related to the Global Distribution of Number of Scientific Publications and Science Nobel Prizes"; in: Journal of Creative Behavior 54 (2020), S. 134–149.

424 Vgl. Edward Dutton, Dimitri van der Linden u. Richard Lynn: „Population Differences in Androgen Levels. A Test of the Differential K Theory"; in: Personality and Individual Differences 90 (2016), S. 289–295.

425 Vgl. Simon Baron-Cohen: „The Extreme Male Brain Theory of Autism"; in: Trends in Cognitive Sciences 6 (2002), S. 248–254.

426 Vgl. S. K. Agarwal: „High Prevalence of Low Testosterone Levels in Male Patients With Schizophrenia"; in: European Psychiatry 23 (2020), Supplement 1.

427 Vgl. Dutton, Madison u. Linden: „Why Do High IQ Societies Differ in Intellectual Achievement?"; op. cit.

428 Vgl. Thomas Kuhn: The Structure of Scientific Revolutions, Chicago 1962 (dt.: Die Struktur wissen-

schaftlicher Revolutionen, Frankfurt a. M. 1967).

429 Vgl. Dean Keith Simonton: „Exceptional Creativity Across the Life Span. The Emergence and Manifestation of Creative Genius"; in: Larisa VOM Shavinina (Hg.): The International Handbook of Innovation, New York 2003.

430 Vgl. Linden, Dutton u. Madison: „National-Level Indicators of Androgens", op. cit.

431 Vgl. Ioan James: „Singular Scientists"; in: Journal of the Royal Society of Medicine 96 (2003), S. 36–39.

432 Vgl. Edward Dutton u. Michael A. Woodley of Menie: At Our Wits' End. Why We're Becoming Less Intelligent and What It Means for the Future, Exeter 2018.

433 Vgl. Dutton, Madison u. Linden: „Why Do High IQ Societies Differ in Intellectual Achievement?", op. cit.

434 Vgl. Tarja Laine: „‚Shame On Us'. Shame, National Identity and the Finnish Doping Scandal"; in: International Journal of the History of Sport 23 (2006), S. 1, sowie Edward Dutton: The Silent Rape Epidemic. How the Finns Were Groomed to Love Their Abusers, Oulu 2019.

435 Vgl. Peter K. Joshi, Tonu Esko u. Hannele Mattsson: „Directional Dominance on Stature and Cognition in Diverse Human Populations"; in: Nature 523 (2015), S. 459–462.

436 Vgl. Michael B. Lewis: „Why Are Mixed-Race People Perceived as More Attractive?"; in: Perception 39 (2010), S. 136 ff.

437 Vgl. Elizabeth Corfield, Y. Yang, N. Martin et al.: „A Continuum of Genetic Liability for Minor and Major Depression"; in: Translational Psychiatry 7 (2017).

438 Vgl. Gabriel Macasiray Garcia, Travis Hedwig, Bridget L. Hanson et al.: „The Relationship Between Mixed Race/Ethnicity, Developmental Assets, and Mental Health Among Youth"; in: Journal of Racial and Ethnic Health Disparities 6 (2019), S. 77–85.

439 Vgl. Gerry Veenstra: „Black, White, Black and White. Mixed Race and Health in Canada"; in: Ethnicity and Health 2 (2018), S. 113–124.

440 Vgl. American Association for the Advancement of Science (Hg.): „Biracial Asian Americans and Mental Health"; in: eurekalert.org vom 17. August 2008.

441 Vgl. J. Richard Udry, Rose Maria Li u. Janet Hendrickson-Smith: „Health and Behavior Risks of Adolescents with Mixed-Race Identity"; in: American Journal of Public Health 93 (2003), S. 1865–1870.

442 Vgl. James Nazroo, Afshin Zilanawala, Meichu Chen et al.: „Socioemotional Wellbeing of Mixed Race/Ethnicity Children in the UK and US. Patterns and Mechanisms"; in: SSM—Population Health 5 (2018), S. 147–159.

443 Vgl. J. Philippe Rushton: „Ethnic Nationalism, Evolutionary Psychology and Genetic Similarity Theory"; in: Nations and Nationalism 11 (2005), S. 485–507.

444 Vgl. ebd.

445 Vgl. Jenifer L. Bratter u. Rosalind B. King: „‚But Will It Last?' Marital Instability Among Interracial

and Same-Race Couples"; in: Family Relations 67 (2008), S. 160–171.

446 Vgl. American Sociological Association (Hg.): „Women More Likely Than Men to Initiate Divorces, But Not Non-marital Breakups", sciencedaily.com vom 22. August 2015.

447 Vgl. Edward Dutton u. Guy Madison: „Why Do Finnish Men Marry Thai Women But Finnish Women Marry British Men? Cross-National Marriages in a Modern Industrialized Society Exhibit Sex-dimorphic Sexual Selection According to Primordial Selection Pressures"; in: Evolutionary Psychological Science 3 (2017), S. 1–9.

448 Vgl. Emil Kirkegaard: „Who Prefers to Date People of Their Own Race?", emilkirkegaard.dk vom 5. Mai 2016.

449 Vgl. John F. Brock: „The Cape Colored People. Their Pattern of Health and Disease"; in: South African Medical Journal 1949, S. 1000–1010.

450 Vgl. Robert C. Williamson: „Crime in South Africa. Some Aspects of Causes and Treatment"; in: Journal of Law and Criminology 48 (1957), S. 185–192.

451 Vgl. Karl Peltzer, Alicia E. David u. Peter Njuho: „Alcohol Use and Problem Drinking in South Africa. Findings From a National Population-based Survey"; in: African Journal of Psychiatry 14 (2011), S. 30–37.

452 Vgl. Ashley H. Robins: Biological Perspectives on Human Pigmentation, Cambridge 2005, Tabelle 7.1.

453 Vgl. Jarmila Švihranová: „Representations of Africans the Documents of the German Imperial Office and in Pre-War Academia in the Case of German South West Africa";" in: Hana Horáková (Hg.): Knowledge Production in and on Africa, Münster 2016, S. 284.

454 Vgl. Del Thiessen u. Barbara Bregg: „Human Assortative Mating and Genetic Equilibrium. An Evolutionary Perspective"; in: Ethology and Sociobiology 1 (1980), S. 111–140.

455 Vgl. Miller McPherson, Lynn Smith-Lovin u. James M. Cook: „Birds of a Feather. Homophily in Social Networks"; in: Annual Review of Sociology 27 (2001), S. 415–444.

456 Vgl. Gretchen Livingston u. Anna Brown: „Intermarriage in the U.S. 50 Years After Loving vom Virginia", pewsocialtrends.org vom 18. Mai 2017.

457 „Asiaten" (*Asians*) steht in den Vereinigten Staaten offenbar in erster Linie für Ostasiaten, wohingegen in Großbritannien damit Südasiaten gemeint sind. Ich werde die Bezeichnung hier im amerikanischen Sinne verwenden.

458 Vgl. Paul Taylor, Jeffrey Passell, Wendy Wang et al.: „Marrying Out. One-in-Seven New U.S. Marriages in Interracial or Interethnic", pewtrusts.org vom 4. Juni 2010.

459 Allison Davis: „New OkCupid Data on Race Is Pretty Depressing", thecut.com vom 11. September 2014.

460 Vgl. Michael Lewis: „A Facial Attractiveness Account of Gender Asymmetries in Interracial Mar-

riage"; in: PLoS ONE 7 (2012), e31703.

461 Vgl. Aaron Gullickson: „Education and Black/White Interracial Marriage"; in: Demography 43 (2006), S. 673–689.

462 Vgl. Ameki Johnson: „Who Gets to Be ‚Hapa?'", npr.org vom 8. August 2016.

463 Vgl. Gullickson: „Education and Black/White Interracial Marriage", op. cit.

464 Vgl. Institute for Regional Studies (Hg.): „2019 Silicon Valley", jointventure.org vom 15. Mai 2020.

465 Stephen J. Gould: Rocks of Ages. Science and Religion in the Fullness of Life, New York 2011, S. 6.

466 Vgl. Richard Dawkins: The God Delusion, London 2006 (dt.: Der Gotteswahn, Berlin 2007).

467 David Sloan Wilson: Darwin's Cathedral. Evolution, Religion, and the Nature of Society, Chicago u. London 2002, S. 159 f.

468 Vgl. Matt Bradshaw u. Christopher G. Ellison: „Do Genetic Factors Influence Religious Life? Findings From a Behavior Genetic Analysis of Twin Siblings"; in: Journal for the Scientific Study of Religion 47 (2008), S. 529–544.

469 Vgl. Rüdiger Vaas: „God, Gains and Genes"; in: Eckart Voland u. Wulf Schiefenhövel (Hg.): The Biological Evolution of Religious Mind and Behavior, New York 2009.

470 Vgl. Robert Axelrod u. Ross A. Hammond: „The Evolution of Ethnocentric Behavior"; in: Journal of Conflict Resolution 50 (2006), S. 1–11.

471 Vgl. Ara Norenzayan u. Azim Shariff: „The Origin and Evolution of Religious Pro-Sociality"; in: Science 322 (2008), S. 58–62.

472 Vgl. Michael Blume: „The Reproductive Benefits of Religious Affiliation"; in: Eckart Voland u. Wulf Schiefenhövel (Hg.): The Biological Evolution of Religious Mind and Behavior, New York 2009.

473 Vgl. Harold Koenig: „Religion, Spirituality, and Health. The Research and Clinical Implications"; in: ISRN Psychiatry (2012).

474 Vgl. Jochen Gebauer, Wiebke Bleidorn, Samuel Gosling u. a.: „Cross-Cultural Variations in Big Five Relationships With Religiosity. A Sociocultural Motives Perspective"; in: Journal of Personality and Social Psychology 107 (2014), S. 1064–1091.

475 Vgl. Edward Dutton, Guy Madison u. Curtis Dunkel: „The Mutant Says in His Heart, ‚There Is No God'. The Rejection of Collective Religiosity Centred Around the Worship of Moral Gods Is Associated With High Mutational Load"; in: Evolutionary Psychological Science 4 (2018), S. 233–244.

476 Vgl. Tierney Ahrold, Melissa Farmer, Paul Trapnell et al.: „The Relationship Among Sexual Attitudes, Sexual Fantasy, and Religiosity"; in: Archives of Sexual Behavior 40 (2010), S. 619–630.

477 Vgl. Brian Laythe, Deborah Finkel u. Lee Kirkpatrick: „Predicting Prejudice From Religious Fundamentalism and Right-Wing Authoritarianism. A Multiple-Regression Approach"; in: Journal for the Scientific Study of Religion 40 (2001), S. 1–10.

478 Vgl. Niclas Berggren, Henrik Jordahl u. Panu Poutvaara: „The Right Look. Conservative Politicians Look Better and Voters Reward It"; in: Journal of Public Economics 146 (2017), S. 79–86.

479 Vgl. Francis Fukuyama: The End of History and the Last Man, New York 1992 (dt.: Das Ende der Geschichte. Wo stehen wir?, München 1992).

480 Vgl. Eric Kaufmann: Shall the Religious Inherit the Earth? Demography and Politics in the Twenty-First Century, London 2010.

481 Vgl. Michael Hout, Andrew Greeley u. Melissa J. Wilde: „The Demographic Imperative in Religious Change in the United States"; in: American Journal of Sociology 107 (2001), S. 468–500.

482 Vgl. Vegard Skirbekk, Eric Kaufmann u. Anne Goujon: „Secularism, Fundamentalism, or Catholicism? The Religious Composition of the United States to 2043"; in: Journal for the Scientific Study of Religion 49 (2010), S. 293–310.

483 Vgl. Justin L. Barrett: Why Would Anyone Believe in God?, Lanham 2004.

484 Vgl. Edward Dutton, Guy Madison u. Dimitri van der Linden: „Why Do High IQ Societies Differ in Intellectual Achievement? The Role of Schizophrenia and Left-Handedness in Per Capita Scientific Publications and Nobel Prizes"; in: Journal of Creative Behavior (2019).

485 Vgl. Norenzayan u. Shariff: „The Origin and Evolution of Religious Pro-sociality", op. cit.

486 Vgl. Jochen Gebauer, Wiebke Bleidorn, Samuel Gosling et al.: „Cross-Cultural Variations in Big Five Relationships With Religiosity. A Sociocultural Motives Perspective"; in: Journal of Personality and Social Psychology 107 (2014), S. 1064–1091.

487 Vgl. Azim Shariff u. Ara Norenzayan: „God is Watching You. Priming God Concepts Increases Prosocial Behavior in an Anonymous Economic Game"; in: Psychological Science 18 (2007), S. 803–809.

488 Vgl. Peter Hills, Leslie Francis, Michael Argyle et al.: „Primary Personality Trait Correlates of Religious Practice and Orientation"; in: Personality and Individual Differences 36 (2004), S. 61–73.

489 Vgl. Dutton, Madison u. Dunkel: „The Mutant Says in His Heart, ‚There Is No God'", op. cit.

490 Vgl. Curtis Dunkel, Joseph Neledec u. Dimitri van der Linden: „Predicting the General Factor of Personality. From Adolescence Through Adulthood"; in: Human Ethology Bulletin 3 (2015), S. 4–12.

491 Vgl. Nathan Cofnas: Reptiles With a Conscience. The Co-evolution of Religious and Moral Doctrine, London 2012.

492 Vgl. Yael Sela, Todd Shackelford u. James Liddle: „When Religion Makes It Worse. Religiously Motivated Violence as a Sexual Selection Weapon"; in: D. Jason Sloane u. James A. Van Slyke (Hg.): The Attraction of Religion. A New Evolutionary Psychology of Religion, London 2015.

493 Vgl. Keith Roberts u. David Yamane: Religion in Sociological Perspective, London 2016.

494 Vgl. Adam Smith: An Inquiry Into the Nature and Causes of the

Wealth of Nations, London 1776 (dt.: Natur und Ursachen des Volkswohlstandes, Leipzig 1933).

495 Vgl. Auguste Comte: Introduction to Positive Philosophy, Indianapolis 1988.

496 Vgl. Herbert Spencer: The Study of Sociology, New York 1873 (dt.: Einleitung in das Studium der Sociologie, Leipzig 1896).

497 James G. Frazer: The Golden Bough. A Study in Comparative Religion, London 1890, S. 712 (dt.: Der goldene Zweig. Das Geheimnis von Glauben und Sitten der Völker, Leipzig 1928).

498 Vgl. Frank Byron Jevons: An Introduction to the History of Religion, London 1896.

499 Vgl. Norenzayan u. Shariff: „The Origin and Evolution of Religious Pro-sociality", op. cit.

500 Die Marker kultureller Errungenschaften stammen aus Charles Murray: Human Accomplishment. The Pursuit of Excellence in the Arts and Sciences. 800 BC to 1950, New York 2003. Die Zivilisationsmarker stammen aus John Baker: Race, op. cit.

501 Vgl. Colin Wells: „How Did God Get Started?"; in: Arion 18 (2010), S. 2.

502 Vgl. Gerhard Meisenberg, Heiner Rindermann, Hardik Patel et al.: „Is it Smart to Believe in God? The Relationship of Religiosity With Education and Intelligence"; in: Temas em Psicologia 20 (2012), S. 101–120.

503 Vgl. Phil Zuckerman: „Atheism. Contemporary Rates and Patterns"; in: Michael Martin (Hg.): The Cambridge Companion to Atheism, Cambridge 2006.

504 Vgl. Alain de Benoist: On Being a Pagan, Atlanta 2004 (dt.: Heide sein zu einem neuen Anfang. Die europäische Glaubensalternative, Tübingen 1982).

505 Vgl. Pyong Gap Min: Ethnic Solidarity for Economic Survival. Korean Greengrocers in New York City, New York 2008, S. 24.

506 Francis Galton: Hereditary Genius. An Inquiry Into Its Law and Consequences, London 1869 (dt.: Genie und Vererbung, Leipzig 1910, S. 380 f.).

507 Vgl. Edward Dutton: Religion and Intelligence. An Evolutionary Analysis, London 2014.

508 Luke Owen Pike: „On the Alleged Influence of Race Upon Religion"; in: Journal of the Anthropological Society of London 7 (1869), S. 135–153.

509 Vgl. Lara Trubowitz: Civil Antisemitism, Modernism, and British Culture 1902–1939, London 2012.

510 Pike: „Alleged Influence", op. cit.

511 Vgl. John Beddoe: The Races of Britain. A Contribution to the Anthropology of Western Europe, London 1885.

512 Vgl. Marc Flandreau: Anthropologists in the Stock Exchange. A Financial History of Victorian Science, Chicago 2016.

513 Vgl. Pike: „Alleged Influence", op. cit.

514 Vgl. Gerhard Meisenberg, Heiner Rindermann, Hardik Patel et al.: „Is It Smart to Believe in God? The Relationship of Religiosity With Education and Intelligence"; in: Temas em Psicologia 20 (2012), S. 101–120.

515 Vgl. Eric Maroney: Religious Syncretism, London 2006.

516 Vgl. F. Verhage: „Intelligence and Religious Persuasion"; in: Nederlands Tijdschrift voor de Psychologie en haar Grensgebieden 19 (1964), S. 247–254.

517 Vgl. George Fitchett, Patricia E. Murphy, Howard M. Kravitz et. al.: „Racial/Ethnic Differences in Religious Involvement in a Multi-Ethnic Cohort"; in: Journal for the Scientific Study of Religion 46 (2007), S. 119–132.

518 Vgl. Linda M. Chatters, Robert J. Taylor, Kai M. Bullard et al.: „Race and Ethnic Differences in Religious Involvement. African Americans, Caribbean Blacks and Non-Hispanic Whites"; in: Ethnic and Racial Studies 32 (2009), S. 1143–1163.

519 Vgl. Pew Forum: „A Religious Portrait of African Americans", pewforum.org vom 30. Januar 2009.

520 Vgl. Jeffrey Levin, Robert Joseph Taylor u. Linda Chatters: „Race and Gender Differences in Religiosity Among Older Adults. Findings From Four National Surveys"; in: Journal of Gerontology 49 (1994), S. 137–145.

521 Vgl. Curtis Dunkel u. Edward Dutton: „Religiosity As a Predictor of In-group Favoritism Within and Between Religious Groups"; in: Personality and Individual Differences 98 (2016), S. 311–314.

522 Vgl. Pew Forum: „Asian Americans. A Mosaic of Faiths", pewforum.org vom 19. Juli 2012.

523 Vgl. ebd., Pew Forum: „A Religious Portrait of African Americans", op. cit., sowie Pew Forum: „US Religious Landscape Survey", pewforum.org vom 1. Februar 2008. Die IQ-Daten stammen aus Richard Lynn u. Tatu Vanhanen: Intelligence. A Unifying Construct for the Social Sciences, London 2012. Diese Tabelle erschien erstmals in Edward Dutton: Religion and Intelligence. An Evolutionary Analysis, London 2014, S. 326.

524 Vgl. Gebauer, Bleidorn, Gosling et al.: „Cross-Cultural Variations in Big Five Relationships With Religiosity", op. cit.

525 Vgl. Kimberly Anne Adams: Racial Differences in Psychotic-like Experiences. A Study of Schizotypy in African Americans and Caucasians, Diss. phil. University of Maryland, College Park 2007.

526 Vgl. Michaeline Bresnahan, Melissa D. Begg, Alan Brown et al.: „Race and Risk of Schizophrenia in a U.S. Birth Cohort. Another Example of Health Disparity?"; in: International Journal of Epidemiology 36 (2007), S. 751–758.

527 Vgl. Samantha E. Allen, Nita Limdi, Ashly C. Westrick et al.: „Racial Disparities in Temporal Lobe Epilepsy"; in: Epilepsy Research 140 (2018), S. 56–60.

528 Vgl. Joseph I. Sirven: „Epilepsy. A Spectrum Disorder"; in: Cold Spring Harbor Perspectives in Medicine 5 (2015), a022848.

529 Vgl. Orrin Devinsky u. George Lai: „Spirituality and Religion in Epilepsy"; in: Epilepsy and Behavior 12 (2008), S. 636–643,

530 Vgl. Kevin Randall: Evangelicals Etcetera. Conflict and Resolution in the Church of England's Parties, Aldershot 2005.

531 Vgl. Razib Khan: „Most Atheists Are Not White and Other Nonfairy Tales"; in: Gene Expression vom 18. November 2010.

532 Vgl. Benoist: On Being a Pagan, op. cit.

533 Vgl. Carmen Bernand: „The Right to be Different. Some Questions about the ‚French exception'"; in: Kathleen P. Long (Hg.): Religious Differences in France. Past and Present, Kirksville 2006.

534 Vgl. Statistics Netherlands: „Helft Nederlanders is Kerkelijk of Religieus, cbs.nl vom 12. Dezember 2016.

535 Bei der Errechnung der Mittelwerte wurde Deutschland in sowohl die sowjetische als auch die US-amerikanische Sphäre einbezogen, seiner Teilung entsprechend. Die beiden neutralen Staaten Schweiz und Österreich wurden der US-Zone zugeschlagen, wie es ihren kapitalistischen Wirtschaftssystemen und eher amerikafreundlichen Ausrichtungen entspricht.

536 Vgl. Richard Lynn u. Tatu Vanhanen: Intelligence. A Unifying Construct for the Social Sciences, London 2012.

537 Vgl. Richard Lynn, John Harvey u. Helmuth Nyborg: „Average Intelligence Predicts Atheism Rates Across 137 Nations"; in: Intelligence 37 (2009), S. 11–15.

538 Vgl. Lynn u. Vanhanen: Intelligence, S. 283.

539 Vgl. Justin McCarthy: „Less Than Half in U.S. Would Vote for a Socialist for President", news.gallup.com vom 9. Mai 2019.

540 Lynn u. Vanhanen: Intelligence, op. cit., S. 284.

541 Vgl. Karen Armstrong: The Battle for God. Fundamentalism in Judaism, Christianity and Islam, London 2001 (dt.: Im Kampf für Gott. Fundamentalismus in Christentum, Judentum und Islam, München 2004).

542 Vgl. Costa Constantinou: „Aporias of Identity and the ‚Cyprus Problem'", academos.ro vom 30. April 2006.

543 Vgl. Curtis Dunkel u. Edward Dutton: „Religiosity as a Predictor of In-group Favoritism Within and Between Religious Groups"; in: Personality and Individual Differences 98 (2016), S. 311–314.

544 Vgl. Douglas Massey u. Monica Higgins: „The Effect of Immigration on Religious Belief and Practice. A Theologizing or Alienating Experience?"; in: Social Science Research 40 (2011), S. 1371–1389.

545 Vgl. Sela, Shackelford u. Liddle: „When Religion Makes It Worse", op. cit.

546 Vgl. Edward Dutton: Islam. An Evolutionary Perspective, 2. Aufl., Whitefish 2021.

547 Vgl. Charles M. Judd, Bernadette Park, Ryan S. Carey et al.: „Stereotypes and Ethnocentrism. Diverging Inter-ethnic Perceptions of African American and White American Youth"; in: Journal of Personality and Social Psychology 69 (1995), S. 460–481.

548 Vgl. Michael A. Woodley of Menie, Matthew Sarraf, Rodomir Pestow u. Heitor Fernandes: „Social Epistasis Amplifies the Fitness Costs of Deleterious Mutations, Engendering Rapid Fitness Decline Among Modernized Populations"; in: Evolutionary Psychological Science 3 (2017), S. 181–191. Vgl. auch Matthew Sarraf, Michael A. Woodley of Menie u. Colin Feltham: Modernity and Cultural Decline. A Biobehavioral

Perspective, Basingstoke 2019, sowie Dutton, Madison u. Dunkel: „The Mutant Says in His Heart, ‚There Is No God'“, op. cit.

549 Blaise Pascal: Gedanken über die Religion und einige andere Gegenstände, Berlin 1840, S. 279.

550 Vgl. Richard Lynn: The Chosen People. A Study of Jewish Intelligence and Achievement, Whitefish 2011.

551 Vgl. ebd.

552 Vgl. Hillel Katzir: The Evolving Covenant. Jewish History and Why It Matters, Bloomington 2013.

553 Vgl. a. a. O., S. 26.

554 Vgl. a. a. O., S. 27.

555 Vgl. Gregory Cochran, Jason Hardy u. Henry Harpending: „Natural History of Ashkenazi Intelligence“; in: Journal of Biosocial Science 6/2006, S. 659–693.

556 Vgl. E. R. Jaensch: Der Gegentypus. Psychologisch-anthropologische Grundlagen deutscher Kulturphilosophie, ausgehend von dem, was wir überwinden wollen, Leipzig 1938.

557 Vgl. Lynn: Chosen People, S. 29.

558 Vgl. Gregory Clark: A Farewell to Alms. A Brief Economic History of the World, Princeton 2007.

559 Vgl. Curtis Dunkel, Michael Woodley of Menie, Jonatan Pallesen u. Emil Kierkegaard: „Polygenic Scores Mediate the Jewish Phenotypic Advantage in Educational Attainment and Cognitive Ability Compared with Catholics and Lutherans“; in: Evolutionary Behavioral Sciences 4/2019, S. 366–375. Online abrufbar unter doi.org/10.1037/ebs0000158.

560 Vgl. Daniel Metzen: The Causes of Group Differences in Intelligence Studied Using the Method of Correlated Vectors and Psychometric Meta-Analysis, MA-Thesis Amsterdam 2012.

561 Vgl. David Gitlitz: Secrecy and Deceit. The Religion of the Crypto-Jews, Albuquerque 1996.

562 Vgl. Cochran, Hardy u. Harpending: „Natural History of Ashkenazi Intelligence“.

563 Vgl. Abraham Sagi, Michael E. Lamb, Kathleen S. Lewkowicz et al.: „Security of Infant-Mother, -Father, and -Metapelet Attachments Among Kibbutz-Reared Israeli Children“; in: Monographs of the Society for Research in Child Development 1–2/1985, S. 257–275.

564 Vgl. Curtis Dunkel u. Edward Dutton: „Religiosity as a Predictor of In-Group Favoritism Within and Between Religious Groups“; in: Personality and Individual Differences 98/2016, S. 311–314.

565 Vgl. Lynn: The Chosen People.

566 Vgl. Kevin MacDonald: A People That Shall Dwell Alone. Judaism as a Group Evolutionary Strategy, Westport 1994 (dt.: Der jüdische Sonderweg. Der Judaismus als evolutionäre Gruppenstrategie, Gröditz 2012).

567 Vgl. Lee Jussim: Social Perception and Social Reality. Why Accuracy Dominates Bias and Self-Fulfilling Prophecy, Oxford 2012.

568 Vgl. Edward Dutton u. Curtis Dunkel: „‚For Tomorrow We Die'? Testing the Accuracy of Stereotypes about Atheists and Agnostics“; in: Mankind Quarterly 1/2019, S. 64–74.

569 Vgl. Curtis Dunkel, Charlie Reeve, Michael A. Woodley of Menie

et al.: „A Comparative Study of the General Factor of Personality in Jewish and Non-Jewish Populations"; in: Personality and Individual Differences 78/2015, S. 63–67.

570 Vgl. Edward Dutton, Dimitri van der Linden, Guy Madison et al.: „The Intelligence and Personality of Finland's Swedish-Speaking Minority"; in: Personality and Individual Differences 97/2016, S. 45–49.

571 Vgl. Fernando S. Goes, John McGrath, Dimitrios Avramopoulos et al.: „Genome-Wide Association Study of Schizophrenia in Ashkenazi Jews"; in: American Journal of Medical Genetics B 8/2015, S. 649–659.

572 Vgl. Jennifer Lipman: „This Paranoid Stereotype is No Joke", thejc.com vom 14. April 2016.

573 Vgl. Itzhak Levav, Robert Kohn, Jacqueline Golding et al.: „Vulnerability of Jews to Affective Disorders"; in: American Journal of Psychiatry 7/1997, S. 941–947.

574 Vgl. James McKenzie, Mahdad Taghavi-Khonsary u. Gary Tindell: „Neuroticism and Academic Achievement: The Furneaux Factor as a Measure of Academic Rigor"; in: Personality and Individual Differences 1 (29) 2000, S. 3–11.

575 Vgl. Kevin MacDonald: The Culture of Critique. An Evolutionary Analysis of Jewish Involvement in Twentieth Century Political and Intellectual Movements, New York 2002 (dt.: Die Kultur der Kritik. Eine evolutionäre Analyse jüdischer Einflüsse auf intellektuelle und politische Bewegungen des 20. Jahrhunderts, Gröditz 2013).

576 Vgl. MacDonald: People That Shall Dwell Alone, sowie Kevin MacDonald: Separation and Its Discontents. Toward an Evolutionary Theory of Anti-Semitism, Westport 1998 (dt.: Absonderung und ihr Unbehagen. Auf dem Weg zu einer evolutionären Theorie des Antisemitismus, Gröditz 2011).

577 Yuri Slezkine: The Jewish Century, Princeton u. Oxford 2004, S. 155 (dt.: Das jüdische Jahrhundert, Göttingen 2007).

578 Slezkine: The Jewish Century, op. cit., S. 175.

579 Vgl. Slezkine: The Jewish Century, op. cit., S. 254. Vgl. weiters Kevin MacDonald: „Stalin's Willing Executioners. Jews as a Hostile Elite in the USSR"; in: The Occidental Quarterly 3/2005, S. 65–100 (Rezension von Slezkine: The Jewish Century) (dt.: „Stalins willige Vollstrecker: Juden als feindliche Elite in der UdSSR"; in: ders.: Kulturumsturz. Aufsätze über die Kultur des Abendlandes, jüdischen Einfluß und Antisemitismus, Gröditz 2012, S. 55–92).

580 Vgl. Emily Kim, Veronika Zeppenfeld u. Dov Cohen: „Sublimation, Culture and Creativity"; in: Journal of Personality and Social Psychology 4/2013, S. 639–666.

581 Vgl. Theodor W. Adorno, Else Frenkel-Brunswik, Daniel J. Levinson u. R. Nevitt Sanford: The Authoritarian Personality, New York 1950. [Deutsche Übersetzung nur der von Adorno (mit-)verfassten Beiträge erschienen als Theodor W. Adorno: Studien zum autoritären Charakter, Frankfurt a. M. 1973; N. W.]

582 Nathan Glazer: „New Light on *The Authoritarian Personality*: A Survey of Recent Research and Criticism“; in: Commentary 3/1954, S. 289–297; zit. n. MacDonald: Culture of Critique, op. cit., S. 166.
583 Ebd., S. 228.
584 Vgl. ebd., S. 166–194.
585 Vgl. ebd., Vorwort zur Taschenbuchausgabe.
586 Vgl. Nathan Cofnas: „Judaism as a Group Evolutionary Strategy: A Critical Analysis of Kevin MacDonald's Theory“; in: Human Nature 29 (2018), S. 134–156.
587 Vgl. Michael A. Woodley of Menie u. Curtis Dunkel: „Beyond the Cultural Mediation Hypothesis: A Reply to Dutton“; in: Intelligence 49 (2013), S. 186–191.
588 Vgl. Frank Salter u. Henry Harpending: „J. P. Rushton's Theory of Ethnic Nepotism“, in: Personality and Individual Differences 55 (2013), S. 256–260.
589 Vgl. J. Philippe Rushton: „Ethnic Nationalism, Evolutionary Psychology and Genetic Similarity Theory“; in: Nations and Nationalism 11 (2005), S. 489–507.
590 Vgl. Peter Frost u. Henry Harpending: „Western Europe, State Formation, and Genetic Pacification“; in: Evolutionary Psychology 13 (2015), S. 230–243; sowie Edward Dutton u. Guy Madison: „Execution, Violent Punishment and Selection for Religiousness in Medieval England“; in: Evolutionary Psychological Science 4 (2018), S. 83–89.
591 Vgl. Edward Dutton, Guy Madison u. Richard Lynn: „Demographic, Economic, and Genetic Factors Related to National Differences in Ethnocentric Attitudes“; in: Personality and Individual Differences 101 (2016), S. 137–143.
592 Vgl. Edward Dutton: „Jewish Group Evolutionary Strategy is the Most Plausible Hypothesis: A Response to Nathan Cofnas' Critical Analysis of Kevin MacDonald's Theory of Jewish Involvement in Twentieth Century Ideological Movements“; in: Evolutionary Psychological Science 5 (2019), S. 136–142.
593 Vgl. Michael Schulson: „Kevin MacDonald and the Elevation of Anti-Semitic Pseudoscience“, undark.org vom 27. Juni 2018.
594 Deutsch im Original. [N. W.]
595 Vgl. seine Selbstvorstellung auf der Website von „Pardes – Institute of Jewish Studies“ (pardes.org.il).
596 Vgl. Nathan Cofnas: „Is Kevin MacDonald's Theory of Judaism ‚Plausible‘? A Response to Dutton (2018)“; in: Evolutionary Psychological Science 5 (2019), S. 143–150.
597 So Frank Salter im persönlichen Austausch mit dem Autor am 24. April 2020.
598 Vgl. Carlyle Murphy: „Interfaith Marriage is Common in the U.S., Particularly Among the Recently Wed“, pewresearch.org vom 2. Juni 2015.
599 Vgl. Pew Research Center: „Chapter 2: Religious Switching and Intermarriage“, Tabelle: „Recently Married Adults More Likely to be Intermarried“, pewforum.org vom 12. Mai 2015.
600 Wie Salter errechnet hat, betrug 2014 die Wahrscheinlichkeit, daß sich zwei Juden begegneten,

0,019 x 0,019 = 0,000361. Für gemäßigte Protestanten betrug die Wahrscheinlichkeit 0,147 x 0,147 = 0,0216.

601 Salters Rechnung lautet: Juden = 0,65 / 0,000361 = 1800, gemäßigte Protestanten = 0,59 / 0,0216 = 36,9. Juden / Protestanten = 48,8.

602 Mark Brahmin führt zusätzliche Überlegungen zum Judaismus als „Haremskult“ aus in seinem Buch *REM. The Origin and Purpose of Myth*, Bd. 1, Whitefish 2020.

603 Vgl. Edward Dutton: „Can You Marry a Foreigner Yet Still Be Ethnocentric? A Response to Cofnas' Criticisms of Kevin MacDonald's Culture of Critique“; in: *Mankind Quarterly* 59 (2019), S. 335–356.

604 Schreiben Kevin MacDonalds an den Autor vom 22. August 2018; vgl. auch Dutton: „Can You Marry A Foreigner“, a. a. O.

605 Vgl. Dutton, Madison und Lynn: „Demographic, Economic, and Genetic Factors Related to National Differences in Ethnocentric Attitudes“, op. cit.

606 Vgl. den Schriftverkehr zwischen Judith Shulevitz und John Tooby: „How to Deal with Fringe Academics“; in: slate.com vom 7. Februar 2000.

607 Vgl. Dunkel u. Dutton: „Religiosity as a Predictor of In-group Favoritism Within and Between Religious Groups“, op. cit.

608 Vgl. Hubert M. Blalock: Toward a Theory of Minority-Group Relations, New York 1967; sowie Edna Bonacich: „A Theory of Middleman Minorities“; in: American Sociological Review 38, 5 (1973), S. 583–594.

609 Vgl. Dagnall, N., Drinkwater, K., Parker, A. et al: „Conspiracy Theory and Cognitive Style: A Worldview“; in: *Frontiers in Psychology* (2015), doi:10.3389/fpsyg.2015.00206.

610 Vgl. Goreis, Andreas und Voracek, Martin: „A Systematic Review and Meta-Analysis of Psychological Research on Conspiracy Beliefs: Field Characteristics, Measurement Instruments, and Associations with Personality Traits“; in: *Frontiers in Psychology* vom 11. Februar 2019, https://doi.org/10.3389/fpsyg.2019.00205.

611 Blaise Pascal: *Gedanken über die Religion*, 2. Teil, Abschnitt 2.

612 Vgl. M. S. Church: „Determination of Race from the Skeleton Through Forensic Anthropological Methods“; in: Forensic Science Review 7 (1995), S. 1–39.

613 Vgl. Stanley M. Garn: Human Races, Springfield 1961.

614 Vgl. Kohichiro Yoshiura, Akira Kinoshita, Takafumi Ishida et al.: „A SNP in the ABCC11 Gene is the Determinant of Human Earwax Type“; in: Nature Genetics 38 (2006), S. 324–330.

615 Vgl. Katharine A. Prokop-Prigge, Corrine J. Mansfield, M. Rockwell Parker et al.: „Ethnic/Racial and Genetic Influences on Cerumen Odorant Profiles“; in: Journal of Chemical Ecology 41 (2014), S. 1.

616 Vgl. Jun Ohashi, Izumi Naka u. Naoyuki Tsuchiya: „The Impact of Natural Selection on an ABCC11 SNP Determining Earwax Type“; in: Molecular Biology and Evolution 28 (2011), S. 849–857.

617 Vgl. Prokop-Prigge et al.: „Ethnic/Racial and Genetic Influences“, op. cit.

618 Vgl. John Baker: Race, Oxford 1974. (dt.: Die Rassen der Menschheit, Stuttgart 1976.)

619 Vgl. Marc Spehr, Kevin Kelliher, Xiao-Hong Li et al.: „Essential Role of the Main Olfactory System in Social Recognition of Major Histocompatibility Complex Peptide Ligands"; in: Journal of Neuroscience 26 (2006), S. 1961–1970.

620 Nick Haslam: Psychology in the Bathroom, Basingstoke 2012, S. 64.

621 Vgl. Maria-Raquel Huerta-Franco, Julie W. Banderas u. Jenifer E. Allsworth: „Ethnic/Racial Differences in Gastrointestinal Symptoms and Diagnosis Associated With the Risk of Helicobacter Pylori Infection in the US"; in: Clinical and Experimental Gastroenterology 11 (2018), S. 39–49.

622 Vgl. Tabia Akintobi, LaShawn Hoffman, Calvin McAllister et al.: „Assessing the Oral Health Needs of African American Men in Low-Income, Urban Communities"; in: American Journal of Men's Health 12 (2018), S. 326–337.

623 Vgl. Arjan Pol, G. Herma Renkema, Albert Tangerman et al.: „Mutations in SELENBP1, Encoding a Novel Human Methanethiol Oxidase, Cause Extraoral Halitosis"; in: Nature Genetics 50 (2018), S. 120–129.

624 Vgl. Ruth Karpinski, Audrey Kinase Kolb, Nicole Tetreault et al.: „High Intelligence. A Risk Factor for Psychological and Physiological Overexcitabilities"; in: Intelligence 66 (2018), S. 8–23.

625 Vgl. Michael A. Woodley of Menie u. Heitor B. F. Fernandes: „Showing Their True Colors. Possible Secular Declines and a Jensen Effect on Color Acuity – More Evidence for the Weaker Variant of Spearman's Other Hypothesis"; in: Personality and Individual Differences 88 (2016), S. 280–284.

626 Vgl. Razib Khan: „Why the Japanese Think Westerners Smell Bad (Well, One Reason)", unz.com vom 15. Mai 2014.

627 Vgl. Stanley M. Garn: Human Races, Springfield 1961, S. 67.

628 Vgl. Ammar Alkhazna, Anwaar Saeed, Wahid Rashidzada u. Ann M. Romaker: „Racial Differences in the Prevalence of Restless Legs Syndrome in a Primary Care Setting"; in: Hospital Practice 42 (2014), S. 131–137.

629 Vgl. Stuart M. Fogel, Laura B. Ray, Valya Sergeeva et al.: „A Novel Approach to Dream Content Analysis Reveals Links Between Learning-Related Dream Incorporation and Cognitive Abilities"; in: Frontiers in Psychology 9 (2018), S. 1398.

630 Vgl. Emily Hokkett u. Audrey Duarte: „Age and Race-Related Differences in Sleep Discontinuity Linked to Associative Memory Performance and Its Neural Underpinnings"; in: Frontiers in Human Neuroscience 13 (2019), S. 176.

631 Vgl. John Palmer: „A Community Mail Survey of Psychic Experiences"; in: Research in Parapsychology 3 (1974), S. 130–133, sowie Thomas J. Snyder u. Jayne Gackenbach: „Individual Differences Associated With Lucid Dreaming"; in: Jayne Gackenbach u. Stephen LaBerge (Hg.): Concious

Mind, Sleeping Brain. Perspectives on Lucid Dreaming, Boston 1988, S. 247.

632 Vgl. Snyder u. Gackenbach: „Individual Differences", op. cit.

633 Vgl. Gabriela Hess, Michael Schredl u. Anja Goritz: „Lucid Dreaming Frequency and the Big Five Personality Factors"; in: Imagination, Cognition and Personality 36 (2017), S. 240–253.

634 Vgl. Kelly Bulkeley: „Lucid Dreaming by the Numbers"; in: Ryan Hurd u. Kelly Bulkeley (Hg.): Lucid Dreaming. New Perspectives on Consciousness in Sleep, Santa Barbara 2014, S. 6.

635 Charlotte Hunt-Grubbe: „The Elementary DNA of Dr Watson"; in: The Sunday Times vom 14. Oktober 2007.

636 Cornelia Dean: „Nobel Winner Issues Apology for Comments About Blacks"; in: New York Times vom 19. Oktober 2007.

637 Vgl. Cornelia Dean: „James Watson Quits Post After Remarks on Races"; in: New York Times vom 26. Oktober 2007.

638 Vgl. Ian Sample: „Billionaire Bought James Watson's Nobel Prize Medal in Order to Return It"; in: The Guardian vom 9. Dezember 2014.

639 Amy Harmon: „James Watson Had a Chance to Salvage His Reputation on Race. He Made Things Worse"; in: New York Times vom 1. Januar 2019.

640 Vgl. ebd.

641 Vgl. Lee Jussim: Social Perception and Social Reality. Why Accuracy Dominates Bias and Self-Fulfilling Prophecy, Oxford 2012.

642 Vgl. Dawkins: The God Delusion, op. cit.

643 Vgl. Vincent Sarich u. Frank Miele: Race. The Reality of Human Differences", Boulder 2004.

644 Vgl. ebd., S. 259. Die zugespitzten Erklärungen stammen aus John Derbyshire: We Are Doomed. Reclaiming Conservative Pessimism, New York 2009, S. 37.

645 Vgl. Tatu Vanhanen: Ethnic Conflicts, op. cit.

Register

Aus unserem Programm

ISBN 978-3-99081-021-7

ARES VERLAG
Graz
www.ares-verlag.com

Aus unserem Programm

ISBN 978-3-99081-074-3

ARES VERLAG
Graz
www.ares-verlag.com

Aus unserem Programm

ISBN 978-3-99081-025-5

ARES VERLAG
Graz
www.ares-verlag.com